普通高等教育材料类系列教材

金属塑性成形原理

第2版

主　编　李　尧
副主编　张利君
参　编　章争荣　廖秋慧　杨俊杰
主　审　胡礼木

机　械　工　业　出　版　社

本书对金属塑性成形的基本原理和共性问题作了系统论述。全书共分六章，主要内容包括金属塑性变形的力学基础、塑性成形时金属的流动和成形规律；介绍了塑性成形的主要求解方法，即主应力法和滑移线法；对变形功法、上限法、塑性材料力学法、有限元法和塑性成形过程的物理模拟也作了简要介绍。为了便于学生复习、自学和加深对本书内容的理解，书中列举了大量例题。同时，每章末附有思考题并在书后附有部分思考题答案。

本书可作为材料成形及控制工程专业的本科及专科教材，也可作为相关专业科技人员的参考用书。

图书在版编目（CIP）数据

金属塑性成形原理/李尧主编 .—2 版. —北京：机械工业出版社，2013. 1（2026. 2 重印）
普通高等教育材料类系列教材
ISBN 978-7-111-40282-4

Ⅰ. ①金… Ⅱ. ①李… Ⅲ. ①金属压力加工—塑性变形—高等学校—教材 Ⅳ. ①TG301

中国版本图书馆 CIP 数据核字（2012）第 261125 号

机械工业出版社（北京市百万庄大街 22 号 邮政编码 100037）
策划编辑：冯春生 责任编辑：冯春生 韩 冰
版式设计：霍永明 责任校对：陈 越
封面设计：张 静 责任印制：张 博
固安县铭成印刷有限公司印刷
2026 年 2 月第 2 版第 13 次印刷
184mm×260mm · 14. 5 印张 · 329 千字
标准书号：ISBN 978-7-111-40282-4
定价：33. 00 元

电话服务
客服电话：010-88361066
010-88379833
010-68326294

网络服务
机 工 官 网：www. cmpbook. com
机 工 官 博：weibo. com/cmp1952
金 书 网：www. golden-book. com
机工教育服务网：www. cmpedu. com

普通高等教育材料类系列教材
编审委员会

应用型本科材料成形及控制工程专业教材编委会

前　言

本书是高等学校材料成形及控制工程专业使用的《金属塑性成形原理》的修订本。原书经过几年的使用，许多读者提出了一些修改意见。2011 年 10 月在福州工程学院召开的中国机械工业教育协会应用型本科材料成形及控制学科教学分委员会暨教材编委会上，有专家对本书提出了修订意见，因此，编写组又对本书大纲进行了讨论并做了进一步修改。编写者仍然力求体现本书的以下特点：①以金属塑性行为和塑性成形力学为基础，强调基本概念和基本理论；②遵照循序渐进、突出重点的原则，着重阐述基础理论，尽可能联系实际问题，因此例题较多；③兼顾理论知识的系统性和学科间的内在联系，删去了与先修课程的重复部分，如注意与先修课程“金属学”、“金属热处理”的合理衔接，避免不必要的重复，删去了晶体结构、位错理论的基本概念及回复和再结晶等内容；④本课程考虑到数学模型较多，需要建立的概念也多，初学者往往感到难度较大，因此，为了加深对基本概念的理解，在原有的基础上又增加了例题和思考题；⑤增加了关于三向应力莫尔圆中三向切应力方向确定的最新研究成果。本书可作为材料成形及控制工程、机械工程及自动化专业的本科及专科教材，也可供有关科技人员参考。

“金属塑性成形原理”是材料成形及控制工程专业的技术基础课。全书共分六章，第一章为绪论，简要介绍金属塑性成形原理的特点及分类、金属塑性成形理论的发展概况及学习本课程的目的和任务；第二章主要论述金属塑性变形时的力学基础理论，包括应力状态、应变状态、屈服准则、平衡微分方程、本构关系等，并将应力、应变及屈服准则之间的内在关系联系在一起作了系统的、深入浅出的介绍；第三章论述金属的塑性及超塑性、加工硬化、影响金属塑性变形的因素及塑性变形对金属组织和性能的影响，讨论塑性成形时金属变形与流动的有关问题，包括最小阻力定律、变形不均匀性及影响因素、附加应力、残余应力、金属的断裂、塑性成形件中的折皱及塑性成形中的摩擦与润滑；第四章对塑性成形基本工序进行力学分析，并利用主应力法进行求解；第五章介绍滑移线场理论的理论基础和实际解法；第六章简要介绍塑性成形问题的其他解法，如变形功法、上限法、材料力学法和有限元法。当学时较少时，可考虑删去第六章内容。

本书由江汉大学李尧任主编，湖南工程学院张利君任副主编，陕西理工学院胡礼木任主审。编写工作分配如下：江汉大学李尧编写绪论、第二章的第一节至第三节，湖南工程学院张利君编写第二章的第四节至第六节以及第六章，江汉大学杨俊杰编写

第三章，上海工程技术大学廖秋慧编写第四章，广东工业大学章争荣编写第五章。

本书在编写过程中得到了兄弟院校的支持和帮助，对教材的修订提出了许多宝贵意见，在此谨表示深深的谢意。

由于编写水平所限，书中缺点和错误在所难免，欢迎读者批评指正。

编　者

目 录

第一章　绪　　论

金属塑性成形是金属加工的方法之一，它是在外力作用下使金属产生塑性变形，从而将工件加工成所需形状和尺寸的加工方法。所以，也把塑性成形称为塑性加工或压力加工。

一、金属塑性成形的特点及分类

1. 特点

与金属切削加工、铸造、焊接等加工方法相比，金属塑性加工主要有以下特点：

（1）组织、性能得到改善和提高　金属材料经过相应的塑性加工后，其内部组织发生显著变化。例如，由炼钢铸出的钢锭，其内部组织疏松多孔，晶粒粗大且不均匀，偏析也比较严重，必须经过锻造、轧制或挤压等塑性加工，才能使其结构致密、组织改善、性能提高。因此，90%以上的铸钢锭都要经过塑性加工制成钢坯或钢材。此外，经过塑性成形后，金属的流线分布合理，从而也改善了制件的性能。

（2）材料利用率高　金属塑性成形主要是靠金属在塑性状态下的体积转移来实现的，不产生切屑，因而材料利用率高，可以节约大量的金属材料。

（3）生产效率高，适于大批量生产　这一点在金属的轧制、拉丝和挤压等工艺中尤为明显。在冲压工艺中，随着生产机械化与自动化程度的提高，生产率也相应得到提高。例如，高速压力机的行程次数已达1500～1800次/min；在双动拉深压力机上成形一个汽车覆盖件仅需几秒钟；在12000×10kN热模锻压力机上锻造一根汽车发动机的六拐曲轴仅需40s；在弧形板行星搓丝机上加工一个M5螺钉，生产率高达12000件/min。

（4）尺寸精度高　不少成形方法已达到少、无切削的要求。例如，精密模锻的锥齿轮，其齿形部分可不经切削加工而直接使用；精锻叶片的复杂曲面可达到只需磨削的精度；旋压液压缸的表面粗糙度 Ra 值达0.40～0.20μm，可以直接使用。

由于金属塑性加工具有上述特点，因而在冶金、有色金属加工、汽车、拖拉机、宇航、船舶、军工、仪器仪表、电器和日用五金等工业部门中得到了广泛应用，在国民经济中也占有重要的地位。

2. 分类

金属塑性成形方法的种类有很多，其分类方法目前还不统一。按照成形的特点不同，一般把塑性加工分为轧制、拉拔、挤压、锻造和冲压五大类。每类又包括多种加工方法，形成各自的工艺领域。在轧制、拉拔和挤压的成形过程中，变形区是不变的，属于稳定的塑性流动过程，适于连续的大批量生产，可提供型材、板材、管材和线材等金属原材料，

表 1-1　金属塑性加工按工件的

基本加工			
基本受力方式	压		
分类与名称	锻　造		
	自 由 锻 造		模　锻
	镦　粗	拔　长	
图　例	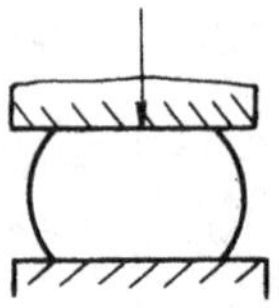	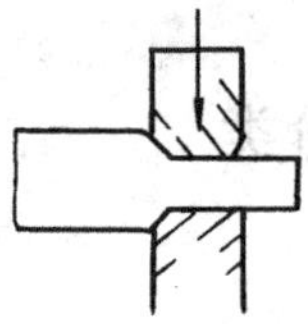	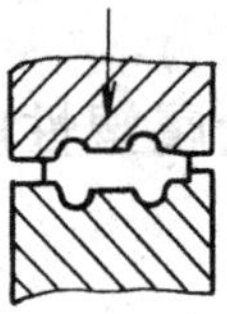

基本加工			
基本受力方式	压　力		拉
分类与名称	挤　压		拉　拔
	正 挤 压	反 挤 压	
图　例	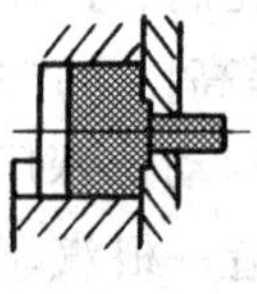	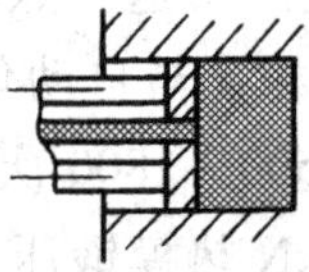	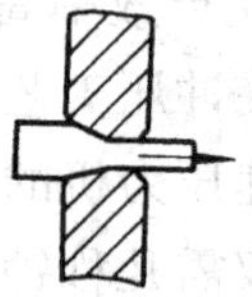

组合加工		
组合方式	锻造-纵轧	锻造-横轧
名　称	辊　锻	楔 横 轧
图　例	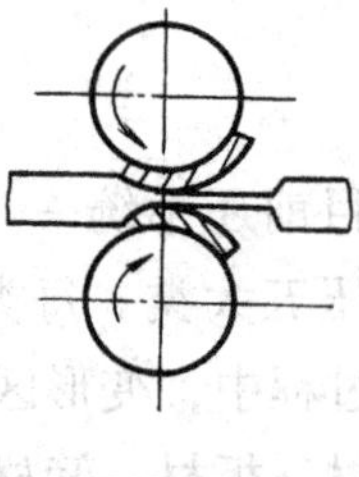	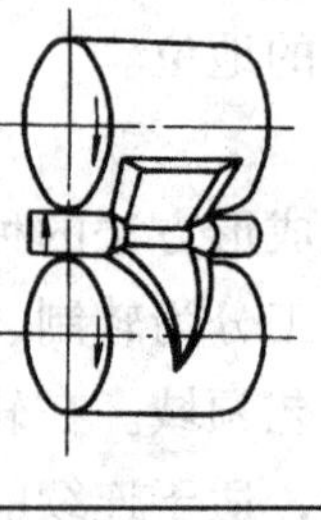

受力和变形方式分类

变形方式		
力		
轧制		
纵轧	横轧	斜轧
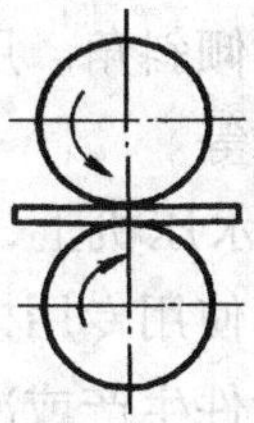	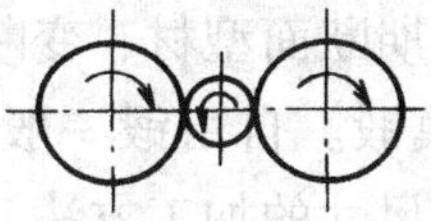	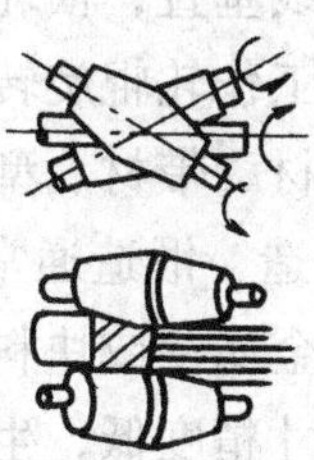

变形方式			
力		弯矩	剪切力
冲压（拉深）	拉形	弯曲	剪切
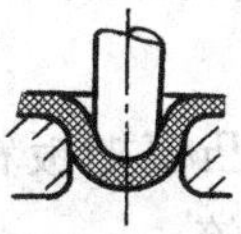		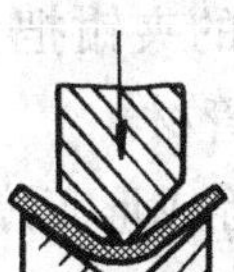	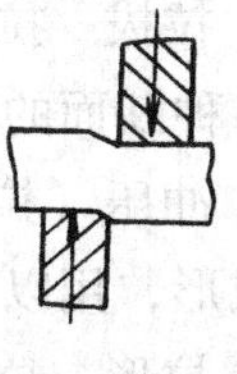

变形方式		
锻造（扩孔）-横轧	轧制-弯曲	冲压（拉深）-轧制
辗压	辊弯	旋压
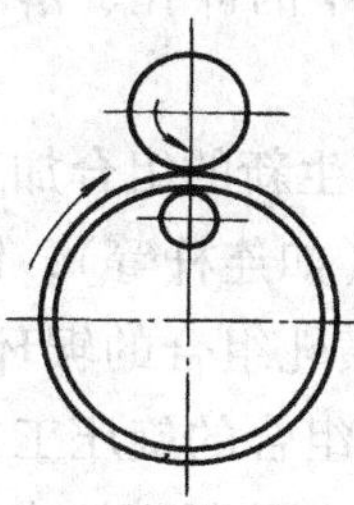	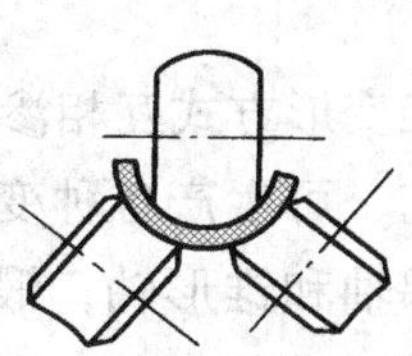	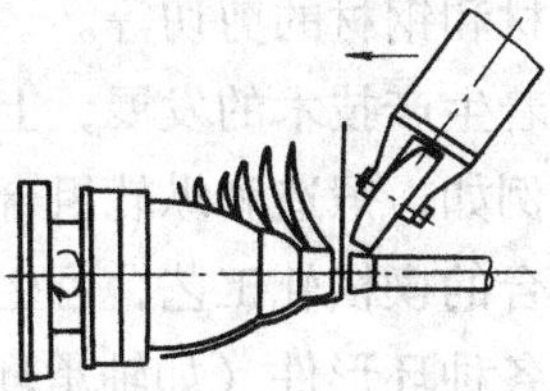

属于冶金工业领域；而锻造和冲压成形的变形区随变形过程而变化，属于非稳定的塑性流动过程，适于间歇生产，用于提供机器零件或坯料，属于机械制造工业领域。锻造属于体积成形，而冲压属于板料成形，故也称为板料冲压。

按照成形时工件的受力和变形方式进行分类，分类方法见表1-1。这种分类方法把金属塑性成形分为基本加工变形方式和组合加工变形方式。

靠压力作用使金属产生变形的方式有轧制、锻造和挤压。

（1）轧制　轧制是坯料通过旋转的轧辊受到压缩，使其横截面减小、形状改变、长度增加。轧制可分为纵轧、横轧和斜轧。纵轧时，两工作轧辊旋转方向相反，轧件的纵轴线与轧辊轴线垂直；横轧时，两工作轧辊旋转方向相同，轧件的纵轴线与轧辊轴线平行；斜轧时，两工作轧辊旋转方向相同，轧件的纵轴线与轧辊轴线成一定的倾斜角。用轧制方法可生产板材、带材、型材、管材以及周期断面型材、变断面轴及钢球等。

（2）锻造　锻造通常分为自由锻和模锻。自由锻一般是在锻锤或水压机上，利用简单的工具将金属锭或块料锻成所需形状和尺寸的加工方法。自由锻时不使用专用模具，因而锻件的尺寸精度低，生产率也不高，主要用于单件小批量生产、大锻件生产或冶金厂的开坯。模锻是在模锻锤或热模锻压力机上利用模具来成形。由于金属的成形受模具控制，因此模锻件具有相当精确的外形和尺寸，也有相当高的生产率，适合于大批量生产。

（3）挤压　挤压是将坯料放入挤压机的挤压筒中，在挤压杆的压力作用下，使金属从一定形状和尺寸的模孔中流出。挤压包括正挤压和反挤压。正挤压时挤压杆的运动方向与从模孔挤出的金属的流动方向一致；反挤压时挤压杆的运动方向与从模孔中挤出的金属的流动方向相反。用挤压法可生产各种断面的型材、管材以及机器零件。

主要靠拉力作用使金属产生变形的方式有拉拔、冲压（拉深等成形工序）和拉形。

（1）拉拔　拉拔是用拉拔机的夹钳把金属坯料从一定形状和尺寸的模孔中拉出，从而获得各种断面的型材、线材和管材。

（2）冲压（拉深等）　拉深等成形工序是在曲柄压力机或油压机上用凸模把板料拉进凹模中成形，用以生产各种薄壁空心零件，如各种空间曲面零件及覆盖件等。

（3）拉形　拉形是板料两端在拉力作用下沿一定形状的凸模贴模成形，如飞机蒙皮等大型曲面零件。带材的拉力校直也属于这种方式。

主要靠弯矩和剪切力作用使金属产生变形的方式有弯曲和剪切。

（1）弯曲　弯曲是坯料在弯矩的作用下成形，如板料在模具中的弯曲成形、板带材的折弯成形、钢材的校直等。

（2）剪切　坯料在剪切力作用下进行剪切变形，如板料在模具中的冲孔、落料、切边、板材和钢材的剪切等。

随着生产技术的发展，上述基本加工变形方式互相渗透，进而产生新的组合加工变形方式。例如，锻造和纵轧组合的辊锻工艺，可生产各种变断面零件（如连杆等）；锻造和横轧组合的楔横轧工艺，可生产各种阶梯轴和锥形轴；锻造扩孔和横轧组合的辗环工艺，可生产各种环形件（如轴承环、火车轮箍、齿轮坯等）；冲压和轧制组合的旋压工艺，可生产各种薄壁空心回转体零件；弯曲和轧制组合的辊弯工艺，可生产各种断面的冷弯型材及焊管等。

综上所述，各种加工变形方式的互相渗透和适当组合，可开发出高效率的新的塑性成形工艺方法。此外，随着技术的发展，也不断形成新的塑性加工方法，如连铸连轧、液态模锻、等温锻造和超塑性成形等。所有这些都进一步扩大了塑性成形的应用范围。

塑性加工按成形时工件的温度不同还可以分为热成形、冷成形和温成形三类。热成形是在充分进行再结晶的温度以上所完成的加工，如热轧、热锻、热挤压等；冷成形是在不产生回复和再结晶的温度以下进行的加工，如冷轧、冷冲压、冷挤压、冷锻等；温成形是在介于冷热成形之间的温度下进行的加工，如温锻、温挤压等。

二、金属塑性成形理论的发展概况

金属塑性加工是具有悠久历史的加工方法，早在两千多年前的青铜器时期，我国劳动人民就已经发现铜具有塑性变形的性能，并掌握了锤击金属以制造兵器和工具的技术。随着近代科学技术的发展，已经赋予塑性加工技术以崭新的内容和含义。但是，作为这门技术的理论基础——金属塑性成形原理则发展得较晚，直到20世纪40年代才逐步形成独立的学科。

金属塑性成形理论是在塑性变形的物理、物理化学和力学基础上发展起来的一门工程应用技术理论。金属塑性变形的物理和物理化学基础属于金属学范畴。自从20世纪30年代位错概念提出以来，人们对塑性变形的微观机理有了科学的解释；对于金属的塑性——金属产生塑性变形而不破坏其完整性的能力，人们也有了更深刻的认识。塑性作为金属的状态属性，不仅取决于金属材料本身（如晶格类型、化学成分和组织结构等），还取决于变形的外部条件，金属在合适的温度、速度条件和力学状态下，可以获得很高的塑性。

金属塑性成形原理的另一重要方面是塑性成形力学，它是在塑性理论（或称为塑性力学）的发展和应用中逐渐形成的。塑性理论的发展历史可追溯到1864年，由法国工程师屈雷斯加（H. Tresca）首次提出最大切应力屈服准则，距今已有一百多年的历史。最早将塑性理论用于金属塑性加工的是德国学者卡尔曼（Von Karman），他在1925年用初等方法建立了轧制时的应力分布规律。此后不久，萨克斯（G. Sachs）和齐别尔（E. Siebel）在研究拉拔时提出了相似的求解方法——切块法，即后来所称的主应力法。此后，人们对塑性成形过程的应力、应变和变形力的求解逐步建立了许多理论求解方法，如滑移线法、工程计算法、变分法和变形功法、上限法、有限元法等。同时，还建立了理论解析与实验相结合的方法，如塑性变形材料力学法和直观塑性法（又称为视塑性法）。

在国内，许多学者在塑性成形理论及力学方面也做了不少的研究工作。王仲仁教授从便于工程应用的角度出发，吸取了增量理论的共同点，于1979年提出了“应力应变顺序对应规律”理论，这一理论将应力状态、应变状态、屈服准则三者之间的内在关系联系在一起，它根据应力、应变的变化可定性地判断出工件各部分尺寸的变化趋向，同时还给出了在平面应力状态及三向应力状态下屈服图形上的应力分区。王仲仁还应用塑性成形理论发明了“无膜胀球工艺”，这是一种变形效率较高的成形方式。在塑性成形问题的力学分析方法（如滑移线法、上限法、有限元法等）的理论研究及应用方面，王仲仁及顾震隆提出了一种用莫尔圆求证 Hencky 方程的方法；朱吉君将滑移线理论用于计算三辊仿形斜轧变形力问题；李双义利用基元矩形技术对平面应变正挤、反挤的优化上限解进行了简便有效的分析；王祖唐等利用有限元法分析了静液挤压的应力应变场。这些研究成果进一步推动了金属塑性成形理论的发展。

金属塑性成形理论是一门年轻的学科，在生产中存在的大量问题还有待于进一步认识、研究、总结，新的成形方法也有待于进一步开发。作为塑性成形理论本身也需要进一步发展和完善。例如，微观塑性理论和宏观塑性理论至今还没有很好地结合和统一起来；塑性变形的基本方程——本构方程（即塑性应力应变方程）也需要进一步完善。

三、本课程的任务

金属塑性成形方法多种多样，具有各自的特点，但它们有着共同的基础和规律。金属塑性成形原理课程的目的就在于科学地、系统地阐明这些基础和规律，为合理制订塑性成形工艺奠定理论基础。因此，学习本课程的任务是：

1）掌握金属塑性变形的物理学基础，了解金属的塑性变形行为以及变形条件对其塑性和变形抗力的影响，以便使工件在成形时获得最佳的塑性状态、最高的变形效率和优质的性能。阐述塑性成形时的金属流动规律和变形特点，分析影响金属塑性流动的各种因素，以便合理地确定坯料尺寸和成形工序，使工件顺利成形。

2）掌握金属塑性变形的力学基础，即掌握应力、应变、应力应变关系和屈服准则等塑性理论基础知识，以便对变形过程进行应力应变分析，并寻找塑性变形物体的应力应变分布规律。

3）掌握金属塑性成形力学问题的各种解法及其在具体工艺中的应用，以便确定变形体中的应力应变分布规律及所需的变形力和变形功，为选择成形设备和设计模具提供依据。

金属塑性成形原理是一门专业理论课，在学习本课程时，要建立起准确的物理概念，掌握塑性变形的基本规律，注意理论联系实际，提高分析和解决塑性成形实际问题的能力。

思考题

1-1　什么是金属的塑性？什么是塑性成形？与金属切削相比，塑性成形有何特点？

1-2　塑性成形如何分类？

1-3　本课程的任务是什么？

第二章　金属塑性变形的力学基础

金属在外力作用下由弹性状态进入塑性状态。研究金属在塑性状态下的力学行为称为塑性理论或塑性力学，它是连续介质力学的一个分支。为了简化研究过程，塑性理论通常采用以下假设：

1）变形体是连续的，即整个变形体内不存在任何空隙。这样，应力、应变、位移等物理量也都是连续的，并可用坐标的连续函数来表示。

2）变形体是均质的和各向同性的。这样，从变形体上切取的任一微元体都能保持原变形体所具有的物理性质，且不随坐标的改变而变化。

3）在变形的任意瞬间，力的作用是平衡的。

4）在一般情况下，忽略体积力的影响。

5）在变形的任意瞬间，体积不变。

在塑性理论中，分析问题需要从静力学、几何学和物理学等角度来考虑。静力学角度是从变形体中质点的应力分析出发，根据静力学平衡条件导出该点附近各应力分量之间的关系式，即平衡微分方程。几何学角度是根据变形体的连续性和均匀性，用几何的方法导出应变分量与位移分量之间的关系式，即几何方程。物理学角度是根据实验与假设导出应变分量与应力分量之间的关系式，即物理方程或本构方程。此外，还要建立变形体从弹性状态进入塑性状态并使塑性变形继续进行时，其应力分量与材料性能之间的关系，即屈服准则或塑性条件。

以上是塑性变形的力学基础，也是本章的主要内容，它为研究塑性成形力学问题提供基础理论。

第一节　金属塑性成形过程的受力分析

塑性成形是利用金属的塑性，在外力作用下使金属成形的一种加工方法。作用于金属的外力可以分为两类：一类是作用在金属表面上的力，称为面力或接触力，它可以是集中力，但更一般的是分布力；第二类是作用在金属每个质点上的力，称为体积力。

1. 面力

面力可分为作用力、反作用力和摩擦力。

作用力是由塑性加工设备提供的，用于使金属坯料产生塑性变形。在不同的塑性加工工序中，作用力可以是压力、拉力或剪切力，但在多数情况下是用压力来成形的，因此塑性加工又称为压力加工。

反作用力是工具反作用于金属坯料的力。一般情况下，反作用于金属的力与施加的作用力互相平行，并组成平衡力系。如图2-1a所示，$F=F'$（F为作用力，F'为反作用力）；而在图2-1b及图2-1c中，反作用力F''自相平衡。

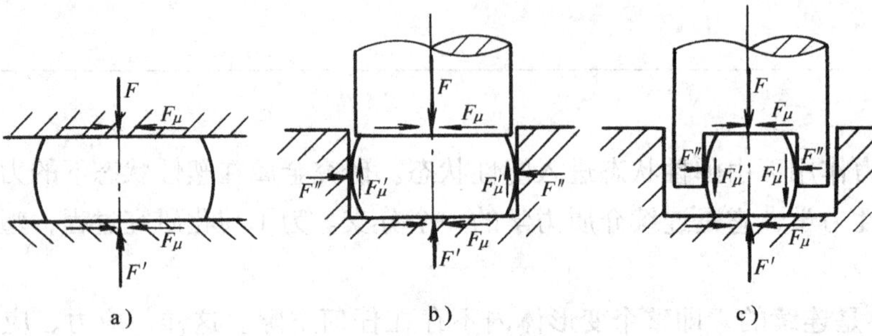

图2-1　镦粗时的受力分析
a）在平模具间镦粗　b）在凹模内镦粗　c）在凸模内镦粗

金属在外力作用下产生塑性变形时，在金属与工具的接触面上产生阻止金属流动的摩擦力。摩擦力的方向通常与金属质点移动的方向相反，其最大值不应超过金属材料的抗剪强度。在图2-1a中的摩擦力F_μ自相平衡，而图2-1b中的摩擦力F'_μ对金属底部变形起阻碍作用，不利于底部金属的充满，此时$F=F'+F'_\mu$。在图2-1c中摩擦力F'_μ有利于底部金属的充满，起到作用力的效果，此时$F+F'_\mu=F'$。

2. 体积力

体积力是与变形体内各质点的质量成正比的力，如重力、磁力和惯性力等。对于一般的塑性成形过程，由于体积力与面力相比要小得多，可以忽略不计，因此，一般都假定是在面力作用下的静力平衡力系。但是在高速成形时，如高速锤锻造、爆炸成形等，惯性力不能忽略。在锤上模锻时，坯料受到由静到动的惯性力作用，惯性力向上，有利于金属填充上模，故锤上模锻通常将形状复杂的部位设置在上模。

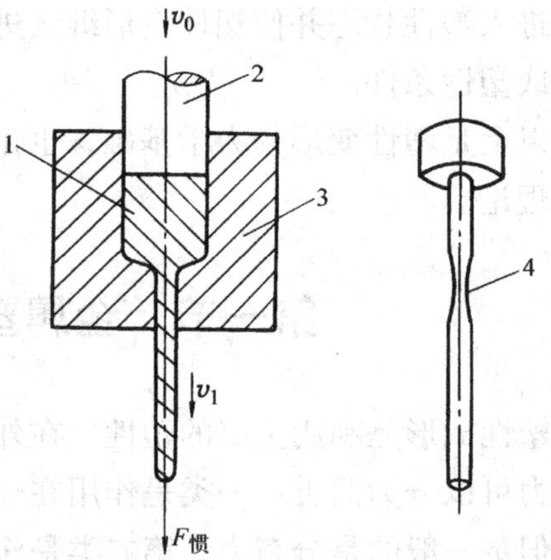

图2-2　高速锤上挤压时的惯性力
1—坯料　2—冲头　3—凹模　4—缩颈

在高速锤上挤压时，工件在出口部分的速度v_1远远大于工具运动速度v_0（图2-2）。根据体积不变条件，$v_1=v_0A_0/A_1$，当挤压比$A_0/A_1=5$时（A_0、A_1为挤压前和挤压后坯料的横截面积），v_1可达100m/s。当挤压结束时，在如此高的速度下突然停止，工件受到由动到静的惯性力作用，且惯性力的方向向下。这时，有可能使工件产生缩颈，甚至拉断。

第二节 变形体内一点的应力状态分析

物体变形时的应力状态是表示物体内所承受应力的情况，只有了解变形物体内任意一点的应力状态，才可能推断出整个变形物体的应力状态。点的应力状态是指物体内一点任意方位微小面积上所承受的应力情况，即应力的大小、方向和个数。

一、应力分析的截面法

在外力作用下，变形体内部各质点之间会产生相互作用的力，叫做内力，单位面积上的内力叫做应力。图2-3表示物体受外力系 F_1，F_2，F_3，…的作用而处于平衡状态。若要知道物体内 Q 点的应力，可以过 Q 点作一法线为 N 的平面 B，将物体切成两部分并移出上半部分，则 B 面上的内力就变成外力，并与作用在下半部分的外力相平衡。

在 B 面上围绕 Q 点取一无限小的面积 ΔA，设该面积上内力的合力为 ΔF，则定义

$$S = \lim_{\Delta A \to 0} \frac{\Delta F}{\Delta A} = \frac{\mathrm{d}F}{\mathrm{d}A}$$

为 B 面上 Q 点的全应力。全应力 S 可以分解成两个分量：一个为垂直于 B 面的分量，称为正应力或法向应力，一般用 σ 表示；另一个为平行于 B 面的分量，称为切应力，一般用 τ 表示。

过 Q 点可以作无限多的切面，在不同方位的切面上，Q 点的应力显然是不同的。现以单向均匀拉伸为例进行分析。如图2-4所示，垂直于试棒拉伸轴线的横截面上的应力为

$$\sigma_0 = \frac{F}{A_0} \tag{2-1}$$

式中 F——轴向拉力；

A_0——试棒的横截面面积。

现过 Q 点作切面 B，其法线 N 与拉伸轴成 θ 角，则 B 面上 Q 点的全应力、正应力和切应力分别为

$$\left.\begin{aligned} S &= \frac{F}{A} = \frac{F}{A_0}\cos\theta = \sigma_0\cos\theta \\ \sigma &= S\cos\theta = \sigma_0\cos^2\theta \\ \tau &= S\sin\theta = \frac{1}{2}\sigma_0\sin 2\theta \end{aligned}\right\} \tag{2-2}$$

式（2-2）表明，Q 点任意切面上的应力随其法线的方向角 θ 的变化而变化，即是 θ 角的函数。对于单向均匀拉伸，只要确定出 σ_0，则 Q 点任意切面上的应力也就可以确定。因此，只用一个应力 σ_0 就可以表示出单向拉伸时点的应力状态。

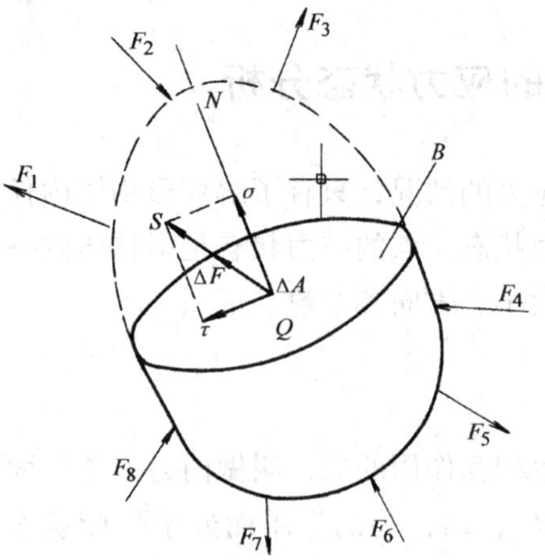

图 2-3 内力和应力图

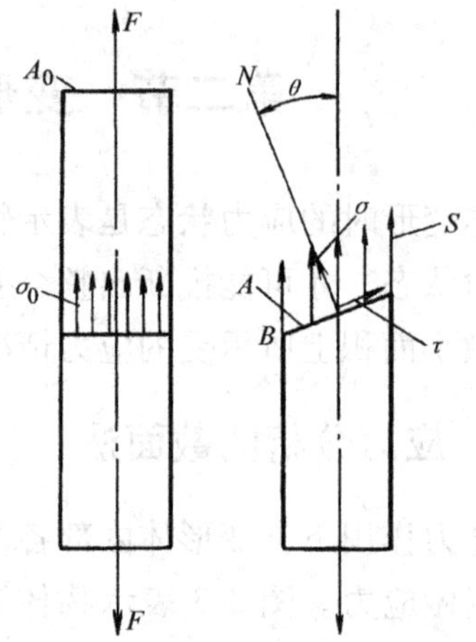

图 2-4 单向拉伸时任意斜面上的应力

二、三维坐标系的应力分量和应力张量

塑性成形时，变形体一般是多向受力，显然不能只用一点某一切面上的应力来求得该点其他方向切面的应力。也就是说，仅仅用某一方向切面上的应力还不足以全面地表示出一点的受力状况。

设在直角坐标系 $Oxyz$ 中有一承受任意力系的物体，物体内有一任意点 Q，围绕 Q 切取一个平行于坐标面的平行六面体作为单元体，如图 2-5 所示。由于各微分面上的全应力都可以按坐标轴方向分解为一个正应力和两个切应力分量，这样，三个互相垂直的微分面上共有九个应力分量，其中三个为正应力分量，六个为切应力分量。因此，在一般情况下，表示一点的应力状态需要用坐标面上的九个应力分量来描述。

每个应力分量的符号带有两个下角标：第一个下角标表示该应力分量所在的坐标面（用该面的法线方向命名）；第二个下角标则表示应力所指的坐标方向。正应力分量的两个下角标相同，一般只用一个下角标表示，例如 σ_{xx} 简写为 σ_x。为了清楚起见，可将九个应力分量写成下列矩阵形式

$$\begin{pmatrix} \sigma_x & \tau_{xy} & \tau_{xz} \\ \tau_{yx} & \sigma_y & \tau_{yz} \\ \tau_{zx} & \tau_{zy} & \sigma_z \end{pmatrix}$$

- 第一行——作用在 x 面上
- 第二行——作用在 y 面上
- 第三行——作用在 z 面上
- 第三列——作用方向为 z
- 第二列——作用方向为 y
- 第一列——作用方向为 x

应力分量的正、负号规定如下：在单元体上，外法线指向坐标轴正向的微分面叫做正面，反之称为负面（图 2-5 中只标出了正面上的应力，负面上的应力没有标出）。在正面上，指向坐标轴正向的应力分量取正号，反之取负号；在负面上，指向坐标轴负向的应力分量为正，反之为负。这个规定与习惯上拉应力为正、压应力为负相一致。按此规定，图 2-5中所标的切应力分量都是正的，这与材料力学中关于切应力正负号的规定是不

同的。

由于单元体处于静力平衡状态，不发生旋转，故绕单元体各坐标轴的合力矩必须等于零，由此可以导出切应力互等定理

$$\tau_{xy}=\tau_{yx};\ \tau_{yz}=\tau_{zy};\ \tau_{zx}=\tau_{xz} \qquad (2\text{-}3)$$

因此，这九个应力分量只有六个是独立的。这样，任意点的应力状态只需用坐标面上六个应力分量来表示。

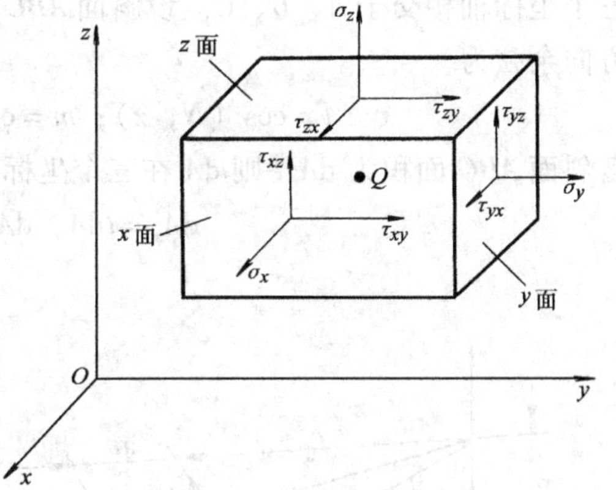

图 2-5　直角坐标系中单元体上的应力分量

图 2-5 的坐标系是任意选取的，在一定外力条件下，物体内任意点的应力状态已被确定，如果取不同的坐标，则表示该点应力状态的九个分量将有不同的数值，而该点的应力状态并没有变化。某一坐标系的九个分量组成的物理量能被转换到另一坐标系，这种物理量在数学上叫做二阶张量，简称为张量。因此，点的应力状态是一个张量，称为应力张量，可用张量符号 $\boldsymbol{\sigma}_{ij}$ 表示，即

$$\boldsymbol{\sigma}_{ij}=\begin{pmatrix}\sigma_x & \tau_{xy} & \tau_{xz}\\ \tau_{yx} & \sigma_y & \tau_{yz}\\ \tau_{zx} & \tau_{zy} & \sigma_z\end{pmatrix} \qquad (2\text{-}4)$$

$\boldsymbol{\sigma}_{ij}$ 是应力张量的缩写符号，角标 i 和 j 分别表示 x、y、z，即 $i=x$，y，z；$j=x$，y，z。因此，$\boldsymbol{\sigma}_{ij}$ 代表了九个应力分量，其中下角标不重复的表示切应力，写成 τ_{xy}，τ_{yx}，…。

由于切应力互等，即 $\tau_{ij}=\tau_{ji}$，式（2-4）对称于对角线，所以应力张量是对称张量，也可以简写为

$$\boldsymbol{\sigma}_{ij}=\begin{pmatrix}\sigma_x & \tau_{xy} & \tau_{xz}\\ \cdot & \sigma_y & \tau_{yz}\\ \cdot & \cdot & \sigma_z\end{pmatrix} \qquad (2\text{-}4a)$$

张量有许多特性，例如张量可以合并，也可以分解，存在主方向，有主值及不变量等，这些对于进一步分析应力状态是很有用的。在后面的分析中将要引用这些特性，而不加以证明，也不涉及张量的运算。

当变形体是旋转体时，用圆柱坐标系更为方便，其三个坐标轴分别为 ρ（或 r）——径向、θ——周向、z——轴向。用圆柱坐标表示的单元体及应力状态如图 2-6 所示，应力张量为

$$\boldsymbol{\sigma}_{ij}=\begin{pmatrix}\sigma_\rho & \tau_{\rho\theta} & \tau_{\rho z}\\ \tau_{\theta\rho} & \sigma_\theta & \tau_{\theta z}\\ \tau_{z\rho} & \tau_{z\theta} & \sigma_z\end{pmatrix} \qquad (2\text{-}5)$$

三、任意斜面上的应力

如果变形体中一点的九个应力分量已知，便可以求得过该点任意斜面上的应力，这就

表明该点的应力状态完全被确定。下面通过静力平衡来求任意斜面上的应力。

如图2-7所示，已知Q点三个互相垂直坐标面上的应力分量为σ_{ij}，任意斜面ABC与三个坐标轴相交于A、B、C。设斜面ABC的外法线方向为N，它与x、y、z三个坐标轴的方向余弦为

$$l=\cos(N,x);\ m=\cos(N,y);\ n=\cos(N,z)$$

若斜面ABC面积为$\mathrm{d}A$，则$\mathrm{d}A$在三个坐标面上的投影面积分别为

$$\mathrm{d}A_x=l\mathrm{d}A;\ \mathrm{d}A_y=m\mathrm{d}A;\ \mathrm{d}A_z=n\mathrm{d}A$$

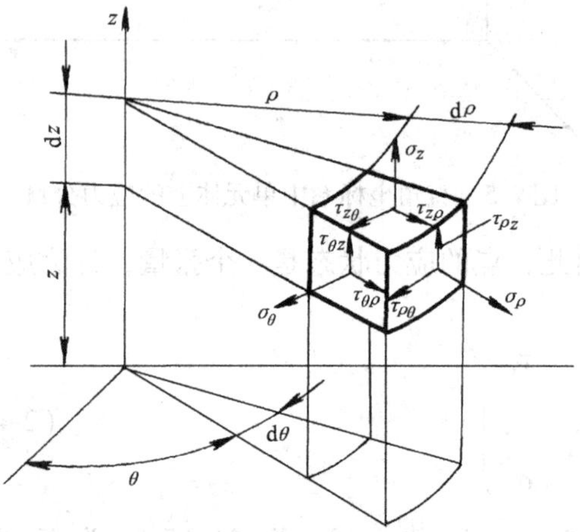

图2-6 圆柱坐标系中单元体上的应力分量

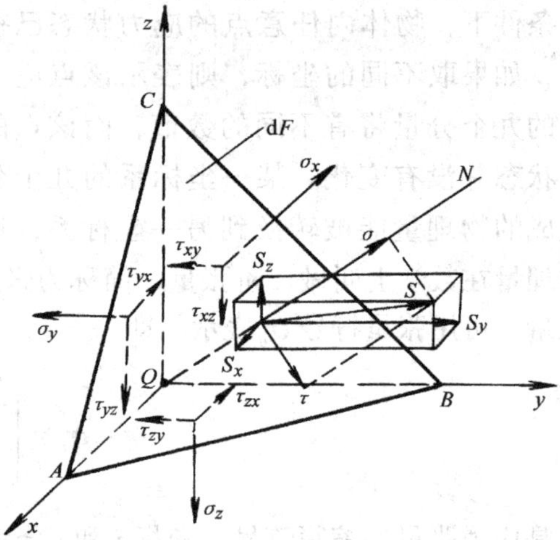

图2-7 任意斜面上的应力

现设斜面ABC上的全应力为S，它在三个坐标轴方向的分量为S_x、S_y、S_z，由于四面体$QABC$处于平衡状态，由静力平衡条件$\sum F_x=0$，有

$$S_x\mathrm{d}A-\sigma_x\mathrm{d}A_x-\tau_{yx}\mathrm{d}A_y-\tau_{zx}\mathrm{d}A_z=0$$

整理得

$$\left.\begin{aligned}S_x&=\sigma_x l+\tau_{yx}m+\tau_{zx}n\\ S_y&=\tau_{xy}l+\sigma_y m+\tau_{zy}n\\ S_z&=\tau_{xz}l+\tau_{yz}m+\sigma_z n\end{aligned}\right\}\tag{2-6}$$

同理

于是可求得全应力为

$$S^2=S_x^2+S_y^2+S_z^2\tag{2-7}$$

全应力S在法线N上的投影就是斜面上的正应力σ，它等于S_x、S_y、S_z在N上的投影之和，即

$$\sigma=S_xl+S_ym+S_zn=\sigma_xl^2+\sigma_ym^2+\sigma_zn^2+2(\tau_{xy}lm+\tau_{yz}mn+\tau_{zx}nl)\tag{2-8}$$

斜面上的切应力为

$$\tau^2=S^2-\sigma^2\tag{2-9}$$

如果质点处于受力物体的边界上，则斜面ABC即为物体的外表面，作用在其上的表面力（外力）F沿坐标轴的分量为F_x、F_y、F_z，式（2-6）仍然成立，根据式（2-6）即可得到

$$\left.\begin{aligned}F_x&=\sigma_x l+\tau_{yx}m+\tau_{zx}n\\F_y&=\tau_{xy}l+\sigma_y m+\tau_{zy}n\\F_z&=\tau_{xz}l+\tau_{yz}m+\sigma_z n\end{aligned}\right\}\tag{2-10}$$

式（2-10）称为应力边界条件。

四、主应力和应力不变量

1. 主应力

由式（2-8）、式（2-9）可知，任意斜面上的正应力 σ 和切应力 τ，是随着该面法线 N 的方向余弦 l、m、n 的变化而变化的。过一点可以作无数个斜面，总能得到这样一组斜面，其上只有正应力而没有切应力，也就是说，斜面上的全应力 S 和正应力 σ 重合，而切应力 $\tau=0$。这种切应力为零的平面叫做主平面，主平面上的正应力叫做主应力，主平面的法线方向就是主应力的方向，叫做应力主方向或应力主轴。

现设图 2-7 中的斜面 ABC 是待求的主平面，面上的切应力 $\tau=0$，因而正应力就是全应力，即 $\sigma=S$。于是全应力 S 在三个坐标轴上的投影为

$$\left.\begin{aligned}S_x&=Sl=\sigma l\\S_y&=Sm=\sigma m\\S_z&=Sn=\sigma n\end{aligned}\right\}$$

将 S_x、S_y、S_z 的值代入式（2-6），整理后得

$$\left.\begin{aligned}(\sigma_x-\sigma)l+\tau_{yx}m+\tau_{zx}n=0\\\tau_{xy}l+(\sigma_y-\sigma)m+\tau_{zy}n=0\\\tau_{xz}l+\tau_{yz}m+(\sigma_z-\sigma)n=0\end{aligned}\right\}\tag{2-11}$$

式（2-11）是以 l、m、n 为未知数的齐次线性方程组，常数项为零，其解就是应力主轴的方向。由解析几何可知，方向余弦之间存在以下关系

$$l^2+m^2+n^2=1\tag{2-12}$$

即 l、m、n 不可能同时为零。根据线性方程理论，只有在方程组的系数组成的行列式等于零的条件下，该方程组才有非零解，所以必有

$$\begin{vmatrix}(\sigma_x-\sigma) & \tau_{yx} & \tau_{zx}\\\tau_{xy} & (\sigma_y-\sigma) & \tau_{zy}\\\tau_{xz} & \tau_{yz} & (\sigma_z-\sigma)\end{vmatrix}=0$$

展开行列式，整理后得

$$\sigma^3-(\sigma_x+\sigma_y+\sigma_z)\sigma^2+[\sigma_x\sigma_y+\sigma_y\sigma_z+\sigma_z\sigma_x-(\tau_{xy}^2+\tau_{yz}^2+\tau_{zx}^2)]\sigma-[\sigma_x\sigma_y\sigma_z+2\tau_{xy}\tau_{yz}\tau_{zx}-(\sigma_x\tau_{yz}^2+\sigma_y\tau_{zx}^2+\sigma_z\tau_{xy}^2)]=0$$

设

$$\left.\begin{aligned}J_1&=\sigma_x+\sigma_y+\sigma_z\\J_2&=-[\sigma_x\sigma_y+\sigma_y\sigma_z+\sigma_z\sigma_x-(\tau_{xy}^2+\tau_{yz}^2+\tau_{zx}^2)]\\J_3&=\sigma_x\sigma_y\sigma_z+2\tau_{xy}\tau_{yz}\tau_{zx}-(\sigma_x\tau_{yz}^2+\sigma_y\tau_{zx}^2+\sigma_z\tau_{xy}^2)\end{aligned}\right\}\tag{2-13}$$

于是有
$$\sigma^3 - J_1\sigma^2 - J_2\sigma - J_3 = 0 \tag{2-14}$$
式（2-14）称为应力状态特征方程。可以证明，该方程必然有一组唯一的三个实根，它的三个实根就是主应力 σ_1、σ_2、σ_3。将所得的主应力值代入式（2-11）中的任意两式，并与式（2-12）联解，便可求出三个互相垂直的主方向。

2. 应力张量不变量

对于一个确定的应力状态，只能有一组主应力。因此，方程式（2-14）的系数 J_1、J_2 和 J_3 应该是单值的，不随坐标而变，分别称为应力张量的第一、第二和第三不变量。于是可以得出如下重要结论：尽管应力张量的各分量随坐标而变，但按式（2-13）的形式组成的函数值是不变的。所以，应力张量的三个不变量表示了一个确定的应力状态其应力分量之间的确定关系。

存在主值、主方向和不变量，这些也正是张量的重要特性。

如果以主轴作为坐标系，则一点的应力状态只有三个主应力，应力张量为
$$\boldsymbol{\sigma}_{ij} = \begin{pmatrix} \sigma_1 & 0 & 0 \\ 0 & \sigma_2 & 0 \\ 0 & 0 & \sigma_3 \end{pmatrix} \tag{2-4b}$$
在主轴坐标系中斜面上应力分量的公式可以简化为下列表达式
$$S_1 = \sigma_1 l；\ S_2 = \sigma_2 m；\ S_3 = \sigma_3 n \tag{2-6a}$$
$$S^2 = \sigma_1^2 l^2 + \sigma_2^2 m^2 + \sigma_3^2 n^2 \tag{2-7a}$$
$$\sigma = \sigma_1 l^2 + \sigma_2 m^2 + \sigma_3 n^2 \tag{2-8a}$$
$$\tau^2 = S^2 - \sigma^2 = \sigma_1^2 l^2 + \sigma_2^2 m^2 + \sigma_3^2 n^2 - (\sigma_1 l^2 + \sigma_2 m^2 + \sigma_3 n^2)^2 \tag{2-9a}$$
应力张量的三个不变量为
$$\left.\begin{aligned} J_1 &= \sigma_1 + \sigma_2 + \sigma_3 \\ J_2 &= -(\sigma_1\sigma_2 + \sigma_2\sigma_3 + \sigma_3\sigma_1) \\ J_3 &= \sigma_1\sigma_2\sigma_3 \end{aligned}\right\} \tag{2-13a}$$

由此可见，用主应力表示应力状态，可使运算大为简化，在后面的工序分析中，一般都近似认为变形过程处于主应力状态。另外，利用应力张量不变量，可以判别应力状态的异同。如有以下两个应力张量
$$\boldsymbol{\sigma}_{ij}^1 = \begin{pmatrix} a & 0 & 0 \\ 0 & b & 0 \\ 0 & 0 & 0 \end{pmatrix} \quad \boldsymbol{\sigma}_{ij}^2 = \begin{pmatrix} \frac{a+b}{2} & \frac{a-b}{2} & 0 \\ \frac{a-b}{2} & \frac{a+b}{2} & 0 \\ 0 & 0 & 0 \end{pmatrix}$$
上述两个应力张量是否表示同一应力状态，可以通过求得的应力张量不变量是否相同来判断。按式（2-13）计算，上述两个应力状态的应力张量不变量相等，均为
$$J_1 = a + b；\ J_2 = -ab；\ J_3 = 0$$
所以，上述两个应力状态相同。

3. 应力椭球面

应力椭球面是在主轴坐标系中点的应力状态的几何表达。

由式（2-6a）可得

$$l=\frac{S_1}{\sigma_1};\ m=\frac{S_2}{\sigma_2};\ n=\frac{S_3}{\sigma_3}$$

由于 $$l^2+m^2+n^2=1$$

于是得 $$\frac{S_1^2}{\sigma_1^2}+\frac{S_2^2}{\sigma_2^2}+\frac{S_3^2}{\sigma_3^2}=1 \tag{2-15}$$

这是椭球面方程，其主半轴的长度分别等于 σ_1、σ_2、σ_3。这个椭球面称为应力椭球面，如图 2-8 所示。对一个确定的应力状态，任意斜面上全应力矢量 S 的端点必然在椭球面上。

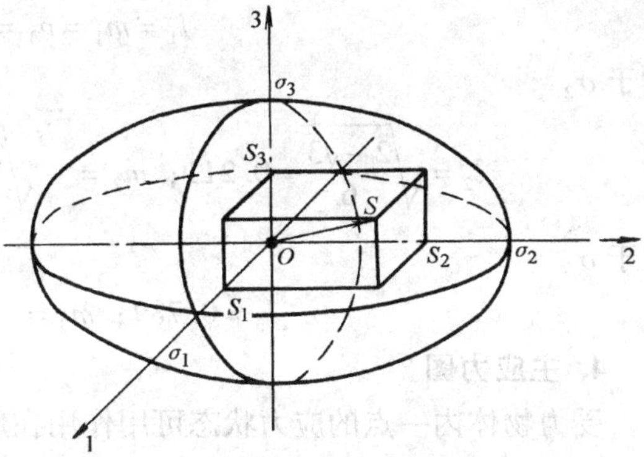

图 2-8 应力椭球面图

在三个主应力中，如果有两个主应力为零，则是单向应力状态，属于圆柱应力状态；如果一个主应力为零，则是两向应力状态（或平面应力状态），此时应力椭球面变为在某个平面上的椭圆轨迹；如果有两个主应力相等，例如 $\sigma_2=\sigma_3$，应力椭球面变成为旋转椭球面，该点的应力状态对称于主轴 O_1，也属于圆柱体应力状态；如果三个主应力都相等，则应力椭球面变成为球面，称为球应力状态。由式（2-9a）可知，$\tau=0$，此时所有方向都是主方向，且应力都相等。

例 2-1 设某点应力状态如图 2-9 所示，试求其主应力及主方向（应力单位：MPa）。

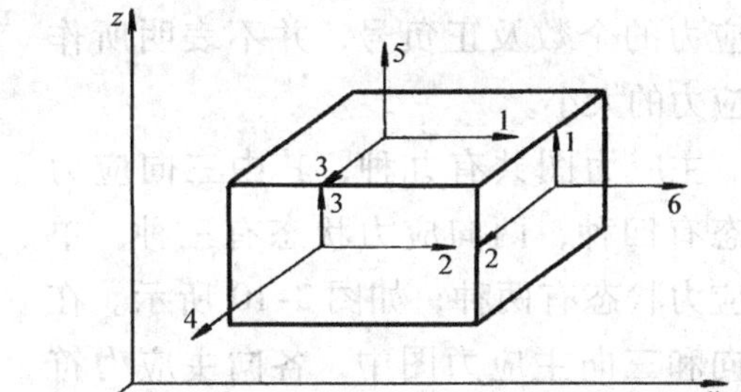

图 2-9 某点的应力状态

解 图 2-9 所示的应力张量为

$$\boldsymbol{\sigma}_{ij}=\begin{pmatrix}4 & 2 & 3\\ 2 & 6 & 1\\ 3 & 1 & 5\end{pmatrix}$$

将各分量代入式（2-13），得 $J_1=15$、$J_2=-60$、$J_3=54$。

再将不变量代入式（2-14），得 $\sigma^3-15\sigma^2+60\sigma-54=0$，分解因式 $(\sigma-9)(\sigma^2-6\sigma+6)=0$，解得

$$\sigma_1=9;\ \sigma_2=3+\sqrt{3};\ \sigma_3=3-\sqrt{3}$$

将应力分量代入式（2-11），并与式（2-12）一起写成方程组

$$\left.\begin{aligned}(4-\sigma)l+2m+3n&=0\\2l+(6-\sigma)m+n&=0\\3l+m+(5-\sigma)n&=0\\l^2+m^2+n^2&=1\end{aligned}\right\}$$

为求主方向，可分别将主应力的数值代入上式，并联解方程组。由于前三式是不定方程组，只需用其中两式与第四式联解，或者求出不定方程组的通解再代入第四式求解。例如，求 σ_1 的方向时，将 $\sigma_1=9$ 代入前两式得 $l_1=m_1$ 和 $m_1=n_1$，由第四式解得 $l_1=m_1=n_1=1/\sqrt{3}$。按所述方法求得三个主方向的方向余弦为：

对于 σ_1

$$l_1=m_1=n_1=1/\sqrt{3}=0.577$$

对于 σ_2

$$l_2=\sqrt{\frac{2-\sqrt{3}}{6}}=0.211;\quad m_2=-\sqrt{\frac{2+\sqrt{3}}{6}}=-0.789;\quad n_2=\frac{1}{\sqrt{3}}=0.577$$

对于 σ_3

$$l_3=0.789;\quad m_3=-0.211;\quad n_3=0.577$$

4. 主应力图

受力物体内一点的应力状态可用作用在应力单元体上的主应力来描述。只用主应力的个数及符号来描述一点应力状态的简图称为主应力图。一般主应力图只表示出主应力的个数及正负号，并不表明所作用应力的大小。

主应力图共有九种，其中三向应力状态有四种，两向应力状态有三种，单向应力状态有两种，如图2-10所示。在两向和三向主应力图中，各向主应力符号相同时称为同号主应力图，符号不同时称为异号主应力图。根据主应力图，可定性比较某一种材料采用不同的塑性成形加工工艺时，塑性和变形抗力的差异。

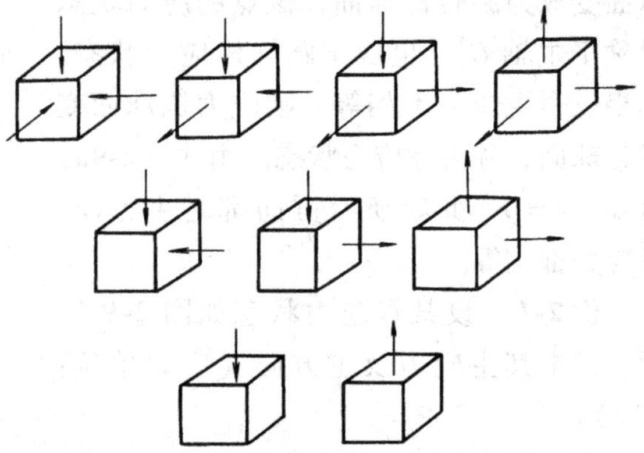

图2-10 主应力图种类

五、主切应力和最大切应力

与分析斜面上的正应力一样，切应力也随斜面上的方位而改变，当斜面上的切应力为极大值时，该切应力称为主切应力。主切应力作用的平面称为主切应力平面。

为了方便起见，取应力主轴为坐标轴，任意斜面的法线方向余弦为 l、m、n，则斜面上的切应力可由式（2-9a）求得，即

$$\tau^2 = \sigma_1^2 l^2 + \sigma_2^2 m^2 + \sigma_3^2 n^2 - (\sigma_1 l^2 + \sigma_2 m^2 + \sigma_3 n^2)^2 \tag{a}$$

以 $n^2 = 1 - l^2 - m^2$ 代入式（a），可得

$$\tau^2 = (\sigma_1^2 - \sigma_3^2) l^2 + (\sigma_2^2 - \sigma_3^2) m^2 + \sigma_3^2 - [(\sigma_1 - \sigma_3) l^2 + (\sigma_2 - \sigma_3) m^2 + \sigma_3]^2$$

为求切应力的极值，将式（a）分别对 l、m 求偏导数并令其为零，若 $\sigma_1 > \sigma_2 > \sigma_3$，经化简后得

$$\left.\begin{aligned} l\{(\sigma_1 - \sigma_3) - 2[(\sigma_1 - \sigma_3) l^2 + (\sigma_2 - \sigma_3) m^2]\} = 0 \\ m\{(\sigma_2 - \sigma_3) - 2[(\sigma_1 - \sigma_3) l^2 + (\sigma_2 - \sigma_3) m^2]\} = 0 \end{aligned}\right\} \tag{b}$$

将上述两式与 $l^2 + m^2 + n^2 = 1$ 联立求解，可得三组方向余弦。按照同样的方法，从式（2-9a）中消去 l 或 m，还可解出另外三组方向余弦值，见表2-1。将各组的方向余弦值分别代入式（2-8a）和式（2-9a）中，可解出这些平面上的正应力和切应力值。

表 2-1 切应力为极值的六组方向余弦

	第1组	第2组	第3组	第4组	第5组	第6组
l	0	0	±1	0	$\pm 1/\sqrt{2}$	$\pm 1/\sqrt{2}$
m	0	±1	0	$\pm 1/\sqrt{2}$	0	$\pm 1/\sqrt{2}$
n	±1	0	0	$\pm 1/\sqrt{2}$	$\pm 1/\sqrt{2}$	0
切应力	0	0	0	$\pm(\sigma_2 - \sigma_3)/2$	$\pm(\sigma_3 - \sigma_1)/2$	$\pm(\sigma_1 - \sigma_2)/2$
正应力	σ_3	σ_2	σ_1	$(\sigma_2 + \sigma_3)/2$	$(\sigma_3 + \sigma_1)/2$	$(\sigma_1 + \sigma_2)/2$

显然，表2-1中前三组平面上的切应力为极小值（$\tau = 0$），是主平面；后三组平面上的切应力有极大值，为主切应力平面。主切应力平面共有12个，它们分别与一个主平面垂直，与另外两个主平面交成45°角，如图2-11所示。主切应力值为

$$\left.\begin{aligned} \tau_{12} &= \pm \frac{1}{2}(\sigma_1 - \sigma_2) \\ \tau_{23} &= \pm \frac{1}{2}(\sigma_2 - \sigma_3) \\ \tau_{31} &= \pm \frac{1}{2}(\sigma_3 - \sigma_1) \end{aligned}\right\} \tag{2-16}$$

三个主切应力中绝对值最大的一个叫做最大切应力，用τ_{max}表示，其值为

$$\tau_{max} = \tau_{13} = \frac{1}{2}(\sigma_1 - \sigma_3) \tag{2-17}$$

主切应力平面上的正应力为

$$\left.\begin{aligned} \sigma_{12} &= \frac{1}{2}(\sigma_1 + \sigma_2) \\ \sigma_{23} &= \frac{1}{2}(\sigma_2 + \sigma_3) \\ \sigma_{31} &= \frac{1}{2}(\sigma_3 + \sigma_1) \end{aligned}\right\} \tag{2-18}$$

从式（2-16）可以看出：

1）若 $\sigma_1 = \sigma_2 = \sigma_3 = \pm\sigma$，即变形物体处于三向等拉或三向等压的应力状态（即球应

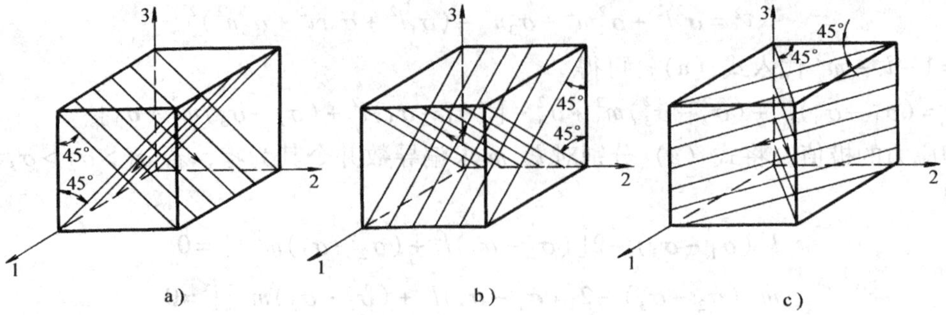

图 2-11 主切应力平面

力状态）时，主切应力为零，即

$$\tau_{12}=\tau_{23}=\tau_{31}=0$$

2）若三个主应力同时增加或减少一个相同的值时，主切应力值将保持不变。

主切应力的这些性质对于研究金属塑性变形具有重要意义。

六、应力球张量和应力偏张量

1. 应力张量的分解

按照应力叠加原理，表示受力物体内任一点应力状态的应力张量可以分解为应力球张量和应力偏张量两部分。

现设 σ_m 为三个正应力分量的平均值，称为平均应力，即

$$\sigma_m=\frac{1}{3}(\sigma_x+\sigma_y+\sigma_z)=\frac{1}{3}(\sigma_1+\sigma_2+\sigma_3)=\frac{J_1}{3} \tag{2-19}$$

由式（2-19）可知，σ_m 是不变量，与所取的坐标无关，即对于一个确定的应力状态，它为单值。于是可将三个正应力分量写成

$$\sigma_x=(\sigma_x-\sigma_m)+\sigma_m=\sigma'_x+\sigma_m$$
$$\sigma_y=(\sigma_y-\sigma_m)+\sigma_m=\sigma'_y+\sigma_m$$
$$\sigma_z=(\sigma_z-\sigma_m)+\sigma_m=\sigma'_z+\sigma_m$$

将上式代入应力张量表达式（2-4）中，即可将应力张量分解成两个张量，有

$$\boldsymbol{\sigma}_{ij}=\begin{pmatrix}\sigma_x & \tau_{xy} & \tau_{xz}\\ \tau_{yx} & \sigma_y & \tau_{yz}\\ \tau_{zx} & \tau_{zy} & \sigma_z\end{pmatrix}=\begin{pmatrix}\sigma_x-\sigma_m & \tau_{xy} & \tau_{xz}\\ \tau_{yx} & \sigma_y-\sigma_m & \tau_{yz}\\ \tau_{zx} & \tau_{zy} & \sigma_z-\sigma_m\end{pmatrix}+\begin{pmatrix}\sigma_m & 0 & 0\\ 0 & \sigma_m & 0\\ 0 & 0 & \sigma_m\end{pmatrix} \tag{2-20}$$

或简记为

$$\boldsymbol{\sigma}_{ij}=\boldsymbol{\sigma}'_{ij}+\boldsymbol{\delta}_{ij}\sigma_m \tag{2-20a}$$

式中，$\boldsymbol{\delta}_{ij}$为克氏符号，也称为单位张量，当 $i=j$ 时，$\boldsymbol{\delta}_{ij}=1$；当 $i\neq j$ 时，$\boldsymbol{\delta}_{ij}=0$。使用克氏符号可以将下角标不同的元素去掉。

若取主轴坐标系，则式（2-20）为

$$\boldsymbol{\sigma}_{ij}=\begin{pmatrix}\sigma_1 & 0 & 0\\ 0 & \sigma_2 & 0\\ 0 & 0 & \sigma_3\end{pmatrix}=\begin{pmatrix}\sigma_1-\sigma_m & 0 & 0\\ 0 & \sigma_2-\sigma_m & 0\\ 0 & 0 & \sigma_3-\sigma_m\end{pmatrix}+\begin{pmatrix}\sigma_m & 0 & 0\\ 0 & \sigma_m & 0\\ 0 & 0 & \sigma_m\end{pmatrix}\quad(2\text{-}20b)$$

应力张量的分解也可以用图 2-12 表示。

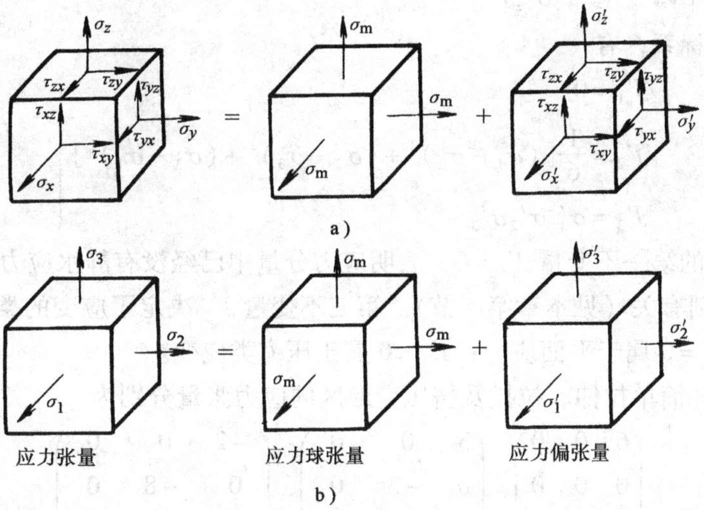

图 2-12　应力张量的分解

a）任意坐标系　b）主坐标系

式（2-20a）右边的后一项表示球应力的状态，故称为应力球张量，其任何方向都是主方向，而且主应力相同，均为平均应力 σ_m，因此也称为静水应力状态。由于球应力状态在任何斜面上都没有切应力，所以它不能使物体产生形状变化（塑性变形），只能产生体积变化。

式（2-20a）右边的前一项 $\boldsymbol{\sigma}'_{ij}$称为应力偏张量，它是由原来的应力张量分解出球张量后得到的，即

$$\boldsymbol{\sigma}'_{ij}=\boldsymbol{\sigma}_{ij}-\boldsymbol{\delta}_{ij}\sigma_m \quad(2\text{-}20c)$$

由于被分解出的应力球张量没有切应力，任意方向都是主方向且主应力相等。因此，应力偏张量 $\boldsymbol{\sigma}'_{ij}$的切应力分量、主切应力、最大切应力以及应力主轴等都与原应力张量相同。因而应力偏张量使物体产生形状变化，而不能产生体积变化，材料的塑性变形就是由应力偏张量引起的。

2. 应力偏张量不变量

应力偏张量是由原应力张量减去球张量后得到的，它仍然是一个张量，而且是二阶对称张量。因此，应力偏张量同样存在三个不变量，分别用 J'_1、J'_2 和 J'_3 表示。将应力偏张量的分量代入式（2-13），可得

$$\left.\begin{aligned}J'_1&=\sigma'_x+\sigma'_y+\sigma'_z=(\sigma_x-\sigma_m)+(\sigma_y-\sigma_m)+(\sigma_z-\sigma_m)=0\\J'_2&=-[\sigma'_x\sigma'_y+\sigma'_y\sigma'_z+\sigma'_z\sigma'_x-(\tau_{xy}^2+\tau_{yz}^2+\tau_{zx}^2)]\\&=\frac{1}{6}[(\sigma_x-\sigma_y)^2+(\sigma_y-\sigma_z)^2+(\sigma_z-\sigma_x)^2]+(\tau_{xy}^2+\tau_{yz}^2+\tau_{zx}^2)\\J'_3&=\begin{vmatrix}\sigma'_x&\tau_{xy}&\tau_{xz}\\\tau_{yx}&\sigma'_y&\tau_{yz}\\\tau_{zx}&\tau_{xy}&\sigma'_z\end{vmatrix}\end{aligned}\right\}\tag{2-21}$$

对于主轴坐标系，有

$$\left.\begin{aligned}J'_1&=0\\J'_2&=\frac{1}{6}[(\sigma_1-\sigma_2)^2+(\sigma_2-\sigma_3)^2+(\sigma_3-\sigma_1)^2]\\J'_3&=\sigma'_1\sigma'_2\sigma'_3\end{aligned}\right\}\tag{2-21a}$$

应力偏张量的第一不变量 $J'_1=0$，表明应力分量中已经没有静水应力成分。第二不变量 J'_2 与屈服准则有关（见本章第四节）。第三不变量 J'_3 决定了应变的类型，$J'_3>0$ 属于伸长类应变；$J'_3=0$ 属于平面应变；$J'_3<0$ 属于压缩类应变。

例 2-2 已知简单拉伸、拉拔及挤压变形区的应力张量分别为

$$\begin{pmatrix}6&0&0\\0&0&0\\0&0&0\end{pmatrix}、\begin{pmatrix}3&0&0\\0&-3&0\\0&0&-3\end{pmatrix}、\begin{pmatrix}-2&0&0\\0&-8&0\\0&0&-8\end{pmatrix}$$

（应力单位：10MPa），试分解为球张量和偏张量，并画出分解的主应力图。

解 对于简单拉伸，因为 $\sigma_1=6$，$\sigma_2=\sigma_3=0$，则

$$\sigma_m=\frac{\sigma_1+\sigma_2+\sigma_3}{3}=\frac{6}{3}=2$$

所以

$$\sigma'_1=\sigma_1-\sigma_m=4;\ \sigma'_2=\sigma'_3=0-\sigma_m=-2$$

则

$$\begin{pmatrix}6&0&0\\0&0&0\\0&0&0\end{pmatrix}=\begin{pmatrix}2&0&0\\0&2&0\\0&0&2\end{pmatrix}+\begin{pmatrix}4&0&0\\0&-2&0\\0&0&-2\end{pmatrix}$$

对于拉拔，因为 $\sigma_1=3$，$\sigma_2=\sigma_3=-3$，则

$$\sigma_m=\frac{\sigma_1+\sigma_2+\sigma_3}{3}=-1$$

所以

$$\sigma'_1=\sigma_1-\sigma_m;\ \sigma'_2=\sigma'_3=-3-\sigma_m=-2$$

则 $$\begin{pmatrix}3&0&0\\0&-3&0\\0&0&-3\end{pmatrix}=\begin{pmatrix}-1&0&0\\0&-1&0\\0&0&-1\end{pmatrix}+\begin{pmatrix}4&0&0\\0&-2&0\\0&0&-2\end{pmatrix}$$

对于挤压，因为$\sigma_1=-2$，$\sigma_2=\sigma_3=-8$，则

$$\sigma_m=\frac{\sigma_1+\sigma_2+\sigma_3}{3}=-6$$

所以

$$\sigma'_1=\sigma_1-\sigma_m=4;\ \sigma_2=\sigma_8=-8-\sigma_m=-2$$

则

$$\begin{pmatrix}-2&0&0\\0&-8&0\\0&0&-8\end{pmatrix}=\begin{pmatrix}-6&0&0\\0&-6&0\\0&0&-6\end{pmatrix}+\begin{pmatrix}4&0&0\\0&-2&0\\0&0&-2\end{pmatrix}$$

上述应力张量分解如图 2-13 所示。经过比较可以看出，三种加工方式的应力状态虽然不同，但它们的应力偏张量却相同，所产生的变形都是轴向伸长、横向收缩，同属于伸长类应变。因此，根据应力偏量可以判断变形的类型。

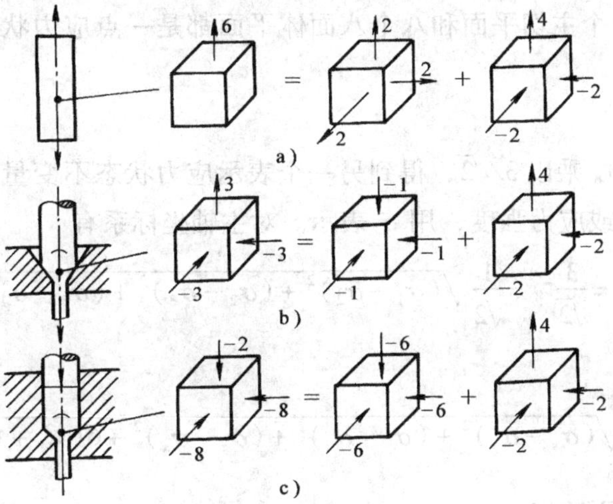

图 2-13　应力张量分解

a）简单拉伸　b）拉拔　c）挤压

七、八面体应力和等效应力

1. 八面体应力

以受力物体内任意点的应力主轴为坐标轴，在无限靠近该点处作等倾的微分面，其法线与三个坐标轴的夹角都相等。在主轴坐标系空间八个象限的等倾斜面构成一个正八面体，如图 2-14 所示，正八面体的每个平面称为八面体平面，其面上的应力称为八面体应力。

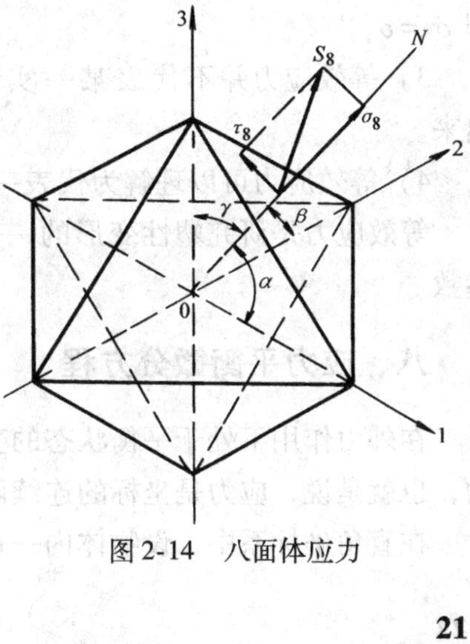

图 2-14　八面体应力

八面体平面的方向余弦为

$$l=m=n=\pm\frac{1}{\sqrt{3}}$$

代入式（2-8a）和式（2-9a）中，可求得八面体正应力 σ_8 和八面体切应力 τ_8

$$\sigma_8=\frac{1}{3}(\sigma_1+\sigma_2+\sigma_3)=\frac{1}{3}J_1 \tag{2-22}$$

$$\tau_8=\frac{1}{3}\sqrt{(\sigma_1-\sigma_2)^2+(\sigma_2-\sigma_3)^2+(\sigma_3-\sigma_1)^2}=\frac{2}{3}\sqrt{\tau_{12}^2+\tau_{23}^2+\tau_{31}^2}=\sqrt{\frac{2}{3}J_2'} \tag{2-23}$$

由式（2-22）和式（2-23）可以看出，σ_8 就是平均应力，即球张量，是不变量；τ_8 则是与应力球张量无关的不变量，反映了三个主切应力的综合效应，与应力偏量第二不变量 J_2' 有关。若将式（2-22）中的 J_1 和式（2-23）中的 J_2' 分别用式（2-13）和式（2-21）代入，可得到用任意坐标系应力分量表示的八面体应力

$$\sigma_8=\frac{1}{3}(\sigma_x+\sigma_y+\sigma_z) \tag{2-22a}$$

$$\tau_8=\frac{1}{3}\sqrt{(\sigma_x-\sigma_y)^2+(\sigma_y-\sigma_z)^2+(\sigma_z-\sigma_x)^2+6(\tau_{xy}^2+\tau_{yz}^2+\tau_{zx}^2)} \tag{2-23a}$$

六个主平面、12 个主切平面和八个八面体平面都是一点应力状态的特殊平面，总共有 26 个特殊平面。

2. 等效应力

将八面体切应力 τ_8 乘以 $3/\sqrt{2}$，得到另一个表示应力状态不变量的参量，称为等效应力，也称为广义应力或应力强度，用 $\bar{\sigma}$ 表示。对主轴坐标系有

$$\bar{\sigma}=\frac{3}{\sqrt{2}}\tau_8=\frac{1}{\sqrt{2}}\sqrt{(\sigma_1-\sigma_2)^2+(\sigma_2-\sigma_3)^2+(\sigma_3-\sigma_1)^2} \tag{2-24}$$

对任意坐标系有

$$\bar{\sigma}=\frac{1}{\sqrt{2}}\sqrt{(\sigma_x-\sigma_y)^2+(\sigma_y-\sigma_z)^2+(\sigma_z-\sigma_x)^2+6(\tau_{xy}^2+\tau_{yz}^2+\tau_{zx}^2)} \tag{2-24a}$$

等效应力具有以下特点：

1）等效应力是一个不变量。

2）等效应力在数值上等于单向均匀拉伸（或压缩）时的拉伸（或压缩）应力 σ_1，即 $\bar{\sigma}=\sigma_1$。

3）等效应力并不代表某一实际表面上的应力，因而不能在某一特定平面上表示出来。

4）等效应力可以理解为代表一点应力状态中应力偏张量的综合作用。

等效应力是研究塑性变形的一个重要概念，它是与材料的塑性变形具有密切关系的参数。

八、应力平衡微分方程

在外力作用下处于平衡状态的变形物体，其内部点与点之间的应力大小是连续变化着的，也就是说，应力是坐标的连续函数。

在直角坐标系中，设物体内一点 Q 的坐标为 x、y、z，应力状态为 $\boldsymbol{\sigma}_{ij}$，在 Q 点无限邻

近处有另一点 Q'，坐标为 $x+\mathrm{d}x$、$y+\mathrm{d}y$、$z+\mathrm{d}z$，则形成一个边长为 $\mathrm{d}x$、$\mathrm{d}y$、$\mathrm{d}z$ 并与三个坐标面平行的平行六面体。由于坐标的微量变化，因此 Q'点的应力比 Q 点的应力要增加一个微小的增量。如 Q 点 x 面上的正应力分量为 σ_x，则 Q'点 x 面上的正应力分量应为 $\sigma_x+\frac{\partial\sigma_x}{\partial x}\mathrm{d}x$。依此类推，故 Q'点的应力状态（图 2-15）为

$$\boldsymbol{\sigma}_{ij}+\mathrm{d}\boldsymbol{\sigma}_{ij}=\begin{pmatrix}\sigma_x+\frac{\partial\sigma_x}{\partial x}\mathrm{d}x & \tau_{xy}+\frac{\partial\tau_{xy}}{\partial x}\mathrm{d}x & \tau_{xz}+\frac{\partial\tau_{xz}}{\partial x}\mathrm{d}x\\ \tau_{yx}+\frac{\partial\tau_{yx}}{\partial y}\mathrm{d}y & \sigma_y+\frac{\partial\sigma_y}{\partial y}\mathrm{d}y & \tau_{yz}+\frac{\partial\tau_{yz}}{\partial y}\mathrm{d}y\\ \tau_{zx}+\frac{\partial\tau_{zx}}{\partial z}\mathrm{d}z & \tau_{zy}+\frac{\partial\tau_{zy}}{\partial z}\mathrm{d}z & \sigma_z+\frac{\partial\sigma_z}{\partial z}\mathrm{d}z\end{pmatrix}$$

由于六面体处于静力平衡状态，因此作用在六面体上的所有力沿坐标轴的投影之和应等于零。例如，沿 x 轴有

$$\left(\sigma_x+\frac{\partial\sigma_x}{\partial x}\mathrm{d}x\right)\mathrm{d}y\mathrm{d}z+\left(\tau_{yx}+\frac{\partial\tau_{yx}}{\partial y}\mathrm{d}y\right)\mathrm{d}z\mathrm{d}x+\left(\tau_{zx}+\frac{\partial\tau_{zx}}{\partial z}\mathrm{d}z\right)\mathrm{d}x\mathrm{d}y-$$
$$\sigma_x\mathrm{d}y\mathrm{d}z-\tau_{yx}\mathrm{d}z\mathrm{d}x-\tau_{zx}\mathrm{d}x\mathrm{d}y=0$$

同理，沿 y 轴和 z 轴还可以写出与上式类似的两个等式。化简整理后，可得直角坐标系中质点的应力平衡微分方程式为

$$\left.\begin{aligned}\frac{\partial\sigma_x}{\partial x}+\frac{\partial\tau_{yx}}{\partial y}+\frac{\partial\tau_{zx}}{\partial z}=0\\ \frac{\partial\tau_{xy}}{\partial x}+\frac{\partial\sigma_y}{\partial y}+\frac{\partial\tau_{zy}}{\partial z}=0\\ \frac{\partial\tau_{xz}}{\partial x}+\frac{\partial\tau_{yz}}{\partial y}+\frac{\partial\sigma_z}{\partial z}=0\end{aligned}\right\}\tag{2-25}$$

简记为

$$\frac{\partial\sigma_{ij}}{\partial x_i}=0\tag{2-25a}$$

当变形体是旋转体时，用圆柱坐标更为方便。按照同样方法，得圆柱坐标的应力平衡微分方程式

$$\left.\begin{aligned}\frac{\partial\sigma_\rho}{\partial\rho}+\frac{1}{\rho}\frac{\partial\tau_{\theta\rho}}{\partial\theta}+\frac{\partial\tau_{z\rho}}{\partial z}+\frac{\sigma_\rho-\sigma_\theta}{\rho}=0\\ \frac{\partial\tau_{\rho\theta}}{\partial\rho}+\frac{1}{\rho}\frac{\partial\sigma_\theta}{\partial\theta}+\frac{\partial\tau_{z\theta}}{\partial z}+\frac{2\tau_{\rho\theta}}{\rho}=0\\ \frac{\partial\tau_{\rho z}}{\partial\rho}+\frac{1}{\rho}\frac{\partial\tau_{\theta z}}{\partial\theta}+\frac{\partial\sigma_z}{\partial z}+\frac{\tau_{\rho z}}{\rho}=0\end{aligned}\right\}\tag{2-26}$$

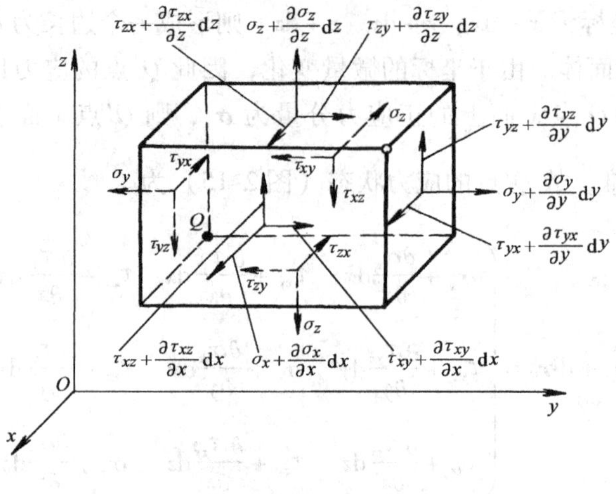

图2-15　直角坐标中一点邻区的应力平衡

九、平面应力状态和轴对称应力状态

求解一般的三维问题是很困难的，在处理实际问题时，通常要把复杂的三维问题简化为平面的或轴对称的状态。因此，研究平面问题的应力状态和轴对称应力状态具有重要的实际意义。平面问题的应力状态有两类，一类是平面应力状态，另一类是平面应变状态下的应力状态，下面分别加以讨论。

1. 平面应力状态

如图2-16a所示，在变形体为板料或薄壁件时，常常可以认为某个平面（如板面）上没有应力的作用，这就是平面应力状态。平面应力状态的特点是：①变形体内各质点在与某一方向（如 z 向）垂直的平面上没有应力作用，即 $\sigma_z=\tau_{zx}=\tau_{zy}=0$，$z$ 轴为主方向，只有 σ_x、σ_y、τ_{xy} 三个应力分量；② σ_x、σ_y、τ_{xy} 沿 z 轴方向均匀分布，即应力分量与 z 轴无关，对 z 的偏导数为零。

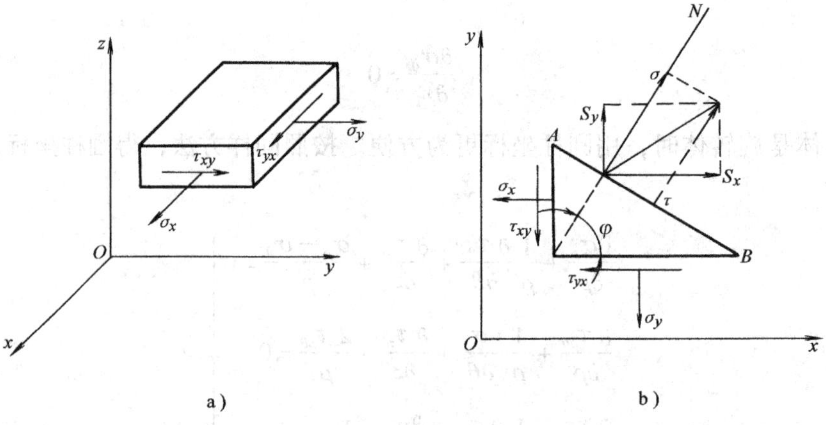

图2-16　平面应力状态
a）单元体上的应力　b）任意方向斜面上的应力

在工程实际中，薄壁管扭转、薄壁容器承受内压、板料成形中的一些工序等，由于厚度方向的应力相对很小而可以忽略，一般均作平面应力状态来处理。

平面应力状态的应力张量为

$$\boldsymbol{\sigma}_{ij}=\begin{pmatrix}\sigma_x & \tau_{xy} & 0\\ \tau_{yx} & \sigma_y & 0\\ 0 & 0 & 0\end{pmatrix}\text{ 或 }\boldsymbol{\sigma}_{ij}=\begin{pmatrix}\sigma_1 & 0 & 0\\ 0 & \sigma_2 & 0\\ 0 & 0 & 0\end{pmatrix}\tag{2-27}$$

在直角坐标系中，由于 $\sigma_z=\tau_{zx}=\tau_{zy}=0$，由式（2-25）可得平面应力状态下的应力平衡微分方程为

$$\left.\begin{aligned}\frac{\partial\sigma_x}{\partial x}+\frac{\partial\tau_{yx}}{\partial y}=0\\ \frac{\partial\tau_{xy}}{\partial x}+\frac{\partial\sigma_y}{\partial y}=0\end{aligned}\right\}\tag{2-28}$$

平面应力状态下任意斜面上的应力、主应力和主切应力可分别由三向应力状态的公式导出。如图 2-16b 所示，设斜面 AB 的法线 N 与 x 轴的交角为 φ，则该斜面的三个方向余弦为

$$l=\cos\varphi;\ m=\cos(90°-\varphi)=\sin\varphi;\ n=0$$

由式（2-6）得

$$\left.\begin{aligned}S_x=\sigma_x l+\tau_{yx}m=\sigma_x\cos\varphi+\tau_{yx}\sin\varphi\\ S_y=\sigma_y m+\tau_{xy}l=\sigma_y\sin\varphi+\tau_{xy}\cos\varphi\end{aligned}\right\}\tag{2-29}$$

则斜面上的正应力由式（2-8）得

$$\sigma=\sigma_x l^2+\sigma_y m^2+2\tau_{xy}lm=\frac{1}{2}(\sigma_x+\sigma_y)+\frac{1}{2}(\sigma_x-\sigma_y)\cos2\varphi+\tau_{xy}\sin2\varphi\tag{2-30}$$

斜面上的切应力由图 2-16b 可直接得

$$\tau=S_x m-S_y l=\frac{1}{2}(\sigma_x-\sigma_y)\sin2\varphi-\tau_{xy}\cos2\varphi\tag{2-31}$$

应力张量的三个不变量为

$$J_1=\sigma_x+\sigma_y;\ J_2=-\sigma_x\sigma_y+\tau_{xy}^2;\ J_3=0$$

则应力状态的特征方程为

$$\sigma^2-(\sigma_x+\sigma_y)\sigma+\sigma_x\sigma_y-\tau_{xy}^2=0$$

于是，可求得主应力为

$$\left.\begin{aligned}\sigma_1\\ \sigma_2\end{aligned}\right\}=\frac{\sigma_x+\sigma_y}{2}\pm\sqrt{\left(\frac{\sigma_x-\sigma_y}{2}\right)^2+\tau_{xy}^2}\tag{2-32}$$

由于 $\sigma_3=0$，平面应力状态下的主切应力为

$$\tau_{12}=\pm\frac{\sigma_1-\sigma_2}{2}=\pm\sqrt{\left(\frac{\sigma_x-\sigma_y}{2}\right)^2+\tau_{xy}^2};\ \tau_{23}=\pm\frac{\sigma_2}{2};\ \tau_{31}=\pm\frac{\sigma_1}{2}\tag{2-33}$$

需要特别指出的是，平面应力状态中 z 方向虽然没有应力，但是有应变。只有在纯剪

切时，没有应力的方向上才没有应变，纯切应力状态属于平面应力状态的特殊情况。

2. 平面应变状态时的平面应力

变形物体在某一方向不产生变形，称为平面变形，其应力状态称为平面应变状态下的应力状态，发生变形的平面称为塑性流平面。平面应变的应力状态特点如下：

1）不产生变形的方向（设如图2-17所示的 z 向）为主方向，与该方向垂直的平面上没有切应力，即 $\tau_{zx}=\tau_{zy}=0$，因而 σ_z 为主应力。

2）在 z 方向有阻止变形的正应力，对于弹性变形，$\sigma_z=\nu(\sigma_x+\sigma_y)$，式中 ν 为泊松比；对于塑性变形，$\sigma_z=\frac{1}{2}(\sigma_x+\sigma_y)=\sigma_m$（见本章第五节）。

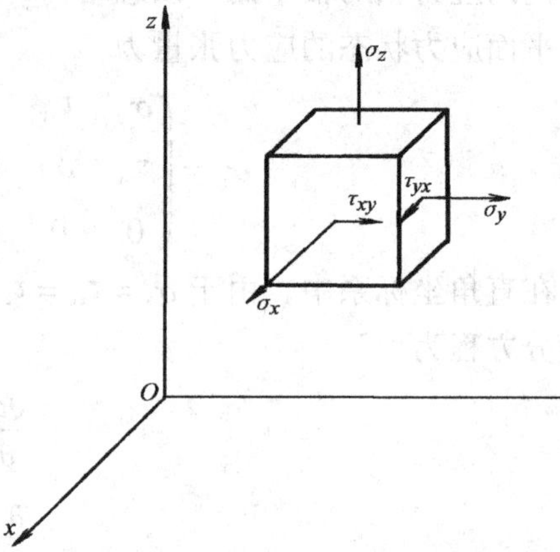

图2-17 平面应变的应力状态

3）所有应力分量沿 z 轴均匀分布，即与 z 轴无关，对 z 的偏导数为零。

平面应变状态下的应力张量可写成

$$\sigma_{ij}=\begin{pmatrix}\sigma_x & \tau_{xy} & 0\\ \tau_{yx} & \sigma_y & 0\\ 0 & 0 & \sigma_z\end{pmatrix}=\begin{pmatrix}\frac{\sigma_x-\sigma_y}{2} & \tau_{xy} & 0\\ \tau_{yx} & -\frac{\sigma_x-\sigma_y}{2} & 0\\ 0 & 0 & 0\end{pmatrix}+\begin{pmatrix}\sigma_m & 0 & 0\\ 0 & \sigma_m & 0\\ 0 & 0 & \sigma_m\end{pmatrix} \tag{2-34}$$

在主轴坐标系时为

$$\sigma_{ij}=\begin{pmatrix}\sigma_1 & 0 & 0\\ 0 & \sigma_2 & 0\\ 0 & 0 & \frac{\sigma_1+\sigma_2}{2}\end{pmatrix}=\begin{pmatrix}\frac{\sigma_1-\sigma_2}{2} & 0 & 0\\ 0 & -\frac{\sigma_1-\sigma_2}{2} & 0\\ 0 & 0 & 0\end{pmatrix}+\begin{pmatrix}\sigma_m & 0 & 0\\ 0 & \sigma_m & 0\\ 0 & 0 & \sigma_m\end{pmatrix} \tag{2-34a}$$

式中，$\sigma_m=\frac{1}{2}(\sigma_x+\sigma_y)=\frac{1}{2}(\sigma_1+\sigma_2)$。由于式（2-34a）中的偏应力 $\sigma'_1=\frac{\sigma_1-\sigma_2}{2}=-\sigma'_2$，$\sigma'_3=0$，即为纯切应力状态，所以，平面变形时的应力状态就是纯切应力状态叠加一个应力球张量。

平面应变状态的应力平衡微分方程、变形平面中斜面上的应力和主应力均与式（2-28）、式（2-30）、式（2-31）和式（2-32）相同。平面应变状态的主切应力和最大切应力为

$$\left.\begin{aligned}\tau_{12}&=\pm\frac{\sigma_1-\sigma_2}{2}=\tau_{max}\\ \tau_{23}=\tau_{31}&=\pm\frac{\sigma_1-\sigma_2}{4}\end{aligned}\right\} \tag{2-35}$$

由式（2-35）可知，平面应变状态下最大切应力所在的平面与变形平面上的两个主平面交成45°角，这是建立平面应变滑移线理论的重要依据。

3. 轴对称应力状态

当旋转体承受的外力对称于旋转轴分布时，则物体内质点所处的应力状态称为轴对称应力状态。由于变形体是旋转体，所以采用圆柱坐标系更为方便，如图2-18所示。

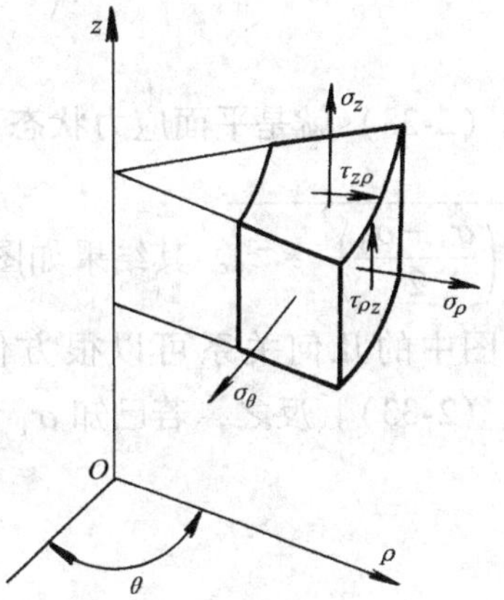

图2-18　轴对称应力状态

轴对称应力状态的特点如下：

1）由于子午面（指通过旋转体轴线的平面，即θ面）在变形过程中始终不会扭曲，所以在θ面上没有切应力，即$\tau_{\theta\rho}=\tau_{\theta z}=0$，只有$\sigma_\rho$、$\sigma_\theta$、$\sigma_z$、$\tau_{\rho z}$等应力分量，而且$\sigma_\theta$是主应力。

2）各应力分量与θ坐标无关，对θ的偏导数都为零。

轴对称应力状态的应力张量为

$$\boldsymbol{\sigma}_{ij}=\begin{pmatrix}\sigma_\rho & 0 & \tau_{\rho z}\\ 0 & \sigma_\theta & 0\\ \tau_{z\rho} & 0 & \sigma_z\end{pmatrix} \tag{2-36}$$

根据轴对称应力状态的特点，由式（2-26）可得出轴对称应力状态的应力状态的应力平衡微分方程式

$$\left.\begin{aligned}\frac{\partial\sigma_\rho}{\partial\rho}+\frac{\partial\tau_{z\rho}}{\partial z}+\frac{\sigma_\rho-\sigma_\theta}{\rho}=0\\ \frac{\partial\tau_{\rho z}}{\partial\rho}+\frac{\partial\sigma_z}{\partial z}+\frac{\tau_{\rho z}}{\rho}=0\end{aligned}\right\} \tag{2-37}$$

在有些轴对称问题中，例如圆柱体的平砧镦粗、圆柱体坯料的均匀挤压和拉拔等，其径向和周向的正应力分量相等，即$\sigma_\rho=\sigma_\theta$。此时，只有三个独立的应力分量，方程式（2-37）还可以进一步简化。

十、应力莫尔圆

应力莫尔圆也是表示点的应力状态的几何方法，已知某点的一组应力分量或主应力，就可以利用应力莫尔圆通过图解法来确定该点任意方向上的应力。

需要指出的是，在作应力莫尔圆时，切应力的正、负应按照材料力学中的规定确定，即顺时针作用于所研究的单元体上的切应力为正，反之为负。

1. 平面应力状态的莫尔圆

平面应力状态的应力分量为σ_x、σ_y、τ_{xy}，如果已知这三个应力分量，就可以利用应力莫尔圆求任意斜面上的应力、主应力和主切应力等。

设平面应力状态如图2-19a所示，在$\sigma-\tau$坐标系内标出点A（σ_x，τ_{xy}）和点B（σ_y，

τ_{yx})，连接A、B两点，以AB线与σ轴的交点C为圆心、AC为半径作圆，即得应力莫尔圆。其根据是将式（2-30）和式（2-31）联立求解，消去φ得到的，即

$$\left(\sigma-\frac{\sigma_x+\sigma_y}{2}\right)^2+\tau^2=\left(\frac{\sigma_x-\sigma_y}{2}\right)^2+\tau_{xy}^2 \tag{2-38}$$

式（2-38）就是平面应力状态下的应力莫尔圆方程，其圆心为$C\left(\frac{\sigma_x+\sigma_y}{2},\ 0\right)$，半径$R=\sqrt{\left(\frac{\sigma_x-\sigma_y}{2}\right)^2+\tau_{xy}^2}$。其结果如图2-19b所示，圆与$\sigma$轴的两个交点便是主应力$\sigma_1$和$\sigma_2$。由图中的几何关系可以很方便地得出求主应力和主切应力的公式，即式（2-32）和式（2-33）。反之，若已知σ_1和σ_2，也可以写出求σ_x、σ_y和τ_{xy}的公式

$$\left.\begin{aligned}\sigma_x&=\frac{\sigma_1+\sigma_2}{2}+\frac{\sigma_1-\sigma_2}{2}\cos2\alpha\\ \sigma_y&=\frac{\sigma_1+\sigma_2}{2}-\frac{\sigma_1-\sigma_2}{2}\cos2\alpha\\ \tau_{xy}&=\frac{\sigma_1-\sigma_2}{2}\sin2\alpha\end{aligned}\right\} \tag{2-39}$$

主应力σ_1的方向与轴的夹角为$\alpha=\frac{1}{2}\arctan\frac{-2\tau_{xy}}{\sigma_x-\sigma_y}$。

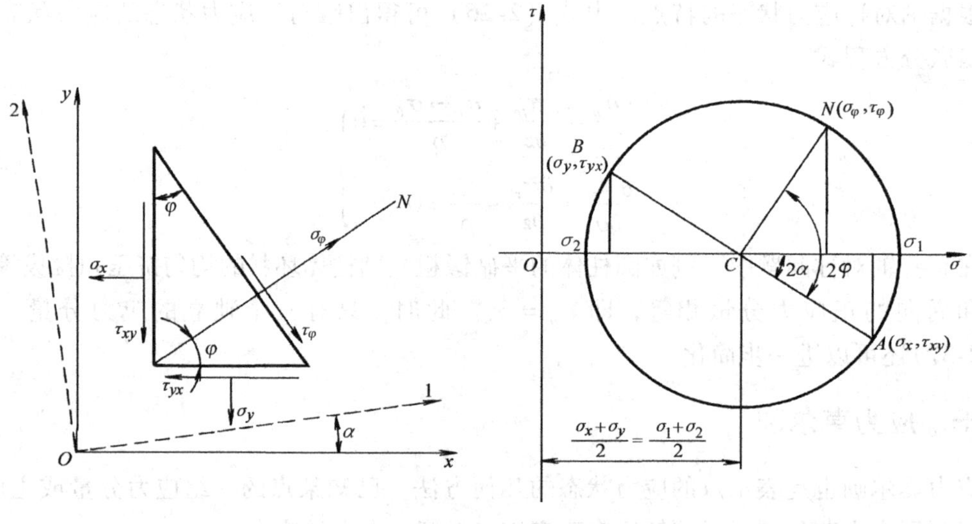

图2-19 平面应力状态莫尔圆

a）应力平面 b）应力莫尔圆

在与x轴成逆时针角φ的斜切面上，即图中法线为N的平面上的应力σ_φ和τ_φ，就是莫尔圆中将CA逆时针旋转2φ后所得的N点坐标。由图中的几何关系也可以很方便地得到计算σ_φ和τ_φ的公式，即式（2-30）和式（2-31）。

前已述及，平面应力状态下的主切应力τ_{12}（图 2-19b 中的莫尔圆半径）并不是最大切应力，最大切应力应该是由 σ_1 和 σ_3（$\sigma_3=0$ 即坐标原点 O）组成的莫尔圆的半径，即

$$\tau_{\max}=\tau_{13}=\pm\frac{\sigma_1}{2}$$

只有在 σ_1 和 σ_2 的大小相等方向相反（即一拉一压，且 $\sigma_1=-\sigma_2$）的情况下，τ_{12}才是最大切应力，如图 2-20 所示。这时，主切应力平面上的正应力等于零，主切应力在数值上等于主应力。这种应力状态就是纯切应力状态，它是平面应力状态的特例。

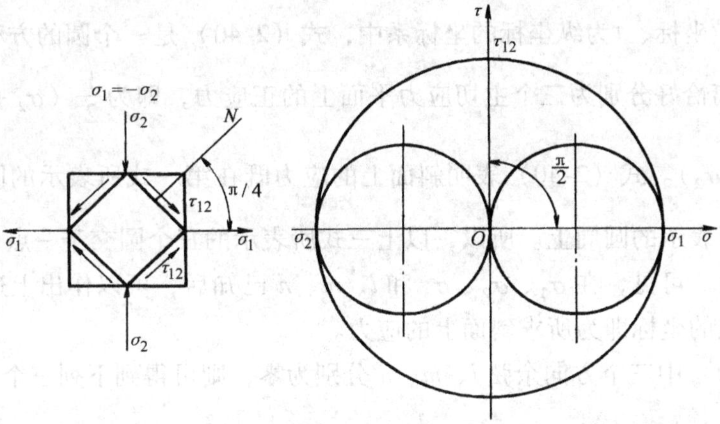

图 2-20　纯切应力状态莫尔圆

2. 三向应力莫尔圆

对于三向应力状态，也可作应力莫尔圆，圆上的任何一点的横坐标与纵坐标值代表某一微分面上的正应力及切应力的大小。

设变形体中某点的三个主应力为 σ_1、σ_2、σ_3，且 $\sigma_1>\sigma_2>\sigma_3$。以应力主轴为坐标轴，作一斜面，其方向余弦为 l、m、n，则有如下三个方程

$$\left.\begin{aligned}&\sigma=\sigma_1l^2+\sigma_2m^2+\sigma_3n^2\\&\tau^2=\sigma_1^2l^2+\sigma_2^2m^2+\sigma_3^2n^2-(\sigma_1l^2+\sigma_2m^2+\sigma_3n^2)^2\\&l^2+m^2+n^2=1\end{aligned}\right\}\quad(\text{a})$$

式中，σ、τ为所作斜面上的正应力、切应力。

将式（a）中的 l、m、n 视为未知数，解此方程组，可得

$$\left.\begin{aligned}l^2&=\frac{(\sigma-\sigma_2)(\sigma-\sigma_3)+\tau^2}{(\sigma_1-\sigma_2)(\sigma_1-\sigma_3)}\\m^2&=\frac{(\sigma-\sigma_1)(\sigma-\sigma_3)+\tau^2}{(\sigma_2-\sigma_1)(\sigma_2-\sigma_3)}\\n^2&=\frac{(\sigma-\sigma_1)(\sigma-\sigma_2)+\tau^2}{(\sigma_3-\sigma_1)(\sigma_3-\sigma_2)}\end{aligned}\right\}\quad(\text{b})$$

将式（b）展开并对 σ 配方，整理后得

$$\left.\begin{aligned}\left(\sigma-\frac{\sigma_2+\sigma_3}{2}\right)^2+\tau^2&=l^2(\sigma_1-\sigma_2)(\sigma_1-\sigma_3)+\left(\frac{\sigma_2-\sigma_3}{2}\right)^2\\\left(\sigma-\frac{\sigma_1+\sigma_3}{2}\right)^2+\tau^2&=m^2(\sigma_2-\sigma_3)(\sigma_2-\sigma_1)+\left(\frac{\sigma_3-\sigma_1}{2}\right)^2\\\left(\sigma-\frac{\sigma_1+\sigma_2}{2}\right)^2+\tau^2&=n^2(\sigma_3-\sigma_1)(\sigma_3-\sigma_2)+\left(\frac{\sigma_1-\sigma_2}{2}\right)^2\end{aligned}\right\}\tag{2-40}$$

在以 σ 为横坐标、τ为纵坐标的坐标系中，式（2-40）是三个圆的方程式，圆心到坐标原点 O 的距离恰好分别为三个主切应力平面上的正应力，即为$\frac{1}{2}$（$\sigma_2+\sigma_3$）、$\frac{1}{2}$($\sigma_1+\sigma_3$)、$\frac{1}{2}$（$\sigma_1+\sigma_2$）。式（2-40）表明斜面上的应力既在第一式所表示的圆周上，又在第二式和第三式所表示的圆周上。所以，以上三式所表示的三个圆交于一点，交点的坐标就是斜面上的应力。可见，在 σ_1、σ_2、σ_3 和 l、m、n 已知后，可以作出上述三个圆中的任意两个，其交点的坐标即为所求斜面上的应力。

若式（2-40）中三个方向余弦 l、m、n 分别为零，则可得到下列三个圆的方程

$$\left.\begin{aligned}\left(\sigma-\frac{\sigma_2+\sigma_3}{2}\right)^2+\tau^2&=\left(\frac{\sigma_2-\sigma_3}{2}\right)^2=\tau_{23}^2\\\left(\sigma-\frac{\sigma_1+\sigma_3}{2}\right)^2+\tau^2&=\left(\frac{\sigma_3-\sigma_1}{2}\right)^2=\tau_{31}^2\\\left(\sigma-\frac{\sigma_1+\sigma_2}{2}\right)^2+\tau^2&=\left(\frac{\sigma_1-\sigma_2}{2}\right)^2=\tau_{12}^2\end{aligned}\right\}\tag{2-41}$$

由式（2-41）画得的三个圆叫做三向应力莫尔圆，如图 2-21 所示。它们的圆心位置与式（2-40)表示的三个圆相同，半径分别等于三个主切应力。在图 2-21 中，O_1 圆表示 $l=0$、$m^2+n^2=1$ 时，即外法线 N 与主轴 σ_1 垂直的斜面在 $\sigma_2-\sigma_3$ 坐标平面上旋转时，其 σ 和τ的变化规律；O_2 圆、O_3 圆也可同样理解。这时，前面所述的平面应力状态下的莫尔圆的一些特性在此完全适用。

若 $\sigma_1\geqslant\sigma_2\geqslant\sigma_3$，比较式（2-40）和式（2-41），可得两组圆的半径之间的关系为

$$\left.\begin{aligned}R'_1&=\sqrt{l^2(\sigma_1-\sigma_2)(\sigma_1-\sigma_3)+\left(\frac{\sigma_2-\sigma_3}{2}\right)^2}\geqslant R_1=\tau_{23}\\R'_2&=\sqrt{m^2(\sigma_2-\sigma_3)(\sigma_2-\sigma_1)+\left(\frac{\sigma_3-\sigma_1}{2}\right)^2}\leqslant R_2=\tau_{31}\\R'_3&=\sqrt{n^2(\sigma_3-\sigma_1)(\sigma_3-\sigma_2)+\left(\frac{\sigma_1-\sigma_2}{2}\right)^2}\geqslant R_3=\tau_{12}\end{aligned}\right\}\tag{2-42}$$

式（2-42）说明，由式（2-40）画得三个圆的交点一定落在由式（2-41）画得的 O_1 圆、

O_3圆以外和O_2圆以内的影线部分（包括圆周上）。

从三向应力莫尔圆上可以看出一点的最大切应力、主切应力和主应力。同时要说明，应力莫尔圆上平面之间的夹角是实际物理平面之间夹角的两倍。

顺便指出，应力球张量在$\sigma-\tau$坐标系中只是一个点O'，距坐标原点的距离为σ_m。而应力偏量莫尔圆与原莫尔圆的大小是相同的，只需将τ轴移动σ_m值到τ'的位置，而且τ'轴必然处在大圆之内，如图2-22所示。

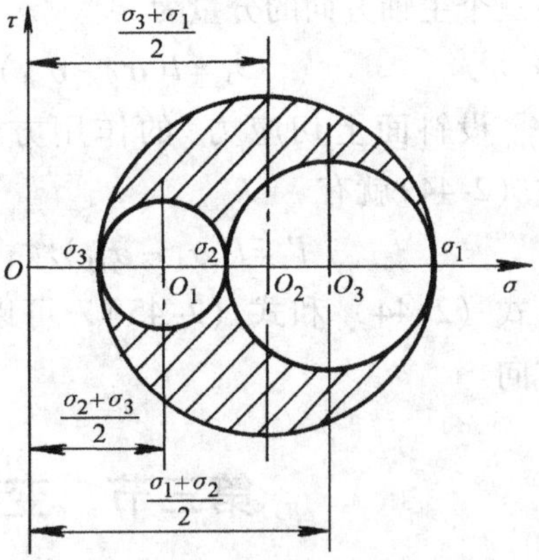

图2-21　三向应力莫尔圆

3. 平面应变状态下的应力莫尔圆

平面应变状态下的三个主应力为σ_1、σ_2和σ_3，其应力莫尔圆如图2-23所示。与图2-20比较可知，其莫尔圆就是把纯切应力莫尔圆的圆心向右移动σ_3（$\sigma_3=\frac{\sigma_1+\sigma_2}{2}=\sigma_m$）的距离。所以，平面应变状态下的应力张量是纯切应力张量叠加球张量。

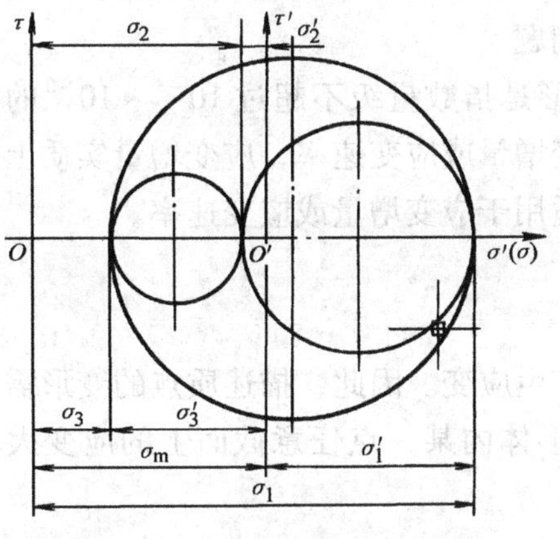

图2-22　应力偏量莫尔圆

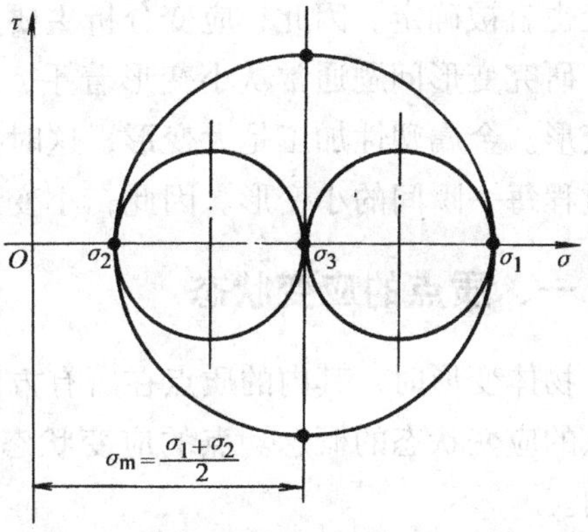

图2-23　平面应变状态的应力莫尔圆

4. 切应力作用方向的确定

由前述可知，对于平面应力问题，可以通过平面应力莫尔圆确定过一点方向斜面上的应力分量及其方向。对于三向应力问题，利用莫尔圆可以确定某一斜面上的正应力和切应力的数值，却不能确定切应力作用的方向。王仲仁教授作了相应的分析，通过简单计算便可确定切应力的方向。

在主轴坐标系中斜面上的应力分量可由式（2-6a）确定，即

$$S_1=\sigma_1 l;\ S_2=\sigma_2 m;\ S_3=\sigma_3 n$$

如果斜面上的正应力为σ，它在各坐标轴方向的应力分量为σ_{n1}、σ_{n2}和σ_{n3}，那么有

$$\sigma_{n1}=l\sigma;\ \sigma_{n2}=m\sigma;\ \sigma_{n3}=n\sigma \tag{2-43}$$

由于斜面上的正应力与切应力的合力为 S，因此，根据矢量运算规则可以得到切应力在三个主轴方向的分量为

$$\tau_1 = l(\sigma_1 - \sigma_{n1});\ \tau_2 = m(\sigma_2 - \sigma_{n2});\ \tau_3 = n(\sigma_3 - \sigma_{n3}) \tag{2-44}$$

设斜面上切应力 τ 的作用方向与三个坐标轴的方向余弦分别为 l'、m' 和 n'，由式（2-44）就有

$$l' = l(\sigma_1 - \sigma_{n1})/\tau;\ m' = m(\sigma_2 - \sigma_{n2})/\tau;\ n' = n(\sigma_3 - \sigma_{n3})/\tau \tag{2-45}$$

由式（2-44）和式（2-45），可以方便地确定不同斜面上切应力的各个分量及其作用方向。

第三节　变形体内质点的应变状态分析

表示变形大小的物理量称为应变。物体变形时，内部各质点都产生了位移，如果各质点之间的相对位置没有发生变化，则物体只是作了刚性位移，外形并没有改变。只有当质点间的相对位置发生变化，即产生了相对位移时，才会导致物体变形。因此，在分析变形时，通常要把刚性位移排除。

应变是由位移引起的，它与物体中的位移场有密切联系，位移场一经确定，则物体的应变也就被确定。因此，应变分析主要是几何学问题。

研究变形问题通常从小变形着手，所谓小变形是指数量级不超过 $10^{-3} \sim 10^{-2}$ 的弹塑性变形。金属塑性加工是大变形，这时要采用应变增量或应变速率，应变增量实质上是变形过程每一瞬间的小变形。因此，小变形的结论适用于应变增量或应变速率。

一、质点的应变状态

物体变形时，其内的质点在所有方向上都会产生应变。因此，描述质点的变形需要引入点的应变状态的概念。点的应变状态是表示变形体内某一点任意截面上的应变大小及方向。

1. 位移及其分量

变形体内任一点变形前后的直线距离称为位移。位移是个矢量，在坐标系中，一点的位移矢量在三个坐标轴上的投影称为该点的位移分量，一般用 u、v、w 或下角标符号 u_i 来表示，如图2-24所示。

变形体内不同点的位移分量也是不同的。根据连续性基本假设，位移分量应是坐标的连续函数，而且一般都有连续的二阶偏导数，即

$$\begin{aligned} u &= u(x,y,z) \\ v &= v(x,y,z) \\ w &= w(x,y,z) \end{aligned} \tag{2-46}$$

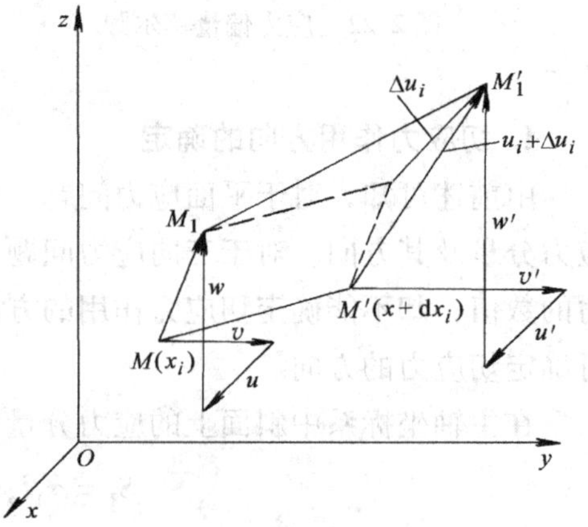

图2-24　变形体内无限接近两点的位移分量及位移增量

或 $$u_i = u_i(x,y,z) \tag{2-46a}$$

式（2-46）表示变形体内的位移场。

现在来研究变形体内无限接近两点的位移分量之间的关系。设受力物体内任一点 M，其坐标为（x，y，z），小变形后移至 M_1，其位移分量为 u_i（x，y，z）。与 M 点无限接近的一点为 M'，其坐标为（$x+\mathrm{d}x$，$y+\mathrm{d}y$，$z+\mathrm{d}z$），小变形后移至 M'_1，其位移分量为 u'_i（$x+\mathrm{d}x$，$y+\mathrm{d}y$，$z+\mathrm{d}z$），如图 2-24 所示。将函数 u'_i 按泰勒级数展开并略去高阶微量，得

$$u'_i = u_i + \frac{\partial u_i}{\partial x_j}\mathrm{d}x_j = u_i + \Delta u_i \tag{2-47}$$

式中，$\Delta u_i = \frac{\partial u_i}{\partial x_j}\mathrm{d}x_j$ 称为 M' 点相对于 M 点的位移增量。Δu_i 可写成

$$\begin{aligned}\Delta u &= \frac{\partial u}{\partial x}\mathrm{d}x + \frac{\partial u}{\partial y}\mathrm{d}y + \frac{\partial u}{\partial z}\mathrm{d}z\\ \Delta v &= \frac{\partial v}{\partial x}\mathrm{d}x + \frac{\partial v}{\partial y}\mathrm{d}y + \frac{\partial v}{\partial z}\mathrm{d}z\\ \Delta w &= \frac{\partial w}{\partial x}\mathrm{d}x + \frac{\partial w}{\partial y}\mathrm{d}y + \frac{\partial w}{\partial z}\mathrm{d}z\end{aligned} \tag{2-48}$$

若无限接近两点的连线 MM' 平行于某坐标轴，如 $MM' /\!/ x$ 轴，则在式（2-48）中，$\mathrm{d}x \neq 0$、$\mathrm{d}y = \mathrm{d}z = 0$，此时式（2-48）变为

$$\begin{aligned}\Delta u &= \frac{\partial u}{\partial x}\mathrm{d}x\\ \Delta v &= \frac{\partial v}{\partial x}\mathrm{d}x\\ \Delta w &= \frac{\partial w}{\partial x}\mathrm{d}x\end{aligned} \tag{2-49}$$

式（2-49）说明，若已知变形物体内一点 M 的位移分量，则与其邻近一点 M' 的位移分量可以用 M 点的位移分量及其增量来表示。

2. 线应变和切应变

应变可分为线应变和切应变：线应变表示变形体内线元长度的相对变化率；切应变表示变形体内相交两线元夹角在变形前后的变化。

设有一线元 PB 仅在 xOy 坐标平面内发生了很小的线变形，变成了 PB_1（图 2-25a），线元的长度由 r 变成了 $r_1 = r + \Delta r$，于是把其单位长度的相对变化

$$\varepsilon = \frac{r_1 - r}{r} = \frac{\Delta r}{r} \tag{2-50}$$

称为线元 PB 的线应变。线元伸长时 ε 为正，缩短时 ε 为负。同理，线元 PB 在 x 轴和 y 轴的分量 PA 和 PC 的线应变将分别为

$$\varepsilon_x = \frac{\Delta r_x}{r_x};\quad \varepsilon_y = \frac{\Delta r_y}{r_y}$$

又设两个互相垂直的线元 PA 和 PC（图 2-25b），变形后直角减小了 ϕ 角，变成了

$\angle C_1PA$，相当于 C 点在垂直于 PC 的方向偏移了 Δr_τ，说明变形后，两棱边所夹的直角 $\angle CPA$ 减小了。将单位长度上的偏移量或两棱边所夹角的变化量称为工程切应变或相对切应变，即

$$\frac{\Delta r_\tau}{r_y} = \tan\phi \approx \phi \tag{2-51}$$

$\angle CPA$ 减小时 ϕ 取正号，增大时取负号。图2-25b中的 ϕ 发生在 xy 平面内，写成 ϕ_{yx}。由于变形很小，可以近似地认为 PC 偏转时长度不变。

ϕ_{xy} 可看成是由线元 PA 和 PC 同时向内偏转相同的角度 γ_{xy} 和 γ_{yx} 而成（图2-25c），这样所产生的塑性变形效果是一样的。定义

$$\gamma_{xy} = \gamma_{yx} = \frac{1}{2}\phi_{xy} \tag{2-52}$$

为切应变。下角标的意义是：第一个下角标表示线元的方向，第二个下角标表示线元偏转的方向，即 γ_{xy} 表示 x 方向的线元向 y 方向偏转的角度。

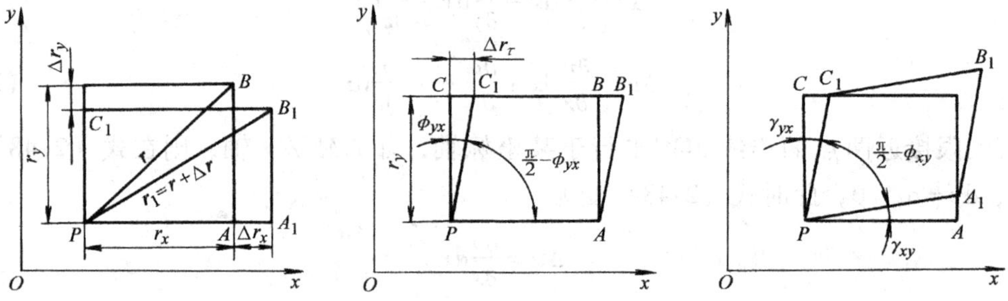

a) b) c)

图2-25 线应变与切应变

a）线应变 b）工程切应变 c）切应变

在实际变形时，线元 PA 和 PC 的偏转角度不一定相同。现设它们的实际偏转角分别为 α_{xy} 和 α_{yx}（图2-26a），偏转的结果仍能使 $\angle CPA$ 缩小了 ϕ_{xy} 角，于是有

$$\alpha_{xy} + \alpha_{yx} = \phi_{xy}$$

及

$$\gamma_{xy} = \gamma_{yx} = \frac{1}{2}\phi_{xy} = \frac{1}{2}(\alpha_{xy} + \alpha_{yx})$$

现设想线元 PA 和 PC 先同时偏转 γ_{xy} 和 γ_{yx}（图2-26b），然后整体绕 z 轴转动了一个角度 ω_z（图2-26c），由几何关系有

$$\left.\begin{aligned} \alpha_{xy} &= \gamma_{xy} - \omega_z \\ \alpha_{yx} &= \gamma_{yx} + \omega_z \\ \omega_z &= \frac{1}{2}(\alpha_{yx} - \alpha_{xy}) \end{aligned}\right\} \tag{2-53}$$

ω_z 称为绕 z 轴的刚体转动角。显然，α_{xy} 和 α_{yx} 中包含了刚体转动的成分，在研究应变时应把刚体运动部分去掉，而 γ_{xy} 和 γ_{yx} 则是排除刚体转动之后的纯切变形。

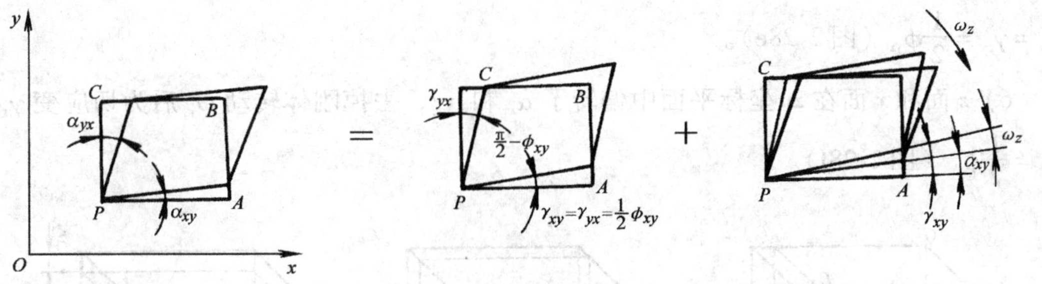

图 2-26　切应变及刚体转动

3. 应变分量和应变张量

在研究变形时，为了便于建立几何关系，要作均匀变形假设。当单元体切取得很小时，可以近似地认为其变形是均匀的，即原来的直线和平面在变形后仍然是直线和平面；原来相互平行的直线和平面，变形后仍然保持相互平行。

在直角坐标系中切取一个平行于坐标面的微分六面体 $PAB\cdots G$，边长分别为 r_x、r_y 和 r_z，小变形后移至 $P_1A_1B_1\cdots G_1$，变成了一个偏斜的平行六面体，如图 2-27 所示。这时，单元体同时产生了线变形、切变形、刚体平移和转动。现设想单元体先平移至变形后的位置，然后再发生变形，其变形可分解为以下几部分（图 2-28）：

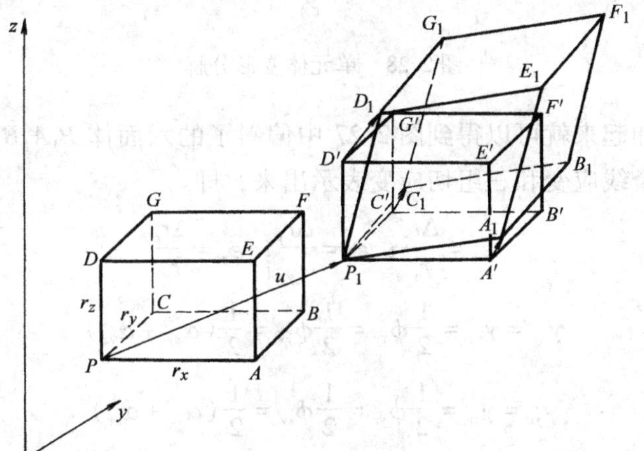

图 2-27　单元体变形

1）单元体在 x 方向的长度变化了 Δr_x，其线应变为 $\varepsilon_x = \Delta r_x / r_x$（图 2-28a）。

2）在 y 方向的线应变为 $\varepsilon_y = \Delta r_y / r_y$（图 2-28b）。

3）在 z 方向的线应变为 $\varepsilon_z = \Delta r_z / r_z$（图 2-28c）。

4）$P_1C'G'D'$面（即 x 面）在 xy 坐标平面中偏转了 α_{yx} 角，$P_1A'E'D'$面（即 y 面）偏转了 α_{xy} 角，形成了工程切应变 $\phi_{xy} = \alpha_{xy} + \alpha_{yx}$（图 2-28d）。$\alpha_{xy}$ 和 α_{yx} 中包含了刚体转动 ω_z，去掉刚体转动后为切应变 $\gamma_{xy} = \gamma_{yx} = \dfrac{1}{2}\phi_{xy}$。

5）y 面和 z 面在 yz 坐标平面中偏转了 α_{yz} 和 α_{zy}。同理，去掉刚体转动 ω_x 后为切应变

$\gamma_{yz}=\gamma_{zy}=\dfrac{1}{2}\phi_{yz}$（图 2-28e）。

6）z 面和 x 面在 zx 坐标平面中偏转了 α_{zx} 和 α_{xz}，去掉刚体转动 ω_y 后为切应变 $\gamma_{zx}=\gamma_{xz}=\dfrac{1}{2}\phi_{zx}$（图 2-28f）。

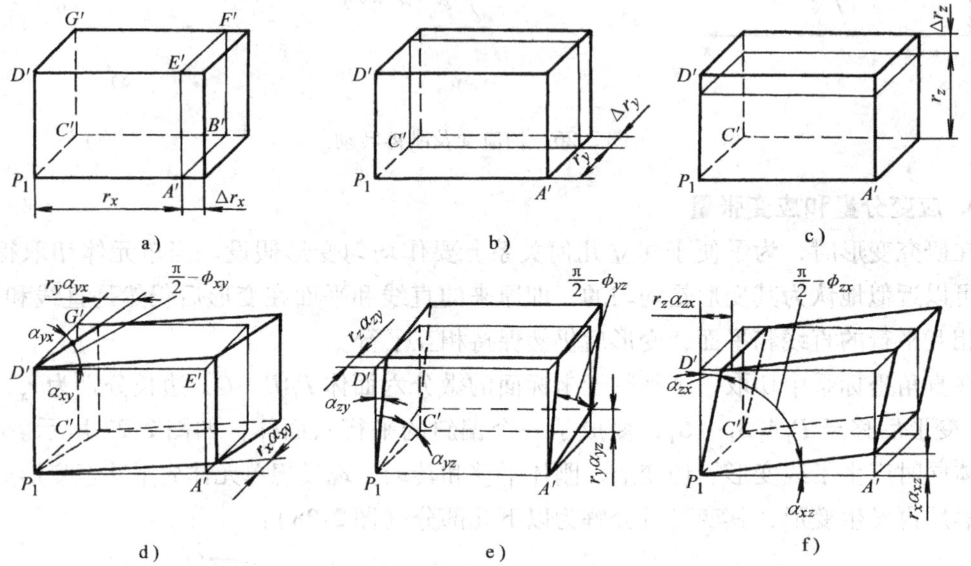

图 2-28 单元体变形分解

将上述变形叠加起来就可以得到图 2-27 中偏斜了的六面体 $P_1A_1B_1\cdots G_1$。这样，单元体的变形就可由三个线应变和三组切应变表示出来，即

$$
\begin{aligned}
&\varepsilon_x=\frac{\Delta r_x}{r_x};\ \varepsilon_y=\frac{\Delta r_y}{r_y};\ \varepsilon_z=\frac{\Delta r_z}{r_z}\\
&\gamma_{xy}=\gamma_{yx}=\frac{1}{2}\phi_{xy}=\frac{1}{2}\phi_{yx}=\frac{1}{2}(\alpha_{xy}+\alpha_{yx})\\
&\gamma_{yz}=\gamma_{zy}=\frac{1}{2}\phi_{yz}=\frac{1}{2}\phi_{zy}=\frac{1}{2}(\alpha_{yz}+\alpha_{zy})\\
&\gamma_{zx}=\gamma_{xz}=\frac{1}{2}\phi_{zx}=\frac{1}{2}\phi_{xz}=\frac{1}{2}(\alpha_{zx}+\alpha_{xz})
\end{aligned}
\tag{2-54}
$$

ε_x、ε_y、ε_z、γ_{xy}、γ_{yx}、γ_{yz}、γ_{zy}、γ_{zx}、γ_{xz}统称为应变分量。于是，该单元体的变形就可以用ε_x、ε_y、ε_z、γ_{xy}、γ_{yx}、γ_{yz}、γ_{zy}、γ_{zx}和γ_{xz}这九个应变分量来表示。由于$\gamma_{ij}=\gamma_{ji}$，所以上述九个应变分量中只有六个是独立的。这九个应变分量组成一个张量，称为应变张量，而且是二阶对称张量，一般用ε_{ij}来表示，即

$$
\varepsilon_{ij}=\begin{pmatrix}\varepsilon_x & \gamma_{xy} & \gamma_{xz}\\ \gamma_{yx} & \varepsilon_y & \gamma_{yz}\\ \gamma_{zx} & \gamma_{zy} & \varepsilon_z\end{pmatrix}
\tag{2-55}
$$

因此，点的应变状态需要用九个应变分量或应变张量来描述，若已知应变张量的分

量，则该点的应变状态就完全被确定。

4. 点的应变状态与应力状态

比较式（2-55）与式（2-4）说明，点的应变张量与应力张量不仅在形式上相似，而且其性质和特性也相似。因此，参照应力张量可以得到关于应变张量的性质和特性。

（1）已知 ε_{ij} 可以求出该点任意方向上的线应变和切应变　设变形体内一点 a（x，y，z），其应变分量为 ε_{ij}。由 a 点引一任意方向线元 ab，其长度为 r，方向余弦为 l、m、n。小变形前，b 点可视为 a 点的无限邻近点，其坐标为（$x+\mathrm{d}x$，$y+\mathrm{d}y$，$z+\mathrm{d}z$），则线元 ab 在三个坐标方向上的投影为 $\mathrm{d}x$、$\mathrm{d}y$、$\mathrm{d}z$，该线元的方向余弦及 r 分别为

$$l=\frac{\mathrm{d}x}{r};\ m=\frac{\mathrm{d}y}{r};\ n=\frac{\mathrm{d}z}{r} \tag{a}$$

$$r^2=\mathrm{d}x^2+\mathrm{d}y^2+\mathrm{d}z^2 \tag{b}$$

小变形后，线元 ab 移至 a_1b_1，其长度为 $r_1=r+\Delta r$，同时偏转角度为 α_r，如图2-29所示。

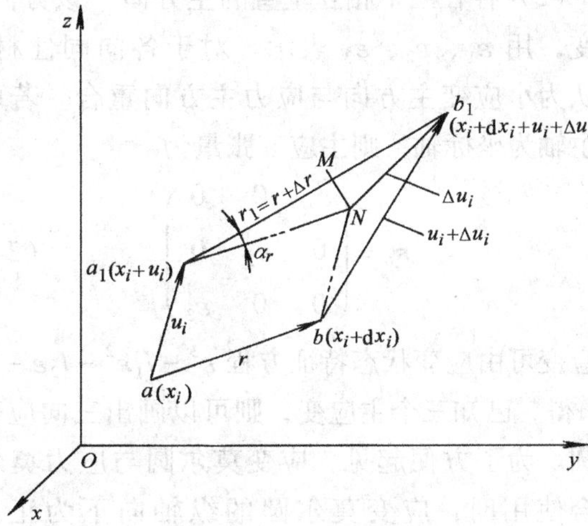

图2-29　任意方向线元的应变

现求 ab 方向上的线应变 ε_r。为求 r_1，可将 ab 平移至 a_1N，构成三角形 a_1Nb_1。由解析几何可知，三角形一边在三个坐标轴上的投影将分别等于另外两边在坐标轴上的投影之和。在这里，Na_1 的三个投影即为 $\mathrm{d}x$、$\mathrm{d}y$、$\mathrm{d}z$，而 Nb_1 的投影（即 b 点相对 a 点的位移增量）为 Δu、Δv、Δw，因此线元 a_1b_1 的三个投影为（$\mathrm{d}x+\Delta u$）、（$\mathrm{d}y+\Delta v$）、（$\mathrm{d}z+\Delta w$），于是 a_1b_1 的长度 r_1 为

$$r_1^2=(r+\Delta r)^2=(\mathrm{d}x+\Delta u)^2+(\mathrm{d}y+\Delta v)^2+(\mathrm{d}z+\Delta w)^2$$

将上式展开并减去 r^2，略去 Δr、Δu、Δv、Δw 的平方项，化简得

$$r\Delta r=\Delta u\mathrm{d}x+\Delta v\mathrm{d}y+\Delta w\mathrm{d}z \tag{c}$$

将式（c）两边除以 r^2，并考虑到式（a）和 $\frac{\Delta r}{r}=\varepsilon_r$，则得

$$\varepsilon_r=l\frac{\Delta u}{r}+m\frac{\Delta v}{r}+n\frac{\Delta w}{r} \tag{d}$$

将式（2-48）中 Δu、Δv、Δw 的值代入式（d），整理后可得

$$\begin{aligned}\varepsilon_r&=\frac{\partial u}{\partial x}l^2+\frac{\partial v}{\partial y}m^2+\frac{\partial w}{\partial z}n^2+\left(\frac{\partial u}{\partial y}+\frac{\partial v}{\partial x}\right)lm+\left(\frac{\partial v}{\partial z}+\frac{\partial w}{\partial y}\right)mn+\left(\frac{\partial w}{\partial x}+\frac{\partial u}{\partial z}\right)nl\\&=\varepsilon_x l^2+\varepsilon_y m^2+\varepsilon_z n^2+2(\gamma_{xy}lm+\gamma_{yz}mn+\gamma_{zx}nl)\end{aligned} \tag{2-56}$$

下面求线元变形后的偏转角，即图2-29中的 α_r。为了推导方便，可设 $r=1$。由 N 点引 $NM\perp a_1b_1$，则直角三角形 NMb_1 有

$$NM^2=Nb_1^2-Mb_1^2=(\Delta u_i)^2-Mb_1^2 \tag{e}$$

$$a_1M \approx a_1N = r = 1$$

$$\tan\alpha_r \approx \alpha_r = \frac{NM}{a_1M} = NM$$

$$\varepsilon_r = \frac{\Delta r}{r} = \Delta r$$

$$Mb_1 = a_1b_1 - a_1M \approx \Delta r = \varepsilon_r$$

于是式（e）可写成

$$\alpha_r^2 = NM^2 = Nb_1^2 - Mb_1^2 = (\Delta u_i)^2 - \varepsilon_r^2 \tag{2-57}$$

式中，$(\Delta u_i)^2 = \Delta u_i \Delta u_i = \Delta u^2 + \Delta v^2 + \Delta w^2$，即相对位移的平方。如果没有刚体转动，则求得的 α_r 就是切应变 γ_r。否则，需要去掉由于刚体转动引起的相对位移分量，从而得到由纯变形引起的相对位移分量 $\Delta u'_i$。

（2）存在三个相互垂直的主方向　该方向上线元没有切应变，只有线应变，称为主应变，用 ε_1、ε_2、ε_3 表示。对于各向同性材料，可认为小应变主方向与应力主方向重合。若取应变主轴为坐标轴，则主应变张量为

$$\varepsilon_{ij} = \begin{pmatrix} \varepsilon_1 & 0 & 0 \\ 0 & \varepsilon_2 & 0 \\ 0 & 0 & \varepsilon_3 \end{pmatrix} \tag{2-58}$$

主应变可由应变状态特征方程 $\varepsilon^3 - I_1\varepsilon^2 - I_2\varepsilon - I_3 = 0$ 求得。已知三个主应变，则可以画出三向应变莫尔圆。为了方便起见，应变莫尔圆与应力莫尔圆配合使用时，应变莫尔圆的纵轴向下为正，如图2-30所示。

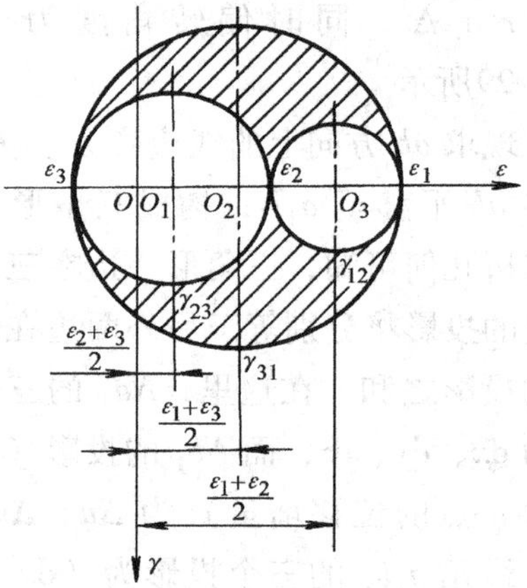

图2-30　应变莫尔圆

（3）存在三个应变张量不变量 I_1、I_2、I_3　其值为

$$\left.\begin{aligned} I_1 &= \varepsilon_x + \varepsilon_y + \varepsilon_z = \varepsilon_1 + \varepsilon_2 + \varepsilon_3 \\ I_2 &= -[\varepsilon_x\varepsilon_y + \varepsilon_y\varepsilon_z + \varepsilon_z\varepsilon_x + (\gamma_{xy}^2 + \gamma_{yx}^2 + \gamma_{zx}^2)] = -(\varepsilon_1\varepsilon_2 + \varepsilon_2\varepsilon_3 + \varepsilon_3\varepsilon_1) \\ I_3 &= \begin{vmatrix} \varepsilon_x & \gamma_{xy} & \gamma_{xz} \\ \gamma_{yx} & \varepsilon_y & \gamma_{yz} \\ \gamma_{zx} & \gamma_{zy} & \varepsilon_z \end{vmatrix} = \begin{vmatrix} \varepsilon_1 & 0 & 0 \\ 0 & \varepsilon_2 & 0 \\ 0 & 0 & \varepsilon_3 \end{vmatrix} = \varepsilon_1\varepsilon_2\varepsilon_3 \end{aligned}\right\} \tag{2-59}$$

塑性变形时体积不变，故有 $I_1 = 0$。

（4）主应变和最大切应变　在与主应变方向呈45°角方向上也存在主切应变，其大小为

$$\gamma_{12} = \pm\frac{1}{2}(\varepsilon_1 - \varepsilon_2);\gamma_{23} = \pm\frac{1}{2}(\varepsilon_2 - \varepsilon_3);\gamma_{31} = \pm\frac{1}{2}(\varepsilon_3 - \varepsilon_1) \tag{2-60}$$

若 $\varepsilon_1 \geqslant \varepsilon_2 \geqslant \varepsilon_3$，则最大切应变为 $\gamma_{max} = \pm\frac{1}{2}(\varepsilon_1 - \varepsilon_3)$　　(2-61)

（5）应变张量也可分解为应变球张量和应变偏张量　其表达式为

$$\varepsilon_{ij}=\begin{pmatrix}\varepsilon_x-\varepsilon_m & \gamma_{xy} & \gamma_{xz}\\ \gamma_{yx} & \varepsilon_y-\varepsilon_m & \gamma_{yz}\\ \gamma_{zx} & \gamma_{zy} & \varepsilon_z-\varepsilon_m\end{pmatrix}+\begin{pmatrix}\varepsilon_m & 0 & 0\\ 0 & \varepsilon_m & 0\\ 0 & 0 & \varepsilon_m\end{pmatrix} \tag{2-62}$$

$$=\varepsilon'_{ij}+\delta_{ij}\varepsilon_m$$

式中，ε_m 为平均线应变，$\varepsilon_m=\frac{1}{3}(\varepsilon_x+\varepsilon_y+\varepsilon_z)=\frac{1}{3}I_1$。前者为应变偏张量，表示形状变化；后者为应变球张量，表示体积变化。塑性变形时体积不变，即 $\varepsilon_m=0$，所以应变偏张量就是应变张量。

（6）八面体应变和等效应变　如以三个应变主轴为坐标轴，同样可作出正八面体，八面体平面的法线方向线元的应变为八面体应变。

八面体线应变 ε_8 为

$$\varepsilon_8=\frac{1}{3}(\varepsilon_x+\varepsilon_y+\varepsilon_z)=\frac{1}{3}(\varepsilon_1+\varepsilon_2+\varepsilon_3)=\frac{1}{3}I_1=\varepsilon_m \tag{2-63}$$

八面体切应变 γ_8 为

$$\gamma_8=\frac{1}{3}\sqrt{(\varepsilon_x-\varepsilon_y)^2+(\varepsilon_y-\varepsilon_z)^2+(\varepsilon_z-\varepsilon_x)^2+6(\gamma_{xy}^2+\gamma_{yz}^2+\gamma_{zx}^2)}$$

$$=\frac{1}{3}\sqrt{(\varepsilon_1-\varepsilon_2)^2+(\varepsilon_2-\varepsilon_3)^2+(\varepsilon_3-\varepsilon_1)^2} \tag{2-64}$$

将八面体切应变乘以$\sqrt{2}$，得到另一个表示应变状态不变量的参量，称为等效应变，也称为广义应变或应变强度，记为

$$\bar{\varepsilon}=\sqrt{2}\gamma_8=\frac{\sqrt{2}}{3}\sqrt{(\varepsilon_1-\varepsilon_2)^2+(\varepsilon_2-\varepsilon_3)^2+(\varepsilon_3-\varepsilon_1)^2} \tag{2-65}$$

单向拉伸时，其主应变为 ε_1 及 $\varepsilon_2=\varepsilon_3=-\frac{\varepsilon_1}{2}$，故有

$$\bar{\varepsilon}=\frac{\sqrt{2}}{3}\sqrt{\left(\frac{3}{2}\varepsilon_1\right)^2+\left(-\frac{3}{2}\varepsilon_1\right)^2}=\varepsilon_1$$

二、位移分量和应变分量的关系——小变形几何方程

物体变形后，体内的点都产生了位移，引起了质点的应变。因此，位移场与应变场之间一定存在某种关系，下面就来建立位移分量和应变分量之间的关系。

设在图 2-31 中，$abcd$ 为单元体变形前在 xOy 坐标平面上的投影，而 $a_1b_1c_1d_1$ 为位移及变形后的投影。图中 b 点及 c 点为 a 点的邻近点，并设 $ac=\mathrm{d}x$，$ac\,/\!/\,Ox$ 轴；$ab=\mathrm{d}y$，$ab\,/\!/\,Oy$轴；a 点位移分量为 u、v。根据式（2-49），有

$$\Delta u_c=\frac{\partial u}{\partial x}\mathrm{d}x$$

$$\Delta v_c=\frac{\partial v}{\partial x}\mathrm{d}x$$

$$\Delta u_b = \frac{\partial u}{\partial y}\mathrm{d}y$$

$$\Delta v_b = \frac{\partial v}{\partial y}\mathrm{d}y$$

根据图 2-31 所示的几何关系，可求出棱边 ac 在 x 方向的线应变 ε_x 为

$$\varepsilon_x = \frac{u + \Delta u_c - u}{\mathrm{d}x} = \frac{\Delta u_c}{\mathrm{d}x} = \frac{\partial u}{\partial x} \quad \text{(a)}$$

棱边 ab（即 $\mathrm{d}y$）在 y 方向的线应变为

$$\varepsilon_y = \frac{v + \Delta v_b - v}{\mathrm{d}y} = \frac{\Delta v_b}{\mathrm{d}y} = \frac{\partial v}{\partial y} \quad \text{(b)}$$

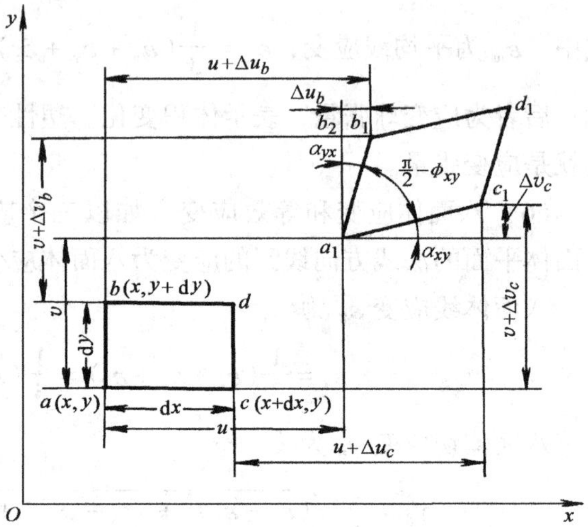

图 2-31 位移分量与应变分量的关系

又由图 2-31 所示的几何关系可得

$$\alpha_{yx} \approx \tan\alpha_{yx} = \frac{b_1 b_2}{a_1 b_2}$$

$$= \frac{u + \Delta u_b - u}{v + \Delta v_b + \mathrm{d}y - v}$$

$$= \frac{\frac{\partial u}{\partial y}\mathrm{d}y}{\mathrm{d}y + \frac{\partial v}{\partial y}\mathrm{d}y} = \frac{\frac{\partial u}{\partial y}}{1 + \frac{\partial v}{\partial y}}$$

因为$\frac{\partial v}{\partial y} = \varepsilon_y$，其值远小于 1，所以有

$$\alpha_{yx} = \frac{\partial u}{\partial y}$$

同理可得

$$\alpha_{xy} = \frac{\partial v}{\partial x}$$

因而工程切应变为

$$\phi_{xy} = \alpha_{xy} + \alpha_{yx} = \frac{\partial u}{\partial y} + \frac{\partial v}{\partial x}$$

则切应变为

$$\gamma_{xy} = \gamma_{yx} = \frac{1}{2}\phi_{xy} = \frac{1}{2}\left(\frac{\partial u}{\partial y} + \frac{\partial v}{\partial x}\right) \quad \text{(c)}$$

按照同样方法，由单元体在 yOz 和 zOx 平面上投影的几何关系可得其余应变分量的公式。综合上述可得

$$\left.\begin{aligned}
\varepsilon_x &= \frac{\partial u}{\partial x};\ \gamma_{yz} = \gamma_{zy} = \frac{1}{2}\left(\frac{\partial v}{\partial z} + \frac{\partial w}{\partial y}\right) \\
\varepsilon_y &= \frac{\partial v}{\partial y};\ \gamma_{zx} = \gamma_{xz} = \frac{1}{2}\left(\frac{\partial w}{\partial x} + \frac{\partial u}{\partial z}\right) \\
\varepsilon_z &= \frac{\partial w}{\partial z};\ \gamma_{xy} = \gamma_{yx} = \frac{1}{2}\left(\frac{\partial u}{\partial y} + \frac{\partial v}{\partial x}\right)
\end{aligned}\right\} \tag{2-66}$$

这就是小变形时位移分量和应变分量的关系，也叫做小变形几何方程。如果物体中位移场为已知，则由几何方程可求得应变场。

当采用圆柱坐标（ρ、θ、z）（图 2-32）时，其几何方程为

$$\left.\begin{aligned}
\varepsilon_\rho &= \frac{\partial u}{\partial \rho};\ \gamma_{\theta z} = \frac{1}{2}\left(\frac{\partial v}{\partial z} + \frac{1}{\rho}\frac{\partial w}{\partial \theta}\right) \\
\varepsilon_\theta &= \frac{1}{\rho}\left(\frac{\partial v}{\partial \theta} + u\right);\ \gamma_{z\rho} = \frac{1}{2}\left(\frac{\partial w}{\partial \rho} + \frac{\partial u}{\partial z}\right) \\
\varepsilon_z &= \frac{\partial w}{\partial z};\ \gamma_{\rho\theta} = \frac{1}{2}\left(\frac{\partial v}{\partial \rho} - \frac{v}{\rho} + \frac{1}{\rho}\frac{\partial u}{\partial \theta}\right)
\end{aligned}\right\} \tag{2-67}$$

例 2-3　设物体中任意一点的位移分量为

$$u = 10\times10^{-3} + 0.1\times10^{-3}xy + 0.05\times10^{-3}z$$
$$v = 5\times10^{-3} - 0.05\times10^{-3}x + 0.1\times10^{-3}yz$$
$$w = 10\times10^{-3} - 0.1\times10^{-3}xyz$$

求点 A（1，1，1）与点 B（0.5，-1，0）的应变值。

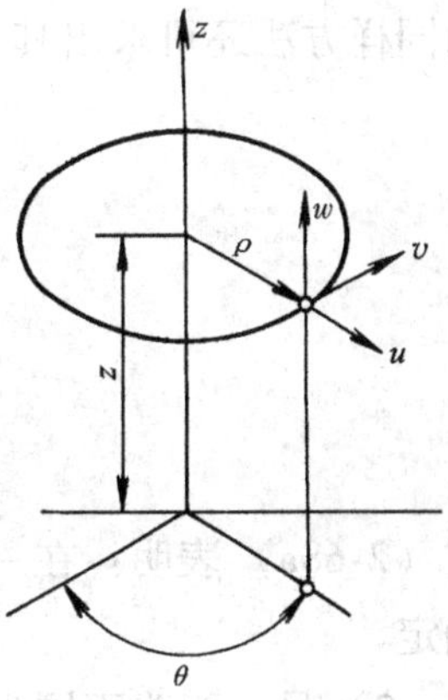

图 2-32　圆柱坐标中的位移分量

解　由几何方程式求得应变分量为

$$\varepsilon_x = \frac{\partial u}{\partial x} = 0.1\times10^{-3}y;$$

$$\gamma_{xy} = \frac{1}{2}\left(\frac{\partial u}{\partial y} + \frac{\partial v}{\partial x}\right) = 0.05\times10^{-3}x - 0.025\times10^{-3}$$

$$\varepsilon_y = \frac{\partial v}{\partial y} = 0.1\times10^{-3}z;$$

$$\gamma_{yz} = \frac{1}{2}\left(\frac{\partial v}{\partial z} + \frac{\partial w}{\partial v}\right) = 0.05\times10^{-3}y - 0.05\times10^{-3}xz$$

$$\varepsilon_z = \frac{\partial w}{\partial z} = -0.1\times10^{-3}xy;$$

$$\gamma_{zx} = \frac{1}{2}\left(\frac{\partial w}{\partial x} + \frac{\partial u}{\partial z}\right) = 0.025\times10^{-3} - 0.05\times10^{-3}yz$$

将点 A 的坐标值（$x=1$，$y=1$，$z=1$）代入上式，得点 A 处的应变值为

$$\varepsilon_x = 0.1\times10^{-3};\ \gamma_{xy} = 0.05\times10^{-3} - 0.025\times10^{-3} = 0.025\times10^{-3}$$
$$\varepsilon_y = 0.1\times10^{-3};\ \gamma_{yz} = 0$$
$$\varepsilon_z = -0.1\times10^{-3};\ \gamma_{zx} = -0.025\times10^{-3}$$

将点 B 的坐标值（$x=0.5$，$y=-1$，$z=0$）代入，可求得 B 点的应变值为

$$\varepsilon_x = -0.1\times10^{-3};\ \gamma_{xy} = 0$$

$$\varepsilon_y = 0;\ \gamma_{yz} = -0.05 \times 10^{-3}$$
$$\varepsilon_z = 0.05 \times 10^{-3};\ \gamma_{zx} = 0.025 \times 10^{-3}$$

三、应变连续方程

由小变形几何方程可知，六个应变分量取决于三个位移分量，即 u、v、w 所以六个应变分量不能是任意的，其间必存在一定的关系，这种关系就叫做应变连续方程或应变协调方程。应变连续方程有两组共六式，这里简略推导如下：

1）一组为每个坐标平面内应变分量之间满足的关系。如在 xOy 坐标平面内，将几何方程（2-66）中的 ε_x 对 y 求两次偏导数，ε_y 对 x 求两次偏导数得

$$\frac{\partial^2 \varepsilon_x}{\partial y^2} = \frac{\partial^2}{\partial x \partial y}\left(\frac{\partial u}{\partial y}\right);\ \frac{\partial^2 \varepsilon_y}{\partial x^2} = \frac{\partial^2}{\partial x \partial y}\left(\frac{\partial v}{\partial x}\right) \tag{2-68}$$

两式相加得

$$\frac{\partial^2 \varepsilon_x}{\partial y^2} + \frac{\partial^2 \varepsilon_y}{\partial x^2} = \frac{\partial^2}{\partial x \partial y}\left(\frac{\partial u}{\partial y} + \frac{\partial v}{\partial x}\right) = 2\frac{\partial^2 \gamma_{xy}}{\partial x \partial y}$$

用同样方法还可求出其他两式，连同上式共得下列三式

$$\left.\begin{aligned}
\frac{1}{2}\left(\frac{\partial^2 \varepsilon_x}{\partial y^2} + \frac{\partial^2 \varepsilon_y}{\partial x^2}\right) &= \frac{\partial^2 \gamma_{xy}}{\partial x \partial y} \\
\frac{1}{2}\left(\frac{\partial^2 \varepsilon_y}{\partial z^2} + \frac{\partial^2 \varepsilon_z}{\partial y^2}\right) &= \frac{\partial^2 \gamma_{yz}}{\partial y \partial z} \\
\frac{1}{2}\left(\frac{\partial^2 \varepsilon_z}{\partial x^2} + \frac{\partial^2 \varepsilon_x}{\partial z^2}\right) &= \frac{\partial^2 \gamma_{zx}}{\partial z \partial x}
\end{aligned}\right\} \tag{2-68a}$$

式（2-68a）表明：在一个坐标平面内，两个线应变分量一经确定，则切应变分量也就被确定。

2）另一组为不同坐标平面内应变分量之间应满足的关系。将式（2-66）中的 ε_x 对 y、z，ε_y 对 z、x，ε_z 对 x、y 分别求偏导，并将切应变分量 γ_{xy}、γ_{yz}、γ_{zx} 分别对 z、x、y 求偏导数，得

$$\frac{\partial^2 \varepsilon_x}{\partial y \partial z} = \frac{\partial^3 u}{\partial x \partial y \partial z} \tag{a}$$

$$\frac{\partial^2 \varepsilon_y}{\partial z \partial x} = \frac{\partial^3 v}{\partial x \partial y \partial z} \tag{b}$$

$$\frac{\partial^2 \varepsilon_z}{\partial x \partial y} = \frac{\partial^3 w}{\partial x \partial y \partial z} \tag{c}$$

$$\frac{\partial \gamma_{yz}}{\partial x} = \frac{1}{2}\left(\frac{\partial^2 v}{\partial z \partial x} + \frac{\partial^2 w}{\partial x \partial y}\right) \tag{d}$$

$$\frac{\partial \gamma_{zx}}{\partial y} = \frac{1}{2}\left(\frac{\partial^2 w}{\partial x \partial y} + \frac{\partial^2 u}{\partial z \partial y}\right) \tag{e}$$

$$\frac{\partial \gamma_{xy}}{\partial z} = \frac{1}{2}\left(\frac{\partial^2 u}{\partial y \partial z} + \frac{\partial^2 v}{\partial x \partial z}\right) \tag{f}$$

将式（d）和式（e）相加减去式（f）得

$$\frac{\partial \gamma_{yz}}{\partial x}+\frac{\partial \gamma_{zx}}{\partial y}-\frac{\partial \gamma_{xy}}{\partial z}=\frac{\partial^2 w}{\partial x\partial y}$$

再将上式对 z 求偏导数，得

同理

$$\left.\begin{aligned}\frac{\partial}{\partial z}\left(\frac{\partial \gamma_{yz}}{\partial x}+\frac{\partial \gamma_{zx}}{\partial y}-\frac{\partial \gamma_{xy}}{\partial z}\right)=\frac{\partial^2 \varepsilon_z}{\partial x\partial y}\\ \frac{\partial}{\partial y}\left(\frac{\partial \gamma_{xy}}{\partial z}+\frac{\partial \gamma_{yz}}{\partial x}-\frac{\partial \gamma_{zx}}{\partial y}\right)=\frac{\partial^2 \varepsilon_y}{\partial z\partial x}\\ \frac{\partial}{\partial x}\left(\frac{\partial \gamma_{zx}}{\partial y}+\frac{\partial \gamma_{xy}}{\partial z}-\frac{\partial \gamma_{yz}}{\partial x}\right)=\frac{\partial^2 \varepsilon_x}{\partial y\partial z}\end{aligned}\right\}\tag{2-68b}$$

式（2-68b）表明，在三维空间内三个切应变分量一经确定，则线应变分量也就被确定。

应变连续方程的物理意义在于：只有当应变分量之间的关系满足上述方程时，物体变形后才是连续的。否则，变形后会出现“撕裂”或“重叠”，破坏变形物体的连续性。

需要指出的是，如果已知位移分量 u_i，则由几何方程求得的应变分量 ε_{ij} 自然满足连续方程。但若先用其他方法求得应变分量，则只有当它们满足连续方程时，才能由几何方程式（2-66）求得正确的位移分量。

例 2-4　设$\varepsilon_x=a(x^2-y^2)$、$\varepsilon_y=axy$、$\gamma_{xy}=2bxy$，其中 a、b 为常数，试问上述应变场在什么情况下成立？

解　应变场成立必须满足式（2-68a）的变形连续方程，根据给定的 ε_x、ε_y 和 γ_{xy}，可求得

$$\frac{\partial^2 \varepsilon_x}{\partial y^2}=-2a;\quad \frac{\partial^2 \varepsilon_y}{\partial x^2}=0;\quad \frac{\partial^2 \gamma_{xy}}{\partial x\partial y}=2b$$

代入变形连续方程

$$a=-2b$$

这就是说，给定应变场只有在 $a=-2b$ 时才成立。

四、应变增量和应变速率张量

前面所讨论的应变都是反映单元体在某一变形过程或变形过程中的某个阶段结束时的变形大小，称之为全量应变。但是，塑性成形问题一般都是大变形，大塑性变形的整个过程是十分复杂的，这样，前面所讨论小应变时的公式在大变形中就不能直接应用。因此，一般采用无限小的应变增量来描述某一瞬间的变形情况，整个变形过程可以看做是很多瞬间应变增量的积累。

1. 速度场和速度分量

物体变形时，体内各质点都在运动，都存在一个速度场。设物体内任一点的速度矢量为

$$\dot{\boldsymbol{u}}=\dot{\boldsymbol{u}}(x,\ y,\ z,\ t)$$

它是坐标和时间的函数，在各坐标方向上的投影称为速度分量，可表示为

$$\left.\begin{aligned}\dot{u}&=\dot{u}(x,\ y,\ z,\ t)\\\dot{v}&=\dot{v}(x,\ y,\ z,\ t)\\\dot{w}&=\dot{w}(x,\ y,\ z,\ t)\end{aligned}\right\}\tag{2-69}$$

式（2-69）即可用于表示物体中的速度场，记为 $\dot{u}_i$。如果物体内各点的速度分量为已知，则物体中的位移增量和速度场就被确定

2. 位移增量和应变增量

如已知速度分量，则在无限小的时间间隔 dt 内，其质点产生极小的位移变化量，称为位移增量，位移增量 Δu_i 记为

$$\left.\begin{aligned}\Delta u&=\dot{u}\mathrm{d}t\\\Delta v&=\dot{v}\mathrm{d}t\\\Delta w&=\dot{w}\mathrm{d}t\end{aligned}\right\}\tag{2-70}$$

产生位移增量后，变形体内各质点就有一个相应的无限小应变增量，用 $\Delta\varepsilon_{ij}$ 表示。应变增量与位移增量之间的关系也即几何方程，形式上与小变形几何方程相同。把式（2-66）中的 u_i 改成 Δu_i，便得应变增量几何方程为

$$\left.\begin{aligned}\Delta\varepsilon_x&=\frac{\partial\ (\Delta u)}{\partial x};\quad\Delta\gamma_{yz}=\Delta\gamma_{zy}=\frac{1}{2}\left[\frac{\partial\ (\Delta v)}{\partial z}+\frac{\partial\ (\Delta w)}{\partial y}\right]\\\Delta\varepsilon_y&=\frac{\partial\ (\Delta v)}{\partial y};\quad\Delta\gamma_{zx}=\Delta\gamma_{xz}=\frac{1}{2}\left[\frac{\partial\ (\Delta w)}{\partial x}+\frac{\partial\ (\Delta u)}{\partial z}\right]\\\Delta\varepsilon_z&=\frac{\partial\ (\Delta w)}{\partial z};\quad\Delta\gamma_{xy}=\Delta\gamma_{yx}=\frac{1}{2}\left[\frac{\partial\ (\Delta u)}{\partial y}+\frac{\partial\ (\Delta v)}{\partial x}\right]\end{aligned}\right\}\tag{2-71}$$

简记为

$$\Delta\varepsilon_{ij}=\frac{1}{2}\left[\frac{\partial\ (\Delta u_i)}{\partial x_j}+\frac{\partial\ (\Delta u_j)}{\partial x_i}\right]\tag{2-71a}$$

应变增量是塑性成形理论中最常用的概念之一。通俗地说，如果将变形物体在变形过程中任意瞬间的形状和尺寸作为初始状态，则在此基础上产生的无限小应变就是应变增量。一点的应变增量也是二阶对称张量为

$$\Delta\boldsymbol{\varepsilon}_{ij}=\begin{pmatrix}\Delta\varepsilon_x&\Delta\gamma_{xy}&\Delta\gamma_{xz}\\\Delta\gamma_{yx}&\Delta\varepsilon_y&\Delta\gamma_{yz}\\\Delta\gamma_{zx}&\Delta\gamma_{zy}&\Delta\varepsilon_z\end{pmatrix}\tag{2-72}$$

3. 应变速率

单位时间内的应变称为应变速率，俗称变形速度，用 $\dot{\varepsilon}_{ij}$ 表示，其单位为 s^{-1}。设在时间间隔 dt 内产生的应变增量为 $\Delta\varepsilon_{ij}$，则应变速率为

$$\dot{\varepsilon}_{ij}=\frac{\Delta\varepsilon_{ij}}{\mathrm{d}t}\tag{2-73}$$

可见，应变速率与应变增量相似，都是描述某瞬时的变形状态。

以式（2-70）中的 $\Delta u=\dot{u}\mathrm{d}t$ 代入式（2-71）中的第一式 $\mathrm{d}\varepsilon_x=\frac{\partial}{\partial x}(\Delta u)$，得

$$\Delta\varepsilon_x = \frac{\partial(\dot{u}\mathrm{d}t)}{\partial x}$$

根据应变速率的定义，在 x 方向的应变速率为

$$\dot{\varepsilon}_x = \frac{\Delta\varepsilon_x}{\mathrm{d}t} = \frac{\partial(\dot{u}\mathrm{d}t)}{\partial x\mathrm{d}t} = \frac{\partial\dot{u}}{\partial x}$$

同理可得出应变速率的其他分量，于是可写出应变速率的几何方程为

$$\left.\begin{aligned}
\dot{\varepsilon}_x &= \frac{\partial\dot{u}}{\partial x};\ \dot{\gamma}_{yz} = \dot{\gamma}_{zy} = \frac{1}{2}\left(\frac{\partial\dot{v}}{\partial z} + \frac{\partial\dot{w}}{\partial y}\right) \\
\dot{\varepsilon}_y &= \frac{\partial\dot{v}}{\partial y};\ \dot{\gamma}_{zx} = \dot{\gamma}_{xz} = \frac{1}{2}\left(\frac{\partial\dot{w}}{\partial x} + \frac{\partial\dot{u}}{\partial z}\right) \\
\dot{\varepsilon}_z &= \frac{\partial\dot{w}}{\partial z};\ \dot{\gamma}_{xy} = \dot{\gamma}_{yx} = \frac{1}{2}\left(\frac{\partial\dot{u}}{\partial y} + \frac{\partial\dot{v}}{\partial x}\right)
\end{aligned}\right\} \tag{2-74}$$

简记为

$$\dot{\varepsilon}_{ij} = \frac{\Delta\varepsilon_{ij}}{\mathrm{d}t} = \frac{1}{2}\left(\frac{\partial\dot{u}_i}{\partial x_j} + \frac{\partial\dot{u}_j}{\partial x_i}\right) \tag{2-74a}$$

一点的应变速率也是一个二阶对称张量，称为应变速率张量

$$\dot{\boldsymbol{\varepsilon}}_{ij} = \begin{pmatrix} \dot{\varepsilon}_x & \dot{\gamma}_{xy} & \dot{\gamma}_{xz} \\ \dot{\gamma}_{yx} & \dot{\varepsilon}_y & \dot{\gamma}_{yz} \\ \dot{\gamma}_{zx} & \dot{\gamma}_{zy} & \dot{\varepsilon}_z \end{pmatrix} \tag{2-75}$$

应变速率表示变形程度的变化快慢，不要与工具的移动速率相混淆。应变速率不仅取决于工具的运动速率，而且与变形体的尺寸及边界条件有关，所以不能仅仅用工具或质点的运动速度来衡量变形体内质点的变形速度。例如，在试验机上均匀压缩一柱体，下垫板不动，上垫板以速度 $\dot{u}_0$ 下移，现取下垫板为坐标原点，压缩方向为 x 轴，柱体某瞬时的高度为 h，则柱体内质点在 x 方向的速度为

$$\dot{u}_x = \frac{\dot{u}_0}{h}x$$

于是，各质点在 x 方向的应变速率分量为

$$\dot{\varepsilon}_x = \frac{\partial\dot{u}_x}{\partial x} = \frac{\dot{u}_0}{h}$$

设 $h = 100\mathrm{mm}$，$\dot{u}_0 = -6\mathrm{mm/min}$，则 $\dot{\varepsilon}_x = -10^{-3}\mathrm{s}^{-1}$，为准静态压缩。锤上锻造时 $\dot{u}_0 = -(5\sim9)\mathrm{m/s}$，则 $\dot{\varepsilon}_x = -(50\sim20)\mathrm{s}^{-1}$；高速锤锻造时 $\dot{u}_0 = -(15\sim20)\mathrm{m/s}$，则 $\dot{\varepsilon}_x = -(150\sim200)\mathrm{s}^{-1}$。

应变增量张量和应变速率张量都有主方向（主轴方向），主应变增量 $\Delta\varepsilon_1$、$\Delta\varepsilon_2$、$\Delta\varepsilon_3$ 和主应变速率 $\dot{\varepsilon}_1$、$\dot{\varepsilon}_2$、$\dot{\varepsilon}_3$，主切应变增量 $\Delta\gamma_{12}$、$\Delta\gamma_{23}$、$\Delta\gamma_{31}$ 和主切应变速率 $\dot{\gamma}_{12}$、$\dot{\gamma}_{23}$、$\dot{\gamma}_{31}$，偏张量、球张量、不变量、等效应变增量 $\Delta\bar{\varepsilon}$ 和等效应变速率 $\dot{\bar{\varepsilon}}$ 以及莫尔圆等，它们的含义和表达式与小变形的应变张量相同。

当不考虑变形速度对材料性质的影响时（如理想塑性材料），用应变增量和应变速率进行计算的结果是一致的。而对于应变速率敏感的材料（如超塑性材料），则应采用应变

速率来进行计算。

五、塑性变形程度的表达式

塑性变形时的变形程度常用相对应变和对数应变来表示。

1. 相对应变

相对伸长 ε 为

$$\varepsilon = \frac{l_1 - l_0}{l_0} = \frac{\Delta l}{l_0} \tag{2-76}$$

式中，l_0 为试样原始标距长度；l_1 为拉伸后标距的长度。

相对断面收缩率 ψ 为

$$\psi = \frac{A_0 - A_1}{A_0} \tag{2-77}$$

式中，A_0 为试样原始横截面积；A_1 为拉伸后试样的横截面积。

2. 对数应变（真实应变）

设在单向拉伸过程中某瞬时试样的长度为 l，该瞬时后试样的长度又伸长了 $\mathrm{d}l$，则其应变增量为

$$\mathrm{d}\epsilon = \frac{\mathrm{d}l}{l} \tag{2-78}$$

当试样从 l_0 伸长至 l 时，则总应变为

$$\epsilon = \int_{l_0}^{l_1} \mathrm{d}\epsilon = \int_{l_0}^{l_1} \frac{\mathrm{d}l}{l} = \ln \frac{l_1}{l_0} \tag{2-79}$$

ϵ 称为对数应变，是用应变增量积分来表示的全量应变，它反映了物体变形的实际情况，故又称为真实应变。

3. 三种应变的关系

在均匀拉伸状态（试样出现缩颈之前）下，三种应变之间存在以下关系

$$\epsilon = \ln \frac{l_1}{l_0} = \ln \frac{l_0 + \Delta l}{l_0} = \ln(1 + \varepsilon) \tag{2-80}$$

及

$$\varepsilon = \mathrm{e}^{\epsilon} - 1 \tag{2-81}$$

将式（2-81）按泰勒级数展开，得

$$\epsilon = \varepsilon - \frac{\varepsilon^2}{2} + \frac{\varepsilon^3}{3} - \cdots$$

当 ε 很小时 $\epsilon \approx \varepsilon$。例如，当 $\varepsilon \leqslant 0.1$ 时，ϵ 与 ε 的误差不超过5%。

在均匀拉伸阶段，由于体积不变，即

$$A_0 l_0 = A_1 l_1$$

$$\frac{A_1}{A_0} = \frac{l_0}{l_1}$$

故由式（2-77）有

$$\psi = \frac{A_0 - A_1}{A_0} = 1 - \frac{A_1}{A_0} = 1 - \frac{l_0}{l_1} = 1 - \frac{1}{1+\varepsilon} = \frac{\varepsilon}{1+\varepsilon} \quad (2\text{-}82)$$

或

$$\varepsilon = \frac{\psi}{1-\psi} \quad (2\text{-}83)$$

4. 对数应变的特点

与相对应变相比较，对数应变具有以下特点：

1）对数应变具有叠加性，为可加应变。如设某物体原长为 l_0，经历 l_1、l_2 变为 l_3，则总的对数应变为

$$\epsilon = \ln \frac{l_3}{l_0}$$

各阶段的应变为

$$\epsilon_1 = \ln \frac{l_1}{l_0};\ \epsilon_2 = \ln \frac{l_2}{l_1};\ \epsilon_3 = \ln \frac{l_3}{l_2}$$

于是有

$$\epsilon_1 + \epsilon_2 + \epsilon_3 = \ln \frac{l_1}{l_0} + \ln \frac{l_2}{l_1} + \ln \frac{l_3}{l_2} = \ln \frac{l_1}{l_0}\frac{l_2}{l_1}\frac{l_3}{l_2} = \ln \frac{l_3}{l_0} = \epsilon$$

所以，对数应变反映了变形的积累过程，而相对应变则不具有可加性。

2）对数应变为可比应变。例如，将试样拉长一倍，再压缩到原长，其对数应变的数值相同。拉长一倍时

$$\epsilon_{拉} = \ln \frac{2l_0}{l_0} = \ln 2$$

再缩短一倍时

$$\epsilon_{压} = \ln \frac{0.5l_0}{l_0} = \ln \frac{1}{2} = -\ln 2$$

负号表示应变方向相反，而相对应变则不具有这种性质。

由于对数应变反映了瞬时的变形，真实地表示了塑性变形过程，因此在金属塑性成形中一般都采用对数应变来表示变形程度。但是，对数应变不具有坐标旋转的性质，只能用于主应变方向不变的情况，所以它不是张量。

六、塑性变形体积不变条件

设单元体初始边长为 dx、dy、dz，则变形前的体积 V_0 为

$$V_0 = \mathrm{d}x\mathrm{d}y\mathrm{d}z$$

考虑到小变形时，切应变引起的边长变化及体积变化都是高阶微量，可以忽略，则体积的变化只是由线应变引起，如图 2-33 所示。在 x 方向上的线应变为

$$\varepsilon_x = \frac{r_x - \mathrm{d}x}{\mathrm{d}x}$$

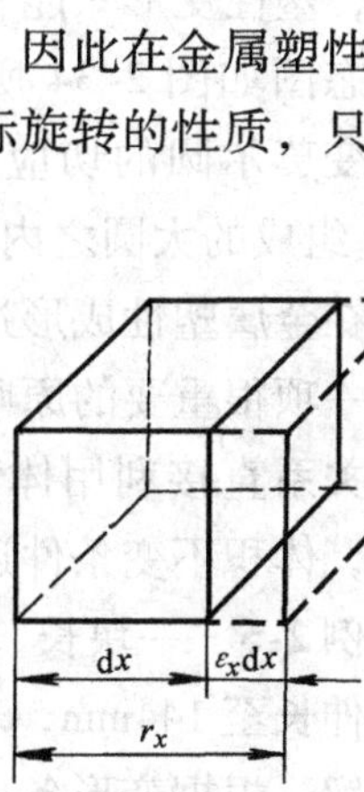

图 2-33　单元体边长的线变形

所以

$$r_x = dx(1+\varepsilon_x)$$

同理

$$r_y = dy(1+\varepsilon_y)$$
$$r_z = dz(1+\varepsilon_z)$$

变形后单元体的体积为

$$V_1 = r_x r_y r_z = (1+\varepsilon_x)dx(1+\varepsilon_y)dy(1+\varepsilon_z)dz \approx (1+\varepsilon_x+\varepsilon_y+\varepsilon_z)dxdydz$$

于是单元体的体积变化率为

$$\theta = \frac{V_1 - V_0}{V_0} = \varepsilon_x + \varepsilon_y + \varepsilon_z \tag{2-84}$$

弹性变形时，体积变化率必须考虑。但在塑性变形时，由于材料连续且致密，体积变化很微小，与形状变化相比可以忽略，因此认为塑性变形时体积不变，即

$$\theta = \varepsilon_x + \varepsilon_y + \varepsilon_z = 0 \tag{2-84a}$$

式（2-84a）中的 ε_x、ε_y、ε_z 为塑性变形的三个线应变分量。若用主应变表示，则有

$$\varepsilon_1 + \varepsilon_2 + \varepsilon_3 = 0 \tag{2-84b}$$

式（2-84）称为塑性变形时的体积不变条件。也就是说，在塑性变形时，变形前物体的体积等于变形后的体积。

体积不变条件用对数应变表示则更为准确。设变形体的原始长、宽、高分别为 l_0、b_0、h_0，变形后为 l_1、b_1、h_1，则体积不变条件可表示为

$$\epsilon_l + \epsilon_b + \epsilon_h = \ln\frac{l_1}{l_0} + \ln\frac{b_1}{b_0} + \ln\frac{h_1}{h_0} = \ln\frac{l_1 b_1 h_1}{l_0 b_0 h_0} = 0 \tag{2-84c}$$

由式（2-84）可以看出，塑性变形时三个线应变分量不可能全部同号，绝对值最大的应变永远和另外两个应变的符号相反。因此，塑性变形只能有三种类型，其主应变状态图如图 2-34 所示。此外，塑性变形应变莫尔圆的切应变轴 γ 必定在由 ε_1 与 ε_3 组成的大圆之内变化。

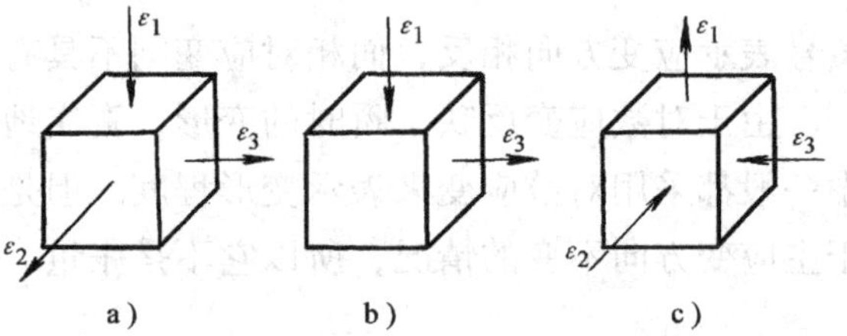

图 2-34 三种变形类型
a）压缩类变形 b）剪切（平面）类变形 c）伸长类变形

在金属塑性成形过程中，体积不变条件是一项很重要的原则，有些问题可根据几何关系直接利用体积不变条件来求解。此外，体积不变条件还用于塑性成形过程中坯料或工件半成品的形状和尺寸的计算。

例 2-5 一块长、宽、厚分别为 120mm、36mm、0.5mm 的平板，拉伸后在长度方向均匀伸长至 144mm，若设宽度不变，求平板的最终尺寸。

解 根据变形条件可求得长、宽、厚方向的主应变（用对数应变表示）为

$$\epsilon_l = \ln\frac{144}{120} = 0.182$$

$$\epsilon_b = \ln\frac{36}{36} = 0$$

$$\epsilon_h = \ln\frac{h}{h_0}$$

由体积不变条件有

$$\epsilon_l + \epsilon_b + \epsilon_h = 0，即\ \epsilon_h = -\epsilon_1$$

所以有

$$\ln\frac{h}{h_0} = -\ln\frac{144}{120} = \ln\frac{120}{144}$$

亦即

$$\frac{h}{h_0} = \frac{120}{144}$$

$$h = \frac{120}{144}h_0 = \frac{120}{144}\times 0.5\text{mm} = 0.417\text{mm}$$

所以，平板的最终尺寸为 144mm × 36mm × 0.417mm。

七、平面变形和轴对称变形

1. 平面变形问题

如果物体内所有质点都只在一个坐标平面内发生变形，而在该平面的法线方向没有变形，这种变形就叫做平面变形。设 z 方向没有变形，则 z 方向必为主方向，z 向的位移分量 $w=0$，且其余各位移分量与 z 轴无关，故有 $\varepsilon_z = \gamma_{zy} = \gamma_{zx} = 0$。因此，平面变形只有三个应变分量，即 ε_x、ε_y、γ_{xy}。平面应变问题的几何方程为

$$\left.\begin{aligned} \varepsilon_x = \frac{\partial u}{\partial x};\ \varepsilon_y = \frac{\partial v}{\partial y} \\ \gamma_{xy} = \frac{1}{2}\left(\frac{\partial u}{\partial y} + \frac{\partial v}{\partial x}\right) \end{aligned}\right\} \tag{2-85}$$

又根据塑性变形时的体积不变条件及 $\varepsilon_z = 0$，有

$$\varepsilon_x = -\varepsilon_y$$

需要特别指出的是，平面塑性变形时应变为零的方向的应力一般不等于零，其正应力是主应力，且

$$\sigma_z = \frac{\sigma_x + \sigma_y}{2} = \frac{\sigma_1 + \sigma_2}{2} = \sigma_{\text{m}}$$

它是一个不变量。

2. 轴对称变形问题

轴对称变形问题采用圆柱坐标比较方便。轴对称变形时，由于通过轴线的子午面始终保持平面，所以 θ 向位移分量 $v=0$，且各位移分量均与 θ 坐标无关，因此 $\gamma_{\rho\theta} = \gamma_{\theta z} = 0$，$\theta$ 向必为应变主方向，这时只有四个应变分量，其几何方程为

$$\left.\begin{aligned}\varepsilon_\rho=\frac{\partial u}{\partial\rho};\ \varepsilon_z=\frac{\partial w}{\partial z};\ \varepsilon_\theta=\frac{u}{\rho}\\ \gamma_{z\rho}=\frac{1}{2}\left(\frac{\partial w}{\partial\rho}+\frac{\partial u}{\partial z}\right)\end{aligned}\right\}\tag{2-86}$$

对于某些轴对称问题，例如单向均匀拉伸、锥形模挤压及拉拔、圆柱体镦粗等，其径向位移分量 u 与坐标 ρ 呈线性关系，于是有

$$\frac{\partial u}{\partial\rho}=\frac{u}{\rho}$$

所以有

$$\varepsilon_\rho=\varepsilon_\theta$$

可以进一步推出此时的径向应力和周向应力必然相等，即 $\sigma_\rho=\sigma_\theta$。

第四节　屈 服 准 则

质点处于单向应力状态时，只要单向应力达到材料的屈服点，则该质点由弹性变形状态进入塑性变形状态，该屈服点的应力称为屈服应力 σ_s。在多向应力状态下，显然不能用一个应力分量的数值来判断受力物体内质点是否进入塑性变形状态，而必须同时考虑所有应力分量。实验研究表明，在一定的变形条件下，只有当各应力分量之间符合一定关系时，质点才开始进入塑性变形状态，这种关系称为屈服准则，也称为塑性条件，一般表示为

$$f(\sigma_{ij})=C$$

上式中 $f(\sigma_{ij})$ 是应力分量的函数，对于各向同性材料，它是应力不变量的函数；C 是与材料性质有关的常数，可通过实验测得。

历史上曾有不少学者提出了不同的理论，来描述受力物体由弹性状态向塑性状态过渡的力学条件，但普遍采用而且比较符合实验数据的是密席斯屈服准则和屈雷斯加屈服准则。

一、屈雷斯加（H. Tresca）屈服准则

1864 年，法国工程师 Tresca 根据库伦在土力学中的研究结果和自己所做的一系列挤压实验，提出材料的屈服与最大切应力有关，即当受力材料中的最大切应力达到某一定值 K（剪切屈服强度）时，材料就发生屈服。其表达式为

$$\tau_{max}=K$$

当规定 $\sigma_1\geqslant\sigma_2\geqslant\sigma_3$ 时，上式可写成

$$\tau_{max}=\frac{\sigma_1-\sigma_3}{2}=K\tag{2-87}$$

在某一变形温度和变形速度条件下，材料单向均匀拉伸时，当拉应力 σ_1 达到 σ_s 时，材料就开始进入塑性变形状态，此时

$$\sigma_1=\sigma_s;\ \sigma_2=\sigma_3=0$$

将上两式代入式（2-87），解得

$$K=\frac{\sigma_s}{2}$$

则

$$\tau_{max}=K=\frac{\sigma_s}{2} \tag{2-88}$$

或

$$\sigma_1-\sigma_3=2K=\sigma_s \tag{2-89}$$

如果不知道 σ_1、σ_2、σ_3 的大小顺序，则屈服准则表达式为

$$\left.\begin{aligned}\sigma_1-\sigma_2&=\pm 2K=\pm\sigma_s\\ \sigma_2-\sigma_3&=\pm 2K=\pm\sigma_s\\ \sigma_3-\sigma_1&=\pm 2K=\pm\sigma_s\end{aligned}\right\} \tag{2-90}$$

式（2-88）左边为最大切应力，故该式又称为最大切应力不变条件；式（2-90）左边为主应力之差，故该式也称为主应力差不变条件。式（2-90）三个式中只要满足一个式，该点即进入塑性变形状态。

对于平面变形以及主应力为异号的平面应力问题，因为

$$\tau_{max}=\sqrt{\left(\frac{\sigma_x-\sigma_y}{2}\right)^2+\tau_{xy}^2}$$

所以用任意坐标系应力分量表示的屈雷斯加屈服准则可写成

$$(\sigma_x-\sigma_y)^2+4\tau_{xy}^2=\sigma_s^2=4K^2 \tag{2-90a}$$

例 2-6　一个两端封闭的薄壁圆管如图 2-35 所示，经受的内应力为 $p=35\text{MPa}$，薄壁管的平均半径为 $r=300\text{mm}$。

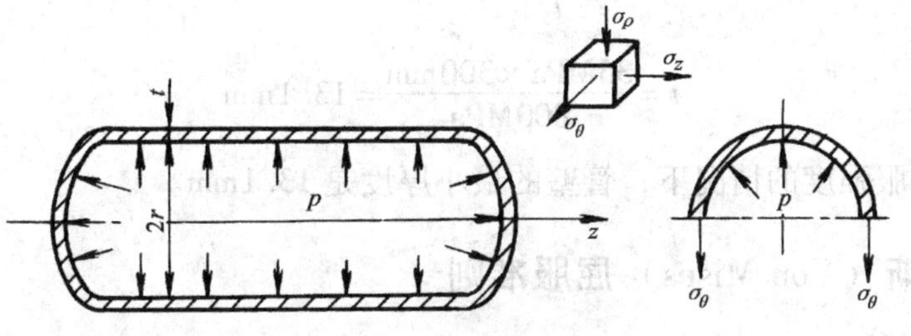

图 2-35　受内压的薄壁圆管

1）如果材料的屈服应力 $\sigma_s=700\text{MPa}$，根据屈雷斯加屈服准则，为了保证薄壁管处于弹性变形状态，管壁最小厚度应为多少？

2）如果材料的剪切屈服强度 $K=400\text{MPa}$，那么，根据屈雷斯加屈服准则，为了保证薄壁管处于弹性变形状态，管壁最小厚度应为多少？

解： 1）因为是薄壁管，所以可以认为垂直于壁厚方向的应力近似为零，如图 2-35 所示，即

$$\sigma_\rho\approx 0$$

而

$$\sigma_z = \frac{p\pi r^2}{2r\pi t} = \frac{pr}{2t}$$

$$\sigma_\theta = \frac{p2r}{2t} = \frac{pr}{t}$$

则

$$\sigma_1 = \sigma_\theta = \frac{pr}{t} = \frac{35\text{MPa} \times 300\text{mm}}{t}$$

$$\sigma_2 = \sigma_z = \frac{pr}{2t} = \frac{35\text{MPa} \times 300\text{mm}}{2t}$$

$$\sigma_3 = \sigma_p \approx 0$$

由式

$$\sigma_1 - \sigma_3 = \sigma_s$$

得

$$\frac{35\text{MPa} \times 300\text{mm}}{t} = 700\text{MPa}$$

$$t = \frac{35\text{MPa} \times 300\text{mm}}{700\text{MPa}} = 15\text{mm}$$

根据屈雷斯加屈服准则，管壁的最小厚度为15mm。

2）由式 $\sigma_1 - \sigma_3 = 2K$ 可得

$$\frac{35\text{MPa} \times 300\text{mm}}{t} = 2 \times 400\text{MPa}$$

$$t = \frac{35\text{MPa} \times 300\text{mm}}{800\text{MPa}} = 13.1\text{mm}$$

在给定的剪切屈服强度的情况下，管壁的最小厚度是13.1mm。

二、密席斯（Von Mises）屈服准则

德国力学家密席斯于1913年提出了另一个屈服准则，称为密席斯屈服准则。

因为材料屈服是物理现象，与坐标选择无关，而材料的塑性变形是由应力偏张量引起的，且只与应力偏张量的第二不变量 J'_2 有关，于是将应力偏张量 J'_2 作为屈服准则的判别依据。当 J'_2 达到某一定值时，该点进入塑性变形状态，即

$$J'_2 = \frac{1}{6}[(\sigma_x - \sigma_y)^2 + (\sigma_y - \sigma_z)^2 + (\sigma_z - \sigma_x)^2 + 6(\tau_{xy}^2 + \tau_{yz}^2 + \tau_{zx}^2)] = B^2 \qquad (2\text{-}91)$$

用主应力表示

$$J'_2 = \frac{1}{6}[(\sigma_1 - \sigma_2)^2 + (\sigma_2 - \sigma_3)^2 + (\sigma_3 - \sigma_1)^2] = B^2 \qquad (2\text{-}91\text{a})$$

式中，B 为常数，与应力状态无关，其值可由简单拉伸来确定。单向拉伸时，有

$$\sigma_1=\sigma_s;\ \sigma_2=\sigma_3=0$$

将上两式代入式（2-91a），解得

$$B=\frac{\sigma_s}{\sqrt{3}}=0.577\sigma_s$$

如在纯切应力状态，当切应力τ_{xy}达到材料剪切屈服强度 K 时，材料产生屈服，此时

$$\tau_{xy}=\sigma_1=-\sigma_3=K$$

将上式代入式（2-91a），解得 $B=K$，所以

$$K=\frac{\sigma_s}{\sqrt{3}}=0.577\sigma_s$$

于是有

$$[(\sigma_x-\sigma_y)^2+(\sigma_y-\sigma_z)^2+(\sigma_z-\sigma_x)^2+6(\tau_{xy}^2+\tau_{yz}^2+\tau_{zx}^2)]=2\sigma_s^2=6K^2 \tag{2-92}$$

用主应力表示

$$(\sigma_1-\sigma_2)^2+(\sigma_2-\sigma_3)^2+(\sigma_3-\sigma_1)^2=2\sigma_s^2=6K^2 \tag{2-92a}$$

将式（2-92）与等效应力 $\bar{\sigma}$ 比较可得

$$\bar{\sigma}=\frac{1}{\sqrt{2}}\sqrt{(\sigma_x-\sigma_y)^2+(\sigma_y-\sigma_z)^2+(\sigma_z-\sigma_x)^2+6(\tau_{xy}^2+\tau_{yz}^2+\tau_{zx}^2)}=\sigma_s \tag{2-93}$$

或用主应力表示

$$\bar{\sigma}=\frac{1}{\sqrt{2}}\sqrt{(\sigma_1-\sigma_2)^2+(\sigma_2-\sigma_3)^2+(\sigma_3-\sigma_1)^2}=\sigma_s \tag{2-93a}$$

从式（2-93）可以看出，当等效应力 $\bar{\sigma}=\sigma_s$ 时，材料进入塑性变形状态。因此，密席斯屈服准则也可叙述如下：当等效应力达到某定值时，材料即行屈服，该定值与应力状态无关。或者说，材料处于塑性状态时，其等效应力是一个不变的值。密席斯屈服准则与屈雷斯加屈服准则实际上相当接近，在有两个主应力相等的应力状态下两者是一致的。以后的实验证明，对于绝大多数金属材料，密席斯屈服准则更接近于实验数据。

屈雷斯加屈服准则与密席斯屈服准则有一些共同的特点，也有不同之处。这些特点对于各向同性理想塑性材料的屈服准则是具有普遍意义的。

二者的共同点如下：

1）屈服准则的数学表达式都与坐标的选择无关，等式左边都是不变量的函数。

2）三个主应力可以任意置换而不影响屈服，同时，认为拉应力与压应力的作用是一样的。

3）各表达式都与应力球张量无关。实验证明，在通常的工作应力下，应力球张量对材料屈服的影响较小，可以忽略不计。但是，如果应力球张量的三个分量都是拉应力，那么应力球张量大到一定程度后，材料就将脆断，不能发生塑性变形。

二者的不同点是：屈雷斯加屈服准则没有考虑中间应力的影响，三个主应力大小顺序

不知时使用不方便；而密席斯屈服准则考虑了中间应力的影响，在上述条件下使用方便。

例2-7　用密席斯屈服准则解例2-6。

解：1）在例2-6中，$\sigma_1=\dfrac{pr}{t}=\dfrac{35\text{MPa}\times300\text{mm}}{t}$；$\sigma_2=\dfrac{\sigma_1}{2}$；$\sigma_3=0$。根据式（2-92a）得

$$\left(\sigma_1-\frac{\sigma_1}{2}\right)^2+\left(\frac{\sigma_1}{2}\right)^2+(-\sigma_1)^2=2\sigma_s^2$$

$$\sigma_1=\frac{2}{\sqrt{3}}\sigma_s$$

将 σ_1 代入上式得

$$t=\frac{35\text{MPa}\times300\text{mm}\times\sqrt{3}}{2\times700\text{MPa}}=13\text{mm}$$

根据密席斯屈服准则，管壁的最小厚度为13mm。

2）如果给定剪切屈服强度 K，则根据式（2-92a）可得

$$\left(\sigma_1-\frac{\sigma_1}{2}\right)^2+\left(\frac{\sigma_1}{2}\right)^2+(-\sigma_1)^2=6K^2$$

$$\sigma_1=2K，\text{即}\frac{pr}{t}=2K$$

$$t=\frac{pr}{2K}=\frac{35\text{MPa}\times300\text{mm}}{2\times400\text{MPa}}=13.1\text{mm}$$

在给定剪切屈服强度的情况下，管壁的最小厚度为13.1mm。

由此可见，如果已知单向拉伸屈服应力 σ_s，求薄壁管的最小壁厚，那么用密席斯屈服准则所得壁厚比屈雷斯加屈服准则的小，即屈雷斯加屈服准则偏于安全。如果给定的是剪切屈服强度 K，则用两个准则所得结果完全一致。

三、屈服准则的几何表达——屈服表面和屈服轨迹

屈服表面和屈服轨迹是将屈服准则抽象的数学表达式用几何图形形象化地表示出来的一种方法。屈服表面和屈服轨迹是人们进一步分析屈服准则的有效工具。

1. 主应力空间中的屈服表面

以三个主应力为坐标轴构成了一个主应力空间，如图2-36所示。屈服准则的数学表达式在主应力空间的几何图形是个封闭的空间曲面，这个封闭的空间曲面称为屈服表面。

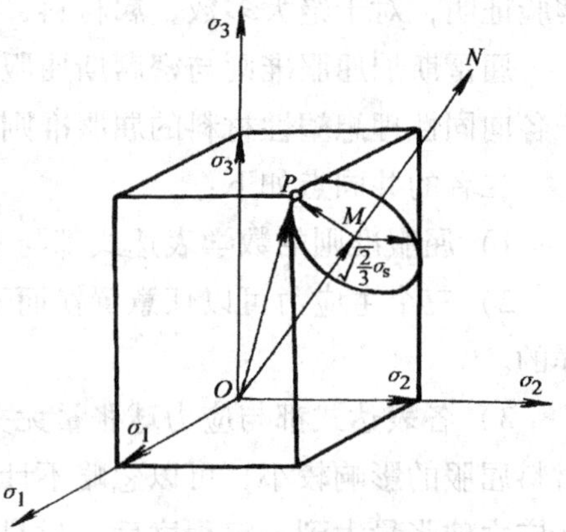

图2-36　主应力空间

下面以密席斯屈服表面为例，介绍其几何意义。如图2-36所示，设一种应力状态（σ_1、σ_2、σ_3）可在主应力空间中用一点 P 来表示，且可用矢量 $\boldsymbol{OP}$ 来代表。过坐标原点 O 引等倾斜线 ON，

其方向余弦为 $l=m=n=\dfrac{1}{\sqrt{3}}$。在 ON 线上的任意一点的应力状态都是 $\sigma_1=\sigma_2=\sigma_3=\sigma_m$，即球应力。由 P 点向 ON 作垂线得交点 M，即将矢量 **OP** 分解为 **OM** 和 **MP**，这时 **OM** 表示 P 点应力张量的球应力张量，**MP** 表示 P 点应力张量的偏应力张量。

由于矢量

$$\boldsymbol{OP}=\boldsymbol{OM}+\boldsymbol{MP}$$

所以矢量的模

$$|\boldsymbol{PM}|=\sqrt{|\boldsymbol{OP}|^2-|\boldsymbol{OM}|^2}$$

而

$$|\boldsymbol{OP}|^2=\sigma_1^2+\sigma_2^2+\sigma_3^2$$

$$|\boldsymbol{OM}|=\sigma_1 l+\sigma_2 m+\sigma_3 n=\frac{1}{\sqrt{3}}(\sigma_1+\sigma_2+\sigma_3)$$

因此有

$$|\boldsymbol{PM}|=\sqrt{\sigma_1^2+\sigma_2^2+\sigma_3^2-\frac{1}{3}(\sigma_1+\sigma_2+\sigma_3)^2}$$

$$=\sqrt{\frac{1}{3}[(\sigma_1-\sigma_2)^2+(\sigma_2-\sigma_3)^2+(\sigma_3-\sigma_1)^2]}=\sqrt{\frac{2}{3}}\bar{\sigma}$$

当材料在受多向力的作用下满足密席斯屈服准则，即 $\bar{\sigma}=\sigma_s$ 时，此时材料产生屈服，则有

$$|\boldsymbol{PM}|=\sqrt{\frac{2}{3}}\sigma_s \tag{2-94}$$

因此，当以 M 点为圆心、以 $\sqrt{\frac{2}{3}}\sigma_s$ 为半径，在垂直于 ON 线的平面上作圆时，则圆上各点的应力偏张量均为 $\sqrt{\frac{2}{3}}\sigma_s$，所以，圆上各点都将进入塑性变形状态。由于 ON 线上点的应力为球应力，它不影响材料进入塑性变形状态，所以，以 ON 为轴线，以 $\sqrt{\frac{2}{3}}\sigma_s$ 为半径作一圆柱面，如图 2-37 所示，则该圆柱面上各点的应力都满足密席斯屈服准则，此圆柱面称为主应力空间的密席斯屈服表面。

同理，屈雷斯加屈服准则的表达式 (2-90)在主应力空间中的几何图形是一个内接于密席斯圆柱面的正六棱柱面，如图 2-37 所示，该面称为屈雷斯加屈服表面。

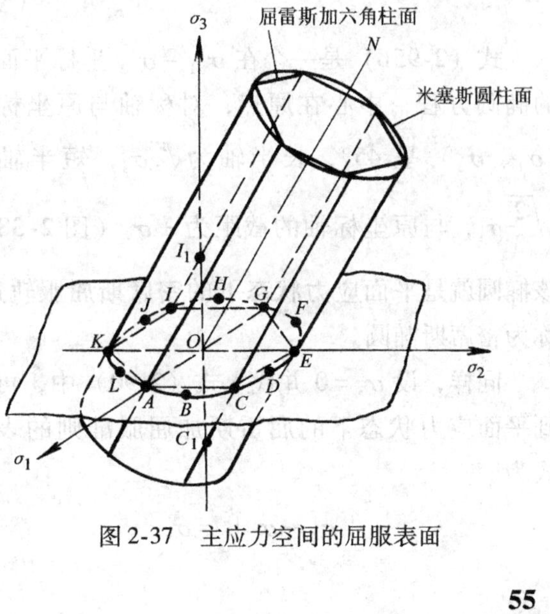

图 2-37　主应力空间的屈服表面

屈服表面的几何意义是：若主应力空间中一点的应力状态矢量的端点（P 点）位于屈服表面上，则该点处于塑性状态；若 P 点位于屈服表面内部，则该点处于弹性状态；若 P 点位于 ON 线上，则该点处于球应力状态。对于理想塑性材料，P 点不能在屈服表面之外。

2. 两向应力状态下的屈服轨迹

两向应力状态下屈服准则的数学表达式在主应力坐标平面上的几何图形是封闭的曲线，这条封闭的曲线称为屈服轨迹，它也是当某个主应力等于零时屈服表面与主应力坐标平面的交线。若以 $\sigma_3=0$ 代入式（2-92a），可得到两向应力状态下的密席斯屈服准则表达式为

$$\sigma_1^2-\sigma_1\sigma_2+\sigma_2^2=\sigma_s^2 \tag{2-95}$$

该式在 $\sigma_1-\sigma_2$ 坐标平面内是一个椭圆，如图2-38所示。为了表达清楚，可把坐标轴旋转45°，则新老坐标的关系为

$$\left.\begin{aligned}\sigma_1&=\sigma'_1\cos45°-\sigma'_2\sin45°\\ \sigma_2&=\sigma'_1\sin45°+\sigma'_2\cos45°\end{aligned}\right\}$$

则

$$\left.\begin{aligned}\sigma_1&=\frac{1}{\sqrt{2}}(\sigma'_1-\sigma'_2)\\ \sigma_2&=\frac{1}{\sqrt{2}}(\sigma'_1+\sigma'_2)\end{aligned}\right\} \tag{2-95a}$$

将式（2-95a）代入式（2-95），整理后得

$$\sigma'^2_1+3\sigma'^2_2=2\sigma_s^2$$

即

$$\frac{\sigma'^2_1}{(\sqrt{2}\sigma_s)^2}+\frac{\sigma'^2_2}{\left(\sqrt{\frac{2}{3}}\sigma_s\right)^2}=1 \tag{2-95b}$$

式（2-95b）是一个在 $\sigma'_1-\sigma'_2$ 坐标平面上的椭圆方程，中心在原点，对称轴与原坐标轴（σ_1、σ_2）呈45°，长半轴为 $\sqrt{2}\sigma_s$，短半轴为 $\sqrt{\frac{2}{3}}\sigma_s$，与原坐标轴的截距为 $\pm\sigma_s$（图2-38）。该椭圆就是平面应力状态下的密席斯屈服轨迹，称为密席斯椭圆。

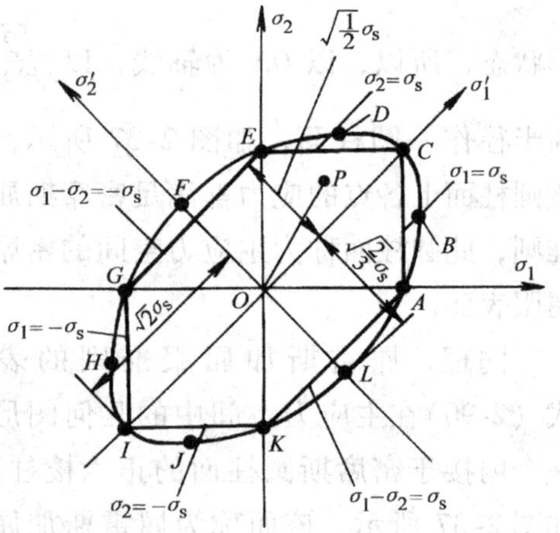

图2-38　两向应力状态下的屈服轨迹

同样，设 $\sigma_3=0$ 并代入式（2-90）中，可得到平面应力状态下的屈雷斯加屈服准则的表达式为

$$|\sigma_1-\sigma_2|=\sigma_s$$

$$|\sigma_2| = \sigma_s$$

$$|\sigma_1| = \sigma_s$$

上式中的每一个式子表示两条互相平行且对称的直线，这些直线在 $\sigma_1-\sigma_2$ 坐标平面上构成一个内接于密席斯椭圆的六边形，这就是平面应力状态的屈雷斯加屈服轨迹（图 2-38），称为屈雷斯加六边形。从图 2-38 中可以看出：

1）两个屈服轨迹有六个交点，说明在这六个点上两个屈服准则是一致的。这六个交点分别是：$A(\sigma_s, 0)$、$E(0, \sigma_s)$、$G(-\sigma_s, 0)$、$K(0, -\sigma_s)$ 表示单向应力状态，$C(\sigma_s, \sigma_s)$、$I(-\sigma_s, -\sigma_s)$ 表示轴对称应力状态。

2）在两个屈服轨迹不相交的部分，密席斯椭圆上的点均在屈雷斯加六边形之外，这表明按密席斯屈服准则需要较大的应力才能使材料屈服。

3）两个屈服轨迹差别最大的有六个点，其中 B、D、H、J 是密席斯椭圆在 $\sigma_1-\sigma_2$ 坐标平面中的极值，F、L 是密席斯椭圆与 σ'_2 轴的交点。下面分别求它们的坐标值。

由式（2-95）对 σ_1 求极值得：$\sigma_1=\frac{1}{2}\sigma_2$，$\sigma_2=\pm\frac{2}{\sqrt{3}}\sigma_s$、$\sigma_1=\pm\frac{1}{\sqrt{3}}\sigma_s$；对 σ_2 求极值得：$\sigma_2=\frac{1}{2}\sigma_1$，$\sigma_1=\pm\frac{2}{\sqrt{3}}\sigma_s$、$\sigma_2=\pm\frac{1}{\sqrt{3}}\sigma_s$，则四个极值点的坐标分别是：$B(\frac{2}{\sqrt{3}}\sigma_s、\frac{1}{\sqrt{3}}\sigma_s)$、$D(\frac{1}{\sqrt{3}}\sigma_s、\frac{2}{\sqrt{3}}\sigma_s)$、$H(-\frac{2}{\sqrt{3}}\sigma_s、-\frac{1}{\sqrt{3}}\sigma_s)$、$J(-\frac{1}{\sqrt{3}}\sigma_s、-\frac{2}{\sqrt{3}}\sigma_s)$。由（2-95a）求得密席斯椭圆与 σ'_2 轴的交点分别是 $\sigma_1=\pm\frac{1}{\sqrt{3}}\sigma_s$、$\sigma_2=\pm\frac{1}{\sqrt{3}}\sigma_s$，则两个交点的坐标分别是：$F(-\frac{1}{\sqrt{3}}\sigma_s、\frac{1}{\sqrt{3}}\sigma_s)$、$L(\frac{1}{\sqrt{3}}\sigma_s、-\frac{1}{\sqrt{3}}\sigma_s)$。在这六个点上，两个屈服准则相差都是 15.5%。

在主应力空间中，如图 2-37 所示，通过坐标原点并垂直于等倾斜线 ON 的平面称为 π 平面，其方程为

$$\sigma_1+\sigma_2+\sigma_3=0$$

两个屈服表面与 π 平面的交线称为 π 平面上的屈服轨迹。密席斯屈服表面在 π 平面上的屈服轨迹是其中心在原点、半径为 $\sqrt{\frac{2}{3}}\sigma_s$ 的圆。屈雷斯加屈服表面在 π 平面上的屈服轨迹是密席斯屈服轨迹的内接正六边形，三根主轴在 π 平面上的投影互为 120°，如图 2-39 所示。

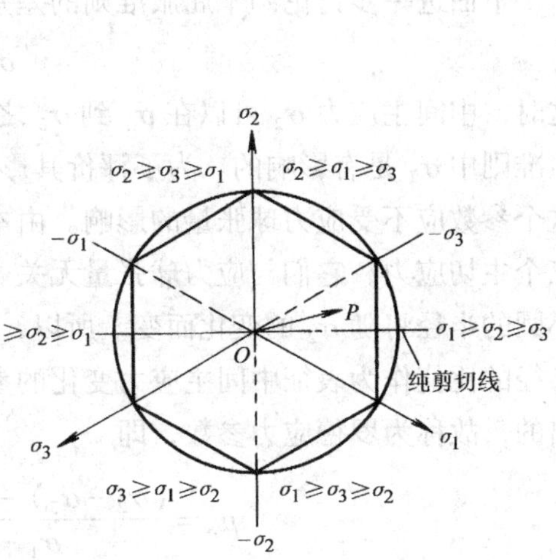

图 2-39　π 平面上的屈服轨迹

例 2-8　薄管内压力为 35MPa，管子的平均半径 r 为 300mm，壁厚 t 为 25mm，为了使该薄壁管不发生屈服，材料最小的单向拉伸屈服应力 σ_s 和剪切屈服强度 K 应为多少？

解 1）求单向拉伸屈服点 σ_s。由例2-6可知

$$\sigma_1=\frac{pr}{t};\ \sigma_2=\frac{\sigma_1}{2};\ \sigma_3=0$$

根据屈雷斯加准则

$$\sigma_1-\sigma_3=\sigma_1=\sigma_s$$

$$\sigma_s=\sigma_1=\frac{pr}{t}=\frac{35\times300}{25}\text{MPa}=420\text{MPa}$$

根据密席斯屈服准则，由例2-7可知 $\sigma_1=\frac{2}{\sqrt{3}}\sigma_s$，从而可得

$$\sigma_s=\frac{\sqrt{3}}{2}\sigma_1=\frac{\sqrt{3}}{2t}pr=\frac{\sqrt{3}\times35\times300}{2\times25}\text{MPa}=363.7\text{MPa}$$

2）求剪切屈服强度 K。根据屈雷斯加准则

$$\sigma_1-\sigma_3=\sigma_1=2K$$

$$K=\frac{\sigma_1}{2}=\frac{pr}{2t}=\frac{35\times300}{2\times25}\text{MPa}=210\text{MPa}$$

根据密席斯准则，由例2-7可知 $\sigma_1=2K$，从而可得

$$K=\frac{\sigma_1}{2}=\frac{pr}{2t}=\frac{35\times300}{2\times25}\text{MPa}=210\text{MPa}$$

由上述计算可知，在 $\sigma_3=0$、$\sigma_2=\frac{\sigma_1}{2}$ 的条件下，用密席斯准则求得的最小屈服极限小于用屈雷斯加准则所求得的数值。而对于最小剪切屈服强度，两个准则求得的结果一致。

四、中间主应力的影响——屈服准则的简化表达式

下面进一步讨论两个屈服准则的差别。设 $\sigma_1\geqslant\sigma_2\geqslant\sigma_3$，则屈雷斯加屈服准则可写成

$$\sigma_1-\sigma_3=\sigma_s$$

这时，中间主应力 σ_2 可以在 σ_1 到 σ_3 之间任意变化而不影响材料的屈服，但在密席斯屈服准则中 σ_2 是有影响的。为了评价其影响，先应找到一个能表征中间主应力变化的参数，这个参数应不受应力球张量的影响。由本章第二节可知，三个应力莫尔圆的三个半径就是三个主切应力，它们与应力球张量无关。如果 σ_1 和 σ_3 不变，则大圆的半径不变，而两个小圆的半径将随 σ_2 的变化而变。所以，可以用中间两个小应力莫尔圆的半径之差与大圆半径的比值作为表征中间主应力变化的参数，用 μ_σ 表示。该参数是由罗德（W. Lode）提出的，故称为罗德应力参数，即

$$\mu_\sigma=\frac{(\sigma_2-\sigma_3)-(\sigma_1-\sigma_2)}{\sigma_1-\sigma_3}=\frac{2\sigma_2-\sigma_1-\sigma_3}{\sigma_1-\sigma_3}\tag{2-96}$$

当中间主应力 σ_2 在 σ_1 至 σ_3 之间变化时，μ_σ 将在 -1 与 $+1$ 之间变化。

为了便于比较，可以利用μ_σ将密席斯准则的形式改写成为接近于屈雷斯加准则的形式。由式（2-96）可得

$$\sigma_2=\frac{1}{2}(\sigma_1+\sigma_3)+\frac{\mu_\sigma}{2}(\sigma_1-\sigma_3)$$

$$\left.\begin{aligned}\sigma_1-\sigma_2&=\frac{1}{2}(1-\mu_\sigma)(\sigma_1-\sigma_3)\\ \sigma_2-\sigma_3&=\frac{1}{2}(1+\mu_\sigma)(\sigma_1-\sigma_3)\end{aligned}\right\}\qquad(2\text{-}96a)$$

将式（2-96a）代入式（2-92a），简化后可得

$$\sigma_1-\sigma_3=\frac{2\sigma_s}{\sqrt{3+\mu_\sigma^2}}\qquad(2\text{-}96b)$$

设$\beta=2/\sqrt{3+\mu_\sigma^2}$，$\beta$为中间主应力影响系数，或称为应力修正系数，则式（2-92a）密席斯屈服准则的数学表达式可写成

$$\sigma_1-\sigma_3=\beta\sigma_s\qquad(2\text{-}96c)$$

β是随应力状态的变化而变化的，当中间应力$\sigma_2=\sigma_1$时，$\mu_\sigma=1$、$\beta=1$；当$\sigma_2=\sigma_3$时，$\mu_\sigma=-1$、$\beta=1$，这时，中间两个小应力莫尔圆的半径一个等于大应力莫尔圆的半径，一个等于零，它们的半径差值最大，而β值最小，中间应力对密席斯屈服准则影响最小。当$\sigma_2=\frac{\sigma_1+\sigma_3}{2}$时（平面应变），$\mu_\sigma=0$、$\beta=1.155$，这时，中间两个小应力莫尔圆的半径相等，它们的半径差值最小，而β值最大，中间应力对密席斯屈服准则影响最大。由此可见，中间两个小应力莫尔圆的半径差值越大，中间应力对密席斯屈服准则的影响就越小。屈雷斯加屈服准则相当于式（2-96c）中$\beta\equiv1$的情况。β随μ_σ变化情况的理论计算与实验结果如图2-40所示，从图中可以看出，实验结果与密席斯屈服准则比较接近。

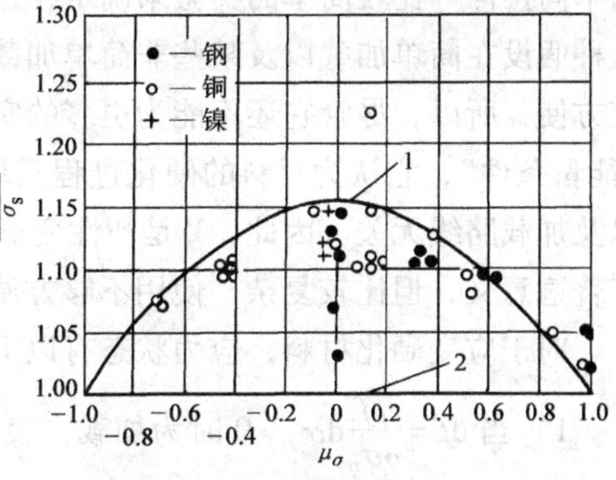

图2-40 罗德实验资料
1—密席斯屈服准则
2—屈雷斯加屈服准则

引入中间主应力影响系数后，两个屈服准则可以写成统一的数学表达式

$$\sigma_{max}-\sigma_{min}=\beta\sigma_s=2K\qquad(2\text{-}97)$$

式中，σ_{max}、σ_{min}分别代表最大及最小主应力；系数$\beta=1\sim1.155$；$K=(0.5\sim0.577)\sigma_s$。

五、硬化材料的屈服准则简介

以上所讨论的两个屈服准则只适用于各向同性理想刚塑性材料，即屈服应力为常数的情况。实际上，材料经塑性变形后要产生应变硬化，因此屈服应力并不是常数，屈服准则将发生变化。在变形过程的每一瞬间，都有一后继的瞬时屈服表面和屈服轨迹。

后继的瞬时屈服轨迹的变化很复杂，为了简化起见，通常采用“各向同性硬化假设”，其要点如下：

1）材料硬化后仍然保持各向同性。

2）材料硬化后屈服轨迹的中心位置和形状都不变，它们在 π 平面上仍然是以原点为中心的对称封闭曲线，其大小随着变形的进行而不断地扩大，组成一系列不断向外扩展的同心相似图形，如图 2-41 所示。

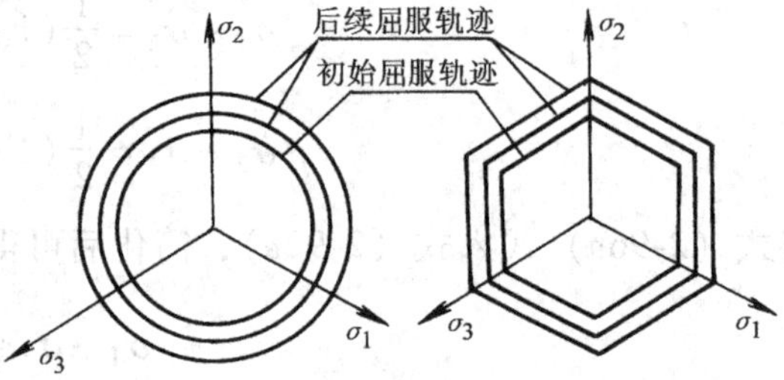

图 2-41 各向同性应变硬化材料的后继屈服轨迹

如果把前述屈服准则统一写成 $f(\sigma_{ij})=C$ 的形式，则屈服轨迹的中心位置和形状是由应力状态函数 $f(\sigma_{ij})$ 所确定的，而常数 C（此时 $C=\sigma_s$）决定了轨迹的大小。根据上述假设，各向同性硬化材料的屈服准则也可以用同样的函数 $f(\sigma_{ij})$ 来表示，不过此时要将等式右边的常数 C 改成随变形程度的变化而改变的变量。设这一变量用 Y（材料为理想刚塑性材料时，$Y=C$）表示，则各向同性硬化材料和理想刚塑性材料的屈服准则都可表示为

$$f(\sigma_{ij})=Y \tag{2-98}$$

关于 Y 的变化规律，目前有两种假设。第一种叫做单一曲线假设，根据这种假设，Y 只是等效应变 $\bar{\varepsilon}$ 的函数，这一函数只取决于材料的性质，而与应力状态无关，因此，可以用单向拉伸等比较简单的实验来确定，这时的 Y 实际上就是流动应力 S（见本章第六节）。这种假设在简单加载以及某些非简单加载条件下已被证明是正确的。由于这种假设使用比较方便，所以，尽管它还不能为更多的实验所证实，但仍得到广泛的应用。第二种假设是“能量条件”，它认为材料的硬化过程只取决于变形过程中的塑性变形功，而与应力状态以及加载路线无关。因此，Y 是塑性变形功的函数，这一假设得到了更多实验证明，更具有普遍意义，但比较复杂，使用不够方便。

对于应变硬化材料，应力状态有以下三种不同情况：

1）当 $df=\dfrac{\partial f}{\partial\sigma_{ij}}d\sigma_{ij}>0$ 时为加载，表示应力状态由初始屈服表面向外移动，发生了塑性流动。

2）当 $df=\dfrac{\partial f}{\partial\sigma_{ij}}d\sigma_{ij}<0$ 时为卸载，表示应力状态由屈服表面向内移动，产生了弹性卸载。

3）当 $df=\dfrac{\partial f}{\partial\sigma_{ij}}d\sigma_{ij}=0$ 时，表示应力状态保持在屈服表面上移动，对于应变硬化材料来说，既不会产生塑性流动，也不会发生弹性卸载，这个条件通常称为中性变载。

对于理想塑性材料，$df=0$ 时塑性流动继续，仍为加载，不会出现 $df>0$ 的情况；当 $df<0$ 时，表示弹性应力状态。

第五节　塑性变形的应力应变关系

塑性变形时，应力与应变之间的关系称为本构关系，这种关系的数学表达式称为本构方程，也叫物理方程，它是求解塑性变形问题的补充方程。

一、弹性应力应变关系

材料在简单拉、压和扭转情况下，弹性变形时的应力与应变关系可由胡克定律表达为

$$\varepsilon=\frac{1}{E}\sigma;\ \gamma=\frac{1}{2G}\tau$$

对于一般应力状态下的各向同性材料的弹性应力应变关系，则由广义胡克定律表达，即

$$\left.\begin{aligned}\varepsilon_x&=\frac{1}{E}[\sigma_x-\nu(\sigma_y+\sigma_z)];\ \gamma_{xy}=\frac{1}{2G}\tau_{xy}\\ \varepsilon_y&=\frac{1}{E}[\sigma_y-\nu(\sigma_x+\sigma_z)];\ \gamma_{yz}=\frac{1}{2G}\tau_{yz}\\ \varepsilon_z&=\frac{1}{E}[\sigma_z-\nu(\sigma_x+\sigma_y)];\ \gamma_{zx}=\frac{1}{2G}\tau_{zx}\end{aligned}\right\}\tag{2-99}$$

式中，E 为弹性模量；ν 为泊松比；G 为切变模量。
三个弹性常数 E、ν、G 之间有以下关系

$$G=\frac{E}{2(1+\nu)}\tag{2-100}$$

若将式（2-99）中的前三个式相加，整理后可得

$$\varepsilon_x+\varepsilon_y+\varepsilon_z=\frac{1-2\nu}{E}(\sigma_x+\sigma_y+\sigma_z)$$

即

$$\varepsilon_m=\frac{1-2\nu}{E}\sigma_m\tag{2-101}$$

式中，ε_m、σ_m 分别为平均应变和平均应力。式（2-101）表明，物体产生弹性变形时，其单位体积的变化率（$\theta=3\varepsilon_m$）与平均应力成正比，这说明应力球张量使物体产生弹性的体积改变。

若将式（2-99）中的第一式减去式（2-101），整理后得

$$\varepsilon_x-\varepsilon_m=\frac{1+\nu}{E}(\sigma_x-\sigma_m)=\frac{1}{2G}(\sigma_x-\sigma_m)$$

即

$$\varepsilon'_x=\frac{1}{2G}\sigma'_x$$

同理可得

$$\varepsilon'_y=\frac{1}{2G}\sigma'_y$$

$$\varepsilon_z' = \frac{1}{2G}\sigma'_z$$

将以上三式与式（2-99）的后三式合并简记为

$$\boldsymbol{\varepsilon}_{ij}' = \frac{1}{2G}\boldsymbol{\sigma}_{ij}' \tag{2-102}$$

式（2-102）表示应变偏张量与应力偏张量成正比，也就是说物体形状的改变只是由应力偏张量引起的。

由于应变是张量，因而可以分解为应变偏张量和应变球张量

$$\boldsymbol{\varepsilon}_{ij} = \boldsymbol{\varepsilon}_{ij}' + \varepsilon_{\mathrm{m}}\boldsymbol{\delta}_{ij}$$

将式（2-101）和式（2-102）代入上式，可得广义胡克定律的张量表达式

$$\boldsymbol{\varepsilon}_{ij} = \frac{1}{2G}\boldsymbol{\sigma}_{ij}' + \frac{1-2\nu}{E}\boldsymbol{\delta}_{ij}\sigma_{\mathrm{m}} \tag{2-103}$$

广义胡克定律还可以写成比例和差比的形式

$$\frac{\varepsilon'_x}{\sigma'_x} = \frac{\varepsilon'_y}{\sigma'_y} = \frac{\varepsilon'_z}{\sigma'_z} = \frac{\gamma_{xy}}{\tau_{xy}} = \frac{\gamma_{yz}}{\tau_{yz}} = \frac{\gamma_{zx}}{\tau_{zx}} = \frac{1}{2G} \tag{2-104}$$

及

$$\frac{\varepsilon_x - \varepsilon_y}{\sigma_x - \sigma_y} = \frac{\varepsilon_y - \varepsilon_z}{\sigma_y - \sigma_z} = \frac{\varepsilon_z - \varepsilon_x}{\sigma_z - \sigma_x} = \frac{\gamma_{xy}}{\tau_{xy}} = \frac{\gamma_{yz}}{\tau_{yz}} = \frac{\gamma_{zx}}{\tau_{zx}} = \frac{1}{2G} \tag{2-104a}$$

式（2-104a）表明了前面引用的应变莫尔圆与应力莫尔圆几何相似，且成正比。根据式（2-104a）可以推导出多向应力状态下应力强度与弹性应变强度之间的关系。

应力强度（即等效应力）为

$$\bar{\sigma} = \frac{1}{\sqrt{2}}\sqrt{(\sigma_x - \sigma_y)^2 + (\sigma_y - \sigma_z)^2 + (\sigma_z - \sigma_x)^2 + 6(\tau_{xy}^2 + \tau_{yz}^2 + \tau_{zx}^2)}$$

由(2-104a)得

$$(\sigma_x - \sigma_y)^2 = 4G^2(\varepsilon_x - \varepsilon_y)^2$$
$$(\sigma_y - \sigma_z)^2 = 4G^2(\varepsilon_y - \varepsilon_z)^2$$
$$(\sigma_z - \sigma_x)^2 = 4G^2(\varepsilon_z - \varepsilon_x)^2$$

将以上三式代入应力强度公式，得

$$\bar{\sigma} = \frac{2G}{\sqrt{2}}\sqrt{(\varepsilon_x - \varepsilon_y)^2 + (\varepsilon_y - \varepsilon_z)^2 + (\varepsilon_z - \varepsilon_x)^2 + 6(\gamma_{xy}^2 + \gamma_{yz}^2 + \gamma_{zx}^2)}$$

$$= \frac{1}{\sqrt{2}}\frac{E}{1+\nu}\sqrt{(\varepsilon_x - \varepsilon_y)^2 + (\varepsilon_y - \varepsilon_z)^2 + (\varepsilon_z - \varepsilon_x)^2 + 6(\gamma_{xy}^2 + \gamma_{yz}^2 + \gamma_{zx}^2)}$$

令

$$\bar{\varepsilon}_i = \frac{1}{\sqrt{2}(1+\nu)}\sqrt{(\varepsilon_x - \varepsilon_y)^2 + (\varepsilon_y - \varepsilon_z)^2 + (\varepsilon_z - \varepsilon_x)^2 + 6(\gamma_{xy}^2 + \gamma_{yz}^2 + \gamma_{zx}^2)}$$

$$\bar{\varepsilon}_i = \frac{3}{2(1+\nu)}\bar{\varepsilon}$$

$\bar{\varepsilon}_i$ 称为弹性应变强度，$\bar{\varepsilon}$ 是等效应变，于是有

$$\bar{\sigma} = E\bar{\varepsilon}_i \tag{2-105}$$

式（2-105）表明，材料在弹性变形范围内，应力强度与应变强度成正比，比例系数仍

是 E。

弹性变形时，应力–应变关系具有以下特点：

1）应力与应变完全呈线性关系，应力主轴与全量应变主轴重合。

2）弹性变形是可逆的，应力与应变之间是单值关系，加载与卸载的规律完全相同。

3）弹性变形时，应力球张量使物体产生体积的变化，泊松比 $\nu<0.5$。

例 2-9　两端封闭的薄壁圆管平均直径为 200mm，厚度为 4mm，如果周长的膨胀量不超过 0.5mm，此时薄壁圆管内最多能经受多大的内压力作用（设 $E=207\times10^3$ MPa，$\nu=0.3$）？

解　设单位面积上的内压力为 p，根据例 2-6 可知

薄壁圆管切线方向的应力为

$$\sigma_1=\sigma_\theta=\frac{pr}{t}=\frac{100}{4}p=25p$$

薄壁圆管轴线方向的应力为

$$\sigma_2=\sigma_z=\frac{pr}{2t}=\frac{100}{2\times4}p=12.5p$$

薄壁圆管厚度方向的应力为

$$\sigma_3=\sigma_\rho\approx0$$

薄壁圆管切线方向的弹性应变为

$$\varepsilon_1=\varepsilon_\theta=\frac{0.5}{\pi D}=\frac{0.5}{\pi\times200}=0.8\times10^{-3}$$

根据式（2-96）有

$$\varepsilon_1=\frac{1}{E}[\sigma_1-\nu(\sigma_2+\sigma_3)]=\frac{1}{207\times10^3}(25p-0.3\times12.5p)$$

$$p=\frac{\varepsilon_1\times207\times10^3}{25-0.3\times12.5}=\frac{0.8\times10^{-3}\times207\times10^3}{21.25}\text{MPa}=7.8\text{MPa}$$

此时薄壁圆管内最多能经受 7.8MPa 的内压力作用。

二、塑性应力应变关系的特点

材料产生塑性变形时，应力与应变之间的关系具有以下特点：

1）塑性变形是不可恢复的，是不可逆的关系。

2）对于应变硬化材料，卸载后再重新加载，其屈服应力就是卸载时的屈服应力，比初始屈服应力要高。

3）塑性变形时，可以认为体积不变，即应变球张量为零，泊松比 $\nu=0.5$。

4）应力与应变之间的关系是非线性的，因此，全量应变主轴与应力主轴不一定重合。

例如，如图 2-42 所示，第一次单向加载应力到 A 点后继续加载到 C 点，C 点在后继

屈服轨迹 CD 上，这时材料内的屈服应力为 σ_C，而得到塑性应变为 $\varepsilon_1=\varepsilon_C$、$\varepsilon_2=\varepsilon_3=-\frac{\varepsilon_C}{2}$，见表2-2中的序号1；第二次卸载到 E 点，此时材料内保留的应力 σ_E 小于材料的屈服应力，但由于塑性变形是不可逆的，ε_1、ε_2、ε_3 不能恢复，仍保留在变形体中；第三次再加载切应力到后继屈服轨迹 CD 上的 F 点，这时 C 点和 F 点的等效应力相等，材料在保留的正应力和再次加载的切应力共同作用下到达了后继屈服点，但还没有开始再次进行塑性变形，这时应变主轴不变，但应力主轴发生了变化，见表2-2中的序号2，于是应力与应变并不对应，而且主轴不重合。如果从初始状态先加纯切应力通过屈服点 B 到达 D 点，这里的应力和应变见表2-2中的序号3。如果同样经后继屈服轨迹里面的任意路线变载到 F 点，则应力与应变见表2-2中的序号4，其结果也同上。如果从初始状态沿直线 $OF'F$ 到达 F 点，则应力与应变见表2-2中的序号5，这时应力与应变主轴重合。这说明塑性变形时，应力与应变之间的关系不一定是单值关系，而与加载历史（应变历史）有关。

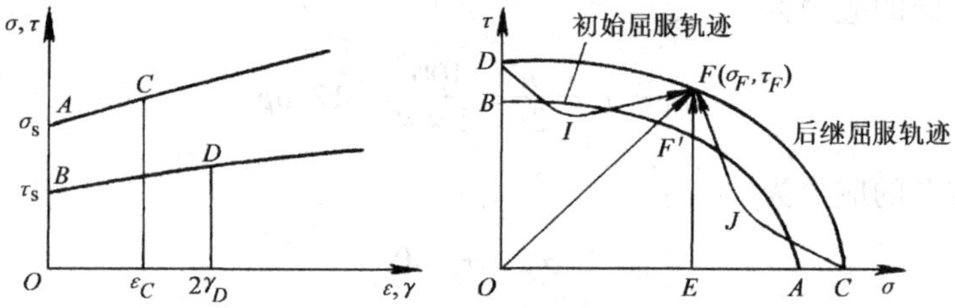

图2-42 不同加载路线的应力与应变

a）应力-应变曲线 b）屈服轨迹

表2-2 不同加载路线主轴应力与应变的变化

序号	加载路线	最终应力状态	全量应变状态	说明
1	OAC	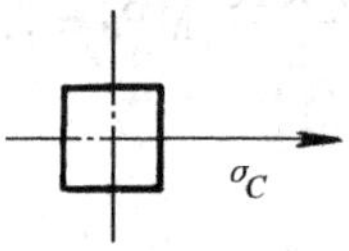	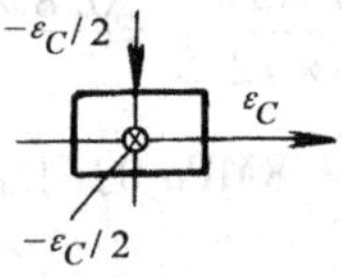	比例加载应力应变对应，主轴重合
2	OAC （E、J）F	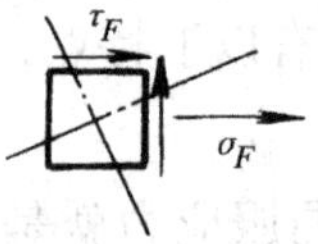	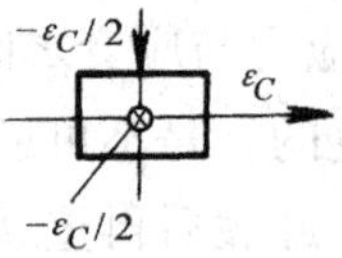	应力改变了，应变未改变，主轴不重合
3	OBD	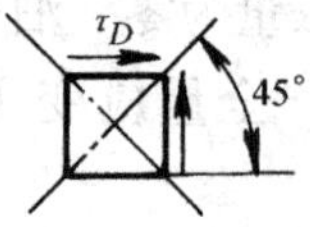	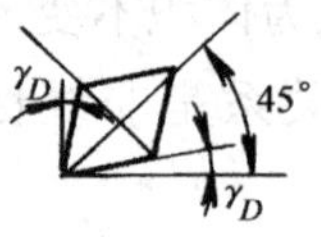	比例加载应力应变对应，主轴重合

（续）

序号	加载路线	最终应力状态	全量应变状态	说　明
4	*OBDIF*	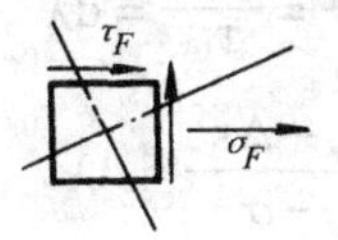	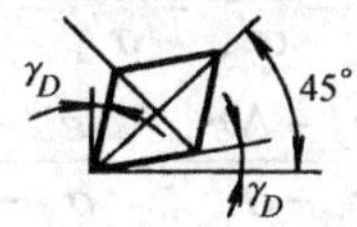	应力改变了，应变未改变，主轴不重合
5	*OF′F*	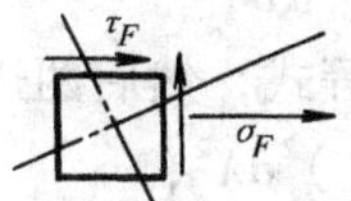	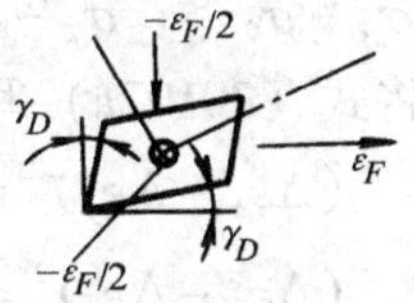	比例加载应力应变对应，主轴重合

由塑性变形时应力与应变之间关系的特点可以看到，离开加载历史来建立应力与全量塑性应变之间的普遍关系是不可能的，因此，一般只能建立应力与应变增量之间的关系，然后根据具体的加载路线具体分析。另一方面，从上述例子中也可以看到，在比例加载的条件下，应力主轴与应变主轴重合，而且它们之间有对应关系，因此可以建立全量关系。

三、塑性变形的增量理论

增量理论又称为流动理论，是描述材料处于塑性状态时，应力与应变增量或应变速率之间关系的理论。它是针对加载过程中的每一瞬间的应力状态所确定的该瞬间的应变增量，这就撇开了加载历史的影响。这一理论的代表有列维-密席斯方程和普朗特-劳斯方程。

1. 列维-密席斯（Levy-Mises）方程

列维（M. Levy）于1871年提出了应力-应变增量关系式，但当时不太为人所知。直到1913年，密席斯独立地提出了与列维相同的方程，才广为人知，所以人们称之为列维-密席斯（Levy-Mises）方程，简称密席斯方程。该方程建立在以下四个假设基础上：

1）材料是理想刚塑性材料，即弹性应变增量为零，塑性应变增量就是总应变增量。

2）材料服从密席斯屈服准则，即 $\overline{\sigma}=\sigma_s$。

3）在每一加载瞬间，应力主轴与应变增量主轴重合。

4）塑性变形时体积不变，即

$$\Delta\varepsilon_x+\Delta\varepsilon_y+\Delta\varepsilon_z=\Delta\varepsilon_1+\Delta\varepsilon_2+\Delta\varepsilon_3=0$$

所以

$$\Delta\varepsilon_{ij}=\Delta\varepsilon'_{ij}$$

在上述四个假定条件下，应变增量与应力偏张量成正比，即

$$\Delta\varepsilon_{ij}=\sigma'_{ij}\mathrm{d}\lambda \tag{2-106}$$

式中，$\mathrm{d}\lambda$ 为瞬时比例常数，为非负值。在加载的不同瞬时是变化的，在卸载时 $\mathrm{d}\lambda=0$。

式（2-106）称为列维-密席斯方程。该方程与胡克定律式（2-102）相似，故也可以写成比例的形式或差比形式

$$\frac{\Delta\varepsilon_x}{\sigma'_x}=\frac{\Delta\varepsilon_y}{\sigma'_y}=\frac{\Delta\varepsilon_z}{\sigma'_z}=\frac{\Delta\gamma_{xy}}{\tau_{xy}}=\frac{\Delta\gamma_{yz}}{\tau_{yz}}=\frac{\Delta\gamma_{zx}}{\tau_{zx}}=\mathrm{d}\lambda \tag{2-107}$$

$$\frac{\Delta\varepsilon_x-\Delta\varepsilon_y}{\sigma_x-\sigma_y}=\frac{\Delta\varepsilon_y-\Delta\varepsilon_z}{\sigma_y-\sigma_z}=\frac{\Delta\varepsilon_z-\Delta\varepsilon_x}{\sigma_z-\sigma_x}=\mathrm{d}\lambda \tag{2-107a}$$

或

$$\frac{\Delta\varepsilon_1-\Delta\varepsilon_2}{\sigma_1-\sigma_2}=\frac{\Delta\varepsilon_2-\Delta\varepsilon_3}{\sigma_2-\sigma_3}=\frac{\Delta\varepsilon_3-\Delta\varepsilon_1}{\sigma_3-\sigma_1}=\mathrm{d}\lambda \tag{2-107b}$$

为了确定比例系数 $\mathrm{d}\lambda$，可将式（2-107a）写成三个等式，然后两边平方，得

$$\left.\begin{aligned}(\Delta\varepsilon_x-\Delta\varepsilon_y)^2&=(\sigma_x-\sigma_y)^2\mathrm{d}\lambda^2\\(\Delta\varepsilon_y-\Delta\varepsilon_z)^2&=(\sigma_y-\sigma_z)^2\mathrm{d}\lambda^2\\(\Delta\varepsilon_z-\Delta\varepsilon_x)^2&=(\sigma_z-\sigma_x)^2\mathrm{d}\lambda^2\end{aligned}\right\} \tag{2-107c}$$

再将式（2-107）$i\neq j$ 中的三个等式两边平方后乘以6，可得

$$\left.\begin{aligned}6\Delta\gamma_{xy}^2&=6\,\tau_{xy}^2\mathrm{d}\lambda^2\\6\Delta\gamma_{yz}^2&=6\,\tau_{yz}^2\mathrm{d}\lambda^2\\6\Delta\gamma_{zx}^2&=6\,\tau_{zx}^2\mathrm{d}\lambda^2\end{aligned}\right\} \tag{2-107d}$$

将式（2-107c）和式（2-107d）相加，可得

$$(\Delta\varepsilon_x-\Delta\varepsilon_y)^2+(\Delta\varepsilon_y-\Delta\varepsilon_z)^2+(\Delta\varepsilon_z-\Delta\varepsilon_x)^2+6(\Delta\gamma_{xy}^2+\Delta\gamma_{yz}^2+\Delta\gamma_{zx}^2)=2\,\bar{\sigma}^2\mathrm{d}\lambda^2$$

令 $\Delta\bar{\varepsilon}$ 为塑性应变增量强度，也称为等效应变增量，其表达式为

$$\Delta\bar{\varepsilon}=\frac{\sqrt{2}}{3}\sqrt{(\Delta\varepsilon_x-\Delta\varepsilon_y)^2+(\Delta\varepsilon_y-\Delta\varepsilon_z)^2+(\Delta\varepsilon_z-\Delta\varepsilon_x)^2+6(\Delta\gamma_{xy}^2+\Delta\gamma_{yz}^2+\Delta\gamma_{zx}^2)}$$

将 $\Delta\bar{\varepsilon}$ 代入上式可得

$$\frac{9}{2}\Delta\,\bar{\varepsilon}^2=2\,\bar{\sigma}^2\mathrm{d}\lambda^2$$

从而可得

$$\mathrm{d}\lambda=\frac{3}{2}\frac{\Delta\bar{\varepsilon}}{\bar{\sigma}} \tag{2-108}$$

将式（2-108）和 $\sigma_{\mathrm{m}}=\frac{1}{3}(\sigma_x+\sigma_y+\sigma_z)$ 代入式（2-106），经整理后可将列维-密席斯方程写成接近于广义胡克定律表达式的形式

$$\left.\begin{aligned}\Delta\varepsilon_x&=\frac{\Delta\bar{\varepsilon}}{\bar{\sigma}}\left[\sigma_x-\frac{1}{2}(\sigma_y+\sigma_z)\right];\ \Delta\gamma_{xy}=\frac{3}{2}\frac{\Delta\bar{\varepsilon}}{\bar{\sigma}}\tau_{xy}\\\Delta\varepsilon_y&=\frac{\Delta\bar{\varepsilon}}{\bar{\sigma}}\left[\sigma_y-\frac{1}{2}(\sigma_z+\sigma_x)\right];\ \Delta\gamma_{yz}=\frac{3}{2}\frac{\Delta\bar{\varepsilon}}{\bar{\sigma}}\tau_{yz}\\\Delta\varepsilon_z&=\frac{\Delta\bar{\varepsilon}}{\bar{\sigma}}\left[\sigma_z-\frac{1}{2}(\sigma_x+\sigma_y)\right];\ \Delta\gamma_{zx}=\frac{3}{2}\frac{\Delta\bar{\varepsilon}}{\bar{\sigma}}\tau_{zx}\end{aligned}\right\} \tag{2-109}$$

由式（2-109）可以证明前面已经引用的结论：

1）平面塑性变形时，设 y 方向没有应变，则有 $\Delta\varepsilon_y=0$，根据式（2-109）有

$$\sigma_y=\frac{1}{2}(\sigma_x+\sigma_z)$$

而 $\sigma_m=\frac{1}{3}(\sigma_x+\sigma_y+\sigma_z)=\frac{1}{3}\left[\sigma_x+\frac{1}{2}(\sigma_x+\sigma_z)+\sigma_z\right]=\frac{1}{2}(\sigma_x+\sigma_z)=\sigma_y$，即没有应变方向的应力值等于球应力的值。

2）对于某些轴对称问题，若有某两个应变分量的增量相等，则对应的应力偏量也相等，于是，对应的应力分量也相等。例如 $\Delta\varepsilon_\rho=\Delta\varepsilon_\theta$，根据式（2-109）有 $\sigma'_\rho=\sigma'_\theta$，因此有 $\sigma_\rho=\sigma_\theta$。

若将式（2-106）两边除以 dt，就可以得到应力-应变速率分量方程

$$\frac{\Delta\varepsilon_{ij}}{\mathrm{d}t}=\frac{\mathrm{d}\lambda}{\mathrm{d}t}\sigma'_{ij}$$

式中，$\frac{\Delta\varepsilon_{ij}}{\mathrm{d}t}=\dot{\varepsilon}_{ij}$，为应变速率张量。

设 $\frac{\mathrm{d}\lambda}{\mathrm{d}t}=\dot{\lambda}=\frac{3}{2}\frac{\bar{\dot{\varepsilon}}_{ij}}{\bar{\sigma}}$，卸载时 $\dot{\lambda}=0$，式中 $\bar{\dot{\varepsilon}}_{ij}$ 称为应变速率强度或等效应变速率。于是有

$$\dot{\varepsilon}_{ij}=\dot{\lambda}\sigma'_{ij} \tag{2-110}$$

式（2-110）就是应力-应变速率分量方程，它是圣文南（Saint-Venant）于1870年提出的，由于它与牛顿粘性流体公式相似，故又称为圣文南塑性流动方程。如果不考虑应变速率对材料性能的影响，该式与列维-密席斯方程是一致的。该式同样可以写成

$$\left.\begin{aligned}
\dot{\varepsilon}_x&=\frac{\bar{\dot{\varepsilon}}}{\bar{\sigma}}\left[\sigma_x-\frac{1}{2}(\sigma_y+\sigma_z)\right];\ \dot{\gamma}_{xy}=\frac{3}{2}\frac{\bar{\dot{\varepsilon}}}{\bar{\sigma}}\tau_{xy}\\
\dot{\varepsilon}_y&=\frac{\bar{\dot{\varepsilon}}}{\bar{\sigma}}\left[\sigma_y-\frac{1}{2}(\sigma_z+\sigma_x)\right];\ \dot{\gamma}_{yz}=\frac{3}{2}\frac{\bar{\dot{\varepsilon}}}{\bar{\sigma}}\tau_{yz}\\
\dot{\varepsilon}_z&=\frac{\bar{\dot{\varepsilon}}}{\bar{\sigma}}\left[\sigma_z-\frac{1}{2}(\sigma_x+\sigma_y)\right];\ \dot{\gamma}_{zx}=\frac{3}{2}\frac{\bar{\dot{\varepsilon}}}{\bar{\sigma}}\tau_{zx}
\end{aligned}\right\} \tag{2-111}$$

应该指出，列维-密席斯方程由于忽略了弹性变形，故它只适合于塑性变形比弹性变形大得较多的大应变的情况。

列维-密席斯方程只给出了应变增量与应力偏量之间的关系，由于 $\Delta\varepsilon_m=0$，因而对应力球张量没有加以限制。如果已知应变增量分量或应变速率分量，则只能求得应力偏张量或应力比值，一般不能直接求出各应力分量；如果已知应力分量，只能求得应变增量或应变速率各分量之间的比值，而不能直接求出它们的数值。因此，在前面假定条件下，应变增量与应力分量之间不完全是单值关系。

例 2-10　有一薄壁圆筒，材料的屈服应力为 σ_s，承受拉伸和扭转的联合作用而屈服，已知轴向正应力为 $\sigma_z=\frac{\sigma_s}{2}$，试求切应力 τ_{xz} 以及应变增量各分量的比值。

解　因为薄壁圆筒承受拉伸和扭转的联合作用，是平面应力状态。

$\sigma_x=0$；$\sigma_y=0$；$\sigma_z=\frac{\sigma_s}{2}$；$\tau_{xy}=0$；$\tau_{yz}=0$。根据密席斯屈服准则

$$\left(-\frac{\sigma_s}{2}\right)^2+\left(\frac{\sigma_s}{2}\right)^2+6\tau_{xz}^2=2\sigma_s^2$$

$$\tau_{xz}=\frac{\sigma_s}{2}$$

又有

$$\sigma_m=\frac{1}{3}(\sigma_x+\sigma_y+\sigma_z)=\frac{1}{6}\sigma_s$$

则有

$$\sigma'_x=-\frac{\sigma_s}{6};\ \sigma'_y=-\frac{\sigma_s}{6};\ \sigma'_z=\frac{\sigma_s}{3}$$

根据式（2-106）有

$$\Delta\varepsilon_x:\ \Delta\varepsilon_y:\ \Delta\varepsilon_z:\ \Delta\gamma_{xz}=\sigma'_x:\ \sigma'_y:\ \sigma'_z:\ \tau_{xz}=(-1):\ (-1):\ 2:\ 3$$

2. 普朗特-路埃斯（Prandtl-Reuss）**方程**

普朗特（L. Prandtl）于1924年提出了平面变形问题的弹塑性增量方程，并由路埃斯（A. Reuss）推广至一般状态，所以该方程叫做普朗特-路埃斯方程，简称路埃斯方程。普朗特-路埃斯理论是在列维-密席斯理论的基础上发展起来的，这个理论认为，对于变形较大的问题，忽略弹性变形是可以的，但当变形较小时，略去弹性应变常会带来较大的误差，也不能计算塑性变形时的回弹及残余应力，因而提出在塑性区应考虑弹性应变部分，即总应变增量的分量由弹性、塑性增量分量两部分组成

$$\left.\begin{aligned}\Delta\varepsilon_x=\Delta\varepsilon_x^e+\Delta\varepsilon_x^p;\ \Delta\gamma_{xy}=\Delta\gamma_{xy}^e+\Delta\gamma_{xy}^p\\ \Delta\varepsilon_y=\Delta\varepsilon_y^e+\Delta\varepsilon_y^p;\ \Delta\gamma_{yz}=\Delta\gamma_{yz}^e+\Delta\gamma_{yz}^p\\ \Delta\varepsilon_z=\Delta\varepsilon_z^e+\Delta\varepsilon_z^p;\ \Delta\gamma_{zx}=\Delta\gamma_{zx}^e+\Delta\gamma_{zx}^p\end{aligned}\right\}\tag{2-112}$$

简记为

$$\Delta\varepsilon_{ij}=\Delta\varepsilon_{ij}^e+\Delta\varepsilon_{ij}^p\tag{2-113}$$

式（2-112）中的上角标 e 表示弹性应变增量分量部分，上角标 p 表示塑性应变增量分量部分。塑性应变增量分量可用列维-密席斯方程计算。将式（2-103）微分，可得弹性应变增量表达式

$$\Delta\varepsilon_{ij}^e=\frac{1}{2G}\mathrm{d}\sigma'_{ij}+\frac{1-2\nu}{E}\delta_{ij}\mathrm{d}\sigma_m$$

由此可得普朗特-路埃斯方程

$$\Delta\varepsilon_{ij}=\frac{1}{2G}\mathrm{d}\sigma'_{ij}+\frac{1-2\nu}{E}\delta_{ij}\mathrm{d}\sigma_m+\sigma'_{ij}\mathrm{d}\lambda\tag{2-114}$$

式（2-144）也可以写成

$$\left.\begin{aligned}\Delta\varepsilon'_{ij}=\frac{1}{2G}\mathrm{d}\sigma'_{ij}+\sigma'_{ij}\mathrm{d}\lambda\\ \Delta\varepsilon_m=\frac{1-2\nu}{E}\mathrm{d}\sigma_m\end{aligned}\right\}\tag{2-114a}$$

普朗特-路埃斯理论与列维-密席斯理论的差别就在于前者考虑了弹性变形，后者没有考虑弹性变形，实质上，可以把后者看成前者的特殊情况。列维-密席斯理论仅适用于大应变，无法求弹性回跳与残余应力场问题，普朗特-路埃斯方程适用于各种情况，但由

于该方程较为复杂，所以用得还不太多，目前它主要用于小变形及求弹性回跳与残余应力场问题。

普朗特-路埃斯理论在已知应变增量分量或应变速率分量时，能直接求出各应力分量；对于理想塑性材料，仍不能在已知应力分量的情况下直接求出应变增量或应变速率各分量的值；对于硬化材料，变形过程每一瞬间的 $\mathrm{d}\lambda$ 是定值，因此，应变增量或应变速率与应力分量之间是完全单值关系。所以，在已知应力分量的情况下，可以直接求出应变增量或应变速率各分量的值。

增量理论着重指出了塑性应变增量与应力偏量之间的关系，可以理解为它是建立各瞬时应力与应变增量的变化关系，而整个变形过程可以由各瞬时应变增量累积而得。因此，增量理论能表达出加载过程对变形的影响，能反映出复杂的加载状况。增量理论并没有给出卸载规律，所以这个理论仅适应于加载情况，在卸载情况下仍按胡克定律进行。

四、塑性变形的全量理论

由于塑性变形时，全量应变主轴与应力主轴不一定重合，于是提出了增量理论。增量理论比较严密，但实际解题并不方便，因为在解决实际问题时往往感兴趣的是全量应变。从应变增量求全量应变并非易事，因此，需要建立全量应变与应力之间的关系式。由塑性应力应变关系特点可知，在比例加载时，应力主轴的方向将固定不变。由于应变增量主轴与应力主轴重合，所以应变增量主轴也将固定不变，这种变形称为简单变形。在比例加载的条件下，可以对普朗特-路埃斯方程进行积分，得到全量应力应变的关系，叫做全量理论。

用下列式子表示比例加载

$$\boldsymbol{\sigma}_{ij} = C\boldsymbol{\sigma}_{ij}^{0};\ \boldsymbol{\sigma}'_{ij} = C\boldsymbol{\sigma}_{ij}^{0'}$$

式中，$\boldsymbol{\sigma}_{ij}$、$\boldsymbol{\sigma}'_{ij}$分别为初始应力和初始应力偏张量；$C$ 为变形过程单调增函数，对于理想塑性材料，塑性变形阶段的 C 为常数。

于是，普朗特-路埃斯方程式（2-114a）的第一式可以写成

$$\Delta\boldsymbol{\varepsilon}'_{ij} = C\boldsymbol{\sigma}_{ij}^{0'}\mathrm{d}\lambda + \frac{1}{2G}\mathrm{d}\boldsymbol{\sigma}'_{ij}$$

在小变形情况下，$\Delta\boldsymbol{\varepsilon}'_{ij}$的积分就是小应变张量 $\boldsymbol{\varepsilon}'_{ij}$，对上式进行积分可得

$$\boldsymbol{\varepsilon}'_{ij} = \sigma_{ij}^{0'}\int C\mathrm{d}\lambda + \frac{1}{2G}\boldsymbol{\sigma}'_{ij} = \boldsymbol{\sigma}'_{ij}\frac{\int C\mathrm{d}\lambda}{C} + \frac{1}{2G}\boldsymbol{\sigma}'_{ij}$$

设 $\lambda = \dfrac{\int C\mathrm{d}\lambda}{C}$，$\lambda$ 为比例系数；$\dfrac{1}{2G'} = \lambda + \dfrac{1}{2G}$，$G'$为塑性切变模量，则由式（2-114a）积分所得到的全量关系式为

$$\left.\begin{aligned} \boldsymbol{\varepsilon}'_{ij} &= \left(\lambda + \frac{1}{2G}\right)\boldsymbol{\sigma}'_{ij} = \frac{1}{2G'}\boldsymbol{\sigma}'_{ij} \\ \varepsilon_{\mathrm{m}} &= \frac{1-2\nu}{E}\sigma_{\mathrm{m}} \end{aligned}\right\} \tag{2-115}$$

上式最早是由汉基于1924年提出来的，所以叫做汉基方程。

怎样保证变形体内各质点为比例加载是应用式（2-115）的关键。为此，一些学者提出了一些在特定条件下的全量理论，其中以伊留申在1943年提出的理论较为实用。下面介绍伊留申塑性变形的全量理论。

伊留申全量理论是在汉基理论的基础上发展起来的，并且将它推广到硬化材料。伊留申提出并证明了在满足下列条件时，可保证物体内每个质点都是比例加载：

1）塑性变形是微小的，和弹性变形属于同一数量级。

2）外载荷各分量按比例增加，不出现中途卸载的情况。

3）变形体是不可压缩的，即其泊松比 $\nu=0.5$，$\varepsilon_m\equiv0$。

4）在加载过程中，应力主轴方向与应变主轴方向固定不变，且重合。

5）$\sigma-\varepsilon$ 符合单一曲线假设，且呈幂函数形式，$\bar{\sigma}=B\bar{\varepsilon}^n$。

在上述条件下，如果再假定材料是刚塑性的，则$\frac{1}{2G}=0$；这样，式（2-115）就可以写成

$$\boldsymbol{\varepsilon}'_{ij}=\frac{1}{2G'}\boldsymbol{\sigma}'_{ij}=\lambda\boldsymbol{\sigma}'_{ij}$$

也可以写成

$$\boldsymbol{\varepsilon}_{ij}=\frac{1}{2G'}\boldsymbol{\sigma}'_{ij}=\lambda\boldsymbol{\sigma}'_{ij} \tag{2-116}$$

式（2-116）与胡克定律式（2-102）相似，故也可以写成比例形式差比形式

$$\frac{\varepsilon_x}{\sigma'_x}=\frac{\varepsilon_y}{\sigma'_y}=\frac{\varepsilon_z}{\sigma'_z}=\frac{\gamma_{xy}}{\tau_{xy}}=\frac{\gamma_{yz}}{\tau_{yz}}=\frac{\gamma_{zx}}{\tau_{zx}}=\frac{1}{2G'}=\lambda \tag{2-117}$$

$$\frac{\varepsilon_x-\varepsilon_y}{\sigma_x-\sigma_y}=\frac{\varepsilon_y-\varepsilon_z}{\sigma_y-\sigma_z}=\frac{\varepsilon_z-\varepsilon_x}{\sigma_z-\sigma_x}=\frac{1}{2G'}=\lambda \tag{2-117a}$$

或

$$\frac{\varepsilon_1-\varepsilon_2}{\sigma_1-\sigma_2}=\frac{\varepsilon_2-\varepsilon_3}{\sigma_2-\sigma_3}=\frac{\varepsilon_3-\varepsilon_1}{\sigma_3-\sigma_1}=\frac{1}{2G'}=\lambda \tag{2-117b}$$

设 E' 为塑性模量，则塑性变形时，塑性模量 E' 与塑性切变模量 G' 之间有以下关系

$$G'=\frac{E'}{2(1+\nu)}=\frac{E'}{3} \tag{2-118}$$

E'、G' 是与材料特性、塑性变形程度及加载历史有关，而与物体所处的应力状态无关的变量。仿照推导确定 $\mathrm{d}\lambda$ 的方法，可得比例系数

$$\lambda=\frac{3}{2}\frac{\bar{\varepsilon}}{\bar{\sigma}};\quad G'=\frac{1}{3}\frac{\bar{\sigma}}{\bar{\varepsilon}}$$

则有

$$E'=3G'=\frac{\bar{\sigma}}{\bar{\varepsilon}}$$

因此有

$$\bar{\sigma}=E'\bar{\varepsilon} \tag{2-119}$$

式中，$\bar{\sigma}$ 为等效应力；$\bar{\varepsilon}$ 为等效应变。

若将式（2-118）和 $\sigma_{\mathrm{m}}=\frac{1}{3}(\sigma_x+\sigma_y+\sigma_z)$ 代入（2-116），整理后可得

$$\left.\begin{aligned}\varepsilon_x&=\frac{1}{E'}\left[\sigma_x-\frac{1}{2}(\sigma_y+\sigma_z)\right];\ \gamma_{xy}=\frac{1}{2G'}\tau_{xy}\\ \varepsilon_y&=\frac{1}{E'}\left[\sigma_y-\frac{1}{2}(\sigma_z+\sigma_x)\right];\ \gamma_{yz}=\frac{1}{2G'}\tau_{yz}\\ \varepsilon_z&=\frac{1}{E'}\left[\sigma_z-\frac{1}{2}(\sigma_x+\sigma_y)\right];\ \gamma_{zx}=\frac{1}{2G'}\tau_{zx}\end{aligned}\right\}\tag{2-120}$$

式（2-120）与弹性变形时的广义胡克定律式（2-99）相似，式中的 E'、$\frac{1}{2}$、G' 与广义胡克定律式中的 E、ν、G 相当。

例 2-11　已知厚壁圆筒的内、外半径分别为 a、b，处于平面应变的受力状态，受内压 q 的作用。如果应力与应变的关系为 $\bar{\sigma}=B\bar{\varepsilon}^n$，试求厚壁圆筒的应力分量 σ_r、σ_θ 及 q 的表达式。

解　由于是轴对称，因此有

$$\varepsilon_r=\frac{\partial u}{\partial r};\ \varepsilon_\theta=\frac{u}{r}\tag{1}$$

由体积不变条件有

$$\varepsilon_r+\varepsilon_\theta+\varepsilon_z=0\tag{2}$$

平面应变时有 ε_r、ε_θ，而 $\varepsilon_z=0$，得

$$\frac{\mathrm{d}u}{\mathrm{d}r}+\frac{u}{r}=0$$

通过积分得

$$\ln u=-\ln r+C，\ 即\ u=\frac{C}{r}$$

式中，C 为积分常数，由此得

$$\varepsilon_r=\frac{\partial u}{\partial r}=\frac{\partial}{\partial r}\left(\frac{C}{r}\right)=-\frac{C}{r^2};\ \varepsilon_\theta=\frac{C}{r^2}$$

在平面应变的轴对称问题中，等效应力为

$$\bar{\sigma}=\frac{\sqrt{3}}{2}(\sigma_\theta-\sigma_r)\tag{3}$$

等效应变为

$$\bar{\varepsilon}=\frac{\sqrt{2}}{3}\sqrt{(\varepsilon_r-\varepsilon_\theta)^2+\varepsilon_r^2+\varepsilon_\theta^2}=\frac{2}{\sqrt{3}}\frac{C}{r^2}\tag{4}$$

由已知条件可得

$$(\sigma_\theta-\sigma_r)=\frac{2}{\sqrt{3}}B\left(\frac{2}{\sqrt{3}}\frac{C}{r^2}\right)^n\tag{5}$$

轴对称的平衡微分方程为

$$r\frac{\mathrm{d}\sigma_r}{\mathrm{d}r}+(\sigma_r-\sigma_\theta)=0\tag{6}$$

将式（5）代入式（6）得

$$r\frac{\mathrm{d}\sigma_r}{\mathrm{d}r}=\frac{2}{\sqrt{3}}B\left(\frac{2}{\sqrt{3}}\frac{C}{r^2}\right)^n$$

解此方程，得

$$\sigma_r=\left(\frac{2}{\sqrt{3}}\right)^{n+1}BC^n\int r^{-(2n+1)}\mathrm{d}r=-\frac{1}{2n}\left(\frac{2}{\sqrt{3}}\right)^{n+1}BC^n\frac{1}{r^{2n}}+D$$

式中，D 为积分常数。

当 $r=b$ 时，则 $\sigma_r=0$，得

$$D=\frac{1}{2n}\left(\frac{2}{\sqrt{3}}\right)^{n+1}BC^n\frac{1}{b^{2n}}$$

于是

$$\sigma_r=\frac{1}{2n}\left(\frac{2}{\sqrt{3}}\right)^{n+1}BC^n\left(\frac{1}{b^{2n}}-\frac{1}{r^{2n}}\right)$$

再由式（5）得

$$\sigma_\theta=\frac{1}{2n}\left(\frac{2}{\sqrt{3}}\right)^{n+1}BC^n\left(\frac{1}{b^{2n}}+\frac{2n-1}{r^{2n}}\right)$$

根据边界条件

$$r=a;\ \sigma_r=-q$$

得

$$q=-\frac{1}{2n}\left(\frac{2}{\sqrt{3}}\right)^{n+1}BC^n\left(\frac{1}{b^{2n}}-\frac{1}{a^{2n}}\right)$$

硬化指数 n 是介于0和1之间的正数。

在塑性成形中，由于难以普遍保证比例加载，所以严格地说，一般不能使用塑性变形的全量理论。但是，在塑性成形理论中很重要的问题之一是求变形力，这时一般只需要研究变形过程中某一特定瞬间的变形，如果以变形体在该瞬时的形状、尺寸及性能作为原始状态，那么小变形全量理论与增量理论可以认为是一致的。一些研究表明，某些塑性加工过程虽然与比例加载有一定偏距，运用全量理论也能得出较好的计算结果。所以，全量理论至今仍然得到应用。

第六节　金属材料的实际应力-应变曲线

对于理想塑性材料来说，屈服应力为常数 σ_s。但是对于一般工程材料来说，进入塑性状态后，继续变形时会产生强化，则屈服应力将不断变化，即为后继屈服应力。一般用流动应力来泛指屈服应力，用 S 表示，它包括初始屈服应力 σ_s 和后继屈服应力，流动应力的数值等于试样断面上的实际应力，它是金属塑性加工变形抗力的指标。

流动应力的变化规律通常表达为真实应力与应变的关系，即实际应力-应变曲线。实际应力-应变关系曲线一般由实验确定。

一、拉伸试验曲线

1. 标称应力-应变曲线

单向静力拉伸试验是室温下在万能材料试验机上以小于 $10^{-3}/s$ 的变形速率的条件下进行的。图 2-43a 所示为由退火状态低碳钢拉伸试验确定的标称应力-应变曲线。标称应力 σ（也称为名义应力或条件应力）及相对线应变 ε 分别为

$$\sigma=\frac{F}{A_0};\ \varepsilon=\frac{\Delta l}{l_0}$$

式中，F 为拉伸载荷；A_0 为试样原始横截面积；Δl 为试样标距伸长量；l_0 为试样标距原始长度。

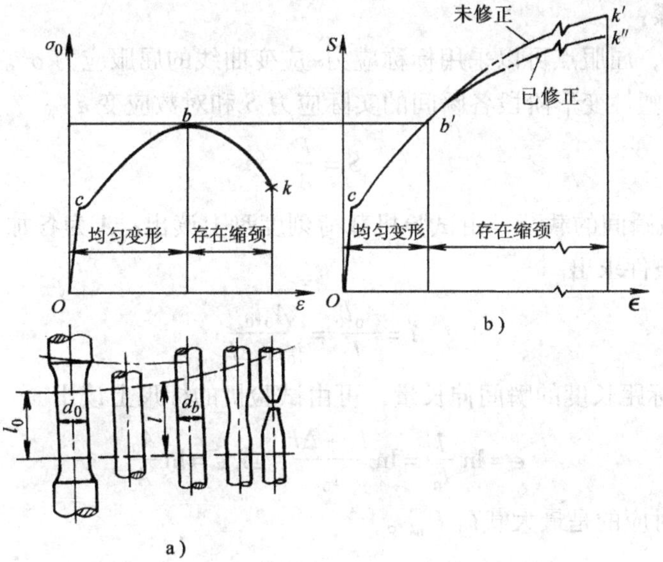

图 2-43　拉伸试验曲线

a）标称应力-应变曲线　b）实际应力-应变曲线

标称应力-应变曲线将整个拉伸变形过程分为三个阶段，即弹性变形、均匀塑性变形和局部塑性变形。曲线上还有以下三个特征点：

1）第一特征点是屈服点 c，它是弹性变形与塑性变形的分界点。对于有明显屈服点的金属，在曲线上呈现屈服平台，此时的应力称为屈服应力 σ_s。对于没有明显屈服点的材料，在曲线上无屈服平台，这时规定试件产生残余应变 $\varepsilon=0.2\%$ 的应力作为材料的屈服应力，称为条件屈服强度，一般用 $\sigma_{0.2}$ 表示。

2）第二特征点是曲线最高点 b，它是均匀塑性变形和局部塑性变形的分界点。这时载荷达到最大值 F_{max}，其对应的标称应力称为抗拉强度，以 σ_b 表示（$\sigma_b=\frac{F_{max}}{A_0}$）。

3）第三特征点是破坏点 k，这时试样发生断裂，是单向拉伸塑性变形的终止点。

标称应力是在假设试样横截面的面积 A_0 为常数的条件下得到的，但实际上，材料在单向拉伸过程中，试样横截面的面积是不断变小的，因此标称应力并不能反映单向拉伸时

试样横截面上的实际应力；同样，试样标距长度在变形过程中也在不断变化，故相对线应变也并不反映单向拉伸变形瞬时的真实应变。所以，标称应力-应变曲线不能真实地反映材料在塑性变形阶段的力学特征。

2. 实际应力-应变曲线

在解决实际塑性成形问题时，需要反映实际应力与应变的曲线，即实际应力-应变曲线。实际应力-应变曲线（又叫硬化曲线）按不同应变表示方式，可以有三种类型：第一类，实际应力与相对线应变组成的 S -ε 曲线；第二类，实际应力与相对断面收缩率组成的 S -φ 曲线；第三类，实际应力与对数应变（也叫实际应变）组成的 S -ϵ 曲线。由于对数应变具有可加性、可比性、可逆性等一些特点，能真实地反映塑性变形过程，因此在实际应用中，常用第三种类型的曲线如图 2-43b 所示。下面简述第三种类型的实际应力-应变曲线确定的步骤：

1）求屈服点，屈服点可以采用标称应力-应变曲线的屈服应力 σ_s。

2）找出均匀塑性变形阶段各瞬间的实际应力 S 和对数应变 ϵ

$$S=\frac{F}{A}$$

式中，F 为各加载瞬间的载荷，由试验机载荷刻度盘上读出；A 为各加载瞬间的横截面面积，由体积不变条件求出

$$A=\frac{A_0 l_0}{l}=\frac{A_0 l_0}{l_0+\Delta l}$$

式中，Δl 为试样标距长度的瞬间伸长量，可由试验机的标尺上读出

$$\epsilon=\ln\frac{l}{l_0}=\ln\frac{l_0+\Delta l}{l_0}，或\ \epsilon=\ln\frac{A_0}{A}$$

塑性失稳点 b' 所对应的是最大载荷 F_{max}。

由于

$$S=\frac{F}{A}=\frac{F}{A_0}\frac{A_0}{A}=\sigma e^{\epsilon}$$

又有

$$\epsilon=\ln\frac{A_0}{A}；\ \frac{A_0}{A}=e^{\epsilon}>1$$

因此，在均匀塑性变形阶段，实际应力总是大于条件应力，即 $S>\sigma$；在塑性失稳点 b' 也有 $S_{b'}>\sigma_b$。

3）局部变形阶段，由于在这一阶段出现了缩颈，不再是均匀变形，所以，上述公式不再成立。为了求得 b' 点以后的实际应力应变，必须记录下拉伸时每一瞬时试样颈缩处的横截面积 A，这样可画出 $b'k'$ 段。但测量横截面的瞬时值是很困难的，一般只有 b'、k' 两处的数据，两点的曲线只能近似地作出。

作出了 $b'k'$ 段后，还必须加以修正，因为出现了缩颈，细颈处的横截面上已不再是均布的单向拉应力，而是处于不均布的三向拉伸应力状态。如图 2-44 所示，$\sigma_\theta=\sigma_\rho$，$\sigma_\theta$、$\sigma_\rho$ 在自由表面上为零，向内逐渐增大，到中心处达到最大值。变形体在三向应力状态下，

塑性变形必须满足塑性条件，即

$$\sigma_z - \sigma_\rho = \beta\bar{\sigma} = \bar{\sigma}\ (\beta = 1)$$

则有

$$\sigma_z = \bar{\sigma} + \sigma_\rho$$

在试件缩颈处的自由表面上 $\sigma_z = \bar{\sigma}$，而在试样内部 $\sigma_z > \bar{\sigma}$，并且越接近中心处 σ_z 越大。

这种由于缩颈，即形状变化而产生应力增大的现象称为形状硬化。图 2-43b 中 $b'k'$ 段 $S = F/A$ 只是一个平均值，是反映材料冷作硬化和形状硬化总的效应，它必然大于单向均匀拉伸时 $S = \bar{\sigma}$ 的拉应力，于是所得的曲线 $b'k'$ 有偏高的趋势。所以，为了求得纯粹的 S-ϵ 曲线，必须把形状硬化影响消除。为此，齐别尔等人提出用下式对曲线 $b'k'$ 段进行修正

$$S_{k''} = \frac{S_{k'}}{1 + \dfrac{d}{8\rho}}$$

式中，$S_{k''}$ 为去除形状硬化的实际应力；$S_{k'}$ 为包含形状硬化在内的实际应力；d 为试样缩颈处直径；ρ 为试样缩颈处外形的曲率半径。

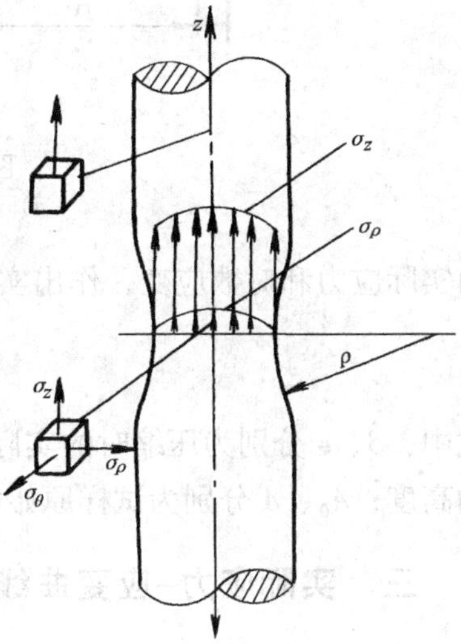

图 2-44　缩颈处断面上的应力分布

$b'k'$ 段进行修正后成为 $b'k''$ 段，图 2-43b 中 $Ocb'k''$ 即为所求的实际应力-应变曲线。

二、压缩试验曲线

拉伸试验曲线的最大应变受到缩颈的限制，一般 $\epsilon \approx 1.0$，而曲线精确段在 $\epsilon < 0.3$ 的范围内，而实际塑性成形时的应变往往比 1.0 大得多，因此，用拉伸试验确定的实际应力-应变曲线不能满足分析塑性成形过程的需要。为了解决这一问题，可用压缩试验来确定试际应力-应变曲线。压缩试验曲线的变形量可达 $\epsilon = 2.0$，有人在压缩铜试样时曾获得 $\epsilon = 3.9$ 的变形程度。

压缩试验的主要问题是试样与工具的接触面上不可避免地存在摩擦，这就改变了试样的单向压应力状态，并使试样出现鼓形。所以，消除接触表面间的摩擦是求得精确压缩实际应力-应变曲线的关键。

图 2-45a 所示为圆柱压缩试验简图，其中的上、下压头经过淬火、回火、磨削和抛光处理。试样尺寸一般取 $H_0 = D_0$，$D_0 = 20 \sim 30\text{mm}$。为了减小试样与压头间的摩擦，可在试样的端面上车出沟槽（图 2-45b）以保存润滑剂，或将试样端面车出浅坑（图 2-45c），浅坑中充以石蜡或猪油等，也可保持润滑作用。

试验时，每压缩 10% 的高度记录一次压力和实际高度，然后将试样和压头擦净，再重复上述过程，如果试样出现鼓形，则需将鼓形车去，并使试样尺寸仍保持 $D = H$，再重复上述过程，一直压到所需变形量为止。根据试验数据，利用以下公式，就可求得压缩时

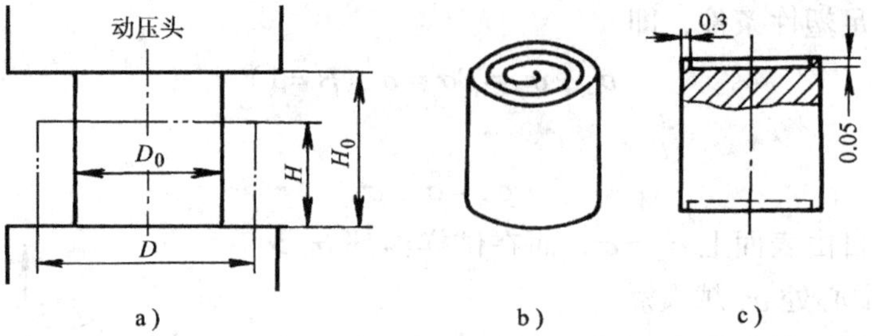

图 2-45 圆柱压缩试验及其试样
a) 压缩试验简图 b)、c) 压缩试验试样

的实际应力和对数应变，作出实际应力-应变曲线。

$$S = \frac{F}{A} = \frac{F}{A_0 e^{\varepsilon}}; \ \epsilon = \ln \frac{H_0}{H}$$

式中，S、ϵ 分别为压缩时的实际应力及对数应变；H_0、H 分别为试样原始高度和压缩后的高度；A_0、A 分别为试样原始截面积和压缩后的截面积；F 为压缩时的载荷。

三、实际应力-应变曲线的简化形式

试验所得的实际应力-应变曲线一般都不是简单的函数关系，在解决塑性成形问题时，为了便于计算，将试验所得的实际应力-应变曲线表达成某一函数形式。根据不同材料实际应力-应变曲线的特点，可简化成四种类型，如图 2-46 所示。

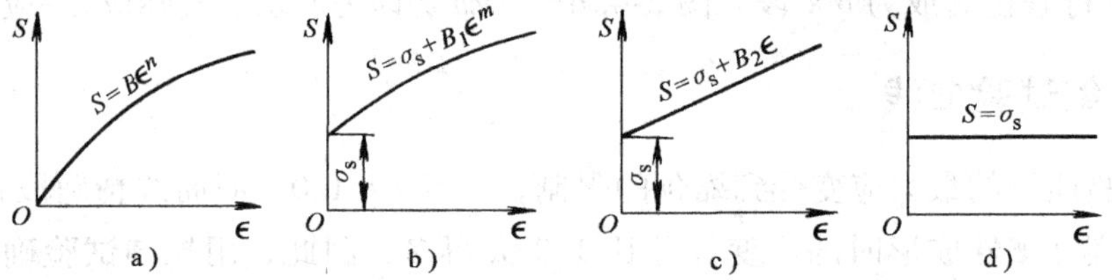

图 2-46 实际应力-应变曲线的简化类型
a) 幂指数硬化曲线 b) 刚塑性硬化曲线 c) 刚塑性硬化直线 d) 理想刚塑性水平直线

1. 幂指数硬化曲线

图 2-46a 所示为幂指数硬化曲线，其表达式为

$$S = B\epsilon^n \qquad (\bar{\sigma} = B\bar{\epsilon}^n)$$

式中，B 为强化系数；n 为硬化指数。

B 和 n 是与材料的化学成分、热处理状态有关的参数。表 2-3 列出了一些金属材料的 B 和 n 值。

表 2-3 一些金属材料的 B、n 值（20℃）

材料名称	应变速率/s^{-1}	B/MPa	n	材料名称	应变速率/s^{-1}	B/MPa	n
工业纯铁		608.0	0.25	20 钢	慢	745.0	0.20
15 钢	1.6	748.0	0.10	35 钢	慢	901.0	0.17

（续）

材料名称	应变速率/s^{-1}	B/MPa	n	材料名称	应变速率/s^{-1}	B/MPa	n
45 钢	1.5	950.0	0.14	Cu-CATH-1		452.0	0.33
50 钢		970.0	0.16	Al-1		154.0	0.204
15Cr	慢	793.7	0.18	12Cr18Ni9	慢	1451.0	0.60
40Cr	慢	861.9	0.15	5CrNiMo	慢	1172.7	0.128

大多数工程金属材料在室温下都有加工硬化，但上式中只有 B 和 n 两个参数，还不能准确表达材料的性质，然而由于公式简单，所以也经常使用。

2. 初始屈服应力的刚塑性硬化曲线

图 2-46b 所示为初始屈服应力的刚塑性硬化曲线，其表达式为

$$S=\sigma_s+B_1\epsilon^m\ (\bar{\sigma}=\sigma_s+B_1\bar{\epsilon}^m)$$

式中，B_1、m 分别为与材料性能有关的参数，需根据试验曲线求出。

由于与塑性变形相比弹性变形很小，可以忽略，所以该式为刚塑性硬化曲线。

3. 初始屈服应力的刚塑性硬化直线

初始屈服应力的刚塑性硬化直线如图 2-46c 所示，其表达式为

$$S=\sigma_s+B_2\epsilon\ (\bar{\sigma}=\sigma_s+B_2\bar{\epsilon})$$

有时为了简化起见，对某些材料来说可以用直线来代替曲线。

4. 无加工硬化的水平直线

无加工硬化的水平直线如图 2-46d 所示，其表达式为

$$S=\sigma_s\ (\bar{\sigma}=\sigma_s)$$

对于几乎不产生加工硬化的材料，此时硬化指数 $n=0$，可以认为实际应力-应变曲线是一水平直线，这就是理想刚塑性材料的模型。大多数金属在高温低变形速度下的大变形及一些低熔点金属在室温下的大变形均可采取无加工硬化假设。

例 2-12　两端封闭的薄壁圆管的平均直径为 400mm，厚度为 4mm，壁内经受 10MPa 的压应力作用，试求此时的壁厚减薄量。设材料的实际应力-应变关系式为 $\bar{\sigma}=800\bar{\epsilon}^{0.25}$。

解　已知 $p=10\text{MPa}$、$r=200\text{mm}$、$t_0=4\text{mm}$，根据例 2-6 可知：

薄壁圆管切线方向的应力为

$$\sigma_1=\sigma_\theta=\frac{pr}{t}$$

薄壁圆管轴线方向的应力为

$$\sigma_2=\sigma_z=\frac{pr}{2t}$$

薄壁圆管厚度方向的应力为

$$\sigma_3=\sigma_\rho\approx0$$

根据

$$\bar{\sigma}=\frac{1}{\sqrt{2}}\sqrt{(\sigma_1-\sigma_2)^2+(\sigma_2-\sigma_3)^2+(\sigma_3-\sigma_1)^2}$$

得

$$\bar{\sigma}=\frac{1}{\sqrt{2}}\sqrt{6}\frac{pr}{2t}=\sqrt{3}\times\frac{10\times200}{2\times4}\text{MPa}=433\text{MPa}$$

$$\sigma_m=\frac{1}{3}(\sigma_1+\sigma_2+\sigma_3)=\frac{pr}{2t}=\sigma_2=\sigma_z$$

所以，薄壁圆管在轴线方向没有应变，则 $\epsilon_1=-\epsilon_3$。

由塑性应变增量强度可写出类似的对数塑性应变强度

$$\bar{\epsilon}=\frac{\sqrt{2}}{3}\sqrt{(\epsilon_1-\epsilon_2)^2+(\epsilon_2-\epsilon_3)^2+(\epsilon_3-\epsilon_1)^2}=\frac{\sqrt{2}}{3}\sqrt{6}\epsilon_1=1.155\epsilon_1$$

将 $\bar{\sigma}$、$\bar{\epsilon}$代入式 $\bar{\sigma}=800\bar{\epsilon}^{0.25}$，得

$$800\times(1.155\epsilon_1)^{0.25}=433$$

$$\epsilon_1=74.3\times10^{-3};\ \epsilon_3=-74.3\times10^{-3}$$

$$\epsilon_3=-74.3\times10^{-3}=\ln\frac{t}{t_0};\ t=3.714\text{mm}$$

此时壁厚减薄量　　$\Delta t=t_0-t=(4-3.714)\text{mm}=0.286\text{mm}$

四、包申格效应

实验研究表明，单向拉伸试验的初始屈服应力和单向压缩试验的初始应力绝对值相等，都是 σ_s。但当试样在一个方向加载（例如拉伸）超过屈服点到达 A 点后，如图 2-47 所示，此时卸载到 0（B 点），然后反向加载（即压缩），则发现反向加载时屈服点 C 的应力 σ''_s 的绝对值不仅比 A 点的 σ'_s 小，而且也比初始屈服应力 σ_s 小。这种随加载路径和方向不同而屈服应力降低的现象，称为包申格效应（Bauschinger Effect）。

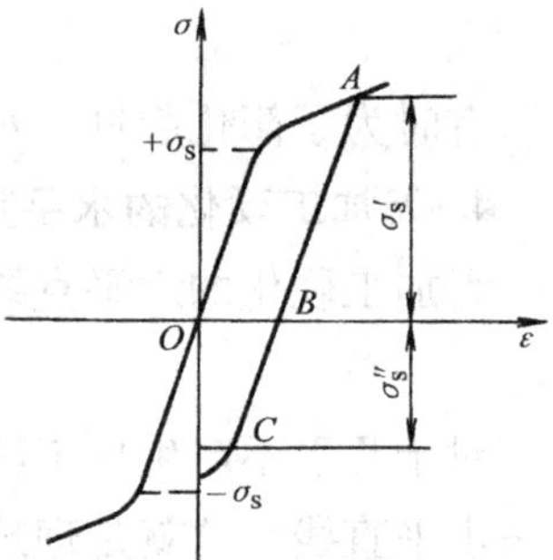

图 2-47　包申格效应

在一般塑性理论中都不考虑这一效应，因为它会给处理塑性理论问题带来很大的困难。但在生产中遇到材料经受交变载荷时，应充分注意。包申格效应可用缓慢退火予以消除。

思　考　题

2-1　叙述下列术语的定义及含义：理想弹塑性材料、理想刚塑性材料、弹塑性硬化材料、刚塑性硬化材料、屈服准则、屈服表面、屈服轨迹、π 平面、应力修正系数、硬化材料、流动应力、实际应力、条件应力、条件应变、对数应变、实际应变、颈缩、形状硬化、初始屈服轨迹、后继屈服轨迹、增量理论、全量理论、比例加载、拉伸塑性失稳。

2-2　下列各种提法相互之间是完全等同的？还是有区别的？各用于何种情况下？试举例说明。

①理想弹塑性；②刚塑性；③$\nu=0.5$；④忽略体积变化；⑤忽略弹性变形。

2-3　常用的屈服准则有哪两种？它们有何差别？在什么应力状态下它们相同？在什么应力状态下它们差别最大？

2-4　已知平面应变及单向应力时中间应力影响系数都为常数，它们分别是$\beta=1.155$、$\beta=1$，试分析平面应力时β是否为常数。

2-5　试证明密席斯屈服准则可用主应力偏量表达为

$$\sqrt{\frac{3}{2}(\sigma'^2_1+\sigma'^2_2+\sigma'^2_3)}=\sigma_s$$

2-6　一直径为50mm的圆柱形试样，在无摩擦的光滑平板间镦粗，当总压力达到628kN时，试样屈服，现在圆柱体圆周方向上加10MPa的压力，试求试样屈服时所需的总压力。

2-7　有一薄壁管，平均直径为80mm，壁厚为4mm，承受内压p，材料屈服应力为300MPa，设管壁上的径向应力$\sigma_r\approx0$。试用两个屈服准则分别求出下列情况下管子屈服时的p：①管子两端自由；②管子两端封闭；③管子两端加62.8kN的压力。

2-8　试分别用屈雷斯加和密席斯屈服准则判断下列应力状态是否存在。如果存在，应力会使材料处于弹性变形状态还是塑性变形状态（材料为理想塑性材料）？

① $\boldsymbol{\sigma}_{ij}=\begin{pmatrix}\sigma_s & 0 & 0\\ 0 & 0 & 0\\ 0 & 0 & \sigma_s\end{pmatrix}$；　② $\boldsymbol{\sigma}_{ij}=\begin{pmatrix}-5\sigma_s & 0 & 0\\ 0 & -5\sigma_s & 0\\ 0 & 0 & -4\sigma_s\end{pmatrix}$；

③ $\boldsymbol{\sigma}_{ij}=\begin{pmatrix}1.2\sigma_s & 0 & 0\\ 0 & 0.1\sigma_s & 0\\ 0 & 0 & 0\end{pmatrix}$；　④ $\boldsymbol{\sigma}_{ij}=\begin{pmatrix}0.5\sigma_s & 0 & 0\\ 0 & 0 & 0\\ 0 & 0 & -0.6\sigma_s\end{pmatrix}$；

⑤ $\boldsymbol{\sigma}_{ij}=\begin{pmatrix}-\sigma_s & 0 & 0\\ 0 & -0.5\sigma_s & 0\\ 0 & 0 & -1.5\sigma_s\end{pmatrix}$；　⑥ $\boldsymbol{\sigma}_{ij}=\begin{pmatrix}0 & 0.45\sigma_s & 0\\ 0.45\sigma_s & 0 & 0\\ 0 & 0 & 0\end{pmatrix}$。

2-9　为什么说离开加载历史来建立应力与全量塑性应变之间的普遍关系是不可能的？

2-10　在一般情况下，对应变增量积分是否等于全量应变？为什么？在什么情况下，这种积分才能成立？

2-11　全量理论要在什么情况下才能使用？为什么？

2-12　设边长为200mm的金属立方体，在z方向作用有200MPa的压应力。为了使立方体在x、y方向的膨胀量不大于0.05mm，在x、y方向上应加多大的压力（设$E=207\times10^3$MPa，$\nu=0.3$）？

2-13　有一金属块，在x方向作用有150MPa的压应力，在y方向作用有150MPa的压应力，在z方向作用有200MPa的压应力。试求此时金属块的单位体积变化率（设$E=207\times10^3$MPa，$\nu=0.3$）。

2-14　设处于塑性变形状态的四个质点，其主应力状态分别为：①（2σ，σ，0）；②（σ，0，$-\sigma$）；③（0，0，$-\sigma$）；④（σ，0，-2σ）。试分别求其塑性应变增量$\Delta\varepsilon_1^p$、$\Delta\varepsilon_2^p$、$\Delta\varepsilon_3^p$与等效应变增量$\Delta\varepsilon^p$的关系表达式。

2-15　已知塑性状态下某质点的应力张量为$\begin{pmatrix}-150 & 0 & 5\\ 0 & -150 & 0\\ 5 & 0 & -350\end{pmatrix}$，应力分量$\Delta\varepsilon_x=0.1\delta$。试求应变增量的其余分量。

2-16　已知薄壁球，其半径为r_0，厚度为t_0，受内压p的作用。当薄壁球进入屈服状态时，试求使用屈雷斯加条件时p的值为多少？

2-17　用单向拉伸试验来确定第三类实际应力-应变曲线时，出现缩颈后，为什么要对曲线进行修正？

2-18　如图2-48所示，由三根截面相同的杆件组成的结构，受垂直载荷 F 的作用于 D 点，如已知 BD 杆的应力应变曲线为 $S=B_1\varepsilon^{m_1}$，AD 杆的应力-应变曲线为 $S=B_2\varepsilon^{m_2}$，为了合理使用材料，要求三杆同时达到拉伸失稳状态，试求布置杆件时，应使 θ 角为多大？

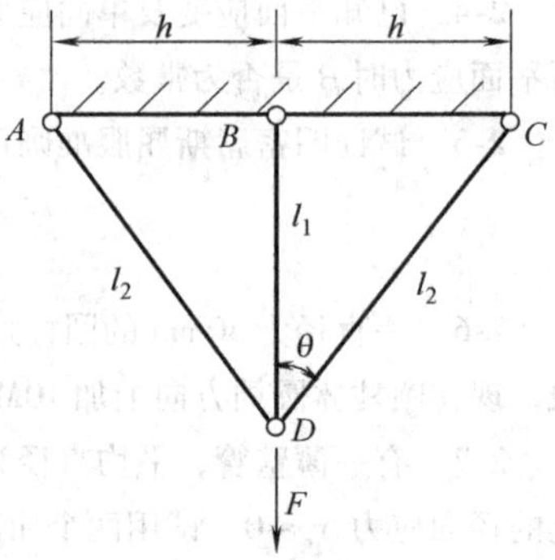

图2-48　杆件结构图

2-19　已知受内压作用的薄壁球，其半径为 r，壁厚为 t，当内压增加时，将出现缩颈现象，其失稳条件为 $\frac{dp}{d\varepsilon}=0$。设球的应力-应变曲线为 $S=B\varepsilon^n$，试问缩颈时壁厚的变化为多少？（提示：$d\varepsilon_{ij}=\sigma'_{ij}d\lambda$）

2-20　已知材料的应力-应变曲线为 $S=B\epsilon^n$，试证明拉伸失稳时对数应变值 ϵ 等于常数 n。

2-21　设拉伸试样在塑性失稳时的轴向载荷为 F，试样截面积为 A，实际应力为 S，对数应变为 ϵ，试证明实际应力-应变曲线在塑性失稳点有 $\epsilon=1$ 的特性。

2-22　用单向压缩试验来确定实际应力-应变曲线与用单向拉伸试验来确定实际应力-应变曲线相比，有何优缺点？

2-23　将一试样均匀连续拉伸五次，每拉一次断面收缩10%，试用相对线应变、断面收缩率和对数应变（实际应变）分别求出各次的应变值和总的应变值，然后分析说明哪一种应变表达方式比较合理。

2-24　实际应力-应变曲线的简化类型有哪几种？它们分别有哪些特点？

2-25　下列数据是从一次拉伸试验中记录下来的，试样材料为低碳钢，试样直径为15mm，标距为50mm。

载荷/kN　40.25，41.85，51.32，57.59，62.28，64.86，66.16，69.35，70.74，70.55，68.95，48.33

长度/mm　51.18，51.59，53.16，54.71，56.29，57.83，58.62，61.95，68.78，71.12，71.52，72.64

试画出：①条件应力-相对线应变曲线；②实际应力-对数应变曲线。

2-26　已知直径为200mm、壁厚为4mm的两端封闭的薄壁圆管承受着 $p=8\text{MPa}$ 的内压作用，如果材料的实际应力-应变关系式为 $\bar{\sigma}=500\,\bar{\epsilon}^{0.4}$，试求此时直径的变化量。

2-27　什么是包申格效应？为什么在一般塑性理论中都不考虑这一效应？在实际塑性加工过程中可否不考虑？这一效应对产品质量有什么影响？怎样可以消除这一效应？

第三章 塑性成形中金属变形与流动的相关问题

金属塑性成形问题实质上是金属的塑性流动问题。塑性成形时影响金属流动的因素十分复杂，本章主要讨论金属塑性变形与流动的一些基本问题，如最小阻力定律、影响金属塑性的因素、加工硬化、不均匀变形、附加应力和残余应力、金属的断裂、塑性成形件中的折叠、金属塑性成形中的摩擦和润滑等问题。

第一节 最小阻力定律

分析金属塑性成形时质点的流动规律时，可以应用最小阻力定律。前苏联学者古布金1947年将其描述为："当变形体的质点有可能沿不同方向移动时，则物体各质点将向着阻力最小的方向移动"。

最小阻力定律实际上是力学的普遍原理，它可以定性地用来分析金属质点的流动方向，或者通过调整某个方向的流动阻力来改变金属在某些方向的流动量，使得成形更为合理。例如，在开式模锻中（图3-1），金属将有两个流动方向（A处和飞边槽处），如果增加金属流向飞边槽的阻力，A处的金属流动量就会增加，便可以保证金属填充模腔；或者修磨圆角r，减少金属流向A腔的阻力，使金属填充得更好。在大型覆盖件拉深成形时，常常要设置拉深筋，用以调整板料进入模具的流动阻力，以保证覆盖件的成形质量。

当接触表面存在摩擦时，矩形断面的棱柱体镦粗时的流动模型如图3-2所示。因为接触面上质点向周边流动的阻力与质点离周边的距离成正比，因此离周边的距离越近，阻力越小，金属质点必然沿这个方向流动，这个方向恰好是周边的最短法线方向。因此，可用点画线将矩形分成两个三角形和两个梯形，从而形成四个流动区域。点画线是流动的分界线，线上各点距边界的距离相等，各个区域的质点到各边界的法线距离最短。这样流动的结果是，梯形区域流出的金属多于三角形区域流出的金属。镦粗后，矩形截面将变成双点画线所示的多边形。可以想象，继续镦粗，截面的周边将趋于椭圆，而椭圆将进一步变成圆。此后，各质点将沿半径方向移动。在相同面积的任何形状中，圆形的周边最小，因而最小阻力定律在镦粗中也称为最小周边法则。

金属塑性变形应满足体积不变的条件，即坯料在某些方向被压缩的同时，在另一些方向将有伸长，而变形区域内金属质点是沿着阻力最小的方向流动。根据体积不变条件和最小阻力定律，便可以大体确定塑性成形时的金属流动模型。因此，最小阻力定律在塑性成形工艺中得到了广泛的应用。

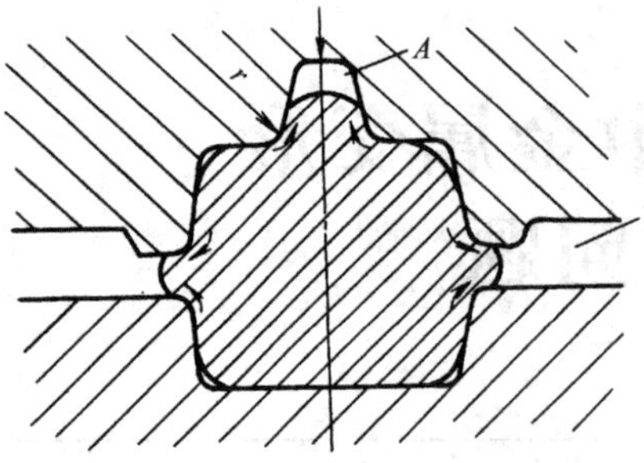

图 3-1 开式模锻的金属流动

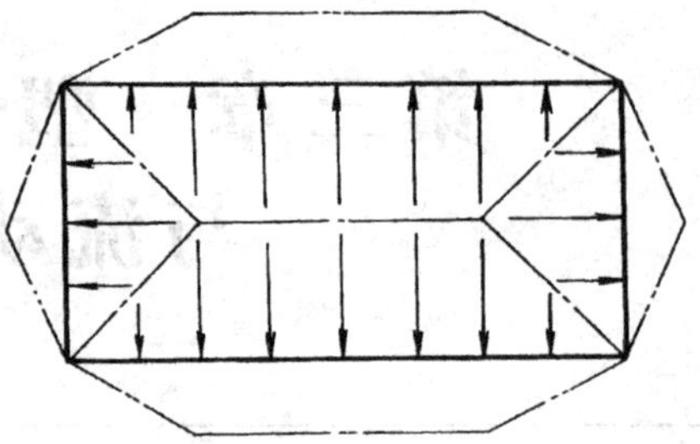

图 3-2 矩形断面棱柱体镦粗时的流动模型

但是，最小阻力定律尚有不完善的地方，“阻力”的概念不够明确，有待于人们进一步研究和完善。

第二节 影响金属塑性、塑性变形和流动的因素

一、塑性、塑性指标和塑性图

1. 金属塑性的概念

金属在外力作用下能稳定地改变自己的形状和尺寸，而各质点间的联系不被破坏的性能称为塑性。

塑性不仅与金属或合金的晶格类型、化学成分和显微组织有关，而且与变形温度、变形速率和受力状况等变形外部条件有关，不是一种固定不变的性质。实验证明，压力加工的外部条件比金属本身的性质对塑性影响更大。例如，铅一般来说是塑性很好的金属，但使其在三向等拉应力状态下变形，就不可能产生塑性变形，而在应力达到铅的强度极限时，它就像脆性物质一样被破坏。

2. 塑性指标

在生产中，塑性需用一种数量指标来表示，这就是塑性指标。由于塑性是一种依各种复杂因素而变化的加工性能，因此很难找出一个单一的指标来反映其塑性特征。在大多数情况下，只能用某种变形方式下试验试样在破坏前的变形程度来表示。常用的主要指标有下列几种：

1）在材料试验机上进行拉伸试验，以破断前总伸长率为塑性指标，即

$$\delta = \frac{L_1 - L_0}{L_0} \times 100\%$$

$$\psi = \frac{A_1 - A_0}{A_0} \times 100\% \tag{3-1}$$

式中，L_0 为拉伸试样原始标距长度；L_1 为拉伸试样断裂后标距长度；A_0 为拉伸试样原始横截面面积；A_1 为拉伸试样断裂处横截面面积。

2）在锻压生产中，常用镦粗试验测定材料的塑性指标。将材料加工成圆柱形试样，其高度一般为直径的 1.5 倍。将一组试样在落锤上分别镦粗到预定的变形程度，以第一个

出现表面裂纹的试样的变形程度 ε_c 作为塑性指标，即

$$\varepsilon_c = \frac{H_0 - H_1}{H_0} \tag{3-2}$$

式中，H_0 为试样的原始高度；H_1 为第一个出现表面裂纹试样的镦粗后高度。

在做镦粗试验时，试样裂纹的出现是由于侧表面有周向拉应力作用的结果。工具与试样接触表面上的摩擦情况、散热条件及试样的几何尺寸等因素，都会影响到附加拉应力的大小。因此，在用镦粗试验测定塑性指标时，为了使试验结果具备可比性，必须说明试验条件。

3）扭转试验的塑性指标是以试样扭断时的扭转角（在试样标距的起点和终点两个截面间的扭转角）或扭转圈数来表示。由于扭转时应力状态近于零静水压，且试样从试验开始到破坏为止塑性变形在整个长度上均匀进行，始终保持均匀的圆柱形，不像拉伸试验时会出现缩颈和镦粗试验时会出现鼓形，从而排除了变形不均匀性的影响。

4）冲击试验时的塑性指标是获得的冲击韧度 a_K，用来表示在冲击力作用下使试样破坏所消耗的功。因为在同一变形力作用下消耗于金属破坏的功越大，则金属破坏时所产生的变形程度就越大。

还可以采用其他试验方法测定金属或合金的塑性指标。例如，采用艾力克逊试验，以板料出现裂纹时的压凹高度作为塑性指标；采用弯曲试验，以板料弯曲部分出现裂纹时的弯曲角度或弯曲次数作为塑性指标。

3. 塑性图

以不同的试验方法测定的塑性指标（如 δ、ψ、ε 及冲击韧度 a_K 和扭转时的转数 n 等）为纵坐标，以温度为横坐标绘制而成的塑性指标随温度变化的曲线图称为塑性图。有的塑性图还给出了不同变形速率下塑性指标的变化情况，例如，图 3-3 所示为 W18Cr4V 高速钢的塑性图，从图中可以看出，W18Cr4V 在 900 ~ 1200℃温度范围内具有较好的塑性。因此，这种钢在 1180℃始锻，在 920℃左右终锻。图 3-4 所示为三种铝合金的塑性图，从图中可以看出，3A21 铝合金在 300 ~ 500℃范围内塑性最好，静载和动载下的 ε_c 都在 30% 以上；2A50 铝合金在 350 ~ 500℃范围内亦具有良好的塑性，但对应变速率有一定的敏感性，动载下的 ε_c 明显低于静载下的；7A04 超硬铝合金的塑性较差，锻造温度较窄，并对变形速率相当敏感。

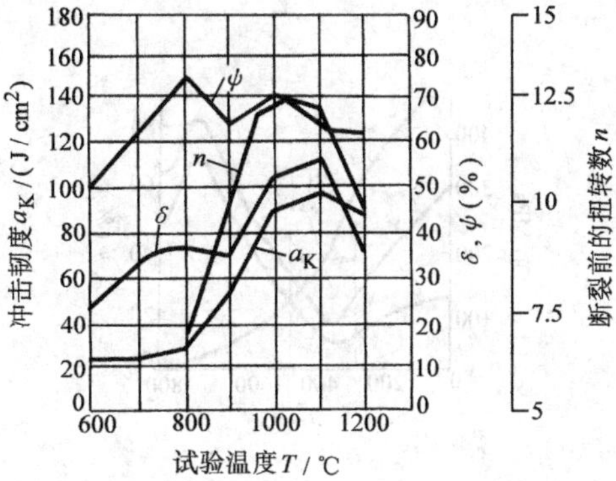

图 3-3　W18Cr4V 高速钢的塑性图

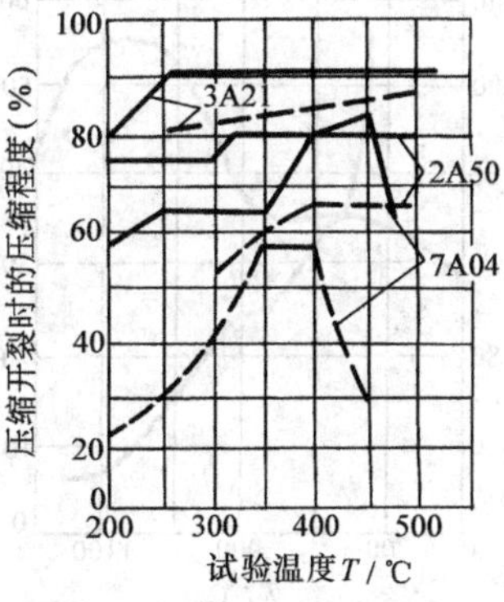

图 3-4　三种铝合金的塑性图
——静变形　------冲击变形

二、变形条件对金属塑性的影响

1. 变形温度对金属塑性的影响

对大多数金属而言，一般趋势是：随着变形温度的升高（直至过烧温度以下），金属的塑性增加。但是，某些金属材料在升温过程中，往往有过剩相析出或有相变发生而使塑性降低。由于金属材料的种类繁多，很难用一种统一的模式来概括各种金属材料在不同温度下的塑性变化情况。下面举几个例子来说明。

图3-5所示为碳钢伸长率δ和强度极限（抗拉强度）σ_b随温度变化的情形。从室温开始，随着温度的上升，δ有些增加，σ_b有些下降。在200~350℃温度范围内产生相反的现象，δ明显下降，σ_b明显上升，这个温度范围一般称为蓝脆区。这时钢的性能变坏，易于脆断，断口呈蓝色，一般认为是由于氮化物、氧化物以沉淀形式在晶界、滑移面上析出所致。随后δ增加，σ_b继续降低，直至在800~950℃范围，又一次出现相反的现象，即塑性稍有下降，强度稍有上升，这个温度范围称为热脆区。有学者认为这与相变有关，钢由珠光体转变为奥氏体，由体心立方晶格转变为面心立方晶格，要引起体积收缩，产生组织应力。也有学者认为，这是由于分布在晶界的FeS与FeO形成的低熔点共晶体所致。过了热脆区，塑性继续上升，强度继续下降。一般当温度超过1250℃时，由于钢产生过热，甚至过烧，δ和σ_b均急剧降低，此区称为高温脆性区。

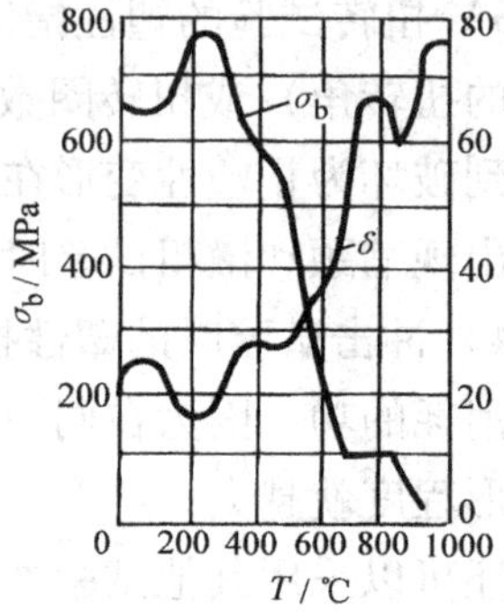

图3-5　碳钢塑性图

图3-6所示为高速钢的强度极限σ_b和伸长率δ随温度变化的曲线。高速钢在900℃以下时σ_b很高，塑性很低；从珠光体向奥氏体转变的温度约为800℃，此时为塑性下降区。900℃以上δ上升，σ_b迅速下降。约1300℃是高速钢莱氏体共晶组织的熔点，高速钢的δ急剧下降。

图3-7所示为黄铜H68的强度极限σ_b和塑性指标δ、ψ随温度变化的曲线。随着温度的上升，σ_b一直下降；δ、ψ开始下降，在300~500℃范围内降至最低，此区为H68的中温脆性区。在690~830℃范围内H68的塑性最好。

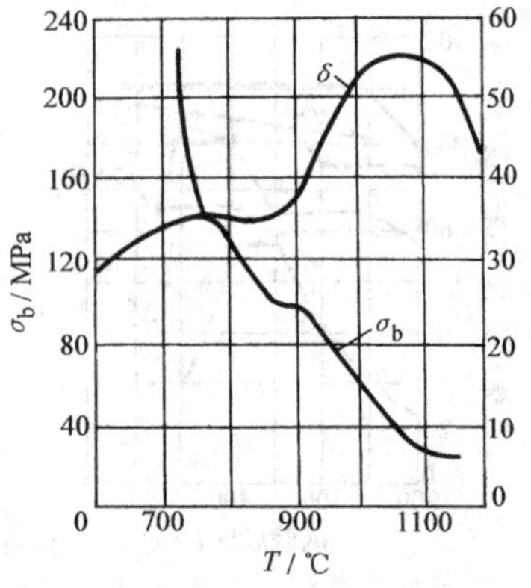

图3-6　高速钢塑性图

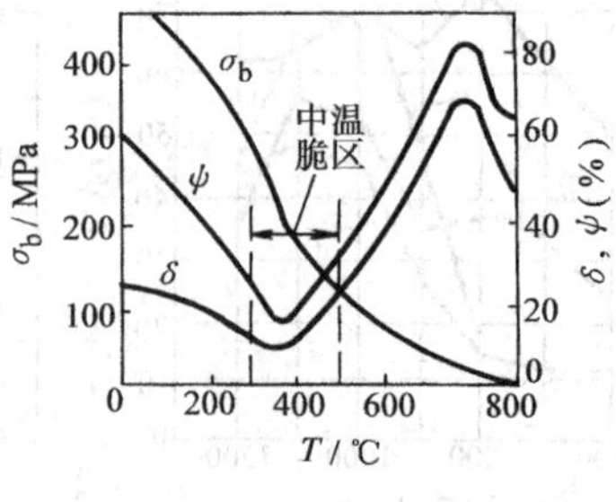

图3-7　H68塑性图

下面从一般情况出发，分析温度升高时，金属和合金塑性增加和实际应力降低的原因。

1）随着温度的升高，发生了回复和再结晶。回复能使变形金属稍许得到软化，再结晶则能完全消除变形金属的加工硬化，使金属和合金的塑性显著提高，实际应力显著降低。

2）温度升高，临界切应力降低，滑移系增加。因为温度升高，原子的动能增大，原子间的结合力变弱，使临界切应力降低。同时，在高温时还可能出现新的滑移系。例如，面心立方的铝在室温时的滑移面为（111），在400℃时除了（111）面，（100）面也开始发生滑移，因此在450～550℃的温度范围内，铝的塑性最好。由于滑移系的增强，金属塑性增强，并降低了由于多晶体内晶粒位向不一致而提高实际应力的影响。

3）金属组织发生变化。可能由多相组织变为单相组织，或由滑移系个数少的晶格变为滑移系个数多的晶格。例如，碳钢在950～1250℃范围内塑性好，这与处于单相组织和转变为面心立方晶格有关。又如，钛在室温时呈密排六方晶格，只有三个滑移系，当温度高于882℃时，转变为体心立方晶格，有12个滑移系，塑性有明显提高。

4）新的塑性变形方式（热塑性）的发生。当温度升高时，原子热振动加剧，晶格中的原子处于不稳定的状态。当晶体受外力时，原子就沿应力场梯度方向非同步地连续地由一个平衡位置转移到另一个平衡位置（不是沿着一定的晶面和晶向），使金属产生塑性变形，这种变形方式称为热塑性（亦称为扩散塑性）。热塑性是非晶体发生变形的唯一方式，对晶体来说，是一种附属方式。热塑性较多地发生在晶界和亚晶界处，晶粒越细，温度越高，热塑性的作用越大。在回复温度以下，热塑性对金属塑性变形所起的作用不显著，只有在很低的变形速率下才有考虑的必要。在高温时热塑性作用大为加强，提高了金属的塑性，降低了实际应力。

5）晶界性质发生变化，有利于晶间变形，并有利于晶间破坏的消除。晶界原子排列不规则，原子处于不稳定状态，原子的移动和扩散易于进行。当温度较高时，晶界的强度比晶粒本身下降得快，不仅减小了晶界对晶内变形的阻碍作用，而且晶界本身也易于发生滑动变形。另外，由于高温时原子的扩散作用加强，在塑性变形过程中出现的晶界破坏在很大程度上得到消除，这一切使金属和合金在高温下具有良好的塑性和低的实际应力。

2. 变形速率对塑性的影响

变形速率（即应变速率 $\dot{\varepsilon}$）对金属塑性的影响十分复杂，可造成温度效应，改变金属的实际应力等。

1）热效应及温度效应。塑性加工时，物体所吸收的能量一部分转化为弹性变形能，一部分转化为热能。塑性变形能转化为热能的现象称为热效应。如变形体所吸收的能量为 E，其中转化为热能的部分为 E_m，则两者之比值为

$$\eta = \frac{E_m}{E}$$

称为排热率。根据实验数据，在室温下塑性压缩时，镁、铝、铜和铁的排热率 $\eta = 0.85 \sim 0.90$，上述金属合金的 $\eta = 0.75 \sim 0.85$。因此，塑性加工过程中的热效应是相当可观的。

由塑性变形能转化为热能的部分 E_m 部分散失到周围介质，其余部分使变形体温度升高。这种由于在塑性变形过程中产生的热量使变形体温度升高的现象称为温度效应。温度效应首先取决于变形速率，变形速率高，则单位时间的变形量大，产生的热量多，温度效应就大。其次，变形体与工具和周围介质的温差越小，热量的散失越小，温度效应就越大。此外，温度效应还与变形温度有关，温度升高，材料的流动应力降低，单位体积的变形能变小，因而温度效应较小。

2）随着变形速率的增大，可能使塑性降低和实际应力提高，也可能相反。对于不同的金属和合金，在不同的变形温度下，变形速率的影响也不相同。

随着变形速率的增大，金属和合金的实际应力（或强度极限）提高，提高的程度与变形温度有着密切关系。冷变形时，变形速率的增大仅使实际应力有所增加或基本不变；而在热变形时，变形速率的增大会引起实际应力的明显增大。图3-8表示在不同温度下，变形速率对低碳钢强度极限的影响。例如，$\dot{\varepsilon}$ 从 $10^{-2}s^{-1}$ 增大到 $10s^{-1}$，600℃时 σ_b 增加一倍，1000℃时却增加近三倍。

随着变形速率的增大，塑性变化的一般趋势如图3-9所示。当变形速率不大时（图中 *ab* 段），增加变形速率使塑性降低，这是由于变形速率增加所引起的塑性降低大于温度效应引起的塑性增加；当变形速率较大时（图中 *bc* 段），由于温度效应显著，塑性基本上不再随变形速率的增加而降低；当变形速率很大时（图中 *cd* 段），则由于温度效应的显著作用，造成塑性回升。冷变形和热变形时，该曲线各阶段的进程和变化程度各不相同。冷变形时，随着变形速率的增加，塑性略有下降，以后由于温度效应的作用加强，塑性可能会上升；热变形时，随着变形速率的增加，通常塑性有较显著的降低，以后由于温度效应增强而使塑性稍有提高。但当温度效应很大以致使变形温度由塑性区进入高温脆性区时，则金属和合金的塑性又急剧下降（图3-9中虚线段 *de*）。就材料自身而言，化学成分越复杂，含量越多，则再结晶速度越低，故提高变形速率会使塑性降低。例如，高速钢、高铬钢、不锈钢、高温合金以及镁合金、铝合金、钛合金等，在热变形时都表现出这种趋势。

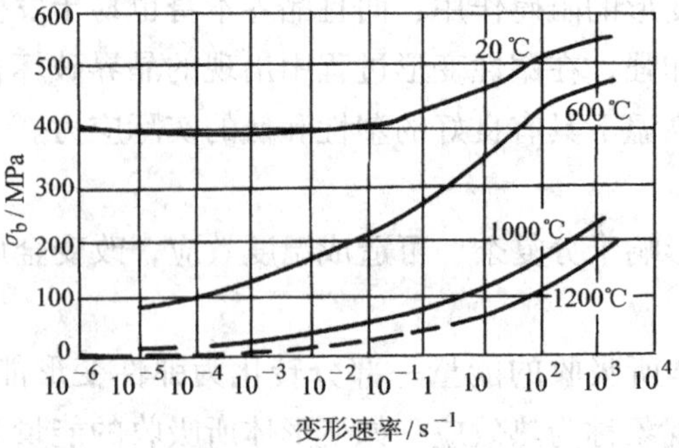

图3-8　不同温度下变形速率对低碳钢强度极限的影响

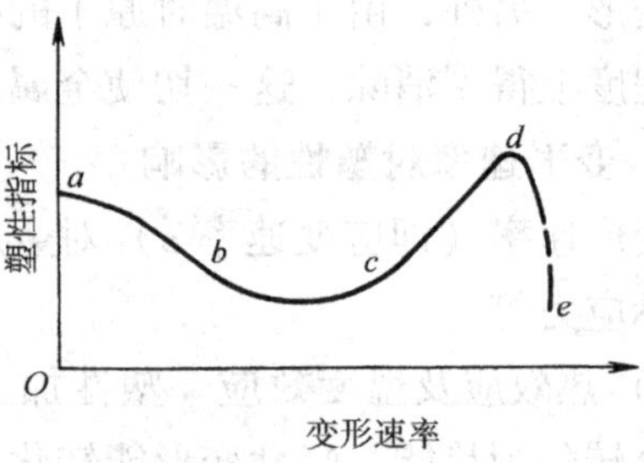

图3-9　变形速率对塑性的影响示意图

下面从一般情况出发，加以概括和分析：

1）变形速率大，由于没有足够的时间完成塑性变形，使金属的实际应力提高，塑性降低。例如，晶体的位错运动、滑移面由不利方向向有利方向转动等都需要时间，如果变形速度大，则塑性变形来不及在整个体积内均匀地传播开，从而更多地表现为弹性变形。根据胡克定律，弹性变形量越大，应力越大，这样，就导致金属的实际应力增大。

2）如果是在热变形条件下，变形速率大时，还可能由于没有足够的时间进行回复和再结晶，使金属的实际应力提高，塑性降低。

3）变形速率大，有时由于温度效应显著而提高塑性，降低实际应力（这种现象在冷变形条件下比热变形时显著，因冷变形时温度效应强）。某些材料（例如莱氏体高合金钢）也会因变形速率大而引起升温，进入高温脆性区，反而使塑性降低。

4）变形速率还可能改变摩擦系数，从而对金属的塑性和变形抗力产生一定的影响。

变形速率对锻压工艺具有广泛的影响。提高变形速率可有下列影响：①降低摩擦系数，从而降低变形抗力，改善变形的不均匀性，提高工件质量；②减少热加工时的热量散失，从而减小毛坯温度的下降和温度分布的不均匀性，这对于工件形状复杂（薄壁、高筋）或材料锻造温度范围较窄的情况是有利的；③提高变形速率会由于“惯性作用”使复杂工件易于成形，例如，锤上模锻时上模型腔容易充填。

3. 变形程度对塑性的影响

冷变形时，变形程度越大，加工硬化越显著，所以金属塑性降低；热变形时，随着变形程度的增加，晶粒细化而且分散均匀，会使金属塑性提高。

三、其他因素对塑性的影响

1. 化学成分对塑性的影响

在碳钢中，铁和碳是基本元素。在合金钢中，除了铁和碳外，还有合金元素，如 Si、Mn、Cr、Ni、W、Mo、V、Ti 等。此外，由于矿石、冶炼等方面的原因，在各类钢中还有一些杂质如 P、S、N、H、O 等。下面以碳钢为例，讨论化学成分的影响。

碳对钢的性能影响最大，碳能固溶到铁里，形成铁素体和奥氏体，它们都具有良好的塑性和低的强度。当含碳量增大，超过铁的溶解能力时，多余的碳和铁形成化合物渗碳体，它有很高的硬度，塑性几乎为零，对基体的塑性变形起到阻碍作用。随着含碳量的增加，渗碳体的数量也增加，因而使碳钢的塑性降低、强度提高，如图 3-10 所示。

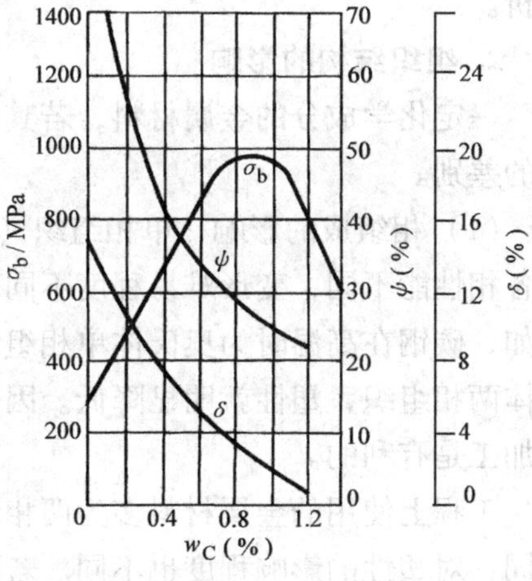

图 3-10　钢中含碳量对钢力学性能的影响

磷是钢中的有害杂质，磷能溶于铁素体中，使钢的强度、硬度显著提高，塑性、韧性显著降低。当磷的质量分数达到 0.3% 时，钢完全变脆，冲击韧度接近于零，称为冷脆性。当然，钢中含磷量不会如此之多，但磷具有极强的偏析能力，会使钢中局部地区达到较高的含磷量而变脆。

硫是钢中的有害杂质。不溶于铁素体中，但生成 FeS。FeS 与 FeO 形成共晶体，分布于晶界，熔点为 985℃。当钢在 1000℃ 以上热加工时，由于晶界处的 FeS-FeO 共晶体熔化，导致锻件开裂，这种现象称为热脆性。钢中加锰可减轻或消除硫的有害作用，因为钢液中的锰可与 FeS 发生反应生成 MnS，其在 1620℃ 时熔化，而且在热加工温度范围内具有较好的塑性，可以和基体一起变形。

氮在奥氏体中的溶解度较大，在铁素体中的溶解度很小，且随温度下降而减小。将含氮量高的钢由高温较快冷却时，铁素体中的氮由于来不及析出而过饱和溶解。在室温或稍高温度下，氮将以 FeN 形式析出，使钢的强度、硬度提高，塑性、韧性大为降低，这种现象称为时效脆性。

钢中溶氢较多时会引起氢脆现象，使钢的塑性大大降低。氢在钢中的溶解度随着温度的降低而降低（图 3-11）。当含氢量较高的钢锭经锻轧后较快冷却时，从固溶体析出的氢原子来不及向钢坯表面扩散，会集中在钢内缺陷处（如晶界、嵌镶块边界和显微空隙处等），形成氢分子，产生相当大的压力，由于该压力以及组织应力、温度应力等内应力的共同作用，钢会出现细小型纹，即白点。白点一般易在大型合金钢锻件中出现。

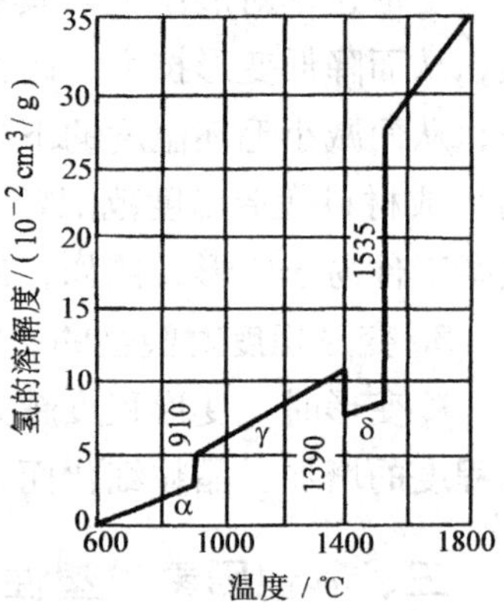

图 3-11 氢的溶解度

氧在铁素体中的溶解度很小，主要是以 Fe_2O_3、FeO、MnO、Mn_3O_4、SiO_2、Al_2O_3 等形式存在于钢中，这些夹杂物对钢的性能有不良影响，会降低钢的疲劳强度和塑性。FeO 还会和 FeS 形成低熔点的共晶组织，分布于晶界，造成钢的热脆性。

钢中加入合金元素不仅改变钢的使用性能，也改变钢的塑性和实际应力。各种合金元素对钢的塑性和实际应力的影响十分复杂，需要结合具体钢种根据变形条件作具体的分析。

2. 组织结构的影响

一定化学成分的金属材料，若其相组成、晶粒度、铸造组织等不同，则其塑性亦有很大的差别。

（1）相组成的影响　单相组织（纯金属或固溶体）比多相组织塑性好。多相组织由于各相性能不同，变形难易程度不同，导致变形和内应力的不均匀分布，因而塑性降低。例如，碳钢在高温时为奥氏体单相组织，故塑性好，而在 800℃ 左右时转变为奥氏体和铁素体两相组织，塑性就明显降低。因此，对于有固态相变的金属来说，在单相区内进行成形加工是有利的。

工程上使用的金属材料多为两相组织，第二相的性质、形状、大小、数量和分布状态不同，对塑性的影响程度也不同。若两个相的变形性能相近，则金属的塑性近似介于两相之间。若两个相的性能差别很大，一相为塑性相，而另一相为脆性相，则变形主要在塑性相内进行，脆性相对变形起阻碍作用，如果脆性相呈连续或不连续的网状分布于塑性相的晶界处，则塑性相被脆性相包围分割，其变形能力难以发挥，变形时易在相界处产生应力集中，导致裂纹的早期产生，使金属的塑性大为降低；如果脆性相呈片状或层状分布于晶粒内部，则对塑性变形的危害性较小，塑性有一定程度的降低；如果脆性相呈颗粒状均匀分布于晶内，则对金属塑性的影响不大，特别是当脆性相数量较小时，如此分布的脆性相几乎不影响基体金属的连续性，它可随基体相的变形而“流动”，不会造成明显的应力集中，因而对塑性的不利影响就更小。

（2）晶粒度的影响　金属和合金晶粒越细小，塑性越好。这是由于晶粒越细，则同一体积内晶粒数目越多，在一定变形数量下，变形可分散在许多晶粒内进行，变形比较均匀。相对于粗晶粒材料而言，这样能延缓局部地区应力集中、出现裂纹以致断裂的过程，从而在断裂前可以承受较大的变形量，即提高塑性。另外，金属和合金晶粒越细小，同一体积内晶界就越多，室温时晶界强度高于晶内，因而金属和合金的实际应力高。但在高温时，由于能发生晶界粘性流动，细晶粒的材料其实际应力反而较低。

（3）铸造组织的影响　铸造组织由于具有粗大的柱状晶粒和偏析、夹杂、气泡、疏松等缺陷，故使金属塑性降低。锻造时应创造良好的变形力学条件，打碎粗大的柱状晶粒，并使变形尽可能均匀，以获得细晶组织，使金属的塑性提高。

3. 应力状态的影响

在主应力图中，压应力的个数越多、数值越大，即静水压力越大，则金属的塑性越高；反之，拉应力的个数越多、数值越大，即静水压力越小，则金属的塑性越低。

德国的卡尔曼在20世纪初曾经对大理石和砂石做过一次著名的试验，他将圆柱形大理石和砂石试样置于试验装置中进行压缩，同时压入甘油对试样施加侧向压力。试验证明：在没有侧向压力作用时，大理石和砂石显示完全的脆性；在有侧向压力作用时，表现出一定的塑性，侧向压力越大，所需轴向压力也越大，塑性也越高。卡尔曼的试验装置如图3-12所示，限于当时的试验条件，卡尔曼所得到大理石的压缩程度 ε 为8% ~9%，砂石的为6% ~7%。后来，技斯切向耶夫在更大的侧向压力下进行大理石的压缩试验，获得78%的变形程度，并在很大的侧向压力下拉伸大理石试样，得到了25%的伸长率，出现了像金属试样上的那种缩颈。

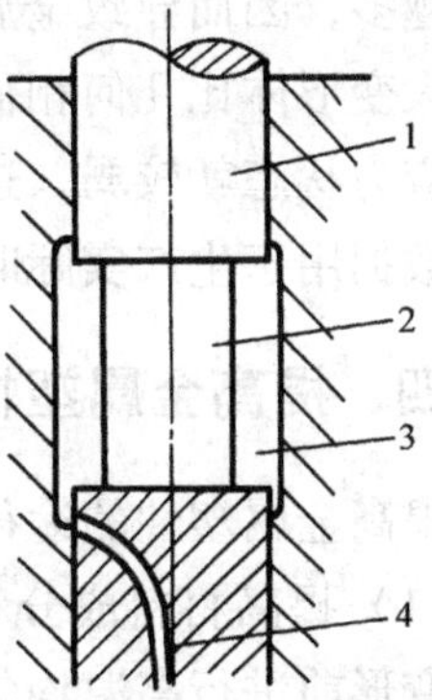

图3-12　卡尔曼的试验装置图
1—加压柱塞　2—试样
3—实验腔室　4—高压油通道

静水压力越大，金属的塑性就越高，这可以解释如下：

1）拉应力促进晶间变形，加速晶界破坏。压应力阻止或减少晶间变形，随着三向压缩作用的增强，晶间变形越加困难，从而提高了金属的塑性。

2）压应力有利于抑制或消除晶体中由于塑性变形引起的各种微观破坏，而拉应力则相反，它促使各种破坏发展、扩大。如图3-13 所示，滑移面上的破损 A 在拉应力作用下将扩大，在压应力作用下将闭合或消除。同样，当变形体原来存在着脆性杂质、微观裂纹等缺陷时，三向压应力能抑制这些缺陷，全部或部分地消除其危害性。而在拉应力作用下，将使这些缺陷发展，形成应力集中，促使金属破坏。

3）三向压应力能抵消由于变形不均匀所引起的附加拉应力。例如，圆柱体在镦粗时，侧表面可能出现附加切向拉应力，施加侧向压力后，能抵消此附加拉应力而防止裂纹的产生。

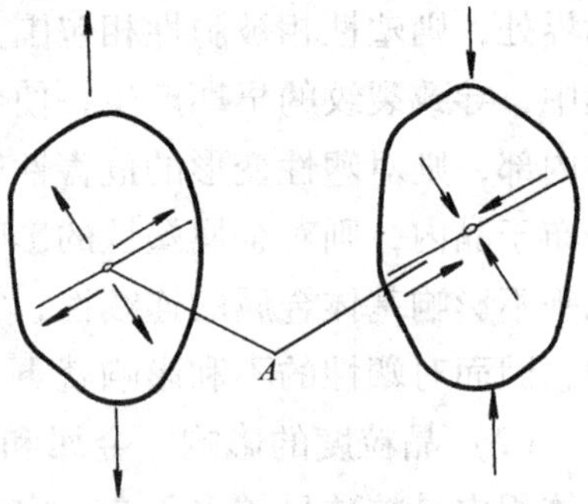

图 3-13　滑移面的破损受拉应力及压应力作用示意图

4. 周围介质的影响

周围介质对金属塑性的影响可有以下几方面：

1）在金属表面层形成脆性相。例如，镍及其合金在煤气中加热时，由于炉内气氛中含有硫，硫被金属吸收后生成 Ni_3S_2，此硫化物又与镍形成低熔点（625 ~ 650℃）共晶，并呈薄膜状分布于晶界，使镍及其合金产生红脆，热轧时易产生裂纹。

2）使金属表层腐蚀。例如，黄铜在加热和退火中，由于锌优先受腐蚀溶解，使物体表面形成一层海绵状（多孔）的纯铜而损坏。

3）在金属表面上形成吸附润滑层，在塑性加工中起润滑作用，使金属的塑性升高。

5. 尺寸（体积）因素的影响

实践表明，变形体的尺寸（体积）会影响金属的塑性。尺寸越大，塑性越低；但当变形体的尺寸（体积）达到某一临界值时，塑性将不再随体积的增大而降低。

尺寸因素影响塑性的原因是：变形体尺寸越大，其化学成分和组织越不均匀，内部缺陷也越多，因而导致金属塑性的降低。对于锭料来说，这种塑性的降低就更为显著。其次，大变形体比几何相似的小变形体具有较小的相对接触表面积，因而由外摩擦引起的三向压应力状态就较弱，这会导致塑性的降低。因此，在由小试样或小锭料所获得的实验结果和数据用于生产实际时，应考虑尺寸因素对塑性的影响。

四、提高金属塑性的途径

提高金属塑性的途径有很多种，下面仅从塑性加工的角度讨论提高塑性的途径。

（1）提高材料成分和组织的均匀性　合金铸锭的化学成分和组织通常是很不均匀的，若在变形前进行高温均匀化退火，则能起到均匀化的作用，从而提高塑性。但是高温均匀化处理生产周期长、耗费大，可采用适当延长锻造加热时的出炉保温时间来代替，其不足之处是降低了生产率。同时还应注意避免晶粒粗大。

（2）合理选择变形温度和变形速度　这种途径对于塑性加工是十分重要的，加热温度选择过高，容易使晶界处的低熔点物质熔化或使金属的晶粒粗大；加热温度太低时，金属则会出现加工硬化。这些都会使金属的塑性降低，引起变形时的开裂。对于具有速度敏感性的材料，应合理选择变形速度，这实际上也就是要合理地选择锻压设备。一般而言，锤类设备的变形速度最高，压力机其次，液压机最低。

（3）选择三向压缩性较强的变形方式　挤压变形时的塑性一般高于开式模锻，而开式模锻又比自由锻更有利于塑性的发挥。在锻造低塑性材料时，可采用一些能增强三向压应力状态的措施，以防止锻件的开裂。

（4）减小变形的不均匀性　不均匀变形引起的附加应力会导致金属的塑性降低。合理的操作规范、良好的润滑、合适的工模具形状等都能减小变形的不均匀性，从而提高塑性。例如，镦粗时采用铆锻、叠锻，或在接触表面上施加良好的润滑等，都有利于减小毛坯的鼓形和防止表面纵向裂纹的产生。

五、摩擦对金属塑性变形和流动的影响

在工具和变形金属之间的接触面上必然存在摩擦，由于摩擦力的作用，在一定程度上改变了金属的流动特性。

矩形断面的棱柱体在平板间镦粗时，若接触面上无摩擦，则金属质点必然沿着以断面的中心向四周的辐射线方向流动（图3-14），变形后的断面形状仍为矩形，并与原来的形状相似。当接触面上有摩擦时，由于摩擦力的作用，使各个方向阻力不同，断面将不再保持矩形（图3-2），最终趋于圆形。

环形零件镦粗时由于摩擦的作用，还会局部改变金属质点的流动方向。如图3-15所示的圆环，如果接触面上的摩擦系数很小或无摩擦时，根据体积不变条件，圆环上每一质点均沿径向作辐射状向外流动（图3-15b），变形后内外径均增大。如接触面的摩擦系数增加，金属的这种流动受到阻碍。当摩擦系数增大到某一临界值时，靠近内径处的金属质点向外流动阻力大于向内流动阻力，从而改变了流动方向。这时，在圆环中出现了一个半径为 R_n 的分流面，该面以内的金属向中心流动，该面以外的金属向外流动，变形后的圆环内径缩小，外径增大（图3-15c）。而且，分流面半径 R_n 随着摩擦系数的增加而加大。但是，R_n 的位置不是在圆环壁厚的中间处，而是偏于内侧。其原因是金属向内流动时，由于直径缩小，沿周向受压应力，该周向压应力的径向分量的方向与圆环分流面以内金属流动的摩擦阻力的方向是一致的。

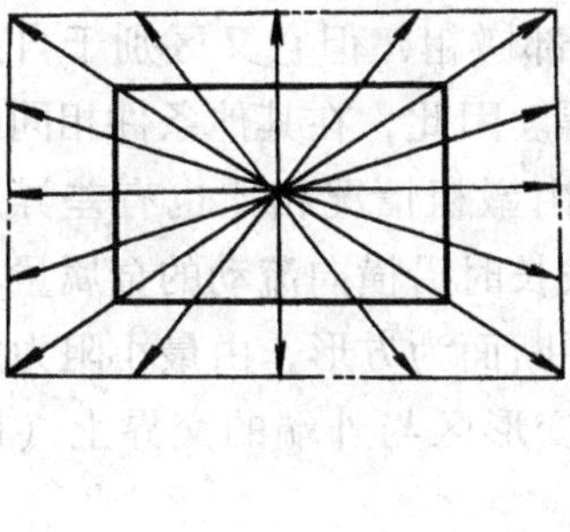

图3-14　无摩擦镦粗时的放射性模型

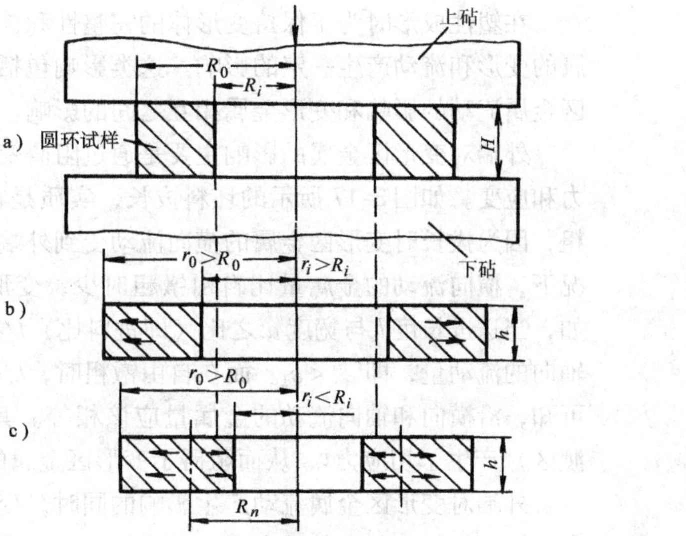

图3-15　圆环镦粗的金属流动
a）变形前　b）摩擦系数很小成为零　c）有摩擦

六、工具形状对金属塑性变形和流动的影响

工具形状是影响金属塑性流动方向的重要因素。工具形状不同，造成金属沿各个方向流动的阻力有所差异，因而金属向各个方向的流动在数量上也有相应的差别。

如图3-16所示，在圆形砧或V形砧中拔长圆断面坯料时，由于工具的侧面压力使金属沿横向流动受到很大的阻碍，被压下的金属大量地沿轴向流动，这就是用型砧拔长时效率较高的原因。模锻制坯时为了提高滚挤和拔长的效率，采用闭式滚挤和闭式拔长模膛也正是利用了这一原理。当采用图3-16c所示的工具时，则产生相反的结果，金属易于横向流动。叉形件模锻时金属被劈料台分开就属于这种流动方式。

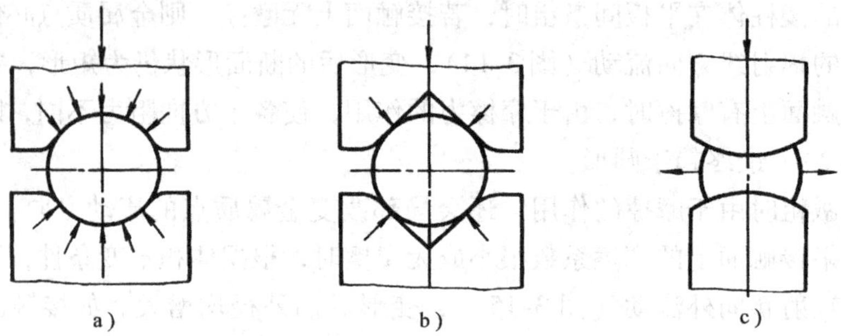

图3-16 型砧中拔长
a）圆形砧 b）V形砧 c）凸形砧

利用工具的不同形状，除了可以控制金属的流动方向外，还可以在坯料内产生不同的应力状态，使部分金属先满足屈服准则而进入塑性状态，以达到控制塑性变形区的作用。或者造成不同的静水压力，来改变材料在该状态下的塑性。

七、金属各部分之间的关系对塑性变形和流动的影响

在塑性成形时为了保持变形体的完整性和连续性，金属各部分之间内力的作用会对金属的变形和流动产生一定的影响。这类影响包括未变形的金属（或称为“外端”）对变形区金属流动的影响和变形金属相互之间的影响。

外端对变形区金属的影响主要是通过阻碍变形区金属流动，进而产生或加剧附加的应力和应变。如图3-17所示的坯料拔长，实质是在坯料的局部镦粗，但它又区别于自由镦粗，因为拔长时变形区金属的横向流动受到外端金属的阻碍。因此，在其他条件相同的情况下，横向流动的金属量比自由镦粗时少，变形情况与自由镦粗情况相比也有差异。例如，当送进长度l与宽度a之比（即进料比）$l/a=1$时，拔长时沿横向流动的金属量小于轴向的流动量，即$\varepsilon_a<\varepsilon_l$。而在自由镦粗时，$l/a=1$时水平断面为方形，由最小阻力定律可知，沿横向和轴向流动的金属量应该相等。其原因是在变形区与外端的交界上（即过渡区）产生了切应力τ，从而阻碍了变形区金属的横向流动。

外端对变形区金属流动产生影响的同时，变形区金属的变形流动也要对其相邻的外端金属产生作用，它在外端金属内部引起一定的附加应力，并可能使外端金属产生变形，甚至引起工件开裂。

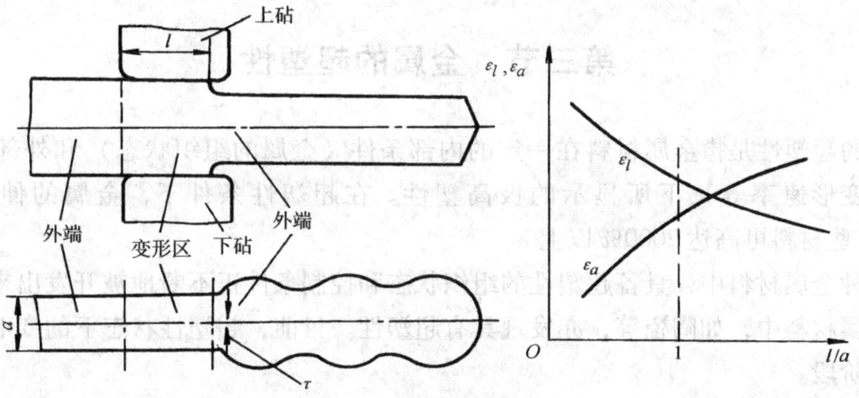

图 3-17　拔长时外端的影响

开式冲孔（图 3-18）时造成的“拉缩”便是由于冲头下部金属的变形流动所引起的。再如板料弯曲时，如果坯料外端区已冲出的孔距离弯曲线太近，则弯曲后该孔的尺寸和形状要发生畸变，如图 3-19 所示，这些都是变形金属对外端影响造成的结果。

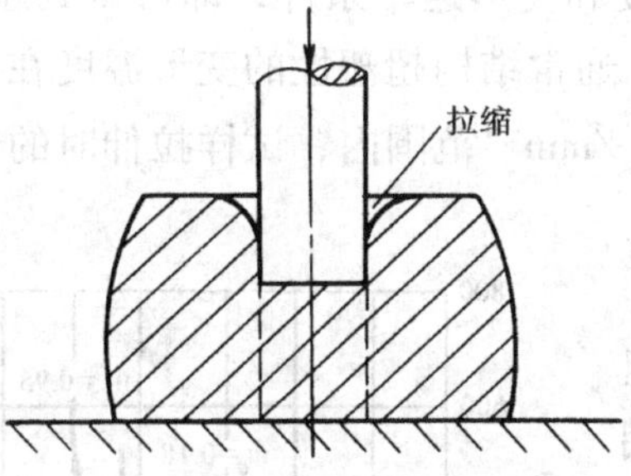

图 3-18　开式冲孔时的“拉缩”

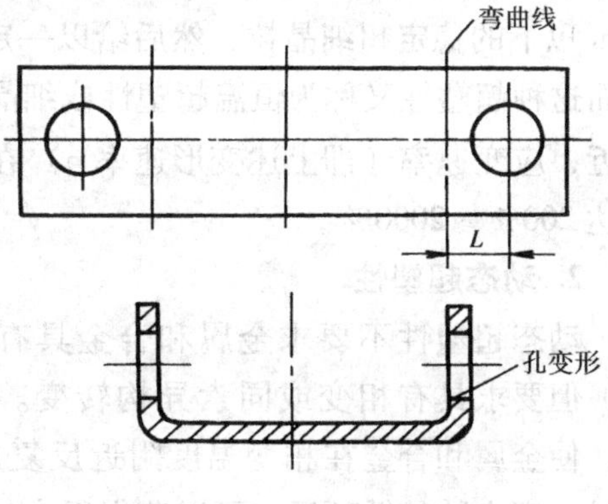

图 3-19　弯曲变形金属对外端的影响

在金属塑性变形中，塑性变形区和不变形的外端之间的相互作用是一个带有普遍性的问题，其影响也比较复杂，必须针对具体的变形过程和特点进行分析。

八、金属本身性质不均匀对塑性变形和流动的影响

由于金属本身性质（化学成分、组织）和温度的不均匀，也会造成金属各部分的变形和流动的差异。变形首先发生在那些变形抗力最小的部分，但金属本身是一个整体，先变形的部分与后变形的部分、变形大的部分与变形小的部分必然会彼此产生影响。

例如，当坯料加热不均时，则在温度较高的部分首先获得较大的变形。这一特性在生产上常被利用，如电热局部镦粗（图 3-20）、差温拉深、大型钢锭的中心压实法等。

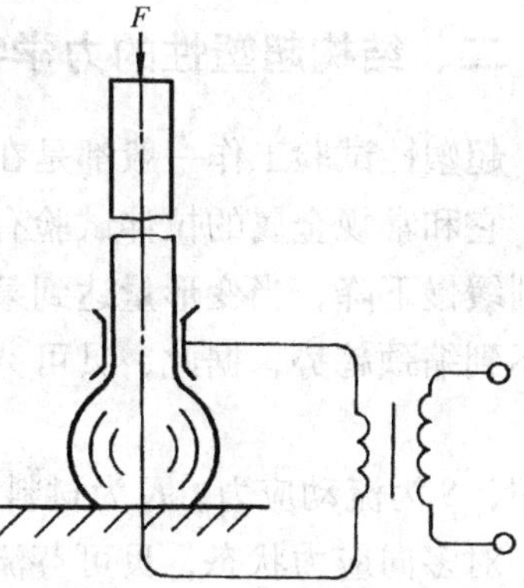

图 3-20　电热局部镦粗原理

第三节 金属的超塑性

金属的超塑性是指金属材料在一定的内部条件（金属的组织状态）和外部条件（变形温度、变形速率等）下所显示的极高塑性。在超塑性条件下，金属的伸长率超过100%，有些材料可高达2000%以上。

在各种金属材料中，具备超塑性的组织状态和控制条件正不断地被开发出来，甚至在一些非金属材料中，如陶瓷等，亦发现具有超塑性。目前，超塑性状态下的变形已进入到工业实用阶段。

一、超塑性的分类

目前已观察到的超塑性现象可归为两类。

1. 结构超塑性

这类超塑性的特点是先使金属和合金经过必要的组织结构准备，使它获得晶粒直径在5μm以下的稳定超细晶粒，然后给以一定的变形温度和变形速率条件，即可得到超塑性，因而这种超塑性又称为恒温超塑性或细晶粒超塑性。通常结构超塑性的变形温度在$0.5T_{熔}$附近，应变速率（即上述变形速率$\dot{\varepsilon}$）在$10^{-4}\sim10^{-1}/\text{min}^{-1}$范围内，试样拉伸时的伸长率可达200%～2000%。

2. 动态超塑性

动态超塑性不要求金属和合金具有超细晶粒组织，但要求具有相变或同素异构转变。在载荷作用下，使金属和合金在相变温度附近反复加热和冷却，经过一定次数的循环后，可以获得很大的伸长率。例如，早就发现碳钢在相变时塑性有增加的现象，使碳钢经过α相和γ相的多次循环，每次伸长率δ都有增加，约在150次循环后，δ明显增大，如图3-21所示。动态超塑性也称为相变超塑性或环境超塑性。

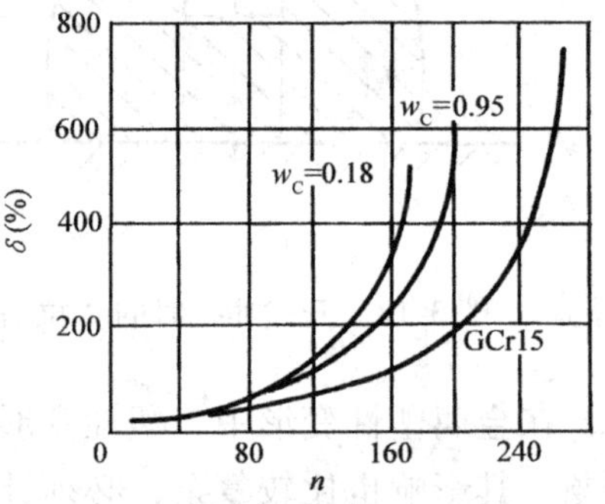

图3-21 碳钢和轴承钢的伸长率δ与循环次数n的关系（温度538～816℃）

二、结构超塑性的力学特性

超塑性试验工作一般都是在拉伸试验条件下进行的，它和常规金属的拉伸试验有很大差别：当载荷达到最大值后，随着应变量的增加，载荷则缓慢下降，当变形量达到某一定值后，载荷几乎不变化，金属的流动非常稳定，几乎看不到缩颈趋势，据此，贝可芬提出了如下超塑性流变方程

$$S = K\dot{\varepsilon}^m \tag{3-3}$$

式中，S为流动应力；K为材料常数；$\dot{\varepsilon}$为应变速率；m为应变速率敏感性指数。

对多向应力状态，贝可芬流变方程被看成是等效应力与等效应变速率之间的关系，即

$$\bar{\sigma} = K\dot{\bar{\varepsilon}}^m \tag{3-4}$$

式中，$\overline{\sigma}$ 为等效应力；$\dot{\overline{\varepsilon}}$为等效应变速率。

流变方程中 m 是表达超塑性的一个重要指标，根据流变方程式可知，m 值大时，如果试样某处出现缩颈趋势，该处应变速率 $\dot{\varepsilon}$ 增大，则继续变形所需要的流动应力 S 也相应增大，由于载荷达不到这一要求，抑制了该处缩颈的发展。所以，m 值反映了材料拉伸时抗缩颈的能力，m 值越大，则材料的伸长率越高。m 值是评定材料超塑性潜在能力的一个重要指标，据了解，普通金属的 m 值为 0.02～0.20，超塑性金属的 m 值为0.3～1.0。

超塑性变形时，流动应力 S 和应变速率 $\dot{\varepsilon}$ 之间的关系可用对数坐标画出曲线（图 3-22），由此可知流动应力随应变速率的增加而变化，呈 S 形曲线。将式（3-3）两边取对数，再求导数，经过变换可写成

$$m = \frac{\mathrm{d}\lg S}{\mathrm{d}\lg\dot{\varepsilon}} \tag{3-5}$$

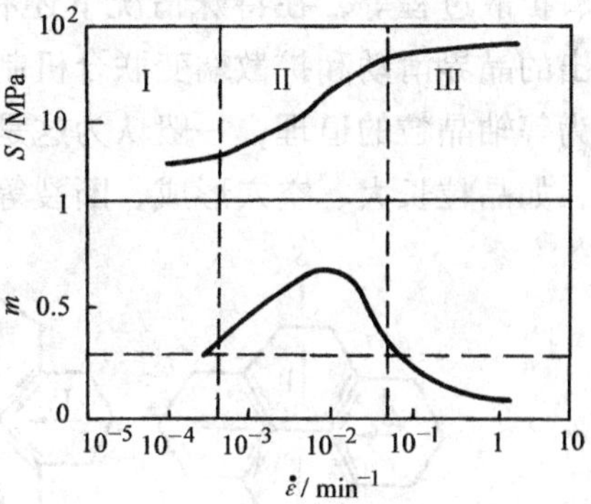

图 3-22 镁铝合金流动应力和应变速率关系曲线

可知 m 就是 $\lg S-\lg\dot{\varepsilon}$ 曲线的斜率。这样，可以得到应变速率敏感性指数和应变速率 $\dot{\varepsilon}$ 之间的关系曲线，如图 3-22 下方所示。从图中可以看出，m 值在应变速率 $\dot{\varepsilon}=10^{-4}\sim10^{-1}\mathrm{min}^{-1}$之间达到最大值，图中Ⅱ区为超塑性变形区。

三、影响超塑性的主要因素

影响超塑性的因素有很多，主要是变形速率、变形温度、组织结构及晶粒度等。

前面已经指出，变形速率的影响很大，一般超塑性只在 $\dot{\varepsilon}=10^{-4}\sim10^{-1}\mathrm{min}^{-1}$范围内才出现。

变形温度对超塑性的影响非常明显，当低于或超过某一温度范围时，就不出现超塑性现象。一般合金的超塑性温度为 $0.5T_{熔}$ 左右。在超塑性温度范围内适当提高温度，大大有利于超塑性变形（图 3-23）。

晶粒尺寸对超塑性具有以下影响：减小超塑性材料的晶粒尺寸，则意味着材料体积内有大量的晶界，有利于超塑性变形。减小晶粒尺寸或如上述适当提高变形温度，都能导致下列变化（图 3-23）：①所有应变速率下的流动应力均降低，尤其当应变速率低时更为显著；②超塑性的应变速率范围向更高的方向移动；③应变速率敏感性指数 m 的最大值增大，并向更高的应变速率方向移动。所有这些对于使金属材料产生超塑性变形都是有利的。

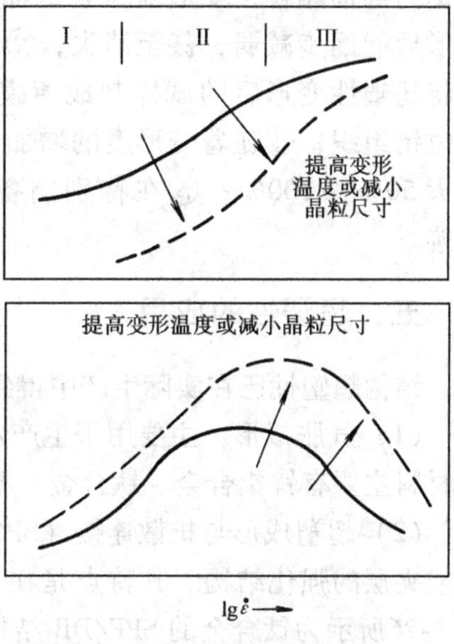

图 3-23 变形温度和晶粒尺寸对 $\lg S-\lg\dot{\varepsilon}$ 和 $m-\lg\dot{\varepsilon}$ 曲线的影响

晶粒形状对超塑性也有影响，当晶粒是等轴晶粒且晶界面平坦时，有利于晶界滑动，有利于超塑性变形；如果晶粒形状复杂或呈片状组织等，都不利于获得超塑性。

四、超塑性的变形机制

关于超塑性变形的机制，目前还处于研究探索阶段，尚无统一认识。超塑性变形十分复杂，在变形中往往有几个过程同时发生，其中包括晶界的滑动、晶粒的转动、位错运动、扩散过程等，在特殊情况下还有再结晶现象。阿希贝（Ashby）和弗拉尔（Verrall）提出的晶界滑动和扩散蠕变联合机制（图3-24）较好地说明了金属在超塑性变形后仍保持为等轴晶粒的道理，一般认为这是当前较为可取的理论。但对于超塑性机制中的一些问题，如晶粒长大、空穴形成、断裂等的研究，还处于初步阶段。

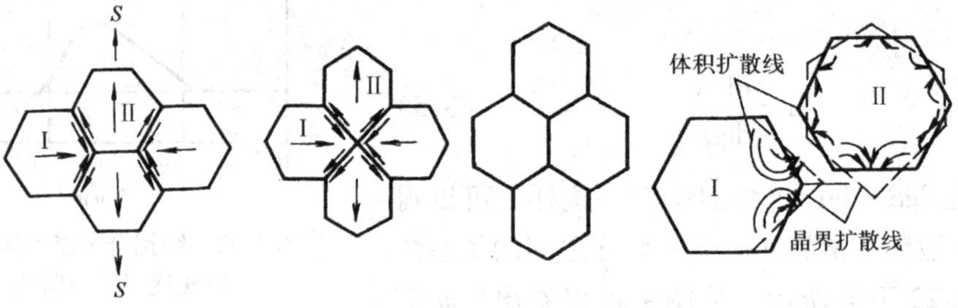

图3-24 晶界滑动和扩散蠕变联合机制模型
a）起始状态 b）中间状态 c）终了状态 d）原子的扩散

许多实验证明，经过超塑性变形后的金属，其显微组织具有下列特征：①变形后晶粒仍为等轴晶粒，变形前拉长的晶粒变形后也变成等轴晶粒，变形前存在的带状组织变形后能逐步减弱，甚至消失；②事先经过抛光的试样在超塑性变形后不出现滑移线；③将超塑性变形后的试样制成薄膜，用透射电子显微镜观察时看不到亚结构，也看不到位错组织；④随着变形度的增加，晶粒逐步长大，一般当伸长率达到500%时，晶粒长大50%～100%；⑤在特别制备的试样中，能见到明显的晶界滑动和晶粒旋转的痕迹。

五、超塑性的应用

结构超塑性已在实际生产中得到应用，形成了一些成熟的工艺，主要有以下几种：

（1）气胀成形　主要用于生产盒形类零件，成形方法如图3-25所示。用于气胀成形的材料主要有锌铝合金、钛合金、不锈钢、铜基合金等。

（2）超塑成形与扩散连接（SPF/DB）　主要用于生产一些复杂的板结构件，如中空的或夹层的强化结构。其特点是在一个加热周期中同时完成成形和扩散连接两个工序。图3-26所示为钛合金的SPF/DB结构件的几种类型。成形的主要材料有钛合金和铝合金等，此工艺在航空工业中得到了广泛应用。

（3）模具型腔的超塑性成形　主要用于成形模具型腔。我国对这种工艺进行了广泛的研究，成功地制造出注射、吹塑、热固性等塑料模具和冲模、锻模、压铸模等。

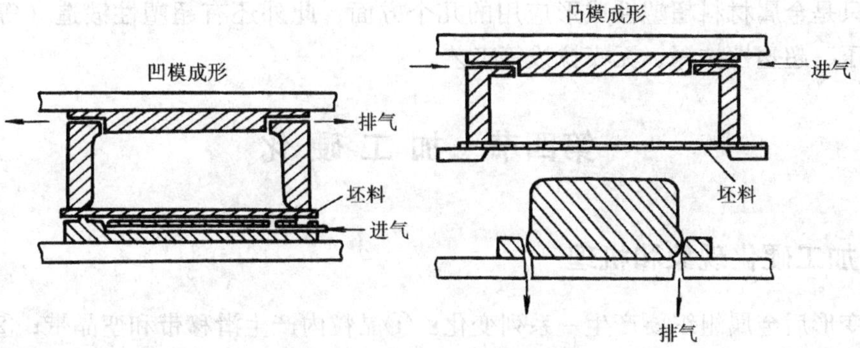

图 3-25　气胀成形法原理图

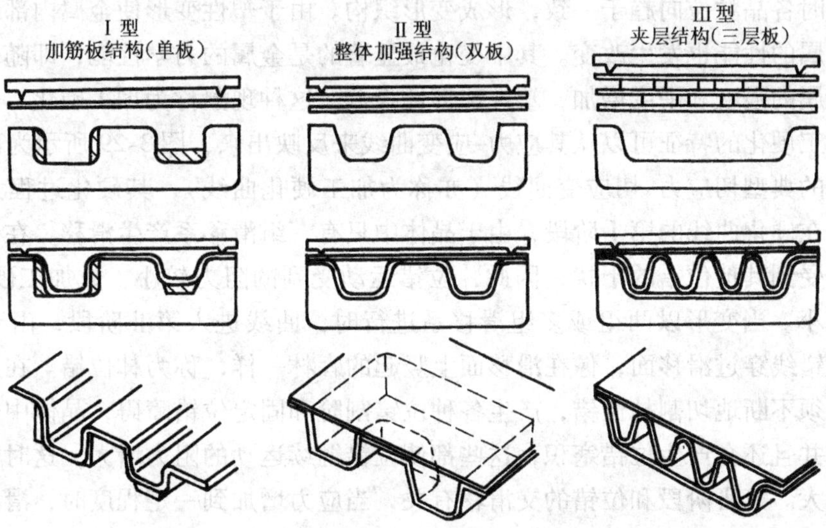

图 3-26　钛合金 SPF/DB 结构件的三种类型

图 3-27和图 3-28 所示为模具型腔超塑性成形示意图。用于超塑性成形模具的材料主要有锌合金、铜合金和模具钢。

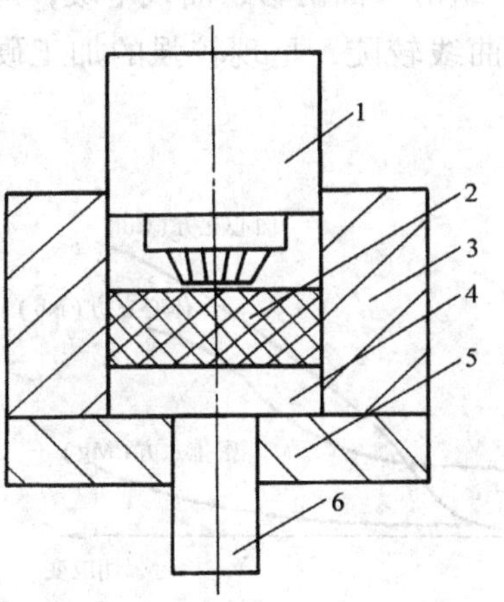

图 3-27　型腔模超塑性挤压示意图
1—凸模　2—坯料　3—模套
4—顶板　5—垫板　6—顶杆

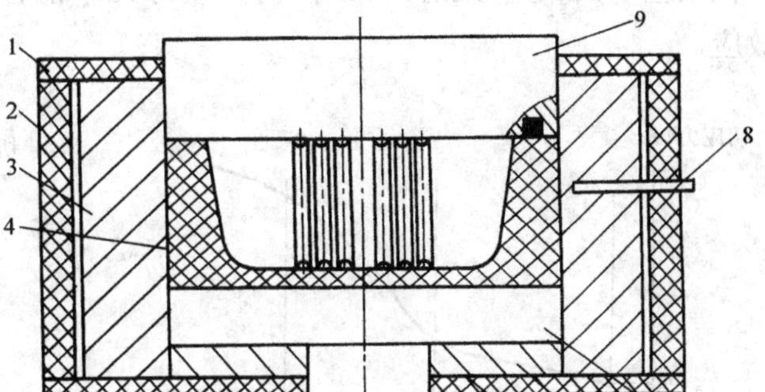

图 3-28　塑料盒吸塑模超塑性成形示意图
1、5—隔热板　2—加热炉　3—模套　4—坯料
6—垫板　7—顶板　8—热电偶　9—凸模

以上只是金属材料超塑性成形应用的几个方面，此外还有超塑性锻造（等温锻造）、超塑性挤压、超塑性拉深、无模拉拔等工艺。

第四节 加工硬化

一、加工硬化现象和机理

塑性变形后金属组织要产生一系列变化：①晶粒内产生滑移带和孪晶带；②滑移面转向，晶粒发生转动；③变形程度很大时形成纤维组织；④晶粒破碎，形成亚结构；⑤当变形程度极大时各晶粒位向趋于一致，形成变形织构。由于塑性变形使金属内部组织发生变化，因而金属的性能也发生改变。其中变化最显著的是金属的力学性能，即随着变形程度的增加，金属的强度和硬度增加，塑性和韧性降低，这种现象称为加工硬化。

金属加工硬化的特征可以从其应力-应变曲线来反映出来，图3-29所示为面心立方体结构单晶体的典型切应力-切应变曲线（亦称为加工硬化曲线），其硬化过程大体可分为三个阶段。在硬化曲线的第Ⅰ阶段，由于晶体中只有一组滑移系产生滑移，在平面上移动的位错很少受到其他位错的干扰，因此，位错运动受到的阻力较小，故加工硬化系数 $\theta_{\mathrm{I}}=\mathrm{d}\tau/\mathrm{d}\gamma$ 较小。当变形以两组或多组滑移系进行时，曲线进入第Ⅱ阶段，由于滑移面相交，很多位错线穿过滑移面，像在滑移面上竖起的森林一样，称为林位错。在滑移面上位错的移动必须不断地切割林位错，产生各种位错割阶和固定位错障碍，晶体中位错密度也迅速增加，并且还会产生位错塞积，这些都使位错继续运动的阻力增大，这时晶体的加工硬化系数很大。第Ⅲ阶段和位错的交滑移有关，当应力增加到一定程度时，滑移面上的位错可借交滑移而绕过障碍，从而使加工硬化系数相对减小。

上述三个阶段的加工硬化曲线是典型情况，实际单晶体的加工硬化曲线因其晶体的结构类型、晶体位向、杂质含量及实验温度等因素的不同而有所变化。图3-30所示为三种常见单晶体的加工硬化曲线，其中密排六方金属只能沿一组滑移面滑移，曲线平缓，加工硬化效应不大；立方晶体可以同时开动好几个滑移系，曲线较陡，呈现较强的加工硬化效应。

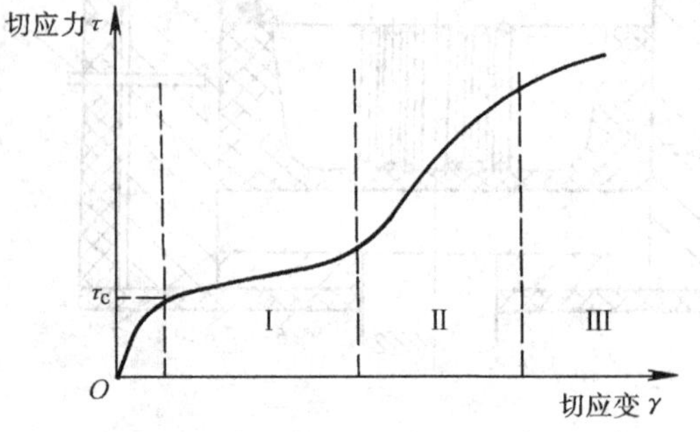

图3-29 单晶体的切应力-切应变曲线

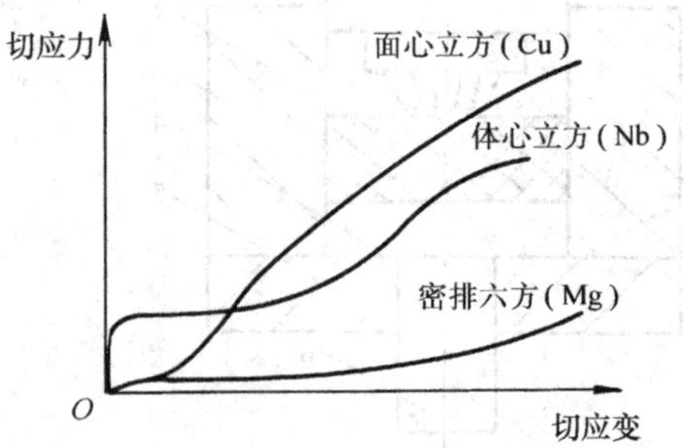

图3-30 三种常见单晶体的加工硬化曲线

多晶体的加工硬化要比单晶体的加工硬化复杂得多。多晶体变形时，由于晶界的阻碍作用和晶粒之间的协调配合要求，各晶粒不可能以单一滑移系动作，必然有多组滑移系同时开动。因此，多晶体在塑性变形一开始就进入第Ⅱ阶段硬化，随后进入第Ⅲ阶段硬化，而且多晶体的硬化曲线比单晶体的更陡，加工硬化系数更大，如图 3-31 所示。此外，加工硬化还与晶粒大小有关，晶粒越细，加工硬化越显著，这在变形开始阶段尤为明显。

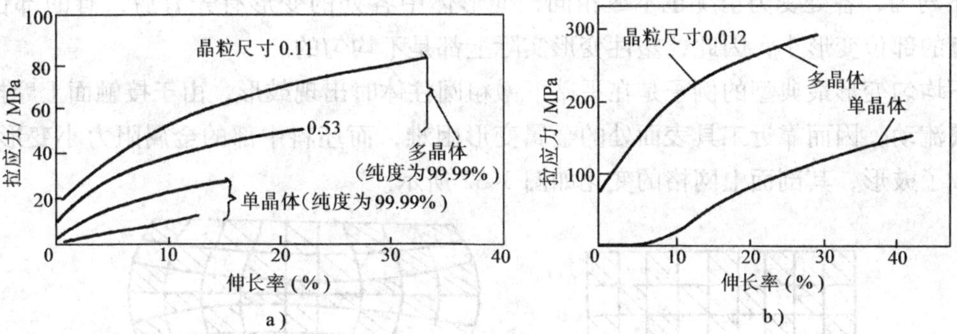

图 3-31　单晶体与多晶体的硬化曲线
a) Al　b) Cu

二、加工硬化的后果及应用

加工硬化使金属的强度提高、塑性降低，这对金属冷变形工艺将产生很大的影响。

加工硬化有利的一方面是可作为强化金属的一种手段，尤其对一些不能通过热处理方法强化的金属材料，加工硬化就成为这些材料强化的重要手段。例如，发电机的护环零件，其材料是不能通过热处理强化的无磁钢，生产上常利用加工硬化来提高其强度；又如，发动机上的青铜轴瓦采用加工硬化工艺可以提高其强度和硬度，从而提高轴瓦的承载能力和耐磨性。

加工硬化还可以改善一些冷加工的工艺性。例如，板料在拉深过程中，其加工硬化使塑性变形能较均匀地分布于整个工件，不至于使变形集中在某些局部区域而导致工件很快破裂；又如，若没有加工硬化，拉拔就不能实现。

加工硬化不利的一面是由于金属的屈服强度提高，相应地要提高塑性加工设备的能力；同时，由于金属塑性的下降，使金属继续塑性变形困难，需要增加中间退火工艺，从而降低了生产率，提高了生产成本。

第五节　不均匀变形、附加应力和残余应力

一、均匀变形与不均匀变形

在前面讨论变形体中点的应变状态时曾作了均匀变形的假设：即变形前体内的直线和平面在变形后仍然是直线和平面；变形前彼此平行的直线和平面在变形后仍然保持平行。

显然，要实现均匀变形状态，就必须满足以下条件：

1）变形物体的物理性质必须均匀（即均质），并且各向同性。

2）整个物体在任何瞬间都承受相等的变形量。

3）接触表面没有外摩擦，即变形体是在单向应力状态下变形。

可见，要实现均匀变形是困难的。塑性成形时，由于金属本身的性质（成分，组织等）不均匀，各处受力情况也不尽相同，变形体中各处的变形有先有后，有的部位变形大，有的部位变形小，因此，塑性变形实际上都是不均匀的。

不均匀变形最典型的例子是在平砧下镦粗圆柱体时出现鼓形，由于接触面上摩擦力阻碍金属流动，因而靠近工具表面处的金属变形困难，而坯料中部的金属阻力小变形容易，因而成了鼓形，其剖面上网格的变化如图 3-32 所示。

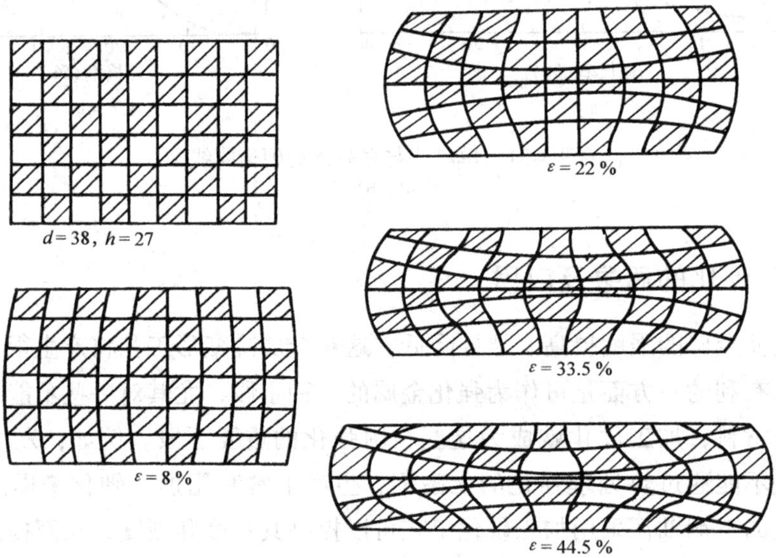

图 3-32　圆柱体不均匀镦粗时的网格变化

圆柱体镦粗时不均匀变形除了与接触摩擦有关外，还与变形区的几何形状有关。当工件的高径比大于 2 时，往往首先在与工具接触的两端产生变形，而中间处的变形很小，结果形成双鼓形。在水压机上锻造钢锭以及在初轧机上轧制钢锭的最初几道次常常出现双鼓形现象。如果每次继续使用小变形量，则表面变形的积累将会形成折叠。

不均匀变形实质上是由金属质点的不均匀流动引起的，因此，凡是影响金属塑性流动的因素，都会对不均匀变形产生影响。

二、附加应力

由于物体内各部分的不均匀变形要受到物体整体性的限制，因而在各部分之间会产生相互平衡的应力，该应力叫做附加应力，或称为副应力。例如，在凸形轧辊上轧制矩形坯时，如图 3-33 所示，坯料边缘部分 a 的变形程度小，而中间部分 b 的变形程度大。若 a、b 部分不是同一个整体时，则中间部分将比边缘部分产生更大的纵向伸长，如图中双点画线所示。但轧件实际上是一个整体，a、b 两部分不能自由伸长，它们相互之间受到钳制，b 部分欲自由伸长而受到 a 部分的限制，即受到压力，而 a 部分受到中间 b 部分的拉伸，即受到拉力，因此产生相互平衡的内力，在中间部分是附加压应力，而在边缘部分是附加拉应力。

由以上分析可知，附加应力是变形体为了保持自身的完整和连续、约束不均匀变形而产生的内力。也就是说，附加应力是由不均匀变形所引起的，但同时它又限制不均匀变形的自由发展。此外，附加应力是相互平衡成对出现的，当一处受附加压应力时，另一处必受附加拉应力。

物体的塑性变形总是不均匀的，故可以认为，在任何塑性变形的物体内，变形过程中均有自相平衡的附加应力，这就是金属塑性变形的附加应力定律。

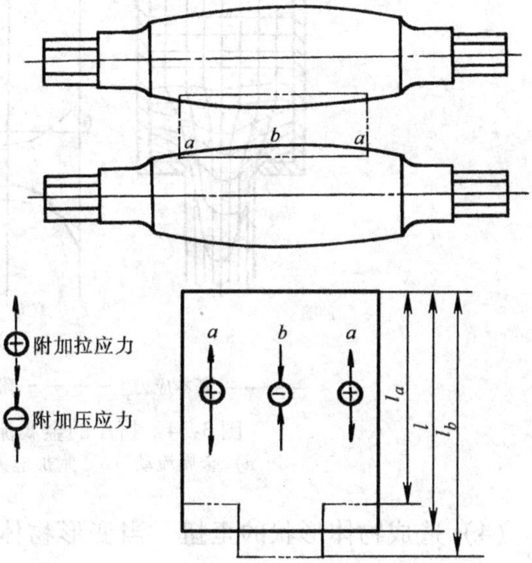

图 3-33　在凸形轧辊上轧制矩形坯产生的附加应力

l_a—若边缘部分自成一体时轧制后的可能长度

l_b—若中间部分自成一体时轧制后的可能长度

l—整个轧件轧制后的实际长度

附加应力通常分为三类：第一类附加应力是变形体内各区域体积之间由不均匀变形所引起的相互平衡的应力；第二类附加应力是各晶粒之间由于其性质、大小和方位不同，使晶粒之间产生不均匀变形所引起的附加应力；第三类附加应力存在于晶粒内部，是由于晶粒内各部分之间的不均匀变形所引起的附加应力。

由于不均匀变形引起了附加应力，因而对金属的塑性变形造成许多不良的后果。

（1）使变形体的应力状态发生变化，导致应力分布更不均匀　图 3-34 所示为正挤压变形区某横截面上的应力分布，实线所示为外加载荷引起的基本应力，因挤压筒壁存在摩擦而使其分布不均匀。挤压时，由于筒壁摩擦力的阻碍作用，使坯料边缘处的金属流动比中心的慢，因而边部的变形比中心的小，故造成边部受拉伸而中部受压缩的附加应力分布（图中虚线）。此时，变形体实际的应力是基本应力与附加应力的代数和，这个应力称为工作应力，如图中点画线所示。图 3-34b 所示为当摩擦系数很大时，可使工作应力的分布图中出现拉应力，如图 3-34c 所示。

（2）提高了单位变形力　当变形不均匀分布时，变形体内部将产生附加应力，故变形所消耗的能量增加，从而使单位变形力增高。此外，附加应力使变形体的应力状态改变，往往也使单位变形力提高。

（3）使塑性降低，甚至可能造成破坏　当附加拉应力的数值超过材料所允许的强度时，可能造成破裂。在实际生产中挤压制品表面经常出现周期性裂纹，就是由于第一类附加应力形成的残余应力所致。

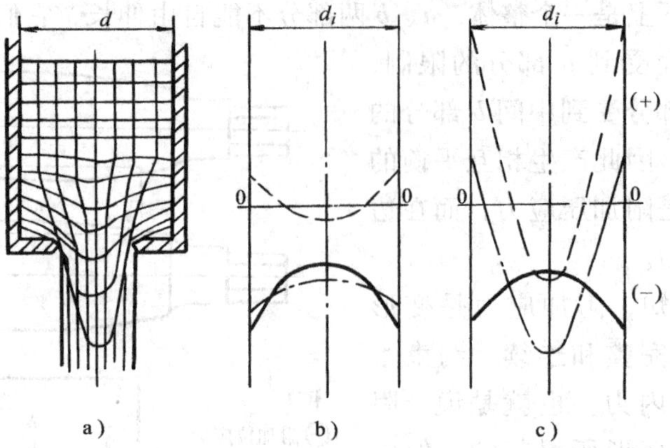

图 3-34 挤压的金属流动和纵向应力的分布
a）金属流动 b）附加应力较小 c）附加应力较大

（4）造成物体形状的歪扭 当变形物体在某方向上各处的变形量差别太大，而物体的整体不能起限制作用时，则所出现的附加应力不能自相平衡而导致变形体外形的歪扭。例如，薄板或薄带轧制，薄壁型材挤压时出现的镰刀弯、波浪形等，均是由这种原因所致。

（5）形成残余应力 附加应力是在不均匀变形时受到变形物体整体性的制约而发生的，在变形体内自相平衡，并不与外力发生直接关系。因此，当外力去除，变形结束后，仍会继续保留在变形体内部，形成自相平衡的残余应力。

三、残余应力

引起内应力的外因去除后在物体内仍残存的应力称为残余应力。残余应力是弹性应力，它不超过材料的屈服应力。

残余应力也分为三类：第一类残余应力存在于变形物体的各大区之间；第二类残余应力存在于各晶粒之间；第三类残余应力存在于晶粒内部。

1. 残余应力产生的原因

凡是塑性变形不均匀都会产生附加应力，当外力去除后，由于附加应力是自相平衡的内应力，不会消失，它将成为残余应力存在于工件中；另外，由于温度不均匀（加热或冷却不均匀）所引起的热应力，以及由相变过程所引起的组织应力等都会形成残余应力。

一般来说，由于不均匀变形所引起的残余应力的符号，与引起该残余应力的塑性应变的符号相反。

2. 残余应力引起的后果

残余应力可能会引起以下一些不良后果：

1）有残余应力的变形物体再承受塑性变形时，其应变分布及内部应力分布更不均匀。

2）缩短制品的使用寿命。具有残余应力的制品在使用时若承受载荷，其内部的实际应力是由外力所引起的基本应力与残余应力之和或二者之差，因此，引起应力分布极不均匀。当合成应力的数值超过了该零件强度的许用值时，零件将产生塑性变形而歪扭或破坏，这不但缩短了制品的使用寿命，并且容易使设备出现故障。

3）使制品的尺寸和形状发生变化。当制品内残余应力的平衡受到破坏后，相应部分的弹性变形也发生了变化，从而引起制品某部分尺寸或形状的改变。因此，对有残余应力的制品进行机械加工时，尤其要充分注意这种现象。

4）残余应力增加了塑性变形抗力，使金属的塑性、冲击韧度及抗疲劳强度降低。此外，残余应力还会降低金属的耐蚀性。例如，将挤压或冲压的黄铜制品置于潮湿的气氛中（特别是含氨的气氛中）时易产生裂纹，这种现象称为黄铜的季裂。

残余应力一般是有害的，特别是表面层中具有残余拉应力的情况。但当表面层具有残余压应力时，反而可以增加使用性能。例如，轧辊表面淬火、零件喷丸加工、表面滚压、表面渗碳、表面渗氮等，经过这些处理后，零件内的残余应力分布如图3-35所示，在表面层附近有很大的残余压应力，可以明显提高材料的硬度与抗疲劳强度，提高零件的使用寿命。

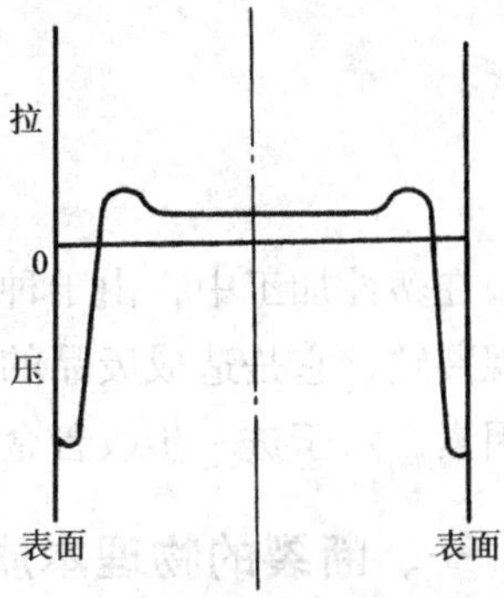

图3-35　表面处理所得残余应力分布的典型曲线

3. 消除残余应力的方法

消除制品内残余应力一般有两种方法，即热处理法和机械处理法。

（1）热处理法　热处理法是较彻底的消除残余应力的方法，即采用去应力退火。第一类残余应力一般在回复温度下便可以大部分消除，而制品的硬化状态不受影响；第二类残余应力一般在退火温度接近再结晶时可以完全消除；第三类残余应力因为存在于晶粒内部，只有充分再结晶后才可能消除。例如，普通黄铜在40～140℃时只能消除很少一部分残余应力，在200℃附近能消除大部分残余应力，其余的残余应力需经过再结晶才能消除。

用热处理法消除残余应力时，尤其是在较高温度下的退火，虽然残余应力消除了，但制品的晶粒明显长大，并有损金属的力学性能。此外，热处理法也只有在制品允许退火时才能采用，对于不允许退火的制品，如双金属、淬火制品等，为了消除应变产生的形状歪扭现象，应采用机械处理法。

（2）机械处理法　这种方法是使制品表面再产生一些表面变形，使残余应力得到一定程度的释放和松弛，或者使之产生新的附加应力，以抵消制品内的残余应力或尽量减少其数值。例如，用木锤敲打表面或喷丸加工；对管棒材采用多辊校直；对板材采用表面碾压及小变形量的拉伸；在冲模内作表面校形等。

图3-36所示为在钢材表面原来有残余拉应力时用表面碾压法使之减轻的情况。应当指出，机械处理法只能消除第一类残余应力，当表面变形量为3.0%～11.5%时效果最好，继续加大变形量反而可能导致不良后果。

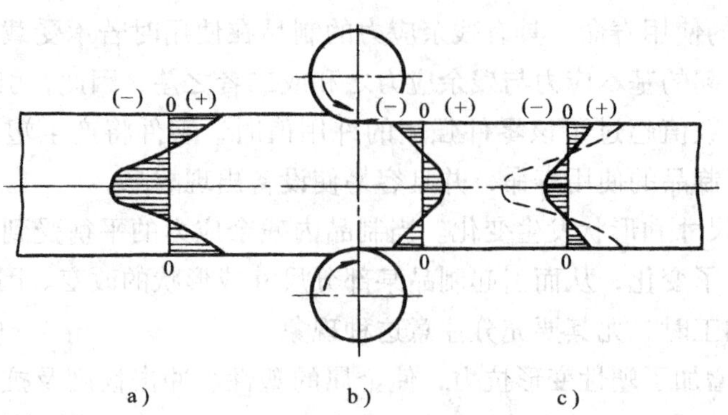

图 3-36 表面变形法减小残余应力
a）体内原有的残余应力 b）表面变形引起的残余应力 c）合成残余应力

第六节 金属的断裂

在塑性加工中，由于种种原因，常在金属（特别是低塑性金属）的表面或者是内部出现裂纹，它是造成废品的重要原因。研究断裂现象的物理实质以及裂纹形成和发展的各种因素，对于进一步改善金属的塑性加工性能、防止工件开裂是十分必要的。

一、断裂的物理本质

1. 断裂的基本类型

由于金属材料的性质、变形温度、应力状态和加载速度不同，金属的断裂有很多种类型。根据断裂前塑性变形的情况不同，大体上可以将断裂分为两类：韧性断裂和脆性断裂。图 3-37 所示为金属试样在单向拉伸试验时所观察到的断裂形式。

（1）脆性断裂 在断口外观上没有明显的塑性变形迹象，直接由弹性变形状态过渡到断裂，断裂面与拉伸轴接近正交，断口平齐，如图 3-37a 所示。

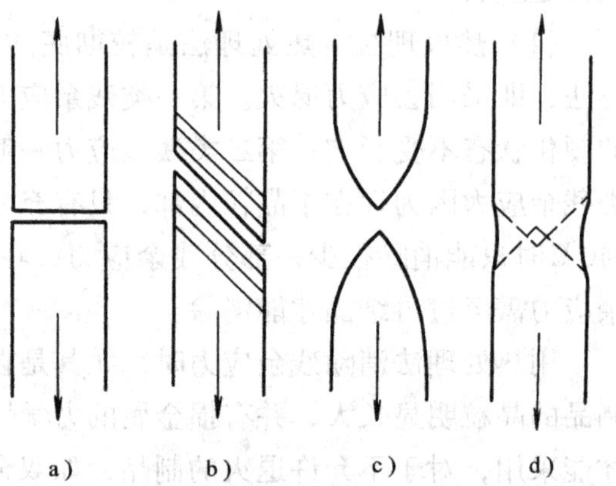

图 3-37 金属试样拉伸时断裂的形式
a）脆性断裂 b）切变断裂
c）多晶体的完全韧性断裂
d）多晶体韧性断裂的一般情况

脆性断裂在单晶体试样中常表现为沿解理面的解理断裂。所谓解理面，一般都是晶面指数比较低的晶面，如体心立方的（100）面。

在多晶体试样中则可能出现两种情况：一是裂纹沿晶界的晶间断裂，断口呈颗粒状；二是裂纹沿解理面横穿晶粒的穿晶断裂，在其断口可以看到解理亮面，如图 3-38 所示。

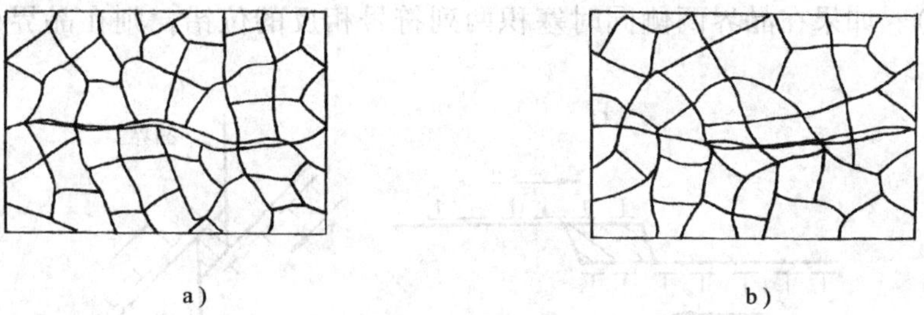

图 3-38　多晶体试样脆性断裂形式

a）晶间断裂　b）穿晶断裂

（2）韧性断裂　在断裂前金属经受了较大的塑性变形，其断口呈纤维状，灰暗无光。韧性断裂主要是穿晶断裂，如果晶界处有夹杂物或沉积物聚集，也会发生晶间断裂。

韧性断裂也有不同的表现形式：一种是切变断裂，密排六方金属单晶体沿基面作大量滑移后就会发生这种形式的断裂，其断面就是滑移面，如图 3-37b 所示；另一种是试样在塑性变形后出现缩颈，一些塑性非常好的金属材料，如金、铅和铝，可以拉缩成一个点才断开，如图 3-37c 所示；对于一般韧性金属，断裂则由试样中心开始，然后沿图 3-37d 所示的虚线断开，形成杯锥状断口。

2. 微裂纹的形成机理

金属发生断裂时先要形成微裂纹，这些微裂纹主要来自两个方面：一是材料内部原有的，如实际金属材料内部的气孔、夹杂、微裂纹等缺陷；二是在塑性变形过程中，由于位错的运动和塞积等原因而形成的。塑性变形由位错运动和塞积而形成微裂纹的机理主要有以下几种：

（1）位错塞积理论　该理论认为同号位错在前进中遇到障碍物（如夹杂、第二相和晶界等）而产生塞积，当塞积达到一定程度的时候，就会在位错塞积群前端产生一个足够大的拉应力，从而形成微裂纹，如图 3-39 所示。

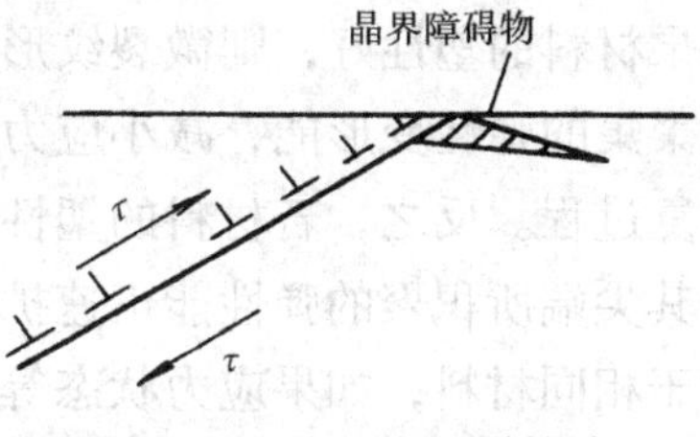

图 3-39　位错塞积群前端形成微裂纹示意图

（2）位错反应理论　该理论认为两个交叉滑移面上的位错在交叉处相遇而形成新的位错，这些新位错不易运动，当新位错堆积较多时，即形成微裂纹。图 3-40 所示为体心立方晶体中两个滑移面（101）和（10$\bar{1}$）对称地与解理面（001）相交，并在（001）面形成裂纹而破坏的情况。

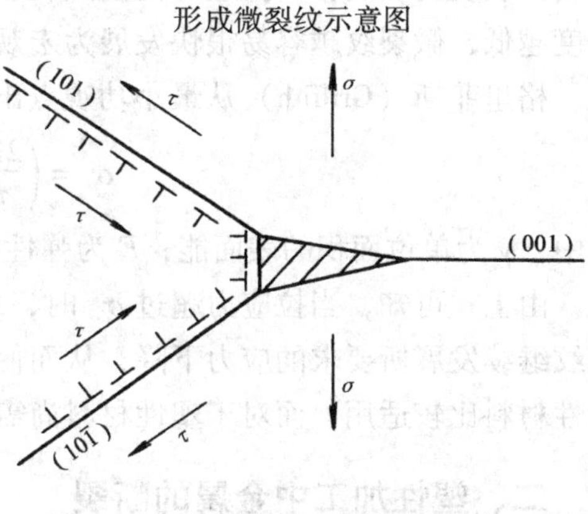

图 3-40　位错反应形成微裂纹示意图

（3）位错互毁理论　该理论认为异号位错在距离很近（小于 10 个原子层）的两个滑移面上相对滑移，则在交错处互毁，形成微裂纹（图3-41a)。如果在晶界两侧同时塞积两列符号相反的位错，则在晶界处形成微裂纹(图3-41b)。

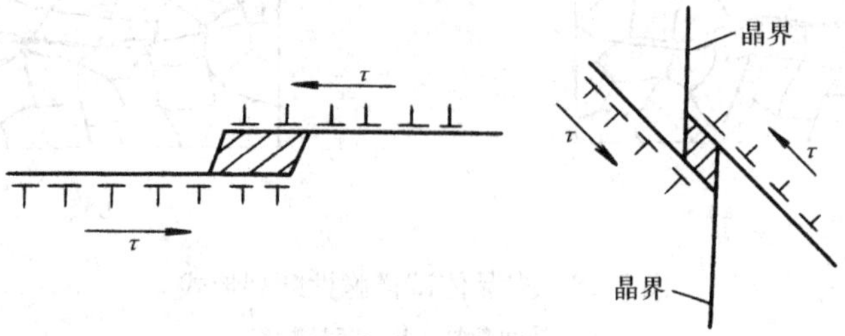

a) b)

图3-41 异号位错塞积群互毁形成微裂纹
a) 在相邻两滑移面处 b) 在晶界处

上述微裂纹形成理论的基本出发点是认为金属在切应力作用下首先发生位错运动，然后由于不同的原因而造成位错受阻，由于位错塞积群中弹性应力场中的拉应力而产生小孔隙，孔隙积累而形成微裂纹。实验表明，在容易造成位错塞积的地方，如晶界、亚晶界、孪晶界、夹杂物或第二相与基体相交界面等处，通常会首先形成微裂纹。

3. 微裂纹的发展

金属材料在塑性变形中形成微裂纹（或空洞)，并不意味着材料即将断裂。从微裂纹形成到导致金属的最终断裂是一个发展过程，这个过程与材料的性质、应力状态等外部条件密切相关。

如果材料的塑性好，则微裂纹形成后其前端可以通过塑性变形使裂纹钝化，松弛裂纹前端所聚集的弹性变形能，减小应力集中的程度，因此裂纹将难以发展，这实质上是微裂纹的修复过程。反之，若材料的塑性差、吸收变形功的能力低，则微裂纹一旦形成，就可以凭借其尖端所积聚的弹性能迅速扩展成宏观裂纹，最终导致断裂。

对于相同材料，如果应力状态等外部条件不同时，微裂纹扩展的情况也不同。压应力抑制微裂纹的发展，而拉应力促使微裂纹迅速扩展。因此，在变形过程中静水压力越小、温度越低，微裂纹越容易很快发展为宏观裂纹，其塑性便不能充分地发挥。

格里菲斯（Griffith）从最小功观点出发，推导出裂纹传播的临界拉应力为

$$\sigma_c=\left(\frac{2E\gamma}{\pi c}\right)^{1/2}\approx\left(\frac{E\gamma}{c}\right)^{1/2} \tag{3-6}$$

式中，γ 为单位面积的表面能；E 为弹性模量；c 为椭圆形裂口的长半轴。

由上式可知，当拉应力超过 σ_c 时，裂纹就会传播。在裂纹传播后，c 值变大，故使裂纹继续发展所要求的应力下降，从而使裂纹迅速扩展。实验表明，上述公式对非晶体或脆性材料比较适用，而对于塑性材料尚需补充和修正。

二、塑性加工中金属的断裂

锻造时工件开裂的情况如图3-42所示。镦粗低塑性材料时常出现图3-42a及图3-42b所示的侧面纵向裂纹。产生这种裂纹的主要原因是由于材料变形时的鼓形区域受到周向拉

应力所致。当锻造温度较高时，由于晶粒间的强度大大削弱，经常在晶粒边界处发生拉裂，裂纹与周向拉应力方向近于垂直（图 3-42a）。当锻造温度很低时会出现穿晶断裂，裂纹与周向拉应力方向接近成45°角（图 3-42b）。为了防止这种开裂，必须尽量减少由于出现鼓形而引起的周向拉应力。生产中为了减少不均匀变形常加强润滑或采用塑性垫镦粗，还可以采用包套镦粗法，以增强三向压应力状态。

图 3-42c 所示为在平砧上拔长方坯时产生的对称十字裂纹，叫做“锻造十字”裂纹。这种裂纹产生的原因可以用图 3-43 来说明。在图 3-43a 中，难变形区 *A* 在垂直方向运动，自由变形区 *B* 处的金属作横向运动，于是带动与其相邻的对角十字区 *a*、*b* 作相应的流动。由于 *a* 区及 *b* 区的金属流动方向相反，因而在坯料对角线方向产生激烈的相对错动而发生剪切。当坯料翻转 90°时（图 3-43b），*a* 区及 *b* 区金属的错动方向对调。这样，在反复激烈的错动（剪切）下，最后导致从坯料对角线处开裂。

图 3-42d 及图 3-42e 为平砧下锻造圆坯时在坯料中心出现的纵向裂纹，这是由于心部出现水平拉应力所致。如果使坯料旋转锻成圆坯，会产生如图 3-42d 所示的裂纹；如果由圆坯改锻为方坯，则出现如图 3-42e 所示的十字裂纹。

图 3-42f 所示为拔长时产生的心部裂纹。当拔长的送进量较小时（$l/h<0.5$），便在断面中心产生纵向附加拉应力，从而导致产生横向裂纹。图 3-42g 所示的角裂则是由于坯料没有倒角，而角部的温度迅速降低，使其变形抗力增大，伸长比其他部分小，从而在角部产生了纵向附加拉应力所致。

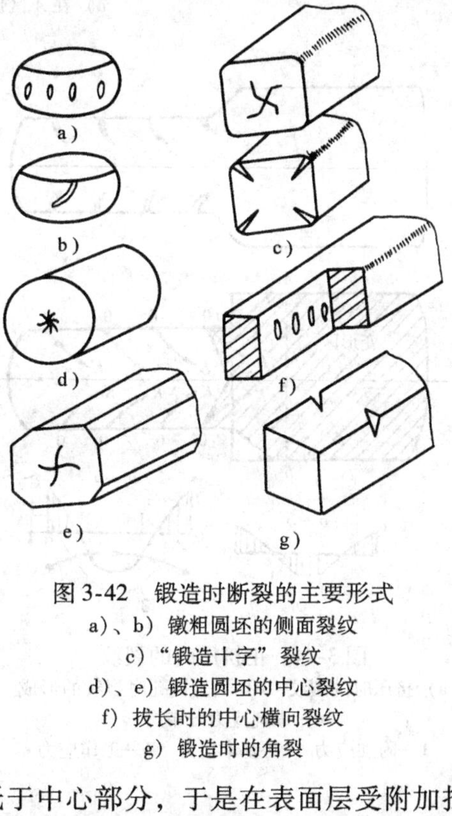

图 3-42 锻造时断裂的主要形式

a)、b) 镦粗圆坯的侧面裂纹
c)“锻造十字”裂纹
d)、e) 锻造圆坯的中心裂纹
f) 拔长时的中心横向裂纹
g) 锻造时的角裂

挤压时，在挤压件的表面常出现如图 3-44a所示的裂纹，严重时裂纹变成竹节状。由于挤压筒和凹模孔与坯料之间接触摩擦力的阻滞作用，使挤压件表面层的流动速度低于中心部分，于是在表面层受附加拉应力，中心部分受附加压应力。此附加拉应力越趋近于出口处，其值越大，与基本应力合成后，工件表面层的工作应力仍然为拉应力(图 3-44c)，当此应力超过材料的实际断裂强度时，则在表面上产生向内扩展的裂纹。减少金属与挤压筒及模孔间的摩擦力，并加强润滑，可减少金属流动的不均匀性，从而可以防止或减轻这种裂纹的产生。

图 3-45 所示为拉拔棒料时出现的内部横裂。当 l/d_0 较小时，变形不能深入到棒材的轴心部，只产生表面变形，结果导致轴心部分受附加拉应力。此附加拉应力与拉拔时的纵向基本应力（拉应力）合成后，使轴心层的工作应力更大，从而导致出现内部裂纹。增加 l/d_0 可使变形深入到轴心区，从而可以防止或减轻这种裂纹。

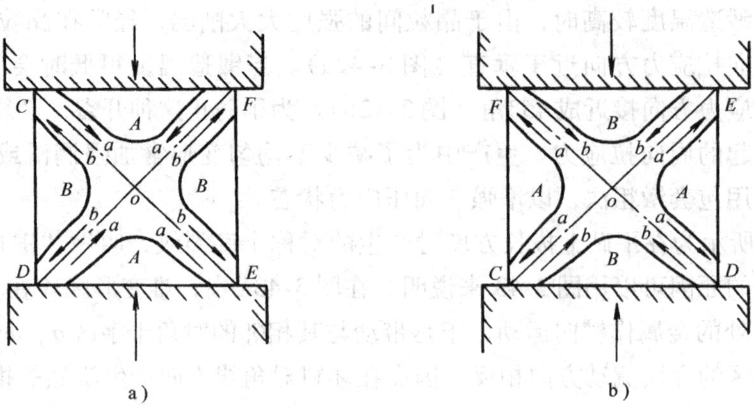

图 3-43 “锻造十字”区金属的流动方向
a）在 A 区压缩 b）在 B 区压缩

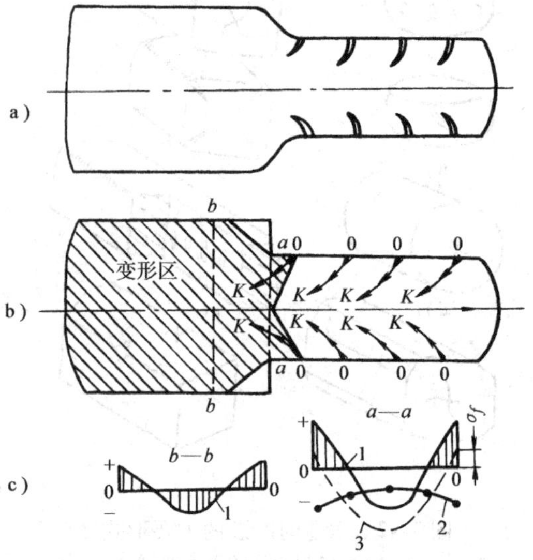

图 3-44 正挤压时的裂纹
a）挤压时的裂纹 b）通过模孔时裂纹的形成
c）纵向应力分布图
1—附加应力 2—基本应力 3—工作应力

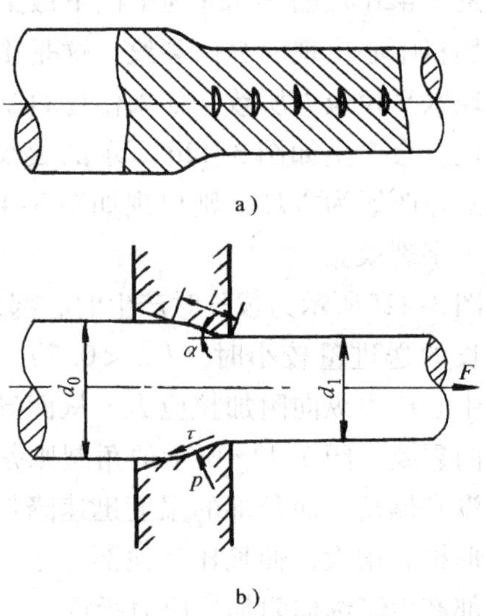

图 3-45 拉拔时的裂纹
a）拉拔时的内裂 b）拉拔过程

第七节 塑性成形件中的折叠

折叠是在金属变形流动过程中由已氧化过的表面金属汇合在一起而形成的。

在零件上，折叠是一种内患，它不仅减小了零件的承载面积，而且工作时此处产生应力集中，常常成为疲劳源。因此，技术条件中规定锻件上一般不允许有折叠。锻件经酸洗后，一般用肉眼就可以观察到折叠，若用肉眼不易查出的折叠，可以用磁粉检查或渗透检查。

一、折叠的特征

锻件中的折叠一般具有下列特征：

1）折叠与其周围金属流线方向一致，如图3-46所示。

2）折叠尾端一般呈小圆角或枝叉形（鸡爪形），如图3-47、图3-48所示。

3）折叠两侧有较重的脱碳及氧化现象。

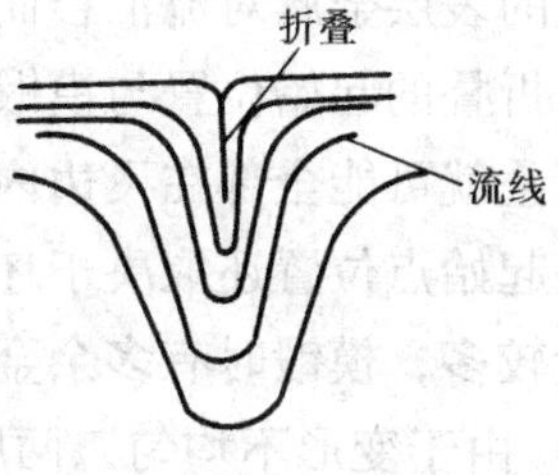

图3-46　折叠与流线方向一致

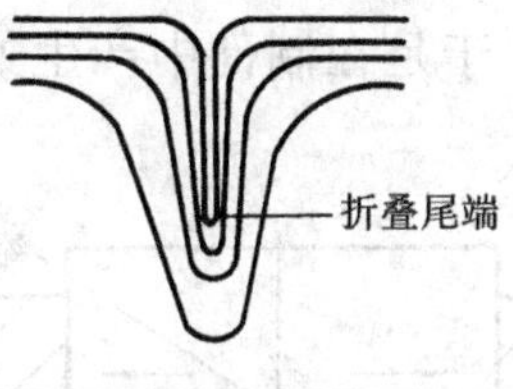

图3-47　折叠尾端呈小圆角示意

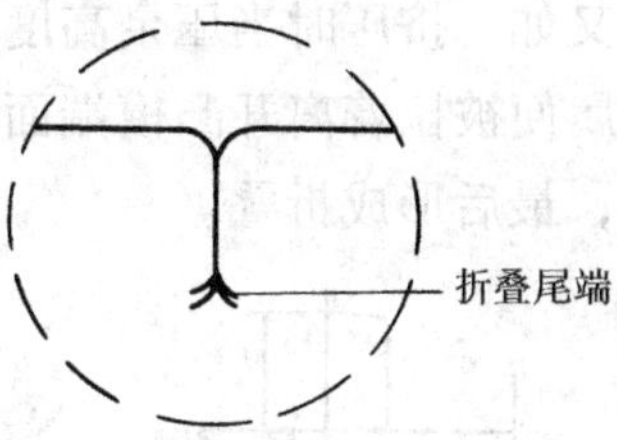

图3-48　折叠尾端呈枝叉形示意

按照上述特征可以大致区分裂纹和折叠。锻件上的折叠经过进一步变形和热处理等工序后，形态将发生某些变化，需要具体分析。例如，有折叠的零件在进行调质处理时，折叠末端常常要扩展，扩展部分就是裂纹，其尾端呈尖形，表面一般无氧化及脱碳现象。

二、折叠的类型及其形成原因

各种锻件，尤其是各种形状模锻件的折叠形式和位置一般是有规律的。实际生产中折叠的形式多种多样，但其类型及其形成原因大致有以下几种：

（1）由两股（或多股）金属对流汇合而形成的折叠　这种类型的折叠其形成原因有以下几方面：

1）模锻过程中由于某处金属充填较慢，而在相邻部分均已基本充满时，此处仍缺少大量金属，形成空腔，于是相邻部分的金属便往此处汇流而形成折叠。模锻时坯料尺寸不合适，操作时坯料安放不当，打击（加压）速度过快，模具圆角、斜度不合适，或某处金属充填阻力过大等情况时，常常会出现这种形式的折叠。

2）弯轴和带枝杈的锻件，模锻时常易由两股流动金属汇合形成折叠，如图3-49、图3-50所示。

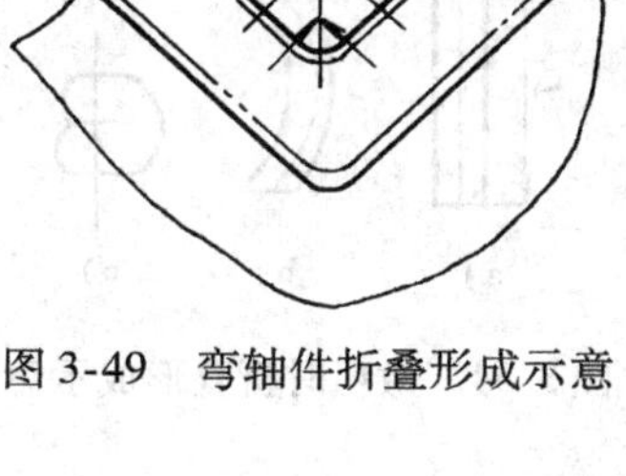

图3-49　弯轴件折叠形成示意

图3-50　带枝杈的锻件折叠形成示意

以图3-50所示的情况为例，模锻时A和B（或A和C）两部分的金属往外流动，已氧化过的表层金属对流汇合而形成折叠。这种折叠有时深入到锻件内部，有时只分布在飞边区。折叠的起始位置与模锻前坯料在此处的圆角半径及金属量有关。若圆角半径较大，此时折叠就可能全部在飞边内；若圆角半径过小，此时形成的折叠就可能进入锻件内部。但折叠起始点位置还取决于坯料D处（图3-50中虚线范围）金属量的多少。如果D部分金属量较多，模锻时有多余金属往外排出，折叠起始点就向飞边方向移动。

3）由于变形不均匀，两股（或多股）金属对流汇合而形成折叠。例如，拔长坯料端部时，如果送进量很小，表层金属变形大，会形成端部内凹（图3-51），严重时可能发展成折叠。又如，挤压时当压余高度h较小，尤其当挤压比较大时，与凸模端面中间处接触的部分金属便被拉着离开凸模端面，并往孔口部分流动，于是在制件中产生如图3-52所示的缩孔，最后形成折叠。

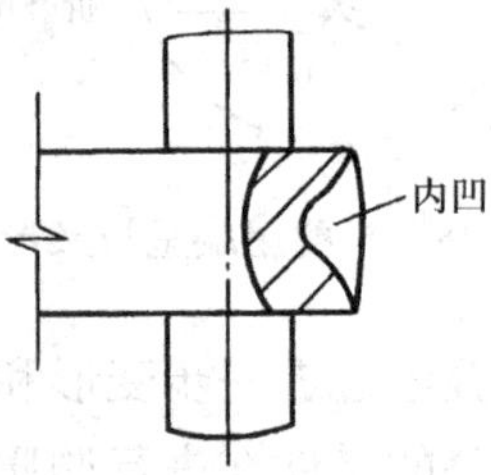

图3-51 拔长时内凹形成示意

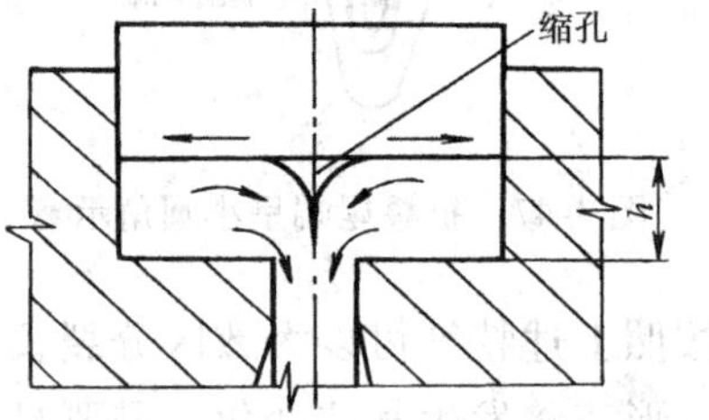

图 3-52

（2）由一股金属的急速大量流动将邻近部分的表层金属带着流动，两者汇合而形成的折叠 这种类型的折叠常产生于工字形断面的锻件、某些环形锻件和齿轮锻件。

工字形锻件折叠形成的原因（图3-53）是由于靠近接触面ab附近的金属沿着水平方向较大量地外流，同时带着ac和bd附近的金属一起外流，使已氧化过的表层金属汇合而形成的。由此可以看出，只要靠近接触面ab附近的金属有沿水平方向外流，且中间部分排出的金属量较大，同时，当l/t较大，筋与腹板之间的圆角半径过小，润滑剂过多和变形太快时，均易产生这种折叠。

（3）由于变形金属发生弯曲、回流而形成的折叠 这类折叠又可分为以下两种情况：

1）细长（或扁薄）锻件，先被压弯然后发展形成的折叠。例如，细长（或较薄）坯料的镦粗（图3-54、图3-55）和$l_B/d>3$的顶镦（图3-56）。

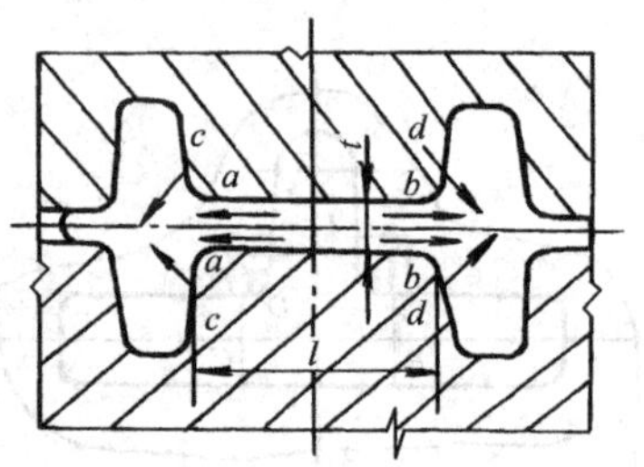

图3-53 工字形断面锻件折叠形成过程示意

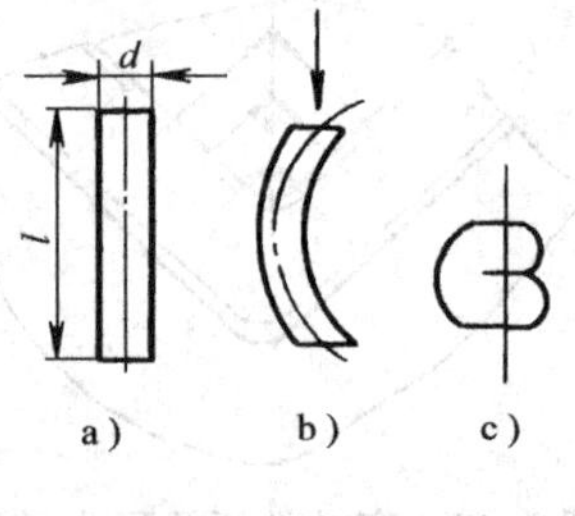

图3-54 镦粗时折叠形成示意

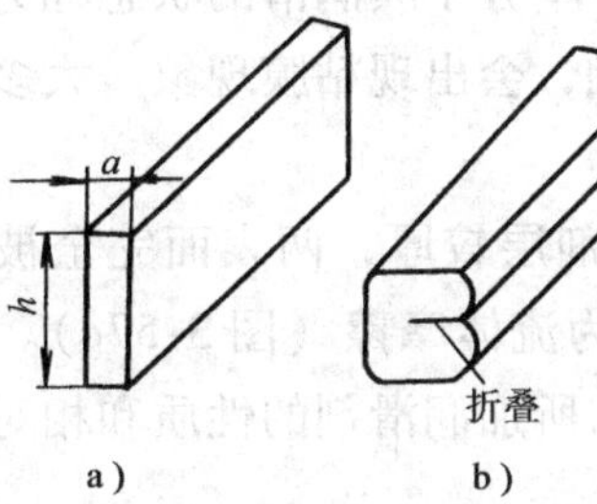

图 3-55　压扁时折叠形成示意

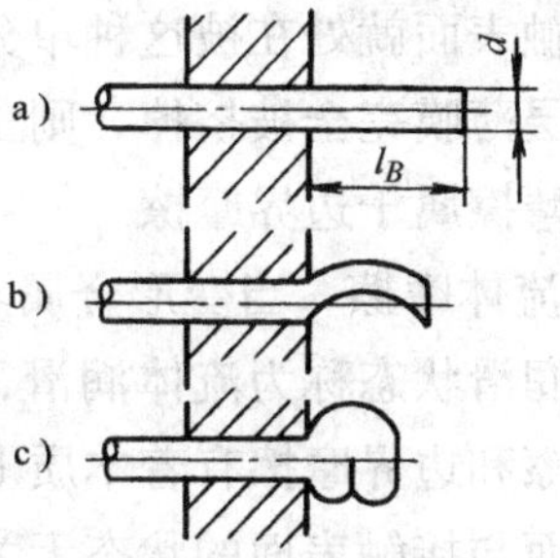

图 3-56　顶镦时折皱叠形成示意

2）由于金属回流形成弯曲，继续模锻时发展形成的折叠。

（4）部分金属局部变形，被压入另一部分金属内而形成的折叠。

第八节　金属塑性成形中的摩擦和润滑

无论是在机械传动中，还是在金属塑性成形中，都存在着有相对运动或有相对运动趋势的两接触表面之间的摩擦。前一种摩擦称为动摩擦，后一种摩擦称为静摩擦。在机械传动中主要是动摩擦。

金属塑性成形中的摩擦又有内、外摩擦之分。内摩擦是指变形金属内晶界面上或晶内滑移面上产生的摩擦；外摩擦是指变形金属与工具之间接触面上产生的摩擦。这里研究的是外摩擦。外摩擦力简称为摩擦力，本书所讨论的是这种摩擦力。单位接触面上的摩擦力称为摩擦切应力，其方向与变形体质点运动方向相反，它阻碍金属质点的流动。

一、塑性成形时摩擦的分类和机理

金属在塑性成形时，根据坯料与工具的接触表面之间的润滑状态的不同，可以把摩擦分为三种类型，即干摩擦、边界摩擦和流体摩擦，由此还可以派生出混合型摩擦，即半干摩擦和半流体摩擦。

（1）干摩擦　当变形金属与工具之间的接触表面上不存在任何外来的介质，即直接接触时所产生的摩擦称为干摩擦（图 3-57a）。但在实际生产中，这种绝对理想的干摩擦是不存在的。这是由于金属在塑性成形过程中，其表面总会产生氧化膜或吸附一些气体、灰尘等其他介质。通常所说的干摩擦是指不加任何润滑剂的摩擦。

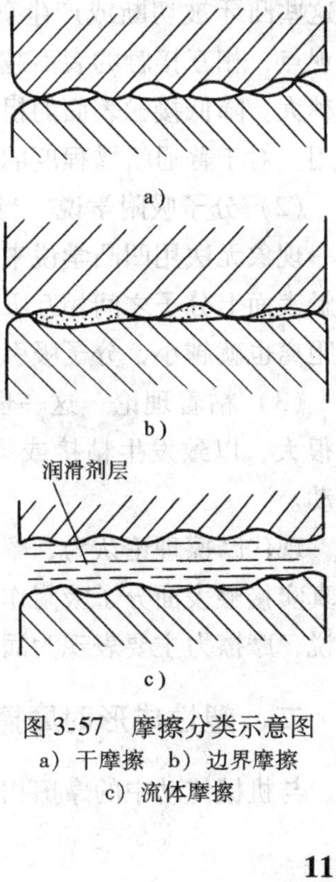

图 3-57　摩擦分类示意图
a）干摩擦　b）边界摩擦
c）流体摩擦

（2）边界摩擦　当变形金属与工具之间的接触面上存有很薄的润滑剂膜时产生的摩擦称为边界摩擦（图 3-57b），膜的厚度约为 0.1μm。这种润滑膜一般是一种流体的单分子膜，接触表面就处在被这种单分子膜隔开的状态。这种单分子膜润滑的状态称为边界润滑，若这层薄膜完全被挤掉，则工具与变形金属直接接触，会出现粘膜现象。大多数塑性成形中的摩擦属于边界摩擦。

（3）流体摩擦　当变形金属与工具表面之间的润滑剂层较厚，两表面完全被润滑剂隔开时的润滑状态称为流体润滑，这种状态下的摩擦称为流体摩擦（图3-57c）。流体摩擦与干摩擦和边界摩擦有着本质上的区别，其摩擦特征与所加润滑剂的性质和相对速度梯度有关，而与接触表面的状态无关。

在实际生产中，上述三种摩擦不是截然分开的，虽然在塑性加工中多半属于边界摩擦，但有时会出现所谓的混合摩擦，即半干摩擦与半流体摩擦。半干摩擦是边界摩擦与干摩擦的混合状态；半流体摩擦是边界摩擦与流体摩擦的混合状态。

塑性成形过程中摩擦的性质是复杂的，目前关于摩擦产生的原因（摩擦机理）有以下几种学说。

（1）表面凹凸学说　此学说认为摩擦是由于接触面上的凹凸形状引起的。因为所有经过机械加工的表面并非绝对平坦光滑，都有不同程度的微观凸峰和凹坑。当凸凹不平的两个表面相互接触，并在压力的作用下时，一个表面的“凸峰”可能会插入另一个表面的“凹坑”，产生机械咬合（图3-58）。这样的接触表面在外力作用下产生相对运动时，相互咬合的凸峰部分或被切断，或使其产生剪切变形，此时摩擦力表现为这些凸牙被切断或产生剪切变形时的阻力。根据这一观点，相互接触的表面越粗糙，微“凸峰”和“凹坑”就越大，相对运动时的摩擦力就越大。降低接触表面的粗糙度，或者涂抹润滑剂以填补表面凹坑，都可起到减小摩擦的作用。对于普通粗糙程度的表面来说，这种观点已得到实践的验证。

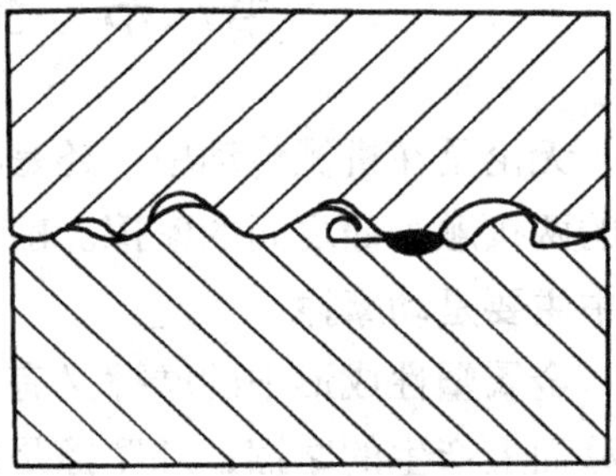

图3-58　接触表面凹凸不平形成机械咬合

（2）分子吸附学说　当两个接触表面非常光滑时，摩擦力不但不降低，反而会提高，这一现象无法用凹凸学说来解释。这就产生了分子吸附学说，认为摩擦产生的原因是由于接触表面上分子之间相互吸引的结果。物体表面越光滑，实际接触面积就越大，接触面间的距离也就越小，分子吸引力就越强，则摩擦力也就越大。

（3）粘着理论　这一理论认为，当两个表面接触时，接触面上某些接触点处的压力很大，以致发生粘接或焊合，当两表面产生相对运动时，粘接点被切断而产生相对滑动。

现代摩擦理论认为，摩擦力不仅包含有剪切接触面机械咬合所产生的阻力，而且包含有真实接触表面分子吸附作用所产生的粘合力及切断粘接点所产生的阻力。对于流体摩擦来说，摩擦力主要表现为润滑剂层之间的流动阻力。

二、塑性成形时摩擦的特点及其影响

与机械传动中的摩擦相比，塑性成形中的摩擦具有以下特点：

1）高压下的摩擦。塑性成形时接触面上的压强（单位压力）很大，一般达到500MPa左右，钢在冷挤压时可高达2500MPa。而机械传动中承受重载荷的轴承的工作压力一般为10MPa左右，即使重型轧钢机的轴承也不过承受20～40MPa的压力。接触面的压力越高，润滑越困难。

2）伴随着塑性变形的摩擦。由于接触面压力高，故真实接触表面大。同时在塑性成形过程中会不断增加新的接触面，包括由原来接触的表面所形成的新表面，以及从原有表面下挤出的新表面。而且，接触面上各处的塑性流动情况各不相同，有快有慢，还有的粘着不动，因而各处的摩擦也不一样。

3）在热成形时是高温下的摩擦。在塑性成形过程中，为了减小材料的变形抗力，提高其塑性，常进行热压力加工。这时金属的组织、性能都有变化，而且表面要发生氧化，从而对摩擦产生影响。

因此，塑性成形时的摩擦比机械传动中的摩擦要复杂得多。

塑性成形时，接触摩擦在多数情况下是有害的：①它使变形抗力增加，因而使所需的塑性变形力和变形功增大；②引起或加剧变形的不均匀性，从而产生附加应力，附加应力严重时会造成工件开裂；③增加工具的磨损，缩短模具的使用寿命。

但是，摩擦在某些情况下也会起一些积极的作用，可以利用摩擦阻力来控制金属流动方向。例如，开式模锻时可利用飞边阻力来保证金属充填模膛；辊锻和轧制是凭借足够的摩擦力使坯料咬入轧辊等。

三、塑性成形时接触表面摩擦力的计算

金属塑性成形时摩擦力的计算，分别按以下三种情况来考虑。

1. 库仑摩擦条件

在库仑摩擦条件下不考虑接触面上的粘合现象，认为单位面积上的摩擦力与接触面上的正应力成正比，即

$$\tau = \mu\sigma_N \tag{3-7}$$

式中，τ为接触表面上的摩擦切应力；σ_N为接触表面上的正应力；μ为摩擦系数。

摩擦系数应根据实验来确定。上式在使用中应注意，摩擦切应力不能随σ_N的增大而无限增大。当$\tau = \tau_{max} = K$时，接触面将要产生塑性流动。该式适用于三向压应力不太显著、变形量小的冷成形工序。

2. 最大摩擦条件

当接触表面没有相对滑动、完全处于粘合状态时，摩擦切应力等于变形金属的最大切应力K，即

$$\tau = K = \frac{\beta S}{2} \tag{3-8}$$

式中，S为塑性变形的流动应力，即屈服力。

根据屈服准则，在轴对称情况下，$\tau = 0.5S$；在平面变形条件下，$\tau = 0.577S$。在热变形时，常采用最大摩擦力条件。

3. 摩擦力不变条件

在摩擦力不变条件下认为接触面上的摩擦力不变，单位摩擦力是个常量，即

$$\tau = \mu S \tag{3-9}$$

与式（3-8）对比可知，当$\mu=0.5$或$\mu=0.577$时，两个条件完全一致。式（3-9）适用于摩擦系数低于最大值的三向压力显著的塑性成形过程，如挤压、变形量大的镦粗、模锻等。

四、影响摩擦系数的因素

塑性成形中的摩擦系数通常是指接触面上的平均摩擦系数。影响摩擦系数的因素有很多，其主要因素有以下几点：

1. 金属的种类和化学成分

金属的种类和化学成分对摩擦系数的影响很大。由于金属表面的硬度、强度、吸附性、原子扩散能力、导热性、氧化速度、氧化膜的性质以及与工具金属分子之间相互结合力等都与化学成分有关，因此，不同种类的金属及不同化学成分的同一类金属，其摩擦系数都是不同的。粘附性较强的金属通常具有较大的摩擦系数，如铅、铝、锌等。一般情况下，材料的硬度、强度越高，摩擦系数就越小。因而，凡是能提高材料的硬度、强度的化学成分都可使摩擦系数减小。对于黑色金属，随着碳的质量分数的增加，摩擦系数有所降低，如图3-59所示。

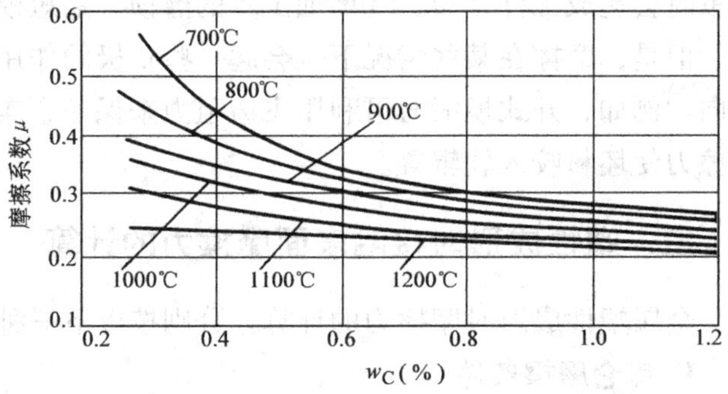

图3-59 钢的含碳量对摩擦系数的影响

2. 工具的表面状态

工具表面越光滑，即表面凸凹不平的程度越轻，这时机械咬合效应就越弱，因而摩擦系数越小。若接触表面非常光滑，分子吸附作用增强，反而会引起摩擦系数增加，但这种情况在塑性成形中并不常见。工具表面粗糙度在各个方向不同时，各方向的摩擦系数亦不相同。实验证明，沿着加工方向的摩擦系数比垂直加工方向的摩擦系数约小20%。

3. 接触面上的单位压力

单位压力较小时，表面分子吸附作用不明显，摩擦系数保持不变，与正压力无关。当单位压力增大到一定数值后，接触表面的氧化膜被破坏，润滑剂被挤掉，这不但增加了真实接触面积，而且使坯料和工具接触面间的分子吸附作用增强，从而使摩擦系数随单位压力的增大而上升，当上升到一定程度后又趋于稳定，如图3-60所示。

4. 变形温度

变形温度对摩擦系数的影响很复杂。一般认为，变形温度较低时，摩擦系数随变形温度升高而增大，到某一温度时，摩擦系数达到最大值，此后，随变形温度继续升高而降低，如图3-61所示。这是因为，当变形温度较低时，金属坯料的强度、硬度较大，氧化膜较薄，所以摩擦系数较小；随着变形温度的升高，金属坯料的强度、硬度降低，氧化膜

增厚，而且接触表面间分子吸附能力也增强，同时，高温使润滑剂性能变坏，因而摩擦系数增大；当变形温度继续升高时，氧化皮会变软或者脱离金属基体表面，在金属坯料与工具之间形成一个隔离层，起到润滑作用，所以摩擦系数反而下降。

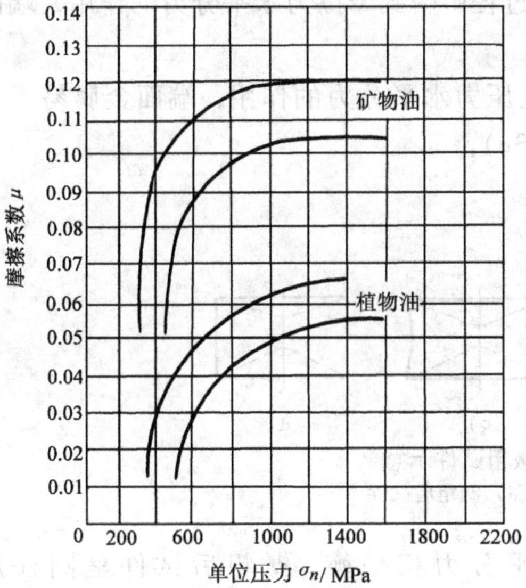

图 3-60　正压力对摩擦系数的影响

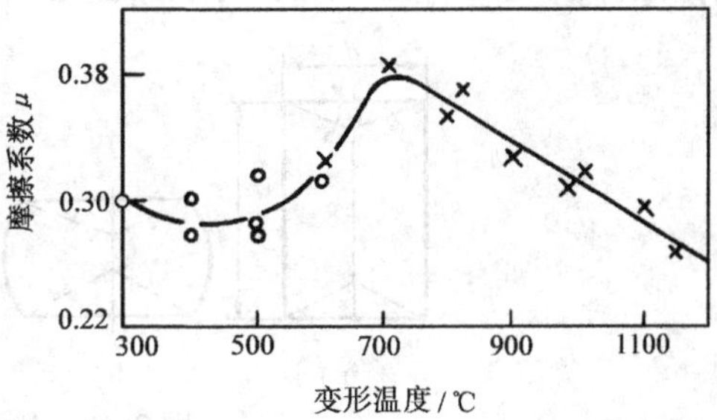

图 3-61　热轧时温度对碳钢摩擦系数的影响

5. 变形速率

许多实验结果表明，摩擦系数随变形速率增加而有所下降。例如，锤上镦粗时的摩擦系数要比同样条件下压力机上镦粗时小 20% ~25%。摩擦系数降低的原因与摩擦状态有关。在干摩擦时，由于变形速率的增大，接触表面凸凹不平的部分来不及相互咬合，同时由于摩擦面上产生的热效应，使真实接触面上形成“热点”，该处金属变软，这两个原因均使摩擦系数降低。在边界润滑条件下，由于变形速率增加，可使润滑油膜的厚度增加，并较好地保持在接触面上，从而减少了金属坯料与工具的实际接触面积，使摩擦系数下降。但要注意的是，变形速率的影响很复杂，有时会得到相反的结果。

五、塑性加工中摩擦系数的测定方法

目前有许多测定摩擦系数的方法，由于影响摩擦系数的因素有很多，这些因素在变形过程中又不稳定，所以测得的摩擦系数都不够精确，带有平均值的性质。下面介绍几种测定摩擦系数的方法。

1. 锥形压头镦粗法

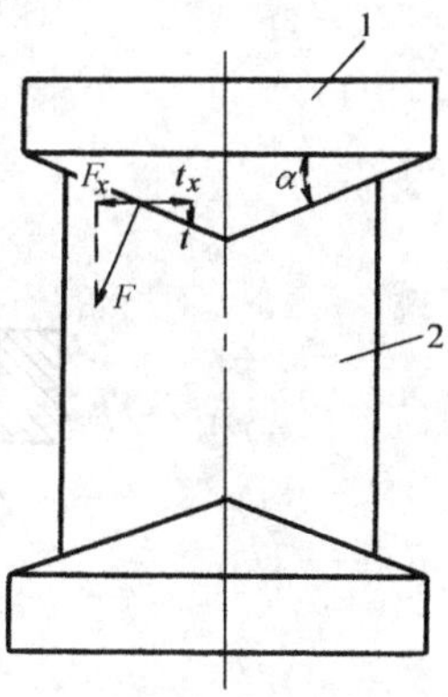

图 3-62　锥形压头镦粗试验
1—压头　2—试件

锥形压头镦粗法由古布金提出。如图 3-62 所示，设压头锥面倾斜角为 α，试件两端面具有与压头锥面完全吻合的锥形窝；设镦粗时试件锥面上的单位面积正压力为 F，单位面积摩擦力为 t，$t=\mu F$，其中 μ 为摩擦系数。设单位正压力和单位摩擦力的水

平分力分别为 F_x 和 t_x，则

$$F_x = F\sin\alpha \tag{3-10}$$

$$t_x = \mu F\cos\alpha \tag{3-11}$$

如果 $F\sin\alpha < \mu F\cos\alpha$，说明试件端面在镦粗过程中受到摩擦力水平分力的作用，端面金属难以外流，试件出现鼓形（图3-63b）。

如果 $F\sin\alpha > \mu F\cos\alpha$，说明试件端面受到正压力水平分力的作用，端面金属易于外流，试件出现两端大中间小的双曲面形（图3-63c）。

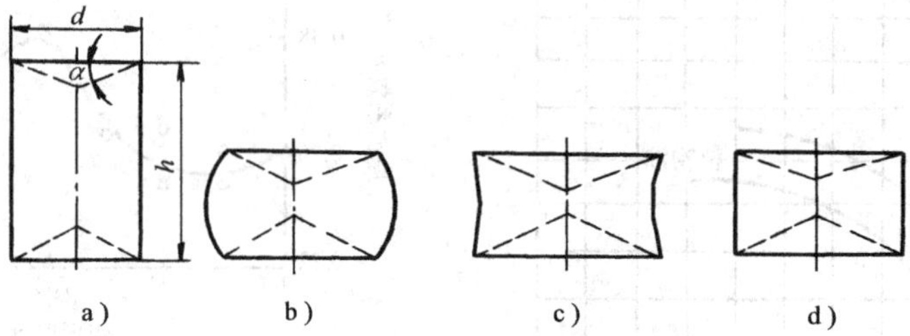

图3-63 锥形压头镦粗试件示意
a）原始试件 b）、c）、d）镦粗后试件

如果 $F\sin\alpha = \mu F\cos\alpha$，说明试件端面水平分力相平衡，镦粗后试件呈圆柱形（图3-63d）。此时可得 $\mu = \tan\alpha$。这就是锥形压头镦粗法求摩擦系数的原理。使用此法时，需要锥面倾斜角 α 相差为1°～2°的一组压头，同时需要端面锥窝与上述锥形压头一一相符的一组试件，试件尺寸比 h: d = 1.5，然后一一依次镦粗，便可求得摩擦系数。镦粗时压缩率 ε 取20%～25%，可得到最精确的结果。

2. 分断拉模法

分断拉模法的装置如图3-64所示，对在两半拉模中的试件进行拉拔，并同时测得拉拔力 F 和侧向推力 F_m。侧向推力 F_m、摩擦力 F_n 与拉模上的正压力 F_p 之间的平衡关系为

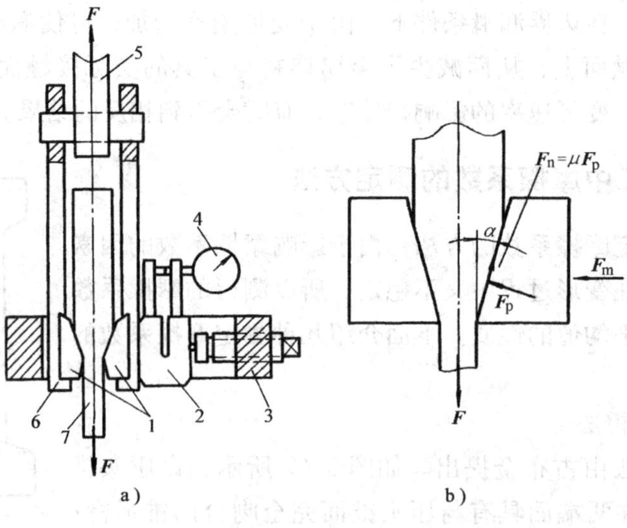

图3-64 分断拉模法
a）装置简图 b）受力分析图
1—拉模 2—测力计 3—框架 4—千分表 5—拉杆 6—平板 7—试样

$$F_m = F_p\cos\alpha - F_n\sin\alpha = F_p(\cos\alpha - \mu\sin\alpha) \tag{3-12}$$

而铅垂方向的平衡条件为

$$F = 2F_p\mu\cos\alpha + 2F_p\sin\alpha \tag{3-13}$$

将式（3-12）、式（3-13）联立求解得

$$\mu = \frac{\dfrac{F}{2F_m} - \tan\alpha}{1 + \dfrac{F\tan\alpha}{2F_m}} \tag{3-14}$$

利用分断拉模法可以获得足够精确的摩擦系数值。

3. 圆环镦粗法

圆环镦粗法是把一定尺寸的圆环试样放在平砧间进行压缩。由于接触表面上的摩擦系数不同，圆环的内外径在压缩过程中将有不同的变化（图 3-15），外径总是增大，内径的扩大量则是随着摩擦系数的增加而逐渐减小。当摩擦系数超过某一数值以后，内径停止扩大而开始缩小。利用塑性理论对圆环进行分析，可求得不同摩擦系数和在不同压缩量下圆环的变化值。由此可以作出在不同摩擦系数条件下，内径随压缩量而变化的一组曲线——摩擦系数的标定曲线，如图 3-65 所示。按标定试样尺寸制出待测的圆环试样，对试样压缩并绘制该试样的内径与压缩量的关系曲线，通过与标定曲线相比较，就可以方便地求得试样的摩擦系数。如图 3-65 中曲线 1 是 15 钢试样在磷化后以 MoS_2 粉为润滑剂的情况下测得的，其摩擦系数 $\mu = 0.08$。

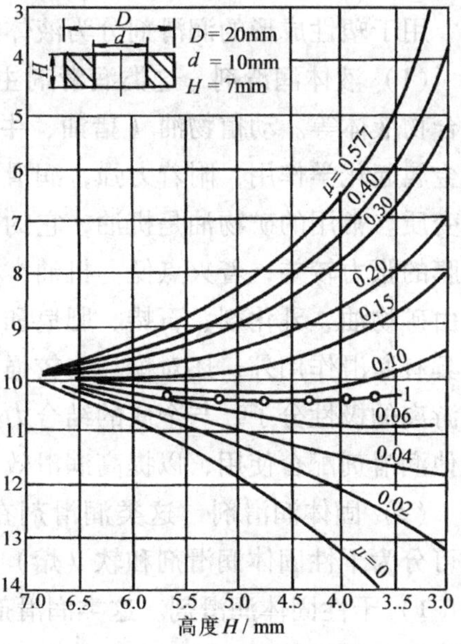

图 3-65　圆环镦粗法确定摩擦系数的标定曲线

圆环镦粗法比较简单，不需测定压力，也不需制备许多压头和试件，即可测得摩擦系数，可用于测定各种温度、速度条件下的摩擦系数。但由于圆环试件在镦粗时常出现鼓形、环孔出现椭圆形等，会引起测量上的误差，影响结果的精确性。

六、塑性成形时的润滑

润滑是减小摩擦对塑性成形过程不良影响的最有效措施。润滑的目的是降低接触面间的摩擦力，提高模具寿命，提高产品质量，降低变形抗力，减少金属不均匀变形，提高金属充满模膛的能力，同时还具有冷却（流体润滑）作用等。为了实现上述目的，必须选用合适的润滑剂。

1. 塑性成形中对润滑剂的要求

在塑性成形中使用的润滑剂一般应符合下述要求：

1）良好的耐压性能。塑性成形在高压下进行，要求润滑膜仍能吸附在接触表面上，保持良好的润滑状态。

2）良好的耐热性。热加工用的润滑剂在使用时应不分解、不变质。

3）有冷却模具的作用。为了降低模具的温度，避免模具过热，提高模具寿命，润滑剂应具有冷却作用。

4）无腐蚀作用。润滑剂不应对金属坯料和模具有腐蚀作用。

5）无毒。润滑剂应对人体无毒、无害，不污染环境。

6）使用、清理方便，并考虑其来源丰富，价格便宜等因素。

2. 塑性成形中常用的润滑剂

用于塑性成形的润滑剂分为液体润滑剂和固体润滑剂两大类。

（1）液体润滑剂　这类润滑剂主要包括各种矿物油、植物油、动物油、乳液和有机化合物液体等。动植物油（猪油、牛油、鲸油、蓖麻油、棕榈油等）中含有脂肪酸，能与金属起化学作用，附着力强，润滑性能好，但由于其化学性能不稳定，因而长期贮存容易变质。常用的矿物油是机油，它的化学稳定性好，价格便宜，来源充足，但形成稳定润滑膜的张力较差，着火点低。机油常与其他固体润滑剂配合使用，主要用于冷成形。乳液是由矿物油、乳化剂、石蜡、肥皂和水组成的水包油或者油包水的乳状稳定混合物，它除了具有润滑作用外，还对模具有较强的冷却作用。有机化合物液体如乙醇、十八醇等，具有游离的极性分子，与金属的结合力强，使用效果良好，它们还经常作为一种活性剂，与其他润滑剂配合使用，以提高润滑效果。

（2）固体润滑剂　这类润滑剂在常温下呈固态，根据它在高温时存在的形式不同，又可分为干性固体润滑剂和软（熔）化固体润滑剂。

1）干性固体润滑剂。这类润滑剂在变形过程中不改变自身的聚集状态，如石墨、二硫化钼、云母等。

① 石墨。石墨具有六方晶系的层状结构，由于同一层的原子间距比层与层的原子间距要小得多，所以同层原子间的结合力比层与层间的结合力大，因而层与层之间容易滑移。当石墨作为润滑剂处于工具与金属坯料之间时，金属坯料与工具接触面间所表现的摩擦实质上是石墨层与层之间的内摩擦，这种内摩擦力比金属坯料与工具直接接触时的摩擦力要小得多，从而起到润滑作用。石墨还具有良好的导热性和热稳定性，它在540℃以上才开始氧化，因而常用作热锻、温挤的润滑剂。石墨的摩擦系数随单位压力的增大而有所增大。此外，石墨吸附气体以后，其摩擦系数会减小。一般情况下，其μ值在0.05～0.19之间。

② 二硫化钼。二硫化钼与石墨一样具有六方晶系层状结构，其润滑原理与石墨相同，所以摩擦系数也较小，一般在0.12～0.15范围内。二硫化钼的开始氧化温度为400℃左右，比石墨低，因而在较高温度下使用时其润滑效果不如石墨。

石墨和二硫化钼是目前塑性成形中最常用的固体润滑剂，使用时可制成水剂或油剂，其比例大致是1∶1。为了防止石墨、二硫化钼氧化，提高其高温下的润滑性能，常加入三氧化二硼，用着火点较高的变压器油或炮油作为油剂。

2）软（熔）化型固体润滑剂。此类润滑剂在工作温度超过其软（熔）化点时会变软或熔化，但不燃烧，不会逸出有害气体。属于这一类的润滑剂有玻璃、珐琅、天然矿物及各种无机盐等。

① 玻璃。在高温塑性成形时，常用玻璃作润滑剂，它具有以下特点：

a. 玻璃在加热过程中没有明显的熔点，随着温度升高，它逐渐软化，直至成为液态。液态玻璃包在坯料表面上，使坯料不与模具直接接触，从而起到润滑作用。同时。由于玻璃的导热性差，因而坯料的降温减少，模具也可避免过热，这都有利于塑性成形。

b. 玻璃熔化后的粘度随温度的升高而降低，不同成分的玻璃具有不同的粘度-温度特性。因此，可根据塑性成形的温度和所需的粘度选择合适的玻璃成分。

c. 玻璃的使用温度范围很广，在450～2200℃范围内都可采用玻璃作润滑剂。

d. 玻璃不与金属起化学作用，而且化学稳定性很好，使用时可以粉状、薄片状或网状单独使用，也可与其他润滑剂混合使用，有着良好的润滑效果。

e. 玻璃润滑剂的摩擦系数很小，一般在0.04～0.06之间。

② 珐琅。珐琅是涂在金属表面上作为防腐蚀及装饰用的普通搪瓷，它以粉末、含水悬浊液及酒精悬浊液的形式使用。工件变形后，可用酸洗、碱洗或其他一些专门方法除掉制品表面上的珐琅。

③ 无机盐类。无机盐类是天然的或者合成的结晶物质。在塑性成形中常用的无机盐润滑剂有盐酸盐、磷酸盐、硝酸盐等。

此外，皂类、蜡类等有机盐和硬脂酸钠、硬脂酸锌及一般肥皂也常用来作润滑剂。固体润滑剂的使用状态可以是粉末，但多数是制成糊剂或悬浮液。

3. 润滑剂中的添加剂

为了提高润滑剂的润滑、耐磨及防腐等性能，需要在润滑剂中加入少量的活性物质，这种活性物质总称为添加剂。

润滑剂中的添加剂一般应易溶于机油．热稳定性要好，且应具有良好的物理和化学性能。常用的添加剂有油性剂、极压剂、抗磨剂和防锈剂等。

油性剂是指天然脂、醇、脂肪酸等物质，这些物质都含有羧（COOH）类的活性基，由于它和金属表面的物理吸附作用，可在金属表面形成润滑膜，起到润滑和减摩作用。在润滑剂中加入油性剂以后，可使摩擦系数减小。但油性剂形成的润滑膜只能在温度不高、压力较低的条件下起润滑作用，当温度较高或压力增大时，油膜容易被破坏，这时，在润滑剂中应加入极压剂。

极压剂是一种含硫、磷、氯的有机化合物，如氯化石蜡、硫化烯烃等。在高温、高压下，极压剂发生分解，分解后的产物与金属表面起化学反应，生成熔点低、吸附性强、具有片状结构的氯化铁和硫化铁等薄膜，在较高压力和较高温度下仍然可起润滑作用。

抗磨剂常用的有硫化棉子油、硫化鲸鱼油等。这些物质可以分解出自由基，与金属表面起化学反应生成耐腐蚀、减磨损的润滑油膜。

防锈剂常用的有石油磺酸钡，当它加入润滑剂后，在金属表面形成吸附膜，起隔水、防锈作用。

在润滑剂中加入适当的添加剂后，可使摩擦系数降低，变形程度提高，金属粘模现象减少，使产品表面质量得到改善，因此目前广泛采用加有添加剂的润滑剂。

4. 表面磷化-皂化处理

冷挤压钢制零件时，接触面上的压力往往高达2000～2500MPa，在这样高的压力下，即使在润滑剂中加入添加剂，润滑剂还是会遭到破坏或者被挤掉，而失去润滑作用。因此，应将坯料表面进行磷化处理，即在坯料表面上用化学方法制成一层磷酸盐或草酸盐薄膜，这种磷化膜是由细小片状的无机盐结晶组成的，呈多孔状态，对润滑剂有吸附作用。磷化膜的厚度在10～20μm之间，它与金属表面结合很牢，而且有一定的塑性，在挤压时能与钢一起变形。

磷化处理后的坯料应进行润滑处理，常用的有硬脂酸钠、肥皂等，故称为皂化。

磷化-皂化处理方法出现之后，大大推动了钢的冷挤压工艺的发展。但磷化-皂化工序繁杂，因此人们正在研究新的润滑方法。

七、不同塑性加工条件下的摩擦系数

以下介绍不同塑性加工条件下摩擦系数的一些数据，可供使用时参考。

1）热锻时的摩擦系数见表3-1。

表3-1 热锻时的摩擦系数

<table>
<tr><th rowspan="2">材料</th><th rowspan="2">坯料温度/℃</th><th colspan="5">不同润滑剂的μ值</th></tr>
<tr><th colspan="2">无润滑</th><th colspan="2">炭末</th><th>油＋石墨</th></tr>
<tr><td>45钢</td><td>1000
1200</td><td colspan="2">0.37
0.43</td><td colspan="2">0.18
0.25</td><td>0.29
0.31</td></tr>
<tr><td rowspan="2">锻铝</td><td rowspan="2">400</td><td>无润滑</td><td>气缸油＋10%石墨（质量比）</td><td>胶体石墨</td><td>精致石蜡＋10%石墨（质量比）</td><td>精致石蜡</td></tr>
<tr><td>0.48</td><td>0.09</td><td>0.10</td><td>0.09</td><td>0.16</td></tr>
</table>

2）磷化处理后冷锻时的摩擦系数见表3-2。

表3-2 磷化处理后冷锻时的摩擦系数

压力/MPa	μ值			
	无磷化膜	磷酸锌	磷酸锰	磷酸镉
7	0.108	0.013	0.085	0.034
35	0.068	0.032	0.070	0.069
70	0.057	0.043	0.057	0.055
140	0.07	0.043	0.066	0.055

3）拉深时的摩擦系数见表3-3。

4）热挤压时的摩擦系数。钢在热挤压（用玻璃作润滑剂）时，$\mu=0.025\sim0.050$；有色金属热挤压时的摩擦系数见表3-4。

5）热轧时的摩擦系数。咬入时$\mu=0.3\sim0.6$；在轧制过程中$\mu=0.2\sim0.4$。

6）拉拔时的摩擦系数。拉拔低碳钢时$\mu=0.05\sim0.07$；拉拔铜及铜合金时$\mu=0.05\sim$

0.08；拉拔铝及铝合金时 $\mu=0.07\sim0.11$；拉拔黄铜丝时 $\mu=0.04\sim0.11$。

表 3-3 拉深时的摩擦系数

材 料	μ 值		
	无润滑	矿物油	油 + 石墨
08 钢	0.20 ~ 0.25	0.15	0.08 ~ 0.10
12Cr18Ni9	0.30 ~ 0.35	0.25	0.15
铝	0.25	0.15	0.10
杜拉铝	0.22	0.16	0.08 ~ 0.10

表 3-4 热挤压时的摩擦系数

润滑	μ 值					
	铜	黄铜	青铜	铝	铝合金	镁合金
无润滑	0.25	0.18 ~ 0.27	0.27 ~ 0.29	0.28	0.35	0.28
油 + 石墨	比上面相应系数的值降低 0.030 ~ 0.035					

思 考 题

3-1 解释下列名词：

金属的塑性；塑性图；金属的超塑性；加工硬化；附加应力；残余应力；韧性断裂；脆性断裂；折叠；干摩擦；边界摩擦；流体摩擦。

3-2 何谓最小阻力定律？最小阻力定律对分析塑性成形时的金属流动有何意义？

3-3 简述变形速率、变形温度、应力状态对金属塑性的影响。

3-4 塑性成形时，影响金属变形和流动的因素有哪些？各产生什么影响？

3-5 超塑性有哪几种类型？各有什么特点？

3-6 超塑性的力学特征是什么？超塑性的变形机理是什么？

3-7 试从材料微观组织的变化来说明加工硬化的原因。加工硬化对生产有何影响？

3-8 为什么说塑性成形时金属的变形都是不均匀的？不均匀变形会产生什么后果？

3-9 附加应力有哪几类？会产生什么后果？

3-10 残余应力有哪几类？会产生什么后果？如何消除工件中的残余应力？

3-11 塑性变形的微观裂纹是如何形成的？如何防止微观裂纹的发展？

3-12 什么是“锻造十字”裂纹？应如何防止？

3-13 挤压制品会出现什么形式的裂纹？如何加以防止？

3-14 塑性成形件中的折叠一般具有哪些特征？包括哪几种类型？

3-15 塑性成形中摩擦的机理是什么？

3-16 摩擦在金属塑性成形中有哪些消极和积极的作用？塑性成形中的摩擦有什么特点？

3-17 塑性成形时接触面上的摩擦条件有哪几种？各适用于什么情况？

3-18 塑性成形中常用的液体润滑剂和固体润滑剂各有哪些？

3-19 什么是磷化–皂化处理？

第四章　金属塑性成形基本工序的力学分析及主应力法

在塑性加工过程中，当工具对坯料所施加的作用力达到一定数值时，坯料就会发生塑性变形，此时工具所施加的作用力就称为变形力。变形力是正确设计模具、选择设备的重要参数。因此，对各种塑性成形工序进行变形过程的力学分析和确定变形力是金属塑性成形理论的基本任务之一。

在镦粗、挤压和模锻等工序中，变形力是通过工具与变形金属的接触表面传递给变形金属的；在弯曲和拉深等工序中，变形力则是通过变形金属的弹性变形区传递的。所以，为了求解变形力，必须先确定变形金属与工具的接触表面或变形区分界面上的应力分布规律，然后再沿接触表面进行积分，求得变形力的大小。由于接触面上摩擦力的存在，正应力的分布是不均匀的，需要利用应力平衡微分方程、应力应变关系式、变形连续方程和塑性条件等联立求解。但是，这种数学解析法计算十分复杂，对于一般的空间问题，一共有13个方程和13个未知数，因此用一般的解析方法求解是非常困难的，甚至是不可能的。只有在某些特殊情况下或将实际问题进行一些简化后，对于平面问题和轴对称问题才能求解。因此，为了解决变形力的实际问题，需要引进各种假设以简化联立方程，主应力法即是在此基础上建立起来的一种近似求解方法。本章将通过对几种常用的塑性成形基本工序进行力学分析，来分析主应力法的基本原理及具体应用。

第一节　主应力法的基本原理

主应力法又称为切块法，其实质是将应力平衡微分方程和屈服方程联立求解。从20世纪二三十年代起，许多学者就开始应用主应力法解决镦粗、挤压、轧制等工序的受力分析，它是一种比较简单的分析接触面上正应力分布并求解变形力的方法。主应力法解题的基本原理可以归纳如下：

1）根据实际变形区的情况，将问题简化为轴对称问题或平面问题，这样联立方程中的塑性条件就比较简单。对于形状复杂的变形体，可以根据金属流动情况将它划分为若干形状简单的部分，每一部分分别按轴对称问题或平面问题求解。

2）切取基元体。根据金属的流动方向，沿变形体整个截面切取一个包含接触面的基元体，或沿变形体部分截面切取含有边界条件已知的表面在内的基元体。假设在接触面上有正应力和切应力（摩擦力），在切面上有与一个坐标轴无关且为均匀分布的正应力为主应力，这样在研究基元体的力学平衡方程时，不仅使方程数目减少为一个，而且得到的是常微分方程，大大降低了计算难度。

3）假定工具与金属接触面上的边界条件为：正应力为主应力，切应力（摩擦力）服从库仑摩擦条件$\tau=\mu\sigma_n$或常摩擦条件$\tau=\mu S$。

4）忽略各坐标平面上的切应力和摩擦切应力对塑性屈服条件的影响，列出基元体的塑性条件，然后与简化的平衡微分方程联立求解，利用边界条件确定积分常数，得出接触面上的应力分布，进而求得变形力。

因为上述基本原理是以假设基元体上作用着均匀分布的主应力为基础的，故被称为“主应力法”。利用主应力法求解变形力的数学计算比较简单，所推导的公式可以明显地说明各因素（摩擦、工件尺寸比、受力状态）对变形力的影响。因此，尽管目前已有更先进的精确求解变形力的方法，主应力法仍是分析金属成形工艺和变形力计算的主要方法。但是，需要指出的是，此方法求出的是接触面上的应力分布情况，其计算结果的准确程度与所作简化是否接近实际情况密切相关。

现以在水平模具间镦粗无限长矩形板的问题为例，详细说明主应力法求解的一般步骤。

假设矩形板在变形瞬间长度为l，宽度为a，高度为h。所谓无限长矩形板，是指长度l远大于x和y方向的a和h，镦粗时板料在长度方向的变形$\varepsilon=\frac{\Delta l}{l}\to 0$，故而可以忽略长度方向的变形，将问题简化为平面变形问题。此外，在计算时不考虑镦粗过程中矩形断面的畸变（出现鼓形）。将接触面上的摩擦切应力设为τ，矩形断面Oxy坐标系如图4-1所示。

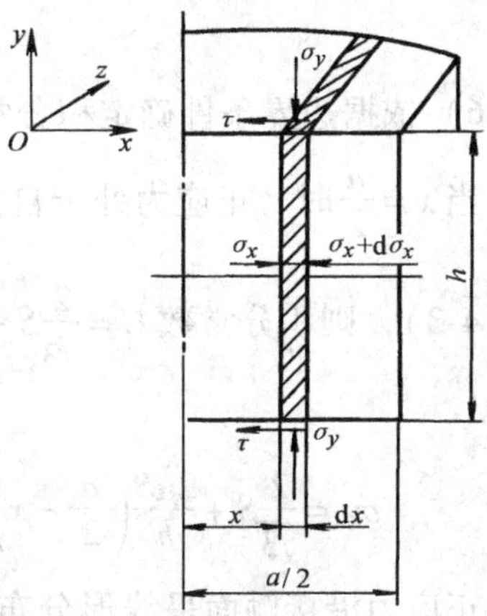

图4-1 在水平模具间镦粗无限长矩形板作用在基元体上的应力分量

1）切取基元体。在变形体内垂直于x轴的截面上切取包括接触面在内的长为l、宽为dx、高为h的基元体（图4-1中阴影部分），其离坐标原点的距离为x。由于矩形断面对于x轴及y轴对称，所以只需分析一个象限。

2）确定基元体所受应力。在上下接触面上作用有外力引起的正应力σ_y和摩擦切应力τ，在与x方向垂直的左右两切面上作用有σ_x和$\sigma_x+d\sigma_x$。根据主应力法原理，正应力即为主应力，故x方向作用有沿高度方向均匀分布的主应力σ_1和$\sigma_1+d\sigma_1$，所求接触面上的正应力σ_y即为主应力σ_3。

3）根据x方向的力学平衡条件，建立基元体平衡微分方程为

$$\sigma_1 hl-(\sigma_1+d\sigma_1)hl-2\tau l dx=0$$

化简得

$$d\sigma_1=-\frac{2\tau}{h}dx \tag{4-1}$$

4）补充塑性条件。根据平面变形密席斯屈服准则$\sigma_{max}-\sigma_{min}=2K=\frac{2}{\sqrt{3}}S$，因为$y$方向

为主加载方向，σ_3 和 σ_1 均为压应力，$|\sigma_3| > |\sigma_1|$，即

$$(-\sigma_1)-(-\sigma_3)=\frac{2}{\sqrt{3}}S$$

对上式两边微分，得 $d\sigma_3 = d\sigma_1$。

5）将平衡微分方程与塑性条件联立，求解接触面上的正应力分布。

将式（4-1）代入上式得

$$d\sigma_3 = -\frac{2\tau}{h}dx \tag{4-2}$$

其中τ取决于摩擦条件。假设采用常摩擦条件$\tau=\mu S$，代入式（4-2），得

$$d\sigma_3 = -\frac{2\mu S}{h}dx$$

对 dx 积分，得

$$\sigma_3 = -\frac{2\mu S}{h}x + C \tag{4-3}$$

6）依据边界条件确定积分常数 C。

当 $x=\frac{a}{2}$时，正应力处于自由边界上，此时 $\sigma_1=0$，根据塑性条件有 $\sigma_3=\frac{2}{\sqrt{3}}S$，代入式（4-3），则积分常数 $C=\frac{2}{\sqrt{3}}S+\mu S\frac{a}{h}$。再将 C 值代入式（4-3），即得接触面上的正应力为

$$\sigma_3=\frac{2}{\sqrt{3}}S+\frac{2\mu S}{h}\left(\frac{a}{2}-x\right) \tag{4-4}$$

正应力沿接触面呈线形分布，如图 4-2 所示。

当 $x=0$ 时，正应力处于镦粗中心，有 $\sigma_3=\frac{2}{\sqrt{3}}S+\frac{\mu Sa}{h}$；当 $x=\frac{a}{2}$时，正应力处于边缘，有 $\sigma_3=\frac{2}{\sqrt{3}}S$。

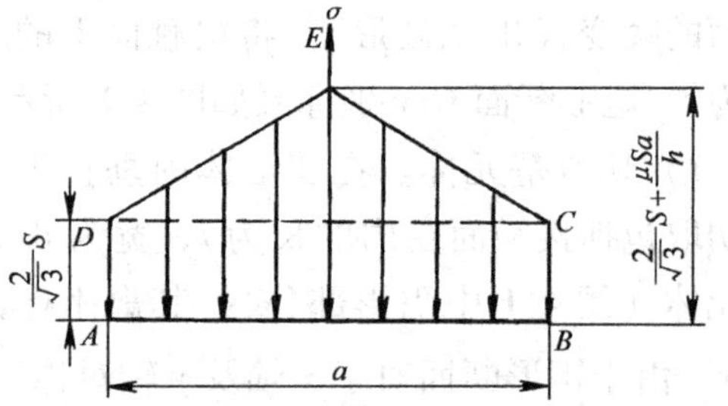

图 4-2　常摩擦条件下接触面上的正应力分布

若摩擦切应力为零，如图 4-2 中矩形部分 $ABCD$ 所示，沿整个接触面上的正应力 σ_3 均为$\frac{2}{\sqrt{3}}S$，三角形部分 CDE 则表示出由于摩擦切应力所引起的正应力的增加值。

7）求变形力 F 和单位流动压力 p。变形力为

$$F = 2l\int_0^{\frac{a}{2}}\left[\frac{2}{\sqrt{3}}S+\frac{2\mu S}{h}\left(\frac{a}{2}-x\right)\right]dx = la\left(\frac{2}{\sqrt{3}}S+\mu S\frac{a}{2h}\right) \tag{4-5}$$

接触面单位面积上的作用力称为单位流动压力，即

$$p=\frac{F}{la}=\frac{2}{\sqrt{3}}S+\mu S\frac{a}{2h} \tag{4-6}$$

第二节　镦粗变形

一、镦粗变形的特点

在外力作用下，使坯料高度减小、横截面增大的塑性成形工序称为镦粗。镦粗坯料的截面形状一般有圆形和矩形等。不同截面的坯料在镦粗时的应力应变状态是不同的，本节主要结合圆截面坯料讨论镦粗时的变形流动规律和应力分布情况。

圆柱体镦粗通常是在两个平行的平砧之间对坯料进行压缩。在镦粗过程中，变形体内部质点的流动遵循最小阻力定律。但是，在实际镦粗中，接触面上不可避免地存在摩擦，这就导致了镦粗时的不均匀变形。

当圆柱体的高径比 $H/D=0.8\sim2.0$ 时，镦粗后呈现鼓形，即两端直径小、中间直径大（图 4-3）。利用网格法可以得到镦粗时坯料子午面的网格变化，从中可以看出坯料内部的变形是不均匀的。为了便于分析，将变形区按变形程度大致分为三个区，如图 4-4 所示。

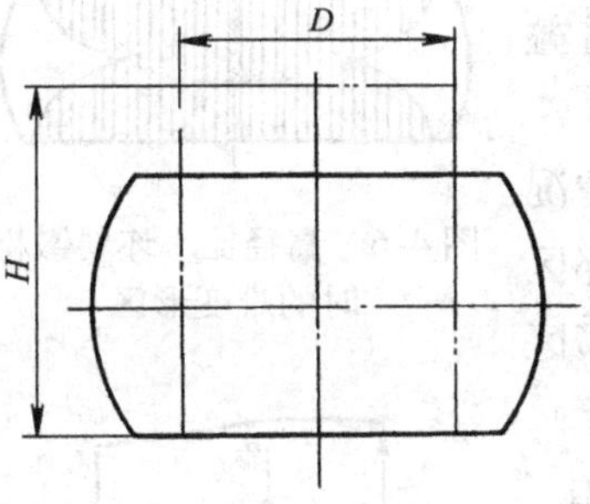

图 4-3　平砧镦粗

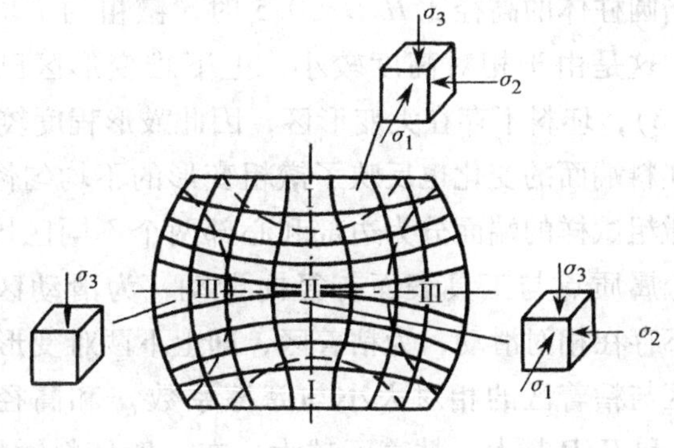

图 4-4　坯料子午面网格变化及各区域应力情况

区域Ⅰ是和工具的上下砧面接触的区域，其变形程度最小，称为难变形区。区域Ⅱ处于上下两个难变形区域Ⅰ之间，其变形程度最大，称为大变形区。区域Ⅲ是外侧的鼓形区部分，其变形程度居中，称为小变形区。变形不均匀产生的主要原因是由于工具与坯料端面之间具有摩擦力。

由于表层受到的摩擦阻力很大，区域Ⅰ内的金属质点受三向压应力作用。越靠近接触面中心部分，其金属流动受到外层阻碍，摩擦阻力所引起的三向压应力数值也越大，变形也就越困难。因为摩擦力的影响是随离接触表面的距离而减弱的，所以区域Ⅱ受到的摩擦影响小，在水平方向上受到的压应力也较小。金属质点在轴向压应力的作用下产生很大的压应变，其径向有较大扩展，同时难变形区Ⅰ对该部分有压挤作用，这些变形的综合作用导致了鼓形。

在平砧间热镦粗坯料时，除了摩擦力影响外，温度不均也是不均匀变形产生的原因之一。Ⅰ区金属由于与工具接触，温度降低快，变形抗力大，因此变形也较其他区域困难。

区域Ⅲ的外侧为自由表面，受端面摩擦影响小，应力状态近似于单向压缩（σ_3）。但是，由于Ⅱ区变形较大，金属向外流动时对Ⅲ区有径向压应力（σ_2），使该区金属切向受拉应力（σ_1），越靠近坯料表面切向拉应力越大。当切向拉应力超出材料的强度极限或切向变形超过材料允许的变形程度时，便引起纵向裂纹。

当圆柱体的高径比 $H/D>2$ 时，镦粗后上部和下部变形大，中间变形小，形成双鼓形（图4-5）。这是因为与平砧接触的上下端金属受摩擦力影响形成了锥形的难变形区，外力通过它作用到坯料的其他部分，因此上下端面金属较坯料中部易于满足塑性条件，优先进行塑性变形，导致了双鼓形的形成。尤其在锤上镦粗时，如果锤击力不大，能量首先被上下部分金属塑性变形所吸收，更容易产生双鼓形。随着镦粗继续，当高径比接近1时，双鼓形逐渐变成单鼓形。如果坯料更高（$H/D>3$），镦粗时容易失稳而弯曲，如不及时校正而继续镦粗，将会产生折叠现象。

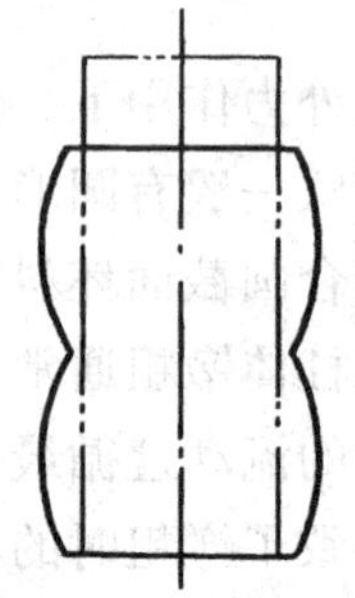

图4-5 较高坯料镦粗时形成双鼓形

当圆柱体的高径比 $H/D\leqslant0.5$ 时，镦粗的不均匀程度有所改善。这是由于相对高度较小，上下难变形区已有部分重叠（图4-6），坯料不存在大变形区，因此鼓形程度较小。

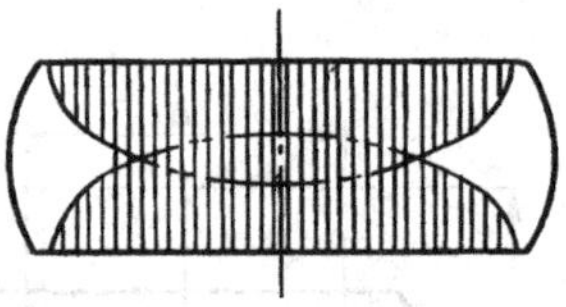

图4-6 高径比小坯料镦粗时的难变形区

坯料端面的变化也反映了镦粗变形的不均匀性。一般情况下，镦粗试样的端面分为边部和心部两个不同区域。在边部区域，金属质点与工具表面有径向滑动，为滑动区。在心部区域，不存在相对滑动，为粘着区，即上下两难变形区的底面。滑动区与粘着区的相对大小与摩擦系数 μ 和高径比 H/D 有关，μ 和 H/D 越大，粘着区越大。在一般坯料镦粗初期，端面尺寸的增大主要是靠侧表面的金属翻上去的。

二、圆柱体镦粗变形力计算

1. 主应力法求解圆柱体镦粗时的应力分布

求解圆柱体镦粗时的应力分布，按前述步骤有：

1）设圆柱体毛坯的直径和高度分别为 d 和 h，采用坐标原点在圆柱中心而 z 轴与圆柱轴线重合的圆柱坐标系（r，θ，z），将问题简化为轴对称问题。

2）沿整个坯料高度方向在半径 r 处截取一厚度为 dr、圆心角为 dθ 的扇形基元体，如图4-7中阴影所示。在基元体的高度方向上作用着均布的径向压应力 σ_r 和 $\sigma_r+\mathrm{d}\sigma_r$ 及切向压应力 σ_θ。由于是轴对称问题，$\tau_{r\theta}=\tau_{z\theta}=0$，所以 σ_z 和 σ_r 为主应力。

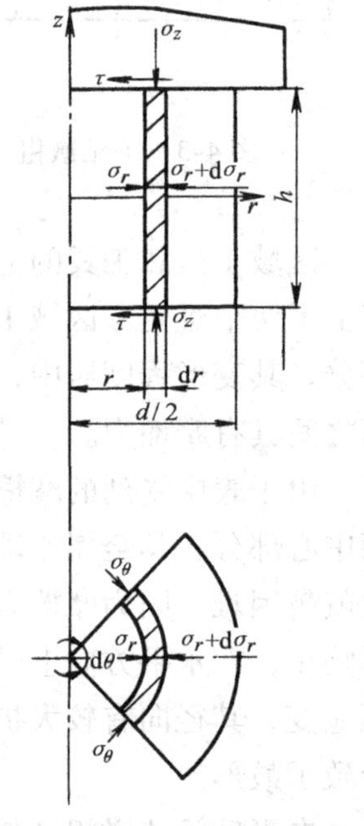

图4-7 圆柱体镦粗时的基元体上应力分量

3）列基元体径向力学平衡方程（沿 r 向）。

$$(\sigma_r+\mathrm{d}\sigma_r)(r+\mathrm{d}r)h\mathrm{d}\theta-\sigma_r hr\mathrm{d}\theta-2\sigma_\theta\sin\frac{\mathrm{d}\theta}{2}h\mathrm{d}r+2\tau r\mathrm{d}\theta\mathrm{d}r=0$$

因 $\mathrm{d}\theta$ 是一极微小量，故 $\sin\frac{\mathrm{d}\theta}{2}\approx\frac{\mathrm{d}\theta}{2}$，整理并略去高次项，得

$$rh\mathrm{d}\sigma_r+\sigma_r h\mathrm{d}r+2\tau r\mathrm{d}r-\sigma_\theta h\mathrm{d}r=0 \tag{4-7}$$

圆柱体镦粗时 $\sigma_r=\sigma_\theta$，代入式（4-7）得

$$\mathrm{d}\sigma_r=-\frac{2\tau}{h}\mathrm{d}r \tag{4-8}$$

4）补充塑性条件。轴对称状态时，Mises 与 Tresca 屈服准则一致。忽略摩擦切应力对屈服准则的影响，即

$$\sigma_z-\sigma_r=S$$

从而有

$$\mathrm{d}\sigma_z=\mathrm{d}\sigma_r \tag{4-9}$$

代入式（4-8）得

$$\mathrm{d}\sigma_z=-\frac{2\tau}{h}\mathrm{d}r \tag{4-10}$$

5）引入摩擦条件。

① 若采用常摩擦条件 $\tau=\mu S$，代入式（4-10）得

$$\sigma_z=-\frac{2\tau}{h}r+C=-\frac{2\mu S}{h}r+C$$

当 $r=d/2$ 时 $\sigma_r=0$，由屈服准则 $\sigma_z=S$，得积分常数

$$C=\frac{\mu Sd}{h}+S$$

于是得接触面上的正应力为

$$\sigma_z=S\left[1+\frac{\mu}{h}(d-2r)\right] \tag{4-11}$$

② 若采用库仑摩擦条件 $\tau=\mu\sigma_z$，代入式（4-10）得

$$\mathrm{d}\sigma_z=-\frac{2\mu\sigma_z}{h}\mathrm{d}r$$

对上式积分得

$$\sigma_z=C\mathrm{e}^{-\frac{2\mu}{h}r}$$

与常摩擦条件的边界条件一样，当 $r=d/2$ 时，$\sigma_r=0$、$\sigma_z=S$，得积分常数

$$C=S\mathrm{e}^{\frac{\mu d}{h}}$$

于是接触面上的正应力与摩擦切应力分别为

$$\left.\begin{aligned}\sigma_z&=S\mathrm{e}^{\frac{2\mu}{h}\left(\frac{d}{2}-r\right)}\\ \tau&=\mu S\mathrm{e}^{\frac{2\mu}{h}\left(\frac{d}{2}-r\right)}\end{aligned}\right\} \tag{4-12}$$

由以上解析可见，摩擦条件对正应力分布的影响很大。式（4-11）表明常摩擦条件下的正应力分布为线性关系，显然与实际情况不符。若采用库仑摩擦条件，由式（4-12）

可知接触面上正应力呈指数曲线，摩擦切应力τ在摩擦系数μ一定的情况下随d/h的增大而增大。但是，事实上库伦摩擦力不会无限增大，当摩擦切应力随正应力增大至$\tau_{max}=0.5S$后就不再增加，所以采用单一库仑摩擦条件也与实际情况不符。

2. 接触表面切应力分布规律

苏联学者翁克索夫（Уиксов）等人曾用压力传感器和光弹性法测定镦粗时接触面上切应力的分布情况，实验表明接触表面上切应力的分布规律是很复杂的。当d/h较大时，切应力的分布曲线由三个区域组成，如图4-8所示，由于圆柱体镦粗为轴对称状态，故只画出右半部分。第一区（ab段）称为滑动区，τ随正应力成比例增加，一直到达到最大值，切应力服从库仑定律；第二区（bc段）称为制动区，τ达到最大值并保持不变，切应力服从常摩擦条件；第三区（cO段）称为停滞区，切应力下降至零并平滑过渡到另一方，$\tau=kr/h$（k为比例系数，r为所截取基元体至圆柱体中心的半径），停滞区的半径近似等于圆柱体高度h。第二及第三区上的切应力与正应力无关。翁克索夫建议各区切应力分布按下列公式分别计算

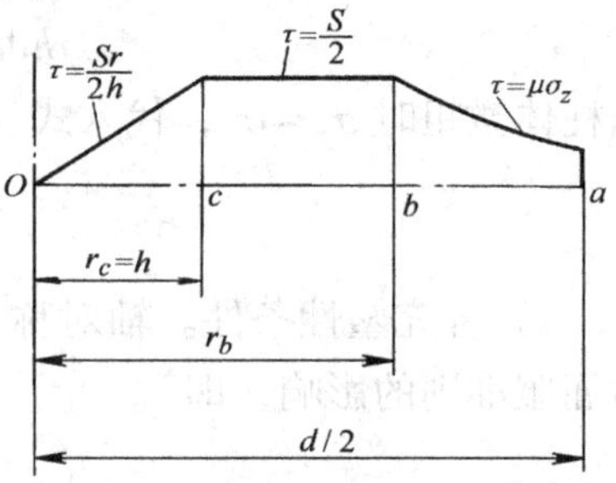

图4-8 圆柱体镦粗时接触表面摩擦切应力的分布

滑动区 $\tau=\mu\sigma_z$（μ——库伦摩擦系数）

制动区 $\tau=\frac{S}{2}$（S——材料真实应力）

停滞区 $\tau\approx\frac{S}{2}\frac{r}{h}$（$h$——圆柱体试样高度）

或 $\tau=\tau_c\frac{r}{h}$（τ_c——停滞区外端点处切应力）

现分别按不同区域摩擦切应力的分布规律求解对应的正应力分布。

1）滑动区，$\frac{d}{2}\geqslant r\geqslant r_b$，摩擦条件为$\tau=\mu\sigma_z$。此时接触面上正应力分布和摩擦切应力分布仍如式（4-12），但要注意r的取值范围。

在该区r_b处，按库仑摩擦条件确定的切应力达到最大值，即

$$\mu\sigma_z=\mu Se^{\frac{2\mu}{h}\left(\frac{d}{2}-r_b\right)}=\frac{1}{2}S$$

从而解得

$$r_b=\frac{d}{2}+h\frac{\ln 2\mu}{2\mu} \tag{4-13}$$

2）制动区，$r_b\geqslant r\geqslant r_c$，摩擦条件$\tau=\frac{S}{2}$，代入式（4-10）得

$$\sigma_z=-\frac{S}{h}r+C$$

当$r=r_b$时，滑动区和制动区交界半径处的切应力应相等，即

$$-\frac{\mu S}{h}r_b + \mu C = \frac{S}{2}$$

解得

$$C = \frac{S}{2\mu}\left(1 + \frac{2\mu}{h}r_b\right)$$

所以在制动区内，接触面上的正应力分布为

$$\sigma_z = \frac{S}{2\mu}\left[1 + \frac{2\mu(r_b - r)}{h}\right] \tag{4-14}$$

3）停滞区，$r_c \geqslant r \geqslant 0$，摩擦条件$\tau = \tau_c \frac{r}{h}$。根据制动区切应力分布知$\tau_c = \frac{S}{2}$，所以$\tau = \frac{S}{2}\frac{r}{h}$，代入式（4-10），然后两边积分得

$$\sigma_z = -\frac{r^2}{2h^2}S + C$$

在 $r = r_c$ 处，制动区和停滞区的正应力相等，即

$$\frac{S}{2\mu}\left[1 + \frac{2\mu(r_b - r_c)}{h}\right] = -\frac{r_c^2}{2h^2}S + C$$

为了确定积分常数 C，首先需要知道 r_c，实验证明，$r_c \approx h$。代入上式，求出

$$C = \frac{S}{2\mu}\left[1 + \frac{2\mu(r_b - h)}{h}\right] + \frac{S}{2}$$

所以有

$$\sigma_z = \frac{S}{2\mu}\left[1 + \frac{2\mu(r_b - h)}{h}\right] + \frac{S}{2h^2}(h^2 - r^2) \tag{4-15}$$

从以上计算结果可知，在滑动区，接触面正应力呈指数分布；在制动区，正应力呈线形分布；在停滞区，正应力则呈抛物线状分布。整个接触面上的正应力分布曲线应该是指数曲线、直线和抛物线的组合。图4-9所示为存在三个区域时接触面上正应力和切应力分布示意图。

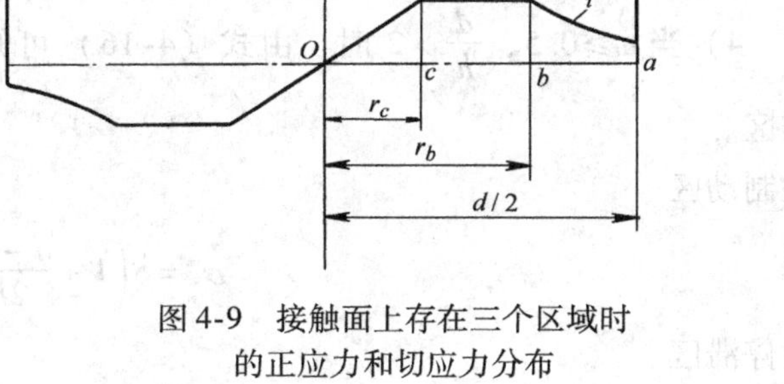

图4-9　接触面上存在三个区域时的正应力和切应力分布

3. 接触面上各个区域的存在条件

塑性变形时，接触面上不一定都包含上述三个区域。实验表明，制动区和滑动区与 d/h 有关。下面就分析这些关系。

在式（4-13）中，令$\frac{\ln 2\mu}{2\mu} = -\varphi$，则制动区与滑动区交界处的半径可表示为

$$r_b = \frac{d}{2} - h\varphi \tag{4-16}$$

从式（4-16）可以看出，如果 $r_b = r_c = h$，表明接触面上只有滑动区和停滞区，制动区消失，此时由式（4-16）可得

$$\frac{d}{h} = 2(1+\varphi)$$

如果 $\mu = 0.5$，则 $\varphi = 0$，由式（4-16）可知 $r_b = d/2$，此时滑动区消失。式（4-16）还表明，接触面上各区大小除与摩擦系数 μ 有关外，还与坯料的高度 h 有关。通过分析，接触面上应力分布可归纳为以下四种情况：

1）当 $0 < \mu < 0.5$、$\frac{d}{h} > 2(1+\varphi)$ 时，接触面上存在滑动区、制动区和停滞区。正应力分别由式（4-12）、式（4-14）、式（4-15）来确定，相对应的应力分布如图 4-10a 所示。

2）当 $0 < \mu < 0.5$，$2 < \frac{d}{h} \leqslant 2(1+\varphi)$ 时，接触面上只有滑动区和停滞区。滑动区内仍由式（4-12）确定，停滞区则由下式确定

$$\sigma_z = S e^{\frac{2\mu}{h}\left(\frac{d}{2}-h\right)}\left[1 + \mu\left(\frac{h^2 - r^2}{h^2}\right)\right] \tag{4-17}$$

相对应的应力分布如图 4-10b 所示。

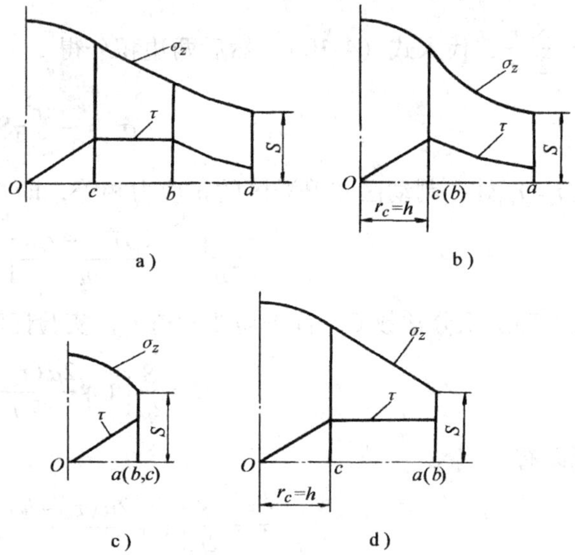

图 4-10 不同 d/h 和 μ 时的正应力和切应力分布曲线

3）当 $\mu > 0$，$\frac{d}{h} \leqslant 2$ 时，整个接触面均为停滞区，其正应力由下式确定

$$\sigma_z = S\left[1 + \frac{2\mu}{hd}\left(\frac{d^2}{4} - r^2\right)\right] \tag{4-18}$$

相对应的应力分布如图 4-10c 所示。

4）当 $\mu \geqslant 0.5$、$\frac{d}{h} > 2$ 时，由式（4-16）可知，$r_b \geqslant \frac{d}{2}$，接触面上只有制动区和停滞区。

对制动区

$$\sigma_z = S\left(1 + \frac{d - 2r}{2h}\right) \tag{4-19}$$

对停滞区

$$\sigma_z = \frac{S}{2}\left(1 + \frac{d}{h} - \frac{r^2}{h^2}\right) \tag{4-20}$$

对应的应力分布如图 4-10d 所示。

由上述各种情况下的正应力分布图可以看出，在圆柱体镦粗时，接触面上正应力分布中间高、周围低，呈圆帽状，且中间正应力的数值随μ和d/h的增大而增加。正应力的不均匀分布导致对工件进行冷精压（即冷态下的镦粗）时，即使采用表面十分平整的模具也无法使工件得到平整表面。在精压时，中央部分压力高、四周低，且中央部分侧压力也比四周高，因此中央区域的应力球张量σ_m比四周的大，也就是单位体积的弹性变形量较四周大，所以工件中央区域的弹性变形量比周围大。为此，可预先将精压模具表面作成微凸状，以抵消可能产生的弹性变形量。

4. 根据接触面正应力分布确定镦粗变形力和单位流动压力

已知接触表面正应力分布后，便可按下式求得

镦粗变形力 F
$$F = \iint \sigma_z \mathrm{d}A$$

单位流动压力
$$p = \frac{F}{A}$$

式中，A为坯料承压面积，$A = \frac{\pi}{4}d^2$。现根据前述四种情况下接触面正应力的分布，分别计算镦粗变形力F和单位流动压力p。

1）当$0 < \mu \leqslant 0.5$、$\frac{d}{h} > 2(1+\varphi)$时，分区对式（4-12）第一式、式（4-14）、式（4-15）沿接触面面积积分，然后求和，得出变形力F，即

$$F = \int_0^{r_c = h} \left\{ \frac{S}{2\mu}\left[1 + \frac{2\mu(r_b - h)}{h}\right] + \frac{S}{2h^2}(h^2 - r^2) \right\} 2\pi r \mathrm{d}r + \int_{r_c = h}^{r_b} \frac{S}{2\mu}\left[1 + \frac{2\mu(r_b - r)}{h}\right] 2\pi r \mathrm{d}r + \int_{r_b}^{d/2} S e^{\frac{2\mu}{h}\left(\frac{d}{2} - r\right)} 2\pi r \mathrm{d}r$$

$$p = \frac{F}{\pi d^2/4} = S\left\{ \frac{2h^2}{\mu^2 d^2}\left[\frac{1}{2\mu}\left(1 + \frac{2\mu r_b}{h}\right) - \left(1 + \frac{\mu d}{h}\right)\right] + \frac{2r_b^2}{\mu d^2}\left(1 + \frac{2\mu r_b}{3h}\right) - \frac{h^2}{3d^2} \right\} \qquad (4\text{-}21)$$

2）当$0 < \mu \leqslant 0.5$、$2 < \frac{d}{h} \leqslant 2(1+\varphi)$时，分区对式（4-12）第一式、式（4-17）积分，然后求和，得

$$F = \int_0^{r_c = h} S e^{\frac{2\mu}{h}\left(\frac{d}{2} - h\right)} \left[1 + \mu\left(\frac{h^2 - r^2}{h^2}\right)\right] 2\pi r \mathrm{d}r + \int_{r_c = h}^{d/2} S e^{\frac{2\mu}{h}\left(\frac{d}{2} - r\right)} 2\pi r \mathrm{d}r$$

$$p = 2S\frac{h^2}{\mu^2 d^2}\left[(2\mu + 1)e^{\frac{2\mu}{h}\left(\frac{d}{2} - h\right)} - \frac{\mu d}{h} - 1\right] + 4S\frac{h^2}{d^2}\left(1 + \frac{\mu}{2}\right)e^{\frac{2\mu}{h}\left(\frac{d}{2} - h\right)} \qquad (4\text{-}22)$$

3）当$\mu > 0$、$\frac{d}{h} \leqslant 2$时，对式（4-18）积分，得

$$F = \int_0^{d/2} S\left[1 + \frac{2\mu}{hd}\left(\frac{d^2}{4} - r^2\right)\right] 2\pi r \mathrm{d}r$$

$$p = S\left(1 + \frac{\mu}{4}\frac{d}{h}\right) \qquad (4\text{-}23)$$

4）当$\mu \geqslant 0.5$、$\frac{d}{h} > 2$时，分区对式（4-19）、式（4-20）积分，然后求和，得

$$F = \int_0^{r_c=h} \frac{S}{2}\left(1 + \frac{d}{h} - \frac{r^2}{h^2}\right)2\pi r\mathrm{d}r + \int_{r_c=h}^{d/2} S\left(1 + \frac{d-2r}{2h}\right)2\pi r\mathrm{d}r$$

$$p = S\left(1 + \frac{1}{6}\frac{d}{h} - \frac{1}{3}\frac{h^2}{d^2}\right) \approx S\left(1 + \frac{1}{6}\frac{d}{h}\right) \tag{4-24}$$

式（4-24）适用于粗糙砧面间的镦粗或热镦粗的情况。

由于上述公式计算烦琐，为了便于使用，翁克索夫将上列单位流动压力的计算公式绘制成曲线图（图4-11）。由给定的μ和d/h值，便可确定相应的p/S值。此外，从该线图还可看出，随着μ的增大，单位流动压力受其影响的程度减小。所以，当$\mu \geqslant 0.3$时，可以用式（4-24）计算单位流动压力。

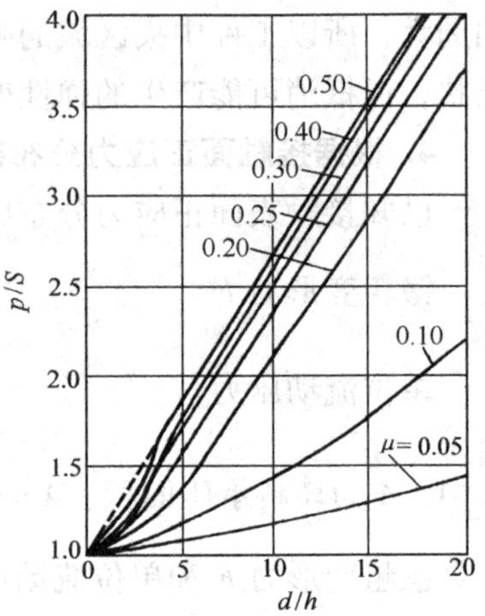

图4-11 轴对称镦粗时p/S与μ和d/h的关系曲线

三、镦粗时的变形功

锻压设备主要是根据材料成形时所需要的变形力和变形能量进行选用的。镦粗时常用设备主要是液压机或锻锤，其作用力主要是冲击力。冲击力是用能量衡量的，所以设备的选取以坯料镦粗时的变形功为基础。

假设圆柱体在镦粗过程中某瞬间的单位流动压力为p，接触面工作面积为A，变形体高度压下量为$\mathrm{d}h$，则该瞬时的变形功为

$$\mathrm{d}W = -pA\mathrm{d}h$$

设试样在变形瞬时高度为h，圆柱体的体积为V，则$A=\frac{V}{h}$。当圆柱体由初始高度h_0镦粗至变形结束时的高度h_1时，所需要的总变形功为

$$W = -\int_{h_0}^{h_1} pA\mathrm{d}h = \int_{h_1}^{h_0}\frac{pV}{h}\mathrm{d}h = V\int_{h_1}^{h_0}\frac{p}{h}\mathrm{d}h \tag{4-25}$$

由前述变形力的计算可知，单位流动压力$p=f(h)$，因此式（4-25）积分比较困难。为了简化计算，以$\bar{p}$表示坯料由h_0至h_1的单位流动压力平均值，代入式（4-25）得

$$W = V\int_{h_1}^{h_0}\bar{p}\frac{\mathrm{d}h}{h} = V\bar{p}\ln\frac{h_0}{h_1} \tag{4-26}$$

当变形量不大时，相对压缩量$\varepsilon=\frac{h_0-h_1}{h_0}\approx\ln\frac{h_0}{h_1}$，式（4-26）又可写成

$$W = V\bar{p}\varepsilon \tag{4-27}$$

式中，$\bar{p}$为平均单位流动压力，可根据中值定理求取或近似用$\bar{p}=\frac{p_0+2p_1}{3}$计算；$p_0$为镦粗初始高度为$h_0$时的单位流动压力；$p_1$为镦粗结束高度为$h_1$时的单位流动压力。

在热镦粗时，假设材料为理想塑性材料，在变形过程中不发生加工硬化，屈服应力S为常数。假设接触表面无摩擦，此时单位流动压力$p=S$，代入式（4-25）得

$$W = SV\ln\frac{h_0}{h_1} \tag{4-28}$$

除了用上述方法近似计算镦粗所需变形功外，也可将单位流动压力公式直接代入推导。将式（4-24）代入式（4-25）得

$$W = V\int_{h_1}^{h_0} S(1 + \frac{1}{6}\frac{d}{h})\frac{\mathrm{d}h}{h}$$

对于圆柱体，$V = \frac{\pi d^2}{4}h \Rightarrow d = \sqrt{\frac{4V}{\pi h}}$

代入积分化简得

$$W = SV\left[\ln h\mid_{h_1}^{h_0} + \frac{1}{9}\sqrt{\frac{4V}{\pi}}h^{-\frac{3}{2}}\mid_{h_1}^{h_0}\right]$$

设与镦粗前后高度 h_0、h_1 对应的直径分别为 d_0、d_1，且$\frac{d}{h} = \sqrt{\frac{4V}{\pi}}h^{-\frac{3}{2}}$，则上式简化为

$$W = SV\left[\ln\frac{h_0}{h_1} + \frac{1}{9}\left(\frac{d_1}{h_1} - \frac{d_0}{h_0}\right)\right] \tag{4-29}$$

式（4-29）表明，热镦粗时所需变形功包括两部分，即无摩擦条件下的变形功和因摩擦而消耗的功。

通过实验得知，相同材料、形状相似的坯料在变形时，单位流动压力随毛坯尺寸的增加而下降。因此，需对变形功的公式进行修正，增加一个与坯料体积有关的尺寸系数 φ。前苏联学者古布金提出，热锻时式（4-29）的总变形功应修正为

$$W = \varphi SV\left[\ln\frac{h_0}{h_1} + \frac{2\mu}{9}\left(\frac{d_1}{h_1} - \frac{d_0}{h_0}\right)\right] \tag{4-30}$$

式中，φ 为尺寸系数，可由表 4-1 查得；μ 为接触摩擦系数，热锻时可近似取 0.5。

表 4-1　尺寸系数值

锻件体积/dm^3	φ	锻件体积/dm^3	φ
0 ~ 25	1.0	5000 ~ 10000	0.7 ~ 0.6
25 ~ 100	1.0 ~ 0.9	10000 ~ 15000	0.6 ~ 0.5
100 ~ 1000	0.9 ~ 0.8	15000 ~ 25000	0.5 ~ 0.4
1000 ~ 5000	0.8 ~ 0.7	>25000	0.4

对于锤上锻造，一般需打击数下变形才能完成，其中最后一次要求的打击能量最大。锻锤的吨位应按最后一击的变形程度 ε_k（钢锻件 ε_k 为 0.025 ~ 0.060）来计算变形功 W_k，若考虑尺寸因素和速度因素，则

$$W_k = \omega\varphi Vp\varepsilon_k \tag{4-31}$$

式中，ω 为速度系数，在压力机上锻造取 1.0 ~ 1.2，在锤上锻造取 2.5 ~ 3.0。

选用锻锤时根据最后一击的变形功 W_k 确定，所选锤的打击能 E 应大于 W_k，再按所需总变形功 W 计算打击次数。由于变形时的各种能量损失，计算时还应考虑打击效率，这样，当坯料由高度 h_0 镦粗至 h_1 时，所需打击次数 n 为

$$n = \frac{W}{\eta E} = \frac{V\bar{p}}{\eta E}\ln\frac{h_1}{h_0} \tag{4-32}$$

所需锤头质量 G 为

$$G=\frac{2W_k}{v^2\eta} \tag{4-33}$$

式（4-32）及式（4-33）中，E 为选用锤的打击能；η 为选用锤的打击效率，一般为 0.8~0.9；v 为锤头打击速度，通常为 6.5m/s。

例 4-1 设30CrMnSiA钢的圆柱毛坯原始尺寸为 $d_0=600\text{mm}$、$h_0=1000\text{mm}$，求在1150℃下自由镦粗至高度 $h_1=500\text{mm}$ 所需的液压机吨位。

解 1）变形后坯料的尺寸计算。坯料镦粗后的平均直径为

$$d_1=d_0\sqrt{\frac{h_0}{h_1}}=600\text{mm}\times\sqrt{\frac{1000\text{mm}}{500\text{mm}}}=840\text{mm}$$

2）判断接触表面应力分区。变形结束时，$\frac{d_1}{h_1}=\frac{840\text{mm}}{500\text{mm}}=1.68<2$，接触面上只有停滞区。

3）计算单位流动压力和变形力。在热镦粗时取 $\mu=0.5$，1150℃时钢料的 $S=20\text{MPa}$。速度系数 ω 取 1.0，由于坯料尺寸较大，应考虑尺寸影响，取系数 $\varphi\approx0.95$。按式（4-23）计算镦粗结束时的单位流动压力

$$p=0.95\times20\text{MPa}\times\left(1+\frac{0.5}{4}\times\frac{840\text{mm}}{500\text{mm}}\right)=23\text{MPa}$$

变形力为

$$F=\frac{p}{1000}\frac{\pi d_1^2}{4}=\frac{23\text{MPa}}{1000}\times\frac{\pi}{4}\times(840\text{mm})^2=12740\text{kN}$$

因此该锻件可在1500t液压机上镦粗。

例 4-2 已知 30 钢圆柱毛坯的原始尺寸为 $d_0=200\text{mm}$、$h_0=250\text{mm}$，求将加热至1200℃的毛坯镦粗到 $h_1=125\text{mm}$ 所需的锻锤吨位。

解 1）变形后坯料的尺寸计算。由体积不变条件确定坯料镦粗后的平均直径为

$$d_1=d_0\sqrt{\frac{h_0}{h_1}}=200\text{mm}\times\sqrt{\frac{250\text{mm}}{125\text{mm}}}=283\text{mm}$$

2）计算单位流动压力和最后一次打击变形功。30 钢在 1200℃的 $S=21\text{MPa}$，若取热锻时 $\mu=0.5$，则由式（4-24）得

$$p=S\left(1+\frac{1}{6}\frac{d}{h}\right)=21\text{MPa}\times\left(1+\frac{1}{6}\times\frac{283\text{mm}}{125\text{mm}}\right)=28.9\text{MPa}$$

取参数 $\varphi=1$、$\omega=3$、$\varepsilon_k=0.035$。由于 $V=\frac{\pi d_0^2}{4}h_0=7853975\text{mm}^3$，由式（4-31）得

$$W_k=\omega\varphi Vp\varepsilon_k=3\times1\times7853975\text{mm}^3\times28.9\text{MPa}\times0.035\times\frac{1}{1000}=23833\text{J}$$

3）计算锻锤吨位。如果锻锤最后一次打击速度为 $v=6.5\text{m/s}$，设打击效率为 $\eta=0.8$，则由式（4-33）可得

$$G=\frac{2W_k}{v^2\eta}=\frac{2\times23833\text{J}}{(6.5\text{m/s})^2\times0.8}=1410\text{kg}$$

所以应选用 1500kg 的空气锤。

第三节　开式模锻变形特点及变形力计算

模锻是指在外力作用下，利用模具使金属坯料产生塑性变形并充满型腔的一种锻造方法。模锻分为开式和闭式两种类型。图 4-12 所示为模锻过程示意图，随着上、下模具的闭合，金属充填型腔 A，其形状与所要求锻件的形状一致，多余金属流出型腔，成为飞边。图 4-12a 为上下模闭合时的状态，型腔周围有一圈浅槽，即飞边槽，其中 B 称为飞边桥部，C 处空腔较深，称为飞边仓部。开式模锻是凭借飞边阻力使金属充满型腔的，但飞边的存在又增加了金属消耗和变形力。因为飞边与作用力方向垂直，也称为横向飞边，需用切边工序去除。

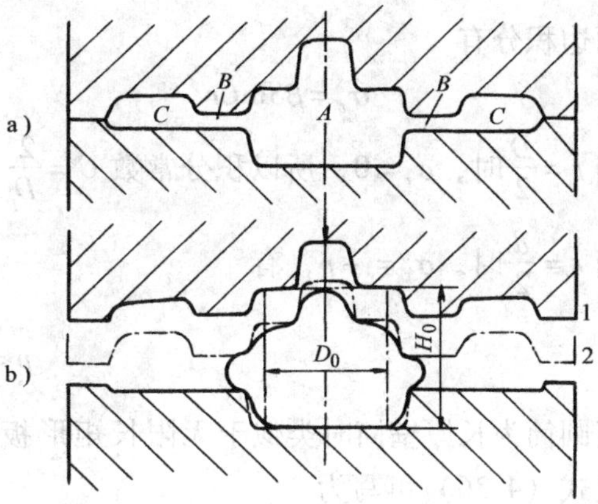

图 4-12　模锻过程示意图

一、开式模锻的变形特点

开式模锻过程可分为镦粗、充满模膛和多余金属挤入飞边槽三个阶段。

第一阶段是镦粗阶段，坯料处于下模型腔，图 4-12b 中位置 1 表示上模开始与坯料接触的瞬间，上模对坯料进行压缩，使其高度减小、直径增大。

第二阶段是充满型腔阶段，金属被挤入型腔后，部分金属在压力作用下沿分模面流入飞边槽，如图 4-12b 中的位置 2 所示。由于飞边处的金属薄、冷却快，致使型腔周围一圈的流动阻力大，迫使金属在型腔内流向尚未充填的部位，直至完全充满，但此时锻件高度仍然高于最终要求的成形高度。

第三阶段是上下模闭合阶段，又称锻足或打靠。为了使锻件高度达到要求尺寸，上下模闭合，必须使锻件在分型面附近的多余金属继续流入飞边槽。实验证明，这时金属的塑性变形区只限于分型面上的较小部位，其他部位处于弹性状态，呈透镜状。在这一阶段中，变形金属在分型面上的投影面积最大，飞边厚度最薄，多余金属由桥口流出时的阻力很大，使得变形抗力急剧增大，因此该阶段所需的变形力最大，是计算模锻力的基础。

二、开式模锻变形力的计算

（一）回转体锻件开式模锻变形力的计算

在开式模锻的塑性变形过程中，飞边桥部金属对飞边仓部金属的挤压作用犹如扩张一个厚壁圆筒，因此先求解厚壁圆筒的应力分布。

1. 受内压厚壁圆筒的应力分布

假设一定长度的厚壁圆筒，其内径为 d、外径为 D、受均匀内压力 $-p$（$p>0$），如

图4-13所示，此为轴对称问题，σ_θ、σ_r 为主应力，$\tau_{rz}=\tau_{r\theta}=0$。列应力平衡微分方程

$$\frac{d\sigma_r}{dr}+\frac{\sigma_r-\sigma_\theta}{r}=0 \tag{4-34}$$

根据屈服准则 $\sigma_\theta-\sigma_r=\beta S$，代入式（4-34），得

$$d\sigma_r=\beta S\frac{dr}{r} \tag{4-35}$$

两边积分有

$$\sigma_r=\beta S\ln Cr$$

当 $r=\frac{D}{2}$时，$\sigma_r=0$，所以积分常数 $C=\frac{2}{D}$。

当 $r=\frac{d}{2}$时，$\sigma_r=-p$，有

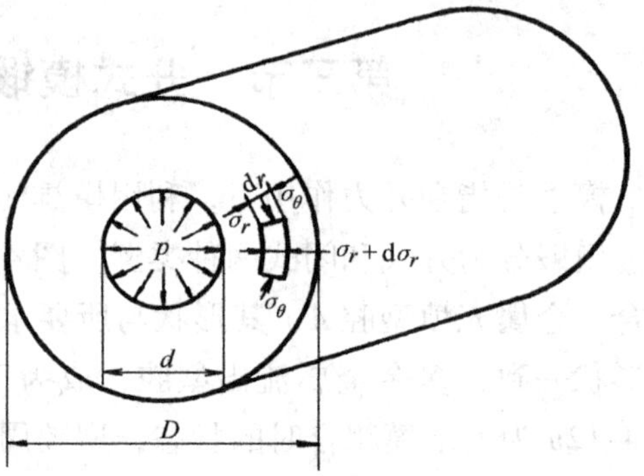

图4-13　厚壁圆筒应力分析

$$p=\beta S\ln\frac{D}{d} \tag{4-36}$$

当圆筒为长厚壁筒时类似于无限长矩形板镦粗，简化为平面应变问题，取 $\beta=1.155$，因此式（4-36）可写为

$$p=1.155S\ln\frac{D}{d} \tag{4-37}$$

当圆筒为较短的厚壁筒时可看做平面应力问题，取 $\beta=1.1$，所以式（4-36）又可写为

$$p=1.1S\ln\frac{D}{d} \tag{4-38}$$

2. 模锻变形力的计算

计算开式模锻变形力就是根据锻件外形计算打靠阶段所需的变形力。现以圆盘类锻件为例，说明用主应力法求解的过程。圆盘类锻件的模锻成形可以简化为轴对称问题，根据锻件外形，将变形金属划分为锻件本体及飞边两部分，每一部分均按轴对称问题计算，然后再求和。

（1）成形飞边所需变形力计算　该部分变形金属一方面受上模镦粗，另一方面又受到型腔内金属的挤压，接触面上应力分布类似圆柱体镦粗。采用圆柱坐标系沿分型面在飞边桥部处切取含上下接触面的基元体，如图4-14所示。b 为飞边桥部宽度，h_b 为飞边高度，D 为锻件本体直径，D'为含整个飞边的锻件直径。由基元体的受力情况，根据圆柱体镦粗时的平

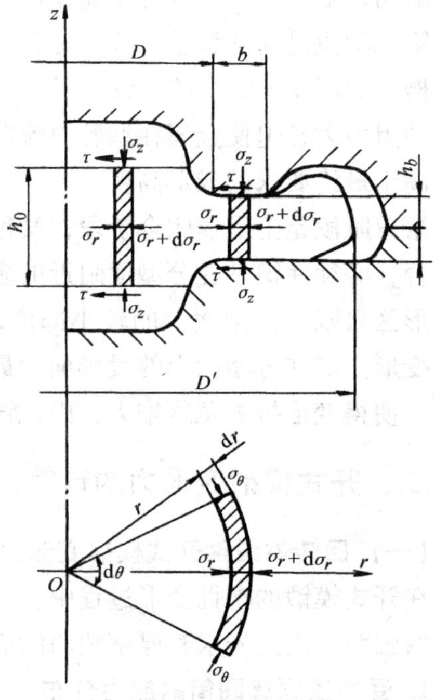

图4-14　模锻时基元体力学分析

衡微分方程式（4-8）得

$$d\sigma_r = -\frac{2\tau}{h_b}dr$$

设接触面服从常摩擦条件，在飞边处$\tau = \mu S$

$$\sigma_r = -\frac{2\tau}{h_b}r + C = -\frac{2\mu S}{h_b}r + C \tag{4-39}$$

在飞边仓部与飞边桥部的交界处，当$r = \frac{D}{2} + b$时，根据式（4-38）有

$$\sigma_r = 1.1S\ln\frac{D'}{D+2b} \tag{4-40}$$

因为在一般情况下进行锻模设计时，$\frac{D'}{D+2b} \leqslant 1.6$，故此时$\sigma_r \approx 0.5S$，代入式（4-39）得积分常数为

$$C = S\left[0.5 + \frac{2\mu}{h_b}\left(\frac{D}{2} + b\right)\right]$$

$$\sigma_r = S\left[0.5 + \frac{1}{h_b}\left(\frac{D}{2} + b - r\right)\right] \tag{4-41}$$

因为基元体受三向压应力且$|\sigma_z| > |\sigma_r|$，根据塑性条件$\sigma_z - \sigma_r = S$，与上式联立求解得飞边处接触面上的正应力为

$$\sigma_z = S\left[1.5 + \frac{2\mu}{h_b}\left(\frac{D}{2} + b - r\right)\right] \tag{4-42}$$

如果假设接触表面的摩擦切应力为最大值，即$\tau = 0.5S$，则式（4-42）变为

$$\sigma_z = S\left[1.5 + \frac{1}{h_b}\left(\frac{D}{2} + b - r\right)\right] \tag{4-43}$$

式（4-43）表明，飞边上的正应力呈线性分布。当$r = \frac{D}{2} + b$，即位于飞边桥部与仓部的交界处时，正应力为最小值，$\sigma_{\min} = 1.5S$；当$r = \frac{D}{2}$，在飞边桥部与锻件本体的连接处时，正应力为最大值，$\sigma_{\max} = 1.5S + \frac{bS}{h_b}$。

将式（4-43）沿飞边桥部接触面的面积积分，可得飞边成形所需的变形力F_b为

$$F_b = \int_{\frac{D}{2}}^{\frac{D}{2}+b} S\left[1.5 + \frac{1}{h_b}\left(\frac{D}{2} + b - r\right)\right]2\pi r dr$$

$$= \pi Sb(D+b)\left(1.5 + \frac{b}{2h_b}\frac{D + \frac{2}{3}b}{D+b}\right) \tag{4-44}$$

飞边桥部的投影为圆环，其面积$A_b \approx 2\pi\left(\frac{D}{2} + \frac{b}{2}\right)b = \pi b(D+b)$。

单位流动压力为

$$p_b = \frac{F_b}{A_b} = S\left(1.5 + \frac{b}{2h_b}\frac{D + \frac{2}{3}b}{D+b}\right) \tag{4-45}$$

在锻模设计中，一般情况下可认为 $D \geqslant b$，式（4-45）中 $\frac{D+\frac{2}{3}b}{D+b} \approx 1$，故

$$p_b = S(1.5 + \frac{b}{2h_b}) \tag{4-46}$$

（2）成形锻件本体所需变形力计算　根据开式模锻的变形特点可知，在模锻打靠阶段，锻件本体变形只限于分型面附近呈凸透镜状的区域。其他部分金属处于静水压力状态，不产生塑性变形。因此，所求锻件本体变形力即为透镜状金属塑性变形所需变形力，故需确定透镜状区域的大小。

国内外许多学者曾对该阶段锻件变形区做了大量的实验和理论研究，得出透镜状变形区的高度为飞边高度的2~5倍，且二者比值随 $\frac{D}{h_b}$ 的增加而增加。为了便于计算，将该问题简化为镦粗直径为 D、等效高度为 h_0 的圆盘。由于该变形区周围为弹性变形区，因此在锻件本体刚、塑性交界面上 $\tau = 0.5S$，在交界面上取如图4-14所示的基元体，代入式（4-39）得

$$\sigma_r = -\frac{S}{h_0}r + C$$

在锻件本体与飞边的连接处，径向应力应该相等。由式（4-41）得 $\sigma_r|_{r=\frac{D}{2}} = S(0.5 + \frac{b}{h_b})$，代入上式求出 $C = S(0.5 + \frac{b}{h_b} + \frac{D}{2h_0})$，即得

$$\sigma_r = S(0.5 + \frac{b}{h_b} + \frac{D-2r}{2h_0}) \tag{4-47}$$

将塑性条件 $\sigma_z - \sigma_r = S$ 代入式（4-47），则正应力分布为

$$\sigma_z = S(1.5 + \frac{b}{h_b} + \frac{D-2r}{2h_0}) \tag{4-48}$$

所以，锻件本体所需要的模锻力 F_0 和单位变形力 p_0 分别为

$$F_0 = \int_0^{\frac{D}{2}} \sigma_z 2\pi r \mathrm{d}r = \frac{\pi D^2}{4}S(1.5 + \frac{b}{h_b} + \frac{D}{6h_0}) \tag{4-49}$$

$$p_0 = S(1.5 + \frac{b}{h_b} + \frac{D}{6h_0}) \tag{4-50}$$

式中，D 为锻件本体直径。

（3）圆盘类锻件的总模锻力　将上述分别求得的锻件本体和飞边所需模锻力相加，其和即为所求总模锻力。若假设模锻时锻件本体等效高度为飞边高度的两倍，即 $h_0 = 2h_b$，则此时模锻力为

$$F = F_b + F_0 = S\left[A_b(1.5 + \frac{b}{2h_b}) + A_0(1.5 + \frac{b}{h_b} + \frac{D}{12h_b})\right] \tag{4-51}$$

式中，A_b 为锻件飞边的投影面积；A_0 为锻件本体的投影面积。

透镜状变形区还有其他简化模式，对应变形力的计算结果也与上述方法有所不同，这里就不一一赘述。

(二) 长轴类锻件开式模锻力的计算

假设垂直于长轴的变形平面上正应力的分布与圆盘类锻件正应力分布相同，就可以利用同样的方法来计算长轴类锻件的模锻力。在锻件上沿长度方向截取基元体，如图 4-15 所示，锻件飞边桥部的宽度为 b、高度为 h_b，本体部分的高度为 h、长度为 l、宽度为 a，$l \geqslant a$，故可简化为平面变形问题。

1. 飞边成形所需模锻力

根据 x 方向力学条件列平衡微分方程，整理后得

$$d\sigma_x = -2\tau\frac{dx}{h_b}$$

平面变形问题的塑性条件为 $\sigma_z - \sigma_x = \beta\sigma_s = 1.155\sigma_s = S'$，

接触面上的摩擦条件为常摩擦条件，$\tau = \frac{S'}{2}$，代入上式，有

$$d\sigma_x = -S'\frac{dx}{h_b} \qquad (4\text{-}52)$$

将塑性条件两端微分与式 (4-52) 联立求解，得

$$\sigma_x = -\frac{S'}{h_b}x + C \qquad (4\text{-}53)$$

忽略飞边仓部金属的阻力，边界条件为：当 $x = \frac{a}{2} + b$ 时

$\sigma_z = S'$，故正应力分布为

$$\sigma_z = S'\left[1 + \frac{1}{h_b}\left(\frac{a}{2} + b - x\right)\right] \qquad (4\text{-}54)$$

将式 (4-54) 沿飞边接触面积分，得出成形飞边所需的变形力和单位流动压力分别为

$$F_b = 2l\int_{a/2}^{a/2+b}\sigma_z dx = 2lbS'\left(1 + \frac{b}{2h_b}\right) \qquad (4\text{-}55)$$

$$p_b = S'\left(1 + \frac{b}{2h_b}\right) \qquad (4\text{-}56)$$

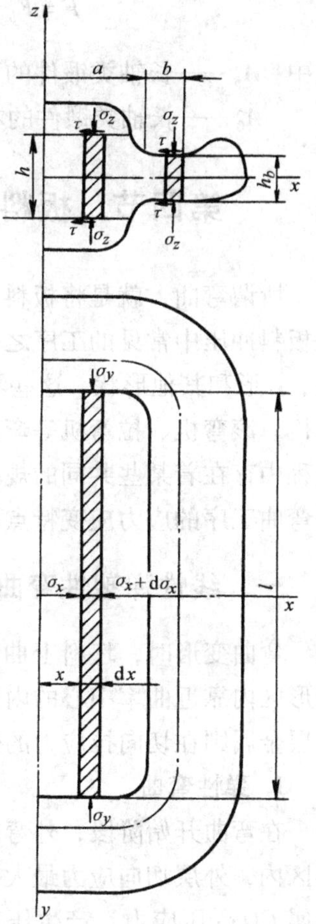

图 4-15　简单长轴类锻件

2. 成形本体所需的模锻力

在锻件本体的等效变形区中截取基元体，如图 4-15 所示，同理可得平衡微分方程为

$$\sigma_z = -\frac{S'}{h}x + C$$

边界条件为：当 $x = \frac{a}{2}$ 时 $\sigma_z = S'\left(1 + \frac{b}{h_b}\right)$，所以有

$$\sigma_z = S'\left(1 + \frac{b}{h_b} + \frac{0.5a - x}{h}\right) \qquad (4\text{-}57)$$

对式 (4-57) 沿型腔在分型面上投影积分，得出成形本体所需变形力和单位流动压力分别为

$$F_0 = 2l\int_0^{a/2}\sigma_z \mathrm{d}x = alS'(1+\frac{b}{h_b}+\frac{a}{h}) \tag{4-58}$$

$$p_0 = S'(1+\frac{b}{h_b}+\frac{a}{2h}) \tag{4-59}$$

3. 长轴类锻件所需总模锻力

假设模锻时 $h_0=2h_b$，则总模锻力为

$$F = F_b + F_0 = S'\left[A_b(1+\frac{b}{2h_b}) + A_0(1+\frac{b}{h_b}+\frac{a}{8h_b})\right] \tag{4-60}$$

式中 A_b——长轴类锻件的飞边投影面积；

A_0——长轴类锻件的本体投影面积。

第四节 板料弯曲工序分析及变形区的应力应变分布

所谓弯曲，就是将板料、棒料、管料或型材等弯成一定形状和角度零件的成形方法，是板料冲压中常见的工序之一。在生产实际中，弯曲成形的零件形状有很多，如V形、U形、L形和其他形状。这些零件可以利用模具在压力机上弯曲成形，也可用专用设备如折弯机、滚弯机、拉弯机等弯曲成形。尽管不同弯曲方法采用的设备和工具不同，但在变形过程中存在着某些共同的规律。本节主要以压力机上平板的弯曲为例，分析在纯弯矩作用下弯曲工序的应力应变特点。

一、线性弹塑性弯曲

弯曲变形时，坯料上曲率发生变化的部分即为变形区。在外弯曲力矩 M 的作用下，变形区内靠近曲率中心的内层金属在切向压应力的作用下产生压缩变形；远离曲率中心的外层金属则在切向拉应力的作用下产生伸长变形。

1. 弹性弯曲

在弯曲开始阶段，外弯曲力矩 M 的数值不大，板料仅内部发生弹性弯曲。在弯曲变形区内，外层切向应力最大，如图4-16所示。外层金属 AB 受拉应力，产生拉应变；内层金属 CD 受压应力，产生压应变；则中间必有一层金属的切向应力为零，称为应力中性层，其曲率半径为 ρ_σ；也必有一层金属的切向应变为零，称为应变中性层，其曲率半径为 ρ_ε。在弯曲变形程度较小时，板料的中间层应力、应变为零，这一阶段称为弹性弯曲阶段。此时，应力中性层与应变中性层重合，位于板厚中间，即

$$\rho_\sigma = \rho_\varepsilon = r + \frac{t}{2}$$

式中，r 为板料内侧曲率半径；t 为板料厚度。

板厚不同位置的切向应变值 ε_θ 的变化则符合线性规律

$$\varepsilon_\theta = \frac{(\rho_\varepsilon + x)\alpha - \rho_\varepsilon\alpha}{\rho_\varepsilon\alpha} = \frac{x}{\rho_\varepsilon} \tag{4-61}$$

式中，α 为弯曲角；x 为计算切向应变时的位置与应变中性层之间的距离。

根据应力应变关系，切向应力为

$$\sigma_{\theta}=E\varepsilon_{\theta}=E\frac{x}{\rho_{\varepsilon}} \tag{4-62}$$

当 $x=\frac{t}{2}$时，在板料的内外表面切向应力、应变达到最大值，即 $\sigma_{\theta\max}=\frac{Et}{2\rho_{\varepsilon}}$

$$\varepsilon_{\theta\max}=\frac{\frac{t}{2}}{\rho_{\varepsilon}}=\frac{t}{2\left(r+\frac{t}{2}\right)}=\frac{1}{2\frac{r}{t}+1} \tag{4-63}$$

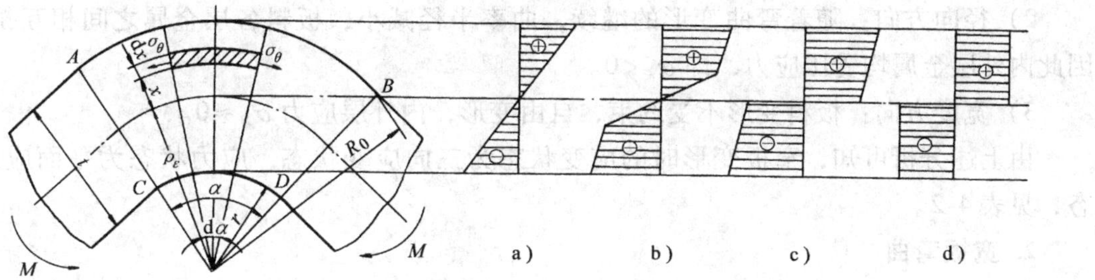

图4-16　弯曲时坯料变形区内的切向应力分布
a）弹性弯曲　b）弹-塑性弯曲　c）纯塑性弯曲　d）无硬化纯塑性弯曲

2. 弹塑性弯曲

随着弯曲的继续进行，M 值不断增大，弯曲区的变形程度逐步增大，内外表层的切向应力首先达到屈服强度 $\sigma_{\theta\max}=\frac{Et}{2\rho_{\varepsilon}}\geqslant\sigma_{s}$。此时内、外表面已经由弹性变形过渡为塑性变形，但板料中心仍然处于弹性变形阶段，因此称为弹-塑性弯曲。

3. 纯塑性弯曲

当变形程度继续增大时，塑性变形由板料表面逐步扩展至板料中心。板料内、外层和中心的切向应力全部超过屈服强度而进入纯塑性弯曲阶段，如果不考虑硬化，则为无硬化纯塑性弯曲，此时 $\sigma_{\theta}=\sigma_{s}$。

弯曲时坯料变形区内切向应力的分布如图4-16所示。由式（4-63）可知，板料外表面上的变形程度与相对弯曲半径 r/t 大致成反比，所以生产中常用 r/t 表示弯曲变形大小，r/t 越小，表示弯曲变形程度越大。随着 r/t 的不断减小，应力中性层和应变中性层都从板厚中间向内层移动，而且应力中性层位移量大于应变中性层，即 $\rho_{\sigma}<\rho_{\varepsilon}$。

二、三维塑性弯曲时的应力应变状态

假定弯曲变形时，板料内部纤维之间的相对位置没有改变，则变形区主应力和主应变的方向为切向（θ 向）、径向（厚度方向，r 向）和宽度方向（B 向）。变形区的应力、应变状态与弯曲板料的 B/t 值以及弯曲变形的程度有关。$B/t\leqslant3$ 的板料称为窄板，$B/t>3$ 的板料称为宽板。现分别分析窄板与宽板弯曲时变形区的应力应变状态。

1. 窄板弯曲

（1）应变状态　板料在塑性弯曲时，变形主要表现为内外层纤维的伸长和压缩，切向应变为最大主应变。根据塑性变形体积不变条件 $\varepsilon_\theta+\varepsilon_r+\varepsilon_B=0$，可以推出 ε_r、ε_B 一定与 ε_θ 符号相反，因此有

1）切向方向：外层应变为拉应变，$\varepsilon_\theta>0$，内层应变为压应变，$\varepsilon_\theta<0$。

2）径向方向：外层应变 $\varepsilon_r<0$，内层应变 $\varepsilon_r>0$。

3）宽度方向：外层应变 $\varepsilon_B<0$，内层应变 $\varepsilon_B>0$。

（2）应力状态

1）切向方向：外层金属受拉，切向为拉应力，$\sigma_\theta>0$；内层金属受压，切向为压应力，$\sigma_\theta<0$。

2）径向方向：随着弯曲变形的继续，曲率半径减小，板料各层金属之间相互挤压，因此内外层金属均受压应力，即 $\sigma_r<0$。

3）宽度方向：板料变形不受约束，自由变形，内外层应力 $\sigma_B\approx0$。

由上述分析可知，窄板变形时的应变状态为三向应变状态，应力状态为平面应力状态，见表4-2。

2. 宽板弯曲

宽板弯曲变形时在切向和径向的应力、应变状态与窄板相同。但是，宽度方向上板料不能自由变形。外层金属宽度方向收缩受到阻碍，σ_B 为拉应力；内层金属宽度方向伸长受到限制，σ_B 为压应力。而且由于变形区内外层金属之间相互约束，且受到非变形区金属的制约，金属流动困难，弯曲后板宽基本不变，因此该方向应变 $\varepsilon_B\approx0$。

所以，宽板弯曲时的应力状态为三向应力状态，应变状态为平面应变状态，见表4-2。

表4-2　弯曲变形区的应力、应变状态

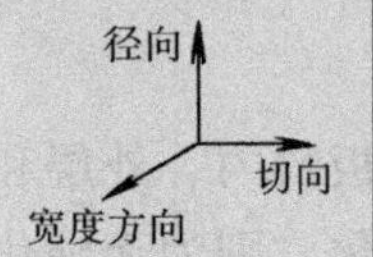	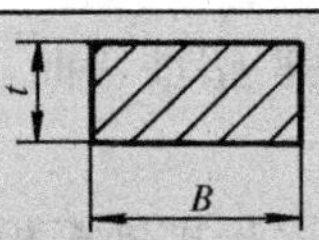 窄板（$B/t\leqslant3$）		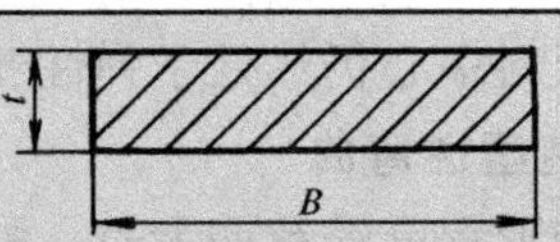 宽板（$B/t>3$）	
	外层金属	内层金属	外层金属	内层金属
应力状态	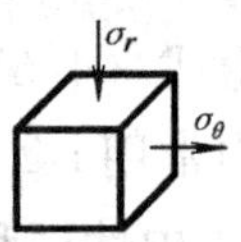	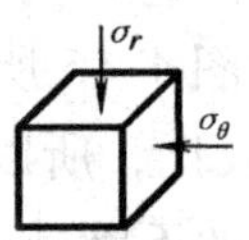	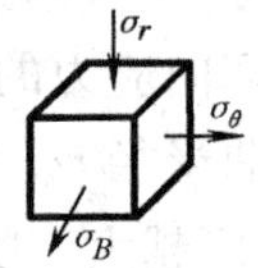	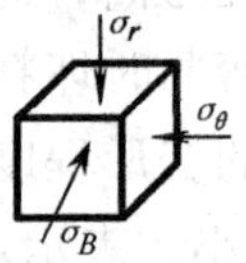
应变状态	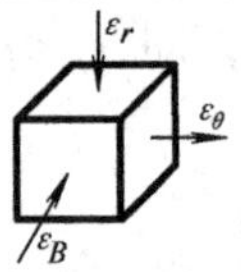	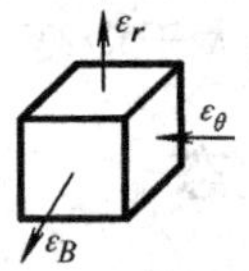	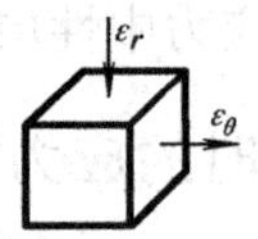	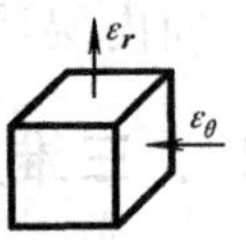

三、宽板弯曲时的应力分布

一般情况下，弯曲成形所用板料多为 $B/t>3$ 的宽板。在变形区内、外层半径 r 处，沿截面厚度方向分别切取一厚度为 $\mathrm{d}r$、中心角为 $\mathrm{d}\alpha$、单位宽度的扇形基元体（图4-17），根据受力情况，利用主应力法计算变形区内主应力的分布规律。

1. 无硬化宽板大塑性变形的弯曲

当板料为热弯曲大变形状态时（弯曲变形程度$\frac{R_1}{t}<3\sim5$），整个断面进入无硬化塑性变形状态，此时内、外层金属均处于三向应力状态。

（1）外层主应力　如图4-17所示，列出基元体在厚度方向上的力学平衡方程为

$$\sigma_r r\mathrm{d}\alpha-(\sigma_r+\mathrm{d}\sigma_r)(r+\mathrm{d}r)\mathrm{d}\alpha-2\sigma_\theta\mathrm{d}r\sin\frac{\mathrm{d}\alpha}{2}=0$$

以$\sin\frac{\mathrm{d}\theta}{2}\approx\frac{\mathrm{d}\theta}{2}$代入上式，并略去高次项整理得

$$\mathrm{d}\sigma_r=-(\sigma_r+\sigma_\theta)\frac{\mathrm{d}r}{r} \tag{4-64}$$

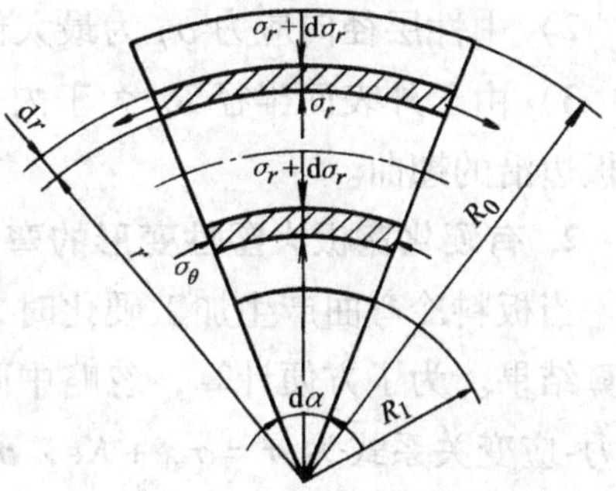

图4-17　宽板弯曲时基元体上的作用力

补充塑性条件，对于外层金属而言，当为平面应变状态时，σ_θ与σ_r符号相反，$\sigma_\theta-(-\sigma_r)=1.155\sigma_s$，代入式（4-64），得

$$\mathrm{d}\sigma_r=-1.155\sigma_s\frac{\mathrm{d}r}{r}$$

对上式积分，可得

$$\sigma_r=-1.155\sigma_s\ln r+C$$

根据边界条件确定积分常数。在外表面$r=R_0$，$\sigma_r=0$，故$C=1.155\sigma_s\ln R_0$，则

$$\sigma_r=1.155\sigma_s\ln\frac{R_0}{r}$$

将上式代入$\sigma_\theta-(-\sigma_r)=1.155\sigma_s$，并利用$\sigma_B$为平面应变状态时的中间主应力，可得三个主应力为

$$\left.\begin{aligned}\sigma_r&=1.155\sigma_s\ln\frac{R_0}{r}\\ \sigma_\theta&=1.155\sigma_s\left(1-\ln\frac{R_0}{r}\right)\\ \sigma_B&=1.155\sigma_s\left(0.5-\ln\frac{R_0}{r}\right)\end{aligned}\right\} \tag{4-65}$$

（2）内层主应力　同理可得内层基元体的微分方程为

$$\mathrm{d}\sigma_r=(\sigma_\theta-\sigma_r)\frac{\mathrm{d}r}{r} \tag{4-66}$$

内层金属应力状态为同号，屈服准则为$\sigma_\theta-\sigma_r=1.155\sigma_s$，代入边界条件整理后得

$$\left.\begin{aligned}\sigma_r&=1.155\sigma_s\ln\frac{r}{R_1}\\ \sigma_\theta&=1.155\sigma_s\left(1+\ln\frac{r}{R_1}\right)\\ \sigma_B&=1.155\sigma_s\left(0.5+\ln\frac{r}{R_1}\right)\end{aligned}\right\} \tag{4-67}$$

由上述计算得出以下结论：

1）外层金属的切向应力在外表面有最大值，为拉应力，其值为 $1.155\sigma_s$，向中性层逐渐减小；内层金属的切向应力在内表面有最小值，为压应力，绝对值为 $1.155\sigma_s$，向中性层逐渐增大。

2）中性层径向应力 σ_r 为最大值。

3）由于外表面半径 R_0 大于内表面半径 R_1，因此在宽度方向上合力不为零，会引起宽板边沿的翘曲。

2. 有硬化宽板大塑性变形的弯曲

当板料冷弯曲产生加工硬化时，采用不同的实际应力-应变曲线进行分析将有不同的计算结果。为了方便计算，忽略中间弹性变形的影响，采用近似硬化直线作为简化模型。应力-应变关系式为 $\sigma=\sigma_{s0}+K\epsilon$，$\sigma_{s0}$ 为材料在完全退火状态下的屈服强度，K 为硬化模数，ϵ 为对数应变，在半径 r 处 $\epsilon=\ln\dfrac{r}{\rho_\varepsilon}$。

对于外层金属，$r>\rho_\varepsilon$，屈服准则为

$$\sigma_\theta+\sigma_r=1.155\left(\sigma_{s0}+K\ln\frac{r}{\rho_\varepsilon}\right) \tag{4-68}$$

对于内层金属，$r<\rho_\varepsilon$，屈服准则为

$$\sigma_\theta-\sigma_r=1.155\left(\sigma_{s0}-K\ln\frac{r}{\rho_\varepsilon}\right) \tag{4-69}$$

将式（4-68）和式（4-69）分别代入式（4-64）和式（4-66），可分别求得内、外层金属的平衡微分方程。

外层金属的平衡微分方程为

$$\mathrm{d}\sigma_r=-1.155\left(\sigma_{s0}+K\ln\frac{r}{\rho_\varepsilon}\right)\frac{\mathrm{d}r}{r} \tag{4-70}$$

内层金属的平衡微分方程为

$$\mathrm{d}\sigma_r=1.155\left(\sigma_{s0}-K\ln\frac{r}{\rho_\varepsilon}\right)\frac{\mathrm{d}r}{r} \tag{4-71}$$

积分式（4-70）与式（4-71），并与边界条件和平面变形时的主应力关系联立求解，可得宽板在有硬化条件下大塑性弯曲的应力分布。

外层的应力分布为

$$\begin{cases}\sigma_r=1.155\left[\sigma_{s0}\ln\dfrac{R_0}{r}+\dfrac{K}{2}\left(\ln^2\dfrac{R_0}{\rho_\varepsilon}-\ln^2\dfrac{r}{\rho_\varepsilon}\right)\right]\\[2ex]\sigma_\theta=1.155\left[\sigma_{s0}\left(1-\ln\dfrac{R_0}{r}\right)+\dfrac{K}{2}\left(2\ln\dfrac{r}{\rho_\varepsilon}-\ln^2\dfrac{R_0}{\rho_\varepsilon}+\ln^2\dfrac{r}{\rho_\varepsilon}\right)\right]\\[2ex]\sigma_B=1.155\left[\sigma_{s0}\left(\dfrac{1}{2}-\ln\dfrac{R_0}{r}\right)+\dfrac{K}{2}\left(\ln\dfrac{r}{\rho_\varepsilon}-\ln^2\dfrac{R_0}{\rho_\varepsilon}+\ln^2\dfrac{r}{\rho_\varepsilon}\right)\right]\end{cases} \tag{4-72}$$

内层的应力分布为

$$\begin{cases}\sigma_r = 1.155\left[\sigma_{s0}\ln\dfrac{r}{R_1} + \dfrac{K}{2}\left(\ln^2\dfrac{R_1}{\rho_\varepsilon} - \ln^2\dfrac{r}{\rho_\varepsilon}\right)\right] \\ \sigma_\theta = 1.155\left[\sigma_{s0}\left(1 + \ln\dfrac{r}{R_1}\right) - \dfrac{K}{2}\left(2\ln\dfrac{r}{\rho_\varepsilon} - \ln^2\dfrac{R_1}{\rho_\varepsilon} + \ln^2\dfrac{r}{\rho_\varepsilon}\right)\right] \\ \sigma_B = 1.155\left[\sigma_{s0}\left(\dfrac{1}{2} + \ln\dfrac{r}{R_1}\right) - \dfrac{K}{2}\left(\ln\dfrac{r}{\rho_\varepsilon} - \ln^2\dfrac{R_1}{\rho_\varepsilon} + \ln^2\dfrac{r}{\rho_\varepsilon}\right)\right]\end{cases} \tag{4-73}$$

由式（4-72）和式（4-73）可以看出，当 $K=0$ 时便转化为无硬化弯曲时的应力状态。

3. 有硬化小变形的弯曲

当板料处于小变形状态时（弯曲变形程度 $3 \sim 5 < \dfrac{R_1}{t} < 100$），可近似认为变形区只有切向应力作用，处于线性全塑性弯曲阶段。由于变形程度小，材料厚度减小可以忽略，设应力和应变中性层相等，$\rho_\sigma = \rho_\varepsilon = R_1 + \dfrac{t}{2}$，此时应变为式（4-61）。距应变中性层距离 x 处的切向主应力为

$$\sigma_\theta = \sigma_s + K\frac{x}{\rho_\varepsilon} = \sigma_s + K\frac{x}{R_1 + \dfrac{t}{2}} \tag{4-74}$$

四、板料塑性弯曲时中性层的内移

在上述计算中，当板料弯曲变形程度较小或处于弹性变形状态时，认为应力与应变中性层重合，位于板料中央。但实际上，在塑性弯曲时，这两种中性层互不重合。尤其是宽板在大塑性变形时，由于内外层受三向应力，导致中性层的位置向曲率中心移动。

1. 应力中性层

（1）无硬化时的应力中性层　由应力分布可知，内层金属的切向压应力大于外层金属的切向拉应力，只有应力中性层向内层移动，才能使截面上的作用力总和为零。设板料变形后的外径为 R_0、内径为 R_1，在曲率半径为 ρ_σ 的应力中性层上，由式（4-65）和式（4-67）中 σ_r 的表达式所计算出的内、外层金属径向应力应相等，可以得出

$$\ln\frac{R_0}{\rho_\sigma} = \ln\frac{\rho_\sigma}{R_1}$$

可推出

$$\rho_\sigma = \sqrt{R_0 R_1} \tag{4-75}$$

（2）有硬化时的应力中性层　若考虑材料加工硬化，则依据式（4-72）和式（4-73）可得

$$\frac{2\sigma_{s0}}{K}\ln\frac{R_0R_1}{\rho_\sigma^2} + \ln\frac{R_0}{R_1}\ln\frac{R_0R_1}{\rho_\varepsilon^2} = 0$$

如果在弯曲过程中应力中性层与应变中性层重合，则 $\rho_\sigma = \rho_\varepsilon$。由于 $\dfrac{2\sigma_{s0}}{K} + \ln\dfrac{R_0}{R_1} \neq 0$，所以

$$\ln \frac{R_0 R_1}{\rho_\sigma^2} = 0$$

从而

$$\rho_\sigma = \sqrt{R_0 R_1}$$

由上述可知，在假设 $\rho_\sigma = \rho_\varepsilon$ 的前提下，有硬化塑性弯曲与无硬化塑性弯曲情况相同。

假设板料由厚度 t 变为 ηt（η 为材料变薄系数），$R_0 = R_1 + \eta t$，代入上式，得

$$\rho_\sigma = \sqrt{R_1^2 + \eta R_1 t} = \sqrt{\left(R_1 + \frac{\eta t}{2}\right)^2 - \left(\frac{\eta t}{2}\right)^2} \tag{4-76}$$

由此得出，在弯曲变形程度较小时，$R_1 + \frac{\eta t}{2} >> \frac{\eta t}{2}$，$\rho_\sigma \approx R_1 + \frac{\eta t}{2}$，应力中性层位于板料厚度中央；在弯曲变形程度较大时，显然 $\rho_\sigma < R_1 + \frac{\eta t}{2}$，应力中性层从板料中心向曲率中心移动。

2. 应变中性层

板料塑性弯曲时，假设板料的初始长度为 l、宽度为 B、厚度为 t。变形后外径为 R_0、内径为 R_1、厚度为 ηt，弯曲角为 α，应变中性层半径为 ρ_ε。根据体积不变条件，有

$$lBt = \pi(R_0^2 - R_1^2)\frac{\alpha}{2\pi}B$$

塑性弯曲后，应变中性层长度不变，因此 $l = \rho_\varepsilon \alpha$，代入上式，整理得

$$\rho_\varepsilon = \frac{R_0^2 - R_1^2}{2t} = \frac{\eta(R_0 + R_1)}{2} \tag{4-77}$$

假设弯曲变形后厚度不变，$\eta = 1$，$\rho_\varepsilon = \frac{R_0 + R_1}{2}$ 为板厚中央。但实际上板厚变薄，$\eta < 1$，所以 $\rho_\varepsilon < \frac{R_0 + R_1}{2}$，应变中性层也从板料中心向曲率中心移动。经实验确定，系数 η 值在材料确定时随相对弯曲半径大小而变化。弯曲变形程度越大，R_1/t 越小，η 值也越小，应变中性层的内移量越大，弯曲变形区的板厚变薄现象也越严重。

第五节　圆筒件拉深分析和变形区的应力应变分布

拉深也称为拉延，是将板料毛坯在具有一定圆角半径的凸、凹模作用下加工成开口空心零件的冲压方法。用拉深可以获得筒形、阶梯形、锥形、方盒形和其他不规则形状的薄壁零件。拉深零件的尺寸可以从直径几毫米到几米，厚度加工范围为 0.2 ~ 300mm，广泛应用于汽车、飞机、钟表、电器、仪表、轻工等行业中。

冲压生产过程中拉深件的种类很多，根据不同几何形状，其变形区位置、变形的性质和应力分布规律也各不相同。拉深的主要质量问题是拉裂和起皱。本节主要介绍圆筒形零件在拉深时的变形规律和质量控制问题。

一、拉深变形过程和变形特点

圆筒件的拉深过程如图 4-18 所示，在凸模的作用下，板料上外径为 d_0、内径为 d 的环形部分转化为零件上高度为 h 的直壁部分，拉深的实质就是将环形凸缘部分通过切向受压、径向受拉的变形后成为筒壁的过程。所以拉深时的主要变形区位于外部凸缘。

在圆筒件的拉深过程中，板料上不同区域受力情况及变形特点是不同的，而且在拉深过程中不断发生变化。从图 4-19a 中可以看出，在板料上截取一夹角为 α 的扇形区域 OAB 部分，在凸模作用下，作用力由 OCD 部分通过圆角部分 $CDEF$ 传给凸缘部分 $ABEF$，使该部分产生塑性变形并被拉进凹模。在变形过程中，外缘弧长由 $\frac{d_0}{2}\alpha \rightarrow R\alpha \rightarrow \frac{d}{2}\alpha$，圆周方向尺寸不断减小，形成侧壁（图 4-19b）。因此，该部分板料在圆周方向（即切向）产生压缩变形，而且在不同位置应变值也不相同。

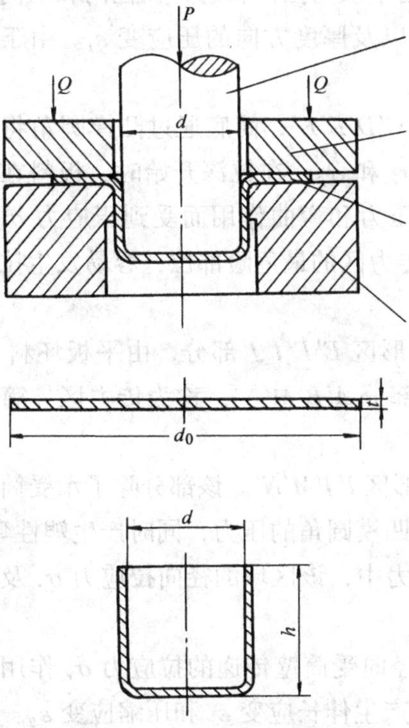

图 4-18　圆筒件的拉深过程

1—凸模　2—压边圈　3—板料　4—凹模

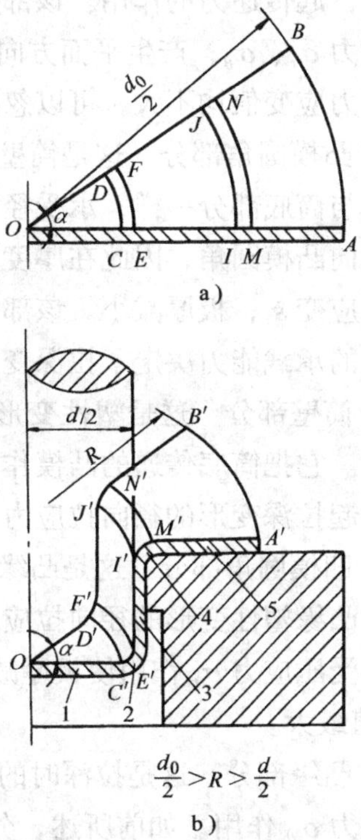

图 4-19　板料在拉深时的变形特点

a）在板料上截取的扇形部分

b）扇形坯料在拉深过程中的变形

1—筒底　2—凸模圆角　3—筒壁

4—凹模圆角　5—凸缘

二、拉深过程的应力应变状态

如图 4-19b 所示，可将拉深过程中的板料分为五个部分，各部分在拉深变形过程中的应力应变状态见表 4-3。

表 4-3　圆筒件拉深时板料五个部分的应力应变状态

区域 / 状态	凸缘部分	凹模圆角部分	筒壁部分	凸模圆角部分	筒底部分
应力状态	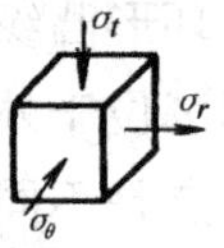	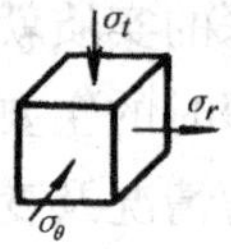	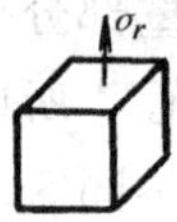	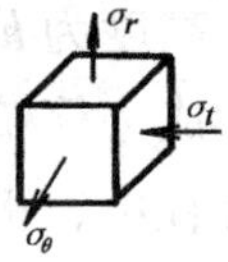	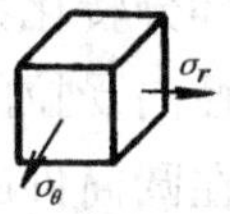
应变状态	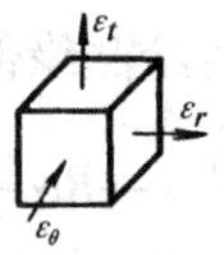	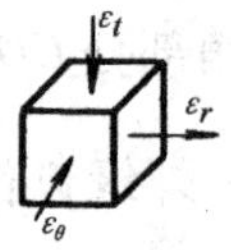	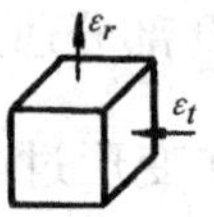	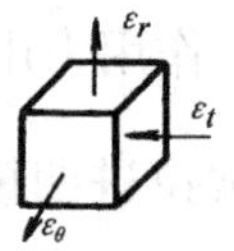	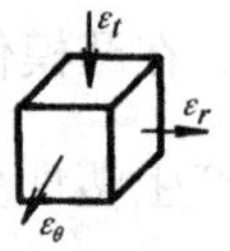

（1）筒底部分　这是凸模与坯料始终接触的底部 $OC'D'$ 部分，将凸模施加的作用力传递给筒壁，起传递力的作用。该部分在变形过程中处于双向拉伸状态，在径向和切向承受双向拉应力 σ_r、σ_θ，产生平面方向的拉应变 ε_r、ε_θ 以及厚度方向的压应变 ε_t。由于筒底部分的应力应变值均不大，可以忽略不计。

（2）凸模圆角部分　这是筒壁与筒底的过渡区 $C'D'E'F'$，筒底通过凸模圆角将力传给筒壁，与筒底部分一样，承受径向和切向拉应力 σ_r 和 σ_θ。在拉深开始时，板料在凸模作用下包向凸模圆角，因此在厚度方向由于凸模的压力和弯曲作用而受到压应力 σ_t，导致产生压应变 ε_t，板厚减小。该部分为拉深变形时传力区的最危险部位，容易发生拉裂破坏，该处的承载能力决定了拉深变形的成形极限。

（3）筒壁部分　这是塑性变形已经结束的已变形区 $E'F'I'J'$ 部分，由平板坯料 $EFIJ$ 转化而来。它把筒底传递的凸模作用力传递到凸缘部分 $A'B'M'N'$，称为传力区。筒壁上作用有引起拉深变形的径向拉应力 σ_r。

（4）凹模圆角部分　这是凸缘与筒壁的过渡变形区 $I'J'M'N'$。该部分除了承受筒壁传递的引起凸缘塑性变形的径向拉应力 σ_r 外，由于受凹模圆角的压力，同时产生塑性弯曲。板厚方向受压应力 σ_t 作用使板厚减小。在三个主应力中，该区域的径向拉应力 σ_r 及拉应变 ε_r 数值最大。

（5）凸缘部分　这是拉深时的主要变形区，其径向受筒壁传递的拉应力 σ_r 作用，切向受压应力 σ_θ 作用。如前所述，分别在径向和切向产生伸长应变 ε_r 和压缩应变 ε_θ。如果切向压应力 σ_θ 的数值较大，则圆周方向金属在由外向内的流动中容易发生失稳起皱。为了防止起皱，通常采用如图 4-18 中所示的压边圈，产生板厚方向上的压应力 σ_t。由于凸缘部分周向压应变 ε_θ 数值最大，所以在开始拉深变形后的厚度方向产生拉应变 ε_t。

三、凸缘变形区的应力应变分析

由上述分析可知，板料凸缘部分是主要塑性变形区，故有必要对凸缘变形区的应力应变作深入分析。由于凸缘变形时在厚度方向上的压应力 $\sigma_t \ll \sigma_r$、σ_θ。为了简化计算，σ_t 可以忽略不计，此时凸缘变形近似于双向异号的平面应力状态。

1. 应力分布情况

在变形区内板料半径 r 处截取一宽度为 dr、夹角为 dφ 的扇形基元体，如图 4-20 所示。

沿径向列出基元体的平衡方程

$$(\sigma_r+\mathrm{d}\sigma_r)(r+\mathrm{d}r)t\mathrm{d}\varphi-\sigma_r rt\mathrm{d}\varphi+2\sigma_\theta \mathrm{d}rt\sin\frac{\mathrm{d}\varphi}{2}=0$$

由 $\sin\frac{\mathrm{d}\varphi}{2}\approx\frac{\mathrm{d}\varphi}{2}$，展开上式并忽略高阶无穷小量，得

$$\mathrm{d}\sigma_r=-(\sigma_r+\sigma_\theta)\frac{\mathrm{d}r}{r} \tag{4-78}$$

利用 $\sigma_r-(-\sigma_\theta)=\beta S$，与上式联解积分得

$$\sigma_r=-\beta S\ln r+C \tag{4-79}$$

由于材料在加工过程中产生加工硬化，凸缘上不同 r 处的变形程度不同，因此材料的屈服应力 S 不是常数，需根据变形程度由真实应力-应变曲线得出内、外边缘处的真实应力。为了计算方便，取其平均值 $\bar{S}$ 代入式（4-79），取 $\beta=1.1$，故式（4-79）又可写为

$$\sigma_r=-1.1\bar{S}\ln r+C \tag{4-80}$$

当 $r=R$ 时，处于凸缘外端边沿，$\sigma_r=0$，代入式（4-80），得出 $C=1.1\bar{S}\ln R$，因此

$$\sigma_r=1.1\bar{S}\ln\frac{R}{r}$$

$$\sigma_\theta=1.1\bar{S}\left(1-\ln\frac{R}{r}\right) \tag{4-81}$$

径向拉应力 σ_r 与切向压应力 σ_θ 在变形区内的分布规律如图 4-20 所示，为两条间距为 $1.1\bar{S}$ 的对数曲线。由图 4-20 可知，当 $r=R$ 时，处于变形区的外边缘，此时切向压应力 σ_θ 数值最大，为 $1.1\bar{S}$。而径向拉应力 σ_r 在变形区内缘即凹模口处（$r=r_0$）的数值最大，为

$$\sigma_{r\max}=1.1\bar{S}\ln\frac{R}{r_0} \tag{4-82}$$

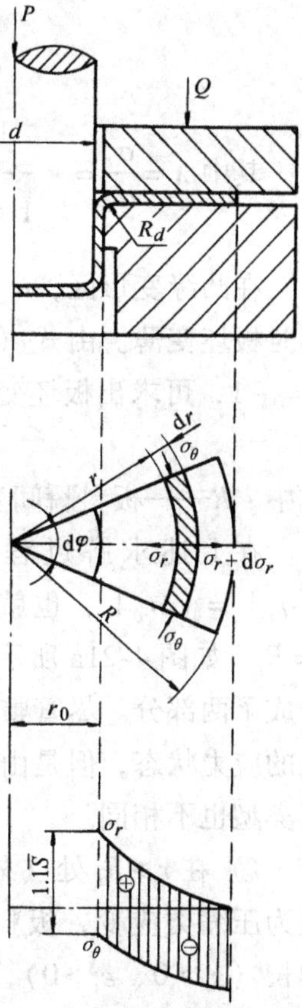

图 4-20　凸缘变形区拉深时应力分析

在拉深变形刚刚开始时，凸缘外径为 $R_0=d_0/2$，则上式可写为

$$\sigma_{r\max}=1.1\bar{S}\ln\frac{R_0}{r_0}=1.1\bar{S}\ln\frac{1}{m} \tag{4-83}$$

式（4-83）中 $m=\frac{r_0}{R_0}$，称为拉深系数，用来表示拉深变形的程度，m 值越小，表示拉深变形程度越大。

2. 应变分布情况

由上述求得的凸缘变形区内应力分布规律可以求出其应变分布。在整个变形过程中，对于每一个微小基元体而言，可以认为$\frac{\sigma_r}{\sigma_\theta}=\lambda$（$\lambda$ 为常数），根据塑性变形的全量理论可以推出

$$\frac{\varepsilon_r-\varepsilon_t}{\sigma_r-\sigma_t}=\frac{\varepsilon_t-\varepsilon_\theta}{\sigma_t-\sigma_\theta} \tag{4-84}$$

因为凸缘变形区 $\sigma_t\approx0$，所以代入可得出

$$\frac{\sigma_r}{\sigma_\theta}=\frac{\varepsilon_r-\varepsilon_t}{\varepsilon_\theta-\varepsilon_t} \tag{4-85}$$

根据体积不变条件 $\varepsilon_r=-\varepsilon_\theta-\varepsilon_t$，代入式（4-85）得

$$\varepsilon_t=-\frac{1+\lambda}{2-\lambda}\varepsilon_\theta \tag{4-86}$$

其中 $\lambda=\frac{\sigma_r}{\sigma_\theta}=-\frac{\ln\frac{R}{r}}{1-\ln\frac{R}{r}}$

在凸缘变形区，$r_0<r<R$，所以 λ 为负值。当 ε_t 与 ε_θ 符号相反时板坯变厚，符号相同时板坯变薄。由式（4-86）可知，要改变 ε_t 的符号，只有 $1+\lambda<0$，即 $\lambda<-1$。令 $\lambda=-1$，可求出板坯变薄变厚的临界半径 R_t

$$R_t=0.607R \tag{4-87}$$

式中 R——板料瞬间变形的外半径。

在上述求解过程中令 $\lambda=-1$，即 $\sigma_r=-\sigma_\theta$，因此 $|\sigma_r|=|\sigma_\theta|$，也就是两应力绝对值相等的交点位置即为 $r=R_t$，如图4-21a所示。这样，凸缘变形区被半径为 R_t 的圆分成了两部分。尽管整个凸缘变形区都属于径向受拉、切向受压的应力状态，但是由于两应力值的比例关系不同，对应的应变类型也不相同。

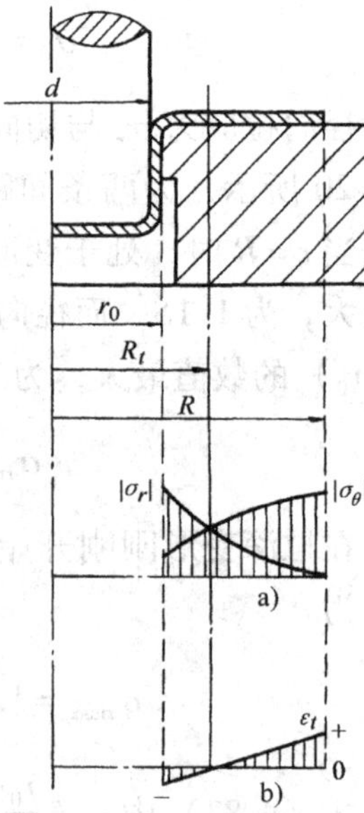

图4-21 凸缘变形区应变分析

1）在 $r>R_t$ 处（外部），$|\sigma_r|<|\sigma_\theta|$，$\sigma_t\approx0$，该区域为压缩类应变，板料切向缩短（$\varepsilon_\theta<0$），径向和厚度方向伸长（$\varepsilon_r>0$、$\varepsilon_t>0$），板料增厚。

2）在 $r=R_t$ 处（交点），$|\sigma_r|=|\sigma_\theta|$，$\sigma_t\approx0$，该处为平面变形（纯剪），$\varepsilon_r=-\varepsilon_\theta$，$\varepsilon_t=0$，板厚无变化。

3）在 $r<R_t$ 处（内部），$|\sigma_r|>|\sigma_\theta|$，$\sigma_t\approx0$，该区域为伸长类应变，板料径向伸长（$\varepsilon_r>0$），切向和厚度方向缩短（$\varepsilon_\theta<0$、$\varepsilon_t<0$），板厚减薄。厚度方向应变 ε_t 的分布规律如图4-21b所示。

应当说明，上述应变分区与拉深系数 m 的数值和拉深变

形过程 r_0/R 有关。当 $m>0.607$ 时，仅存在压缩类应变区域；当 $m<0.607$ 时，才同时存在压缩类和伸长类应变区域，而且伸长类应变区域较小。例如，当 $m=0.5$ 时，伸长类应变区域仅占约20%，随着拉深变形继续，瞬间变形的外半径 R 逐渐减小，伸长类应变区也逐渐减小，直到 $r_0/R=0.607$ 时，该区域完全消失。所以，对于整个拉深变形过程而言，凸缘变形性质基本上为压缩类应变，板料增厚。

3. 平均实际应力 $\overline{S}$

要求出 σ_r、σ_θ 的确切值，必须求出平均实际应力 $\overline{S}$。根据硬化曲线关系式 $\overline{S}=A\overline{\epsilon}^n$，还需得出整个变形区的等效应变 $\overline{\epsilon}$。因为凸缘在变形过程中板料增厚，切向应变 ε_θ 在三个主应变中绝对值最大，故可用该应变平均值近似代替。

假设板坯拉深变形前的外缘原始半径为 R_0，变形后外缘处半径为 R，变形前平坯半径为 r' 处在变形后则移动到半径为 r 处（图4-22）。根据体积不变条件，忽略板厚变化，即 $\varepsilon_t\approx 0$，则

$$r'=\sqrt{R_0^2-R^2+r^2} \tag{4-88}$$

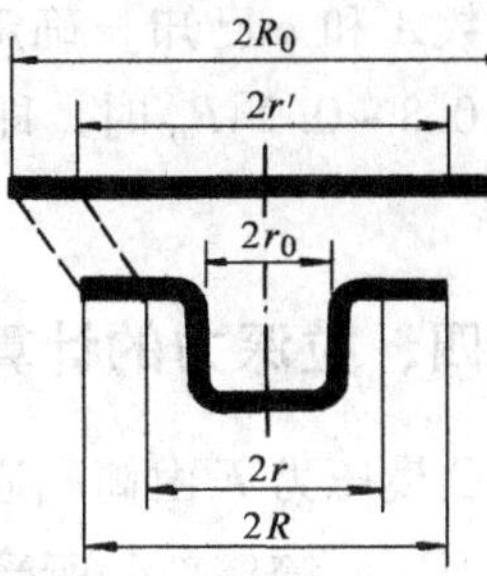

图4-22　拉深过程中的直径变化

凸缘变形区上任一瞬时半径 r 处的应变 ε_θ 和 ε_r 为

$$\left.\begin{aligned}\varepsilon_\theta&=\frac{r'-r}{r'}=1-\frac{r}{\sqrt{R_0^2-R^2+r^2}}\\ \varepsilon_r&=-\varepsilon_\theta=\frac{r}{\sqrt{R_0^2-R^2+r^2}}-1\end{aligned}\right\} \tag{4-89}$$

凸缘变形区上任一瞬时半径 r 处的切向对数应变为

$$\varepsilon_\theta=\ln\frac{2\pi r}{2\pi r'}=\ln\frac{r}{\sqrt{R_0^2-R^2+r^2}} \tag{4-90}$$

当 $r=R$ 时，位于凸缘变形区最外端，如图4-22所示，切向压应变数值最大

$$|\varepsilon_\theta|_{\max}=\left|\ln\frac{R}{R_0}\right|=\ln\frac{R_0}{R}$$

当 $r=r_0$ 时，位于凹模入口处，切向压应变数值为最小

$$|\varepsilon_\theta|_{\min}=\left|\ln\frac{r_0}{\sqrt{R_0^2-R^2+r_0^2}}\right|=\ln\frac{\sqrt{R_0^2-R^2+r_0^2}}{r_0}$$

因此变形区的等效应变为

$$\overline{\epsilon}=\frac{1}{2}(|\varepsilon_\theta|_{\max}+|\varepsilon_\theta|_{\min})=\frac{1}{2}\left(\ln\frac{R_0}{R}+\ln\frac{\sqrt{R_0^2-R^2+r_0^2}}{r_0}\right)=\frac{1}{2}\left(\ln\frac{R_0\sqrt{R_0^2-R^2+r_0^2}}{Rr_0}\right)$$

采用指数方程硬化曲线，变形区的平均实际应力为

$$\overline{S}=A\left(\frac{1}{2}\ln\frac{R_0\sqrt{R_0^2-R^2+r_0^2}}{Rr_0}\right)^n \tag{4-91}$$

由式（4-82）可知，$\sigma_{r\max}$ 与平均实际应力 $\overline{S}$ 和板料瞬间变形的外半径 R 两个参数有关。在拉深变形过程中，开始时变形程度小，$\overline{S}$ 数值也较小，材料硬化程度不严重。随着

变形的进行 R 不断减小，式（4-91）所得 $\bar{S}$ 并不是一个常数，而是随之增大，材料硬化程度逐渐加重，当变形达到一定程度后，硬化趋于饱和，$\bar{S}$ 增加逐渐减缓（图 4-23 中曲线Ⅰ），$\sigma_{r\max}$ 应随 $\bar{S}$ 增大而增加；但另一方面，在变形过程中，外半径 R 逐渐减小（图 4-23 中曲线Ⅱ），$\sigma_{r\max}$ 也应随之减小。因此 $\sigma_{r\max}$ 的变化规律是 $\bar{S}$ 增加和变形区 R 减小这两个相互消长因素的综合作用结果（图 4-23 中曲线Ⅲ）。由图 4-23 可知，$\sigma_{r\max}$ 在拉深变形的某一阶段达到了最大值 $\sigma_{r\max}^{\max}$。当拉深系数 m 和材料［即式（4-91）中的参数 A 和 n 已知］确定时，通过大量计算表明，当 $R\approx[0.8\sim0.9]R_0$ 时，即在拉深初始阶段 $\sigma_{r\max}$ 达到最大值。

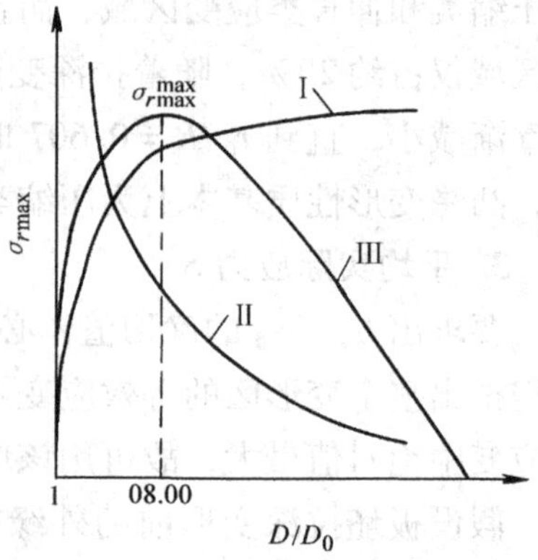

图 4-23 拉深过程中 $\sigma_{r\max}$ 的变化曲线

四、拉深力的计算

凸模压力 F 由筒底通过筒壁经凹模圆角传递至凸缘变形区，筒壁部分所受拉应力主要是凸缘变形区的变形阻力 $\sigma_{r\max}$。此外，还要考虑摩擦与凹模圆角处板料弯曲所造成的影响，具体分析如下：

1）对于有压边圈的拉深，压边力 Q 不是均匀分布在凸缘上的，而是集中作用在离板料边缘一定距离的环形面积上，压边应力可忽略不计，但所产生的摩擦阻力将会增大径向拉应力，增大值为

$$\sigma_{摩}=\frac{2\mu Q}{2\pi r_0 t}=\frac{\mu Q}{\pi r_0 t}$$

2）板坯沿凹模口部圆角产生的弯曲和校直现象对径向拉应力有一定影响。弯曲阻力所造成的径向拉应力增大值可近似为

$$\sigma_{弯}=\frac{\sigma_b}{2\dfrac{r_d}{t}+1}$$

式中，σ_b 为材料抗拉强度；r_d 为凹模口处圆角半径。

3）板坯沿凹模圆角滑动时由于接触面上的摩擦阻力也会增大径向拉应力，计算时应乘上摩擦阻力系数 $e^{\mu\alpha}$，其中 α 为板坯对凹模圆角的包角，可近似确定为 $\alpha=\dfrac{\pi}{2}$，故该系数为 $e^{\frac{\pi\mu}{2}}\approx(1+1.6\mu)$。

综上所述，传力区筒壁部分的径向拉应力表达式为

$$p=\left[\sigma_{r\max}+\frac{\mu Q}{\pi r_0 t}\right](1+1.6\mu)+\frac{\sigma_b}{2\dfrac{r_d}{t}+1} \tag{4-92}$$

若将 $\sigma_{r\max}$ 以最大值 $\sigma_{r\max}^{\max}$ 代入式（4-92），即可获得最大单位拉应力

$$p_{\max}=\left[\sigma_{r\max}^{\max}+\frac{\mu Q}{\pi r_0 t}\right](1+1.6\mu)+\frac{\sigma_b}{2\frac{r_d}{t}+1}$$

最大拉深力为

$$F_{\max}=2\pi r_0 t p_{\max} \tag{4-93}$$

五、拉深变形过程中的起皱与拉裂

1. 起皱

在拉深变形过程中，假如板坯的相对厚度 t/R_0 比较小，凸缘变形区很有可能在切向压应力 σ_θ 的作用下产生塑性失稳而起皱。起皱的原因主要是由于凸缘的切向压应力 σ_θ 超过了板料的临界压应力，它包含了两个充分必要条件：一是力学条件，即 σ_θ 的大小；二是几何条件，相对厚度 t/R_0 较小，抗失稳能力差。在拉深过程中，拉深系数 m 反映了力学条件。m 越小，拉深变形程度越大，变形区的材料硬化程度也就越高，切向压应力 σ_θ 越大。在凸缘变形区的外表面，切向压应力为 $\sigma_{\theta\max}$，起皱首先从此处开始。拉深时因 $\sigma_{\theta\max}$ 不断增大使失稳起皱的趋势上升，但随着变形进行，凸缘变形区的板厚增加，相对厚度因而增大，抗失稳能力也相应增强。这两个因素相互作用的结果，与图 4-23 中 $\sigma_{r\max}$ 的变化过程类似，失稳起皱最容易产生的瞬间在凸缘外半径 $R=(0.8\sim0.9)R_0$ 时。反之，如果拉深系数 m 和相对厚度 t/R_0 较大，变形区起皱的可能性就减小。生产过程中常见的防皱措施是采用刚性或弹性压边圈，把凸缘压紧在凹模表面上。

2. 拉裂

图 4-24 所示为圆筒件拉深后筒壁部分壁厚变化示意图。筒壁上部是由壁厚增大的凸缘变形区转化而来的，所以筒壁上部厚度增加。筒壁在拉深过程中应力状态为单向拉应力，如果 σ_r 大于板料抗拉强度 σ_b，便会在与凸模圆角相连的 A 处和凸模圆角部位 B 处（图 4-24）产生颈缩。凸模圆角在拉深过程中承受厚度方向压应变，壁厚变薄，因此很有可能在 B 处产生断裂。如果圆筒件拉深时凸缘起皱或压边力过大都会使 σ_r 增大导致拉裂。要防止产生拉裂，应根据板料的成形性能选择合适的拉深系数和压边力，以减小缩颈处的变薄现象。

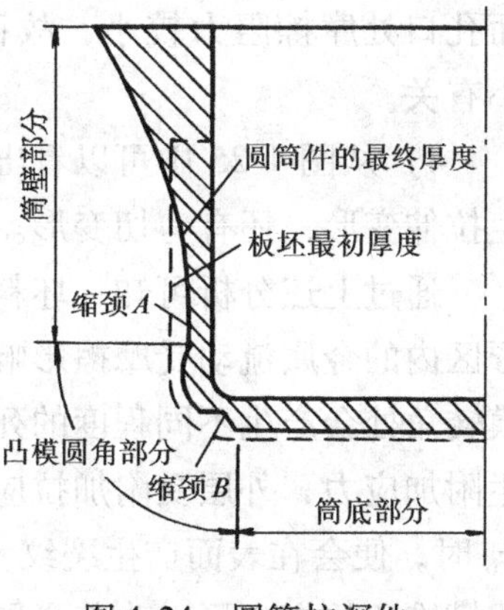

图 4-24　圆筒拉深件的壁厚变化

第六节　挤压变形分析及单位挤压力的计算

挤压是金属在三个方向的不均匀压力作用下，从模孔中挤出或流入模膛内以获得所需尺寸、形状的制品或零件的一种塑性成形工艺方法。挤压是一种先进的少屑或无屑锻压工艺。根据金属的流动方向，挤压可分为正挤压、反挤压和复合挤压三种。本节从分析轴对称实心零件正挤压时的变形流动特点入手，讨论挤压变形力的主应力计算方法。

一、挤压时金属的变形特点

1. 挤压时金属的变形流动

将圆柱体坯料切开，对剖面进行网格划分，在拼合后进行各种方式挤压，即可看到坯料内部的金属流动情况。图4-25所示为正挤压实心件时坐标网的变化情况，由图可知正挤压时金属变形流动的主要特点如下：

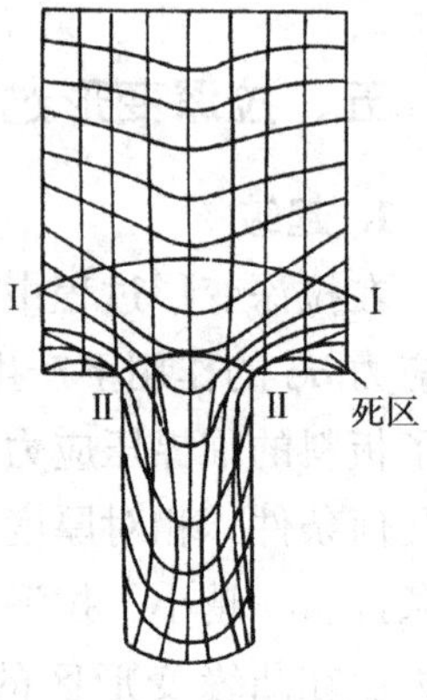

图4-25 正挤压实心件金属的变形流动情况

1）在凸模作用的轴向方向上，坐标网格在凹模出口处弯曲变形较大，且靠近中心轴的金属弯曲变形尤为严重，其主要原因是因为外层金属在流动时受到凹模与坯料接触表面上摩擦力的阻碍，滞后于中心层金属的流动。坯料在挤压后，端部金属的轴向坐标网格弯曲小于内部金属，这是由于在挤压时该部分金属因靠近凹模出口处迅速向外挤出，受摩擦的影响较小。

2）挤压后在径向方向上的坐标网格也产生较大弯曲。Ⅰ-Ⅰ线与Ⅱ-Ⅱ线之间的区域为剧烈变形区，位于凹模孔口附近。其他区域径向变形不大，说明这部分区域金属只有刚性平移，没有塑性变形。

3）靠近凹模出口转角处的金属在挤压过程中不参与塑性流动，称为金属“死区”。形成死区的主要原因是由于凹模底部摩擦的影响，越靠近凹模侧壁处摩擦阻力越大，而孔口处摩擦阻力较小，故而死区一般呈三角形，其大小与摩擦系数和凹模锥角的大小有关。

4）从图4-25中可以看出，正方形网格经过出口后变成平行四边形，说明金属不仅发生拉伸变形，还有剪切变形。靠近金属的外表面处剪切变形最大，中心处则缩减为零。

通过上述分析可知，坯料金属在进入Ⅰ-Ⅰ线与Ⅱ-Ⅱ线之间时开始发生剧烈变形。变形区内的金属流动受摩擦影响是不均匀的，中心部分流动快，外层金属流动慢，而且在凹模转角处会产生不同程度的死区。由于内外层金属流动速度有差异，必然会在坯料内部产生附加应力，外层受附加拉应力，内层为附加压应力。当附加拉应力超出材料的抗拉强度 σ_b 时，便会在表面产生裂纹，图4-26所示裂纹即为附加拉应力作用的结果。减小摩擦和凹模锥角的大小可以改善金属的变形流动情况。

2. 挤压变形的应力应变分析

挤压时变形金属可以分为如图4-27所示的 A、B 两个区域。A 区是直接受力压缩区，由于凸模的直接作用导致该区域金属产生变形；B 区是间接受压区，这部分金属变形是受到 A 区金属压力作用的结果，其应力应变状态如图4-27所示（σ_z、ε_z 为轴向应力应变；σ_r、ε_r 为径向应力应变；σ_θ、ε_θ 为切向应力应变）。当坯料高径比不大时，A 区的变形相当于在套筒内进行圆环件镦粗，径向压应力 σ_r 为数值最大的主应力，拉应变 ε_r 为最大主应变；轴向压应力 σ_z 为数值最小的主应力，压应变 ε_z 为最小主应变。B 区的变形则类似于在圆形砧内拔长，轴向应力应变 σ_z、ε_z 为最大主应力和主应变。A、B 两区均为伸长类变形，各区金属沿图中箭头方向移动。由屈服准则可建立以下关系式

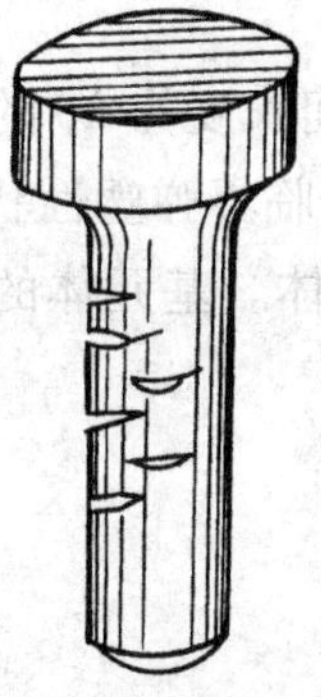

图 4-26　附加应力作用产生的挤压裂纹

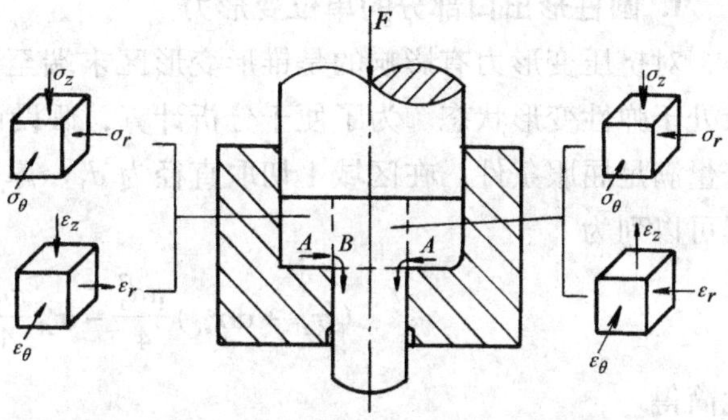

图 4-27　挤压时各变形区应力应变简图

$$A\text{ 区}\quad \sigma_{rA}-\sigma_{zA}=S$$

$$B\text{ 区}\quad \sigma_{zB}-\sigma_{rB}=S$$

由径向力学平衡条件可得 $\sigma_{rA}=\sigma_{rB}$，将上述两式相加，得

$$\sigma_{zB}-\sigma_{zA}=2S \tag{4-94}$$

由式（4-94）可知，在 A、B 两区交界处轴向应力相差 $2S$，此处存在轴向应力突变。在挤压矮坯料时，由于 B 区金属轴向压应力小于 A 区，A 区金属流动时便拉着 B 区金属一起流动，使 B 区上端面呈凹形，再加上径向压应力的作用，容易导致产生缩孔（图 4-28）。

二、挤压变形力的计算

（一）单位挤压变形力的计算

正挤压模的基本形式如图 4-29 所示，挤压坯料在变形过程中的任一瞬间可分为三个部分：已变形的圆柱形出口部分Ⅰ、中间为锥形的变形区Ⅱ和待变形的凸模下直筒部分Ⅲ。凸模作用的挤压力包括变形区Ⅱ中金属材料的变形抗力及所有各区中金属材料接触摩擦的影响。假设各区与凹模接触面上的摩擦系数分别为 μ_1、μ_2 和 μ_3，现分别求取各区域单位变形力。为了简化计算，假设各区的流动应力均取常数，分别为 S_1、S_2 和 S_3。

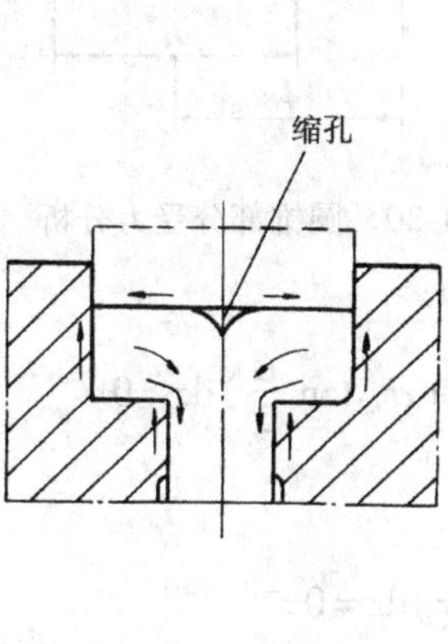

图 4-28　挤压缩孔

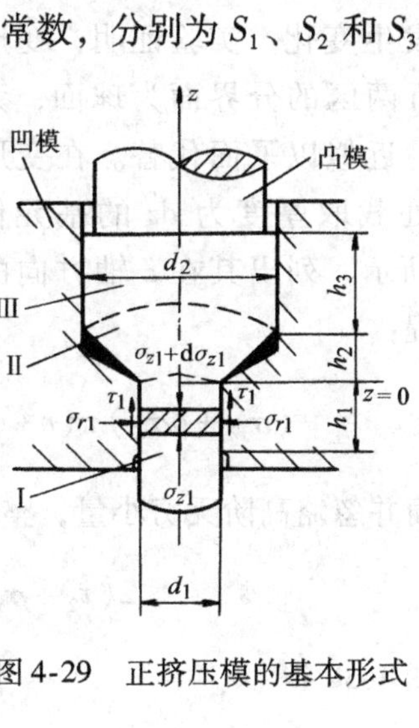

图 4-29　正挤压模的基本形式

1. 圆柱形出口部分的单位变形力

对挤压变形力有影响的是锥形变形区末端至凹模出口处之间长度为 h_1 的材料，该区域处于弹性变形状态。为了便于分析计算，假设该区域材料处于临界弹塑性状态，各应力分量满足屈服条件。在区域Ⅰ切取直径为 d_1、厚度为 dz 的基元体。基元体的轴向平衡方程可以列为

$$(\sigma_{z1}+d\sigma_{z1})\frac{\pi d_1^2}{4}-\sigma_{z1}\frac{\pi d_1^2}{4}-\tau_1\pi d_1 dz=0$$

化简得

$$d\sigma_{z1}=\frac{4\tau_1}{d_1}dz \tag{4-95}$$

在凹模出口处，$z=-h_1$、$\sigma_{z1}=0$，在不同摩擦条件下根据边界条件和塑性屈服条件求出的积分常数和轴向应力表达式相同，即

$$\sigma_{z1}=\frac{4\mu_1 S_1}{d_1}(h_1+z) \tag{4-96}$$

当 $z=0$ 时，在位于Ⅰ、Ⅱ区交界处，σ_{z1} 为最大值，即圆筒形出口部分所需施加的单位变形力为

$$p_1=4\mu_1 S_1\frac{h_1}{d_1} \tag{4-97}$$

2. 圆锥部分的单位变形力

正挤压变形时，锥形底部转角处总是存在金属死区，所造成的变形锥角小于凹模锥角。因此，计算时可以忽略凹模锥角大小的影响。

圆锥部分是金属剧烈变形区，除了受拉伸外，还有剪切变形作用，使主应力方向发生变化。实验证明，变形区Ⅱ与Ⅰ、Ⅲ两区的分界面为球面，为了简化计算，近似以平面代替。在变形区高度为 z 处截取厚度为 dz 的基元体，如图4-30所示。列出其在 z 轴方向的平衡微分方程：

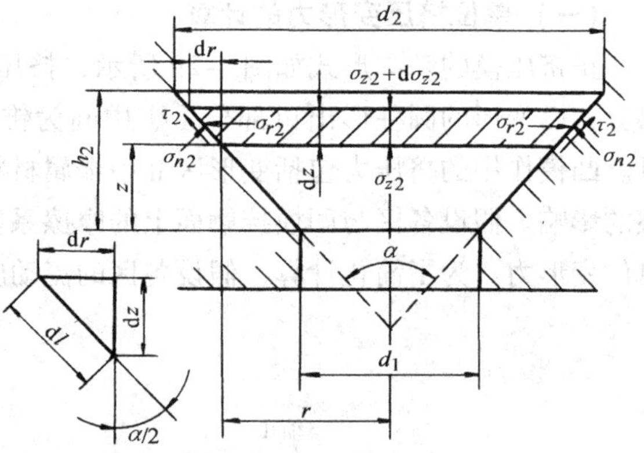

图4-30 圆锥部分受力分析

$$(\sigma_{z2}+d\sigma_{z2})\pi(r+dr)^2-\sigma_{z2}\pi r^2-2\pi r(\tau_2+\sigma_{n2}\tan\frac{\alpha}{2})dz=0$$

化简并忽略高阶无穷小量，整理得

$$2(\tau_2+\sigma_{n2}\tan\frac{\alpha}{2})dz-r d\sigma_{z2}-2\sigma_{z2}dr=0 \tag{4-98}$$

由图4-30得

$$\left.\begin{aligned} dr &= dz\tan\frac{\alpha}{2} \\ r &= \frac{d_1}{2} + z\tan\frac{\alpha}{2} \end{aligned}\right\} \tag{4-99}$$

列出基元体在径向的力学平衡条件，化简得

$$\sigma_{n2} = \sigma_{r2} + \tau_2\tan\frac{\alpha}{2} \tag{4-100}$$

将式（4-99）、式（4-100）代入式（4-98），整理得

$$d\sigma_{z2} = \frac{2\left[\tau_2(1+\tan^2\frac{\alpha}{2}) + (\sigma_{r2}-\sigma_{z2})\tan\frac{\alpha}{2}\right]}{\frac{d_1}{2}+z\tan\frac{\alpha}{2}}dz$$

变形区的塑性屈服条件为 $\sigma_{r2}-\sigma_{z2}=S_2$，设凹模锥角处满足常摩擦条件 $\tau_2=\mu_2 S_2$，代入上式得

$$d\sigma_{z2} = \frac{2S_2\left[\mu_2(1+\tan^2\frac{\alpha}{2}) + \tan\frac{\alpha}{2}\right]}{\frac{d_1}{2}+z\tan\frac{\alpha}{2}}dz \tag{4-101}$$

对上式积分得

$$\sigma_{z2} = 2KS_2\ln(\frac{d_1}{2}+z\tan\frac{\alpha}{2}) + C \tag{4-102}$$

式中，$K=\dfrac{\mu_2\ (1+\tan^2\frac{\alpha}{2})\ +\tan\frac{\alpha}{2}}{\tan\frac{\alpha}{2}}$。

当 $z=0$ 时，位于已变形区Ⅰ和变形区Ⅱ边界，$\sigma_{z1}=\sigma_{z2}=p_1$，代入式（4-102）可求得积分常数 C

$$C = p_1 - 2KS_2\ln\frac{d_1}{2}$$

$$\sigma_{z2} = p_1 + 2KS_2\ln\left(\frac{d_1+2z\tan\frac{\alpha}{2}}{d_1}\right) \tag{4-103}$$

当 $z=h_2$ 时，得到变形区Ⅱ与直筒部分交界处的轴向压力为

$$p_2 = p_1 + 2KS_2\ln\left(\frac{d_1+2h_2\tan\frac{\alpha}{2}}{d_1}\right) \tag{4-104}$$

由图 4-30 所示几何关系可知，$d_2=d_1+2h_2\tan\frac{\alpha}{2}$，代入上式，即

$$p_2 = p_1 + 2KS_2\ln\frac{d_2}{d_1} = p_1 + KS_2\ln\lambda \tag{4-105}$$

式中，λ 为挤压比，$\lambda=\frac{A_0}{A_1}$；A_0 为冷挤压变形前毛坯的横截面积；A_1 为冷挤压变形后制件

的横截面积。

式（4-105）中的系数K反映了摩擦条件和凹模锥角对挤压变形力的影响，λ则表明了挤压变形程度和挤压力之间的关系。

3. 直筒部分的单位变形力

直筒区域为待变形区，材料在凸模施加的变形力与摩擦阻力的作用下，产生轻微轴向压缩和径向伸长变形，由于凹模内壁的限制会产生径向压应力。如果考虑坯料在挤压时与凹模的初始间隙，还会有切向伸长变形。根据金属在筒内的流动状况，可以按下列三种情况分别计算。

（1）第一类　金属和凹模壁间的摩擦系数很小，毛坯长度较短，金属材料处于弹性压缩状态，不产生塑性变形，只作刚性平移。选用圆柱坐标系，切取如图4-31所示的基元体。

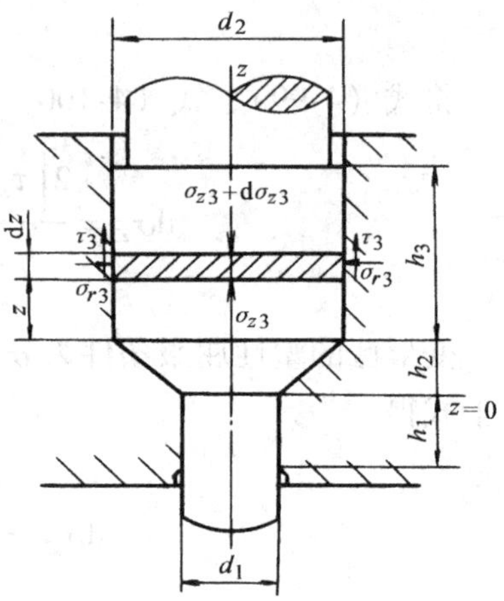

图4-31　直筒部分受力分析

z向力学平衡微分方程为

$$(\sigma_{z3}+\mathrm{d}\sigma_{z3})\frac{\pi d_2^2}{4}-\sigma_{z3}\frac{\pi d_2^2}{4}-\tau_3\pi d_2\mathrm{d}z=0$$

化简得

$$\mathrm{d}\sigma_{z3}=\frac{4\tau_3}{d_2}\mathrm{d}z \tag{4-106}$$

设接触面上服从库仑摩擦条件$\tau_3=\mu_3\sigma_{r3}$，代入式（4-106）得

$$\mathrm{d}\sigma_{z3}=4\mu_3\frac{\sigma_{r3}}{d_2}\mathrm{d}z \tag{4-107}$$

在该区域σ_{z3}的压应力数值大于σ_{r3}，其近似屈服条件为$\sigma_{z3}-\sigma_{r3}=S_3$，与式（4-107）联立求解，并积分后得

$$\sigma_{z3}-S_3=C\mathrm{e}^{\frac{4\mu_3 z}{d_2}} \tag{4-108}$$

利用直筒部分与圆锥部分在交界处的边界条件$z=0$、$\sigma_{z3}=p_2$，可求出积分常数

$$C=p_2-S_3$$

$$\sigma_{z3}=(p_2-S_3)\mathrm{e}^{\frac{4\mu_3 z}{d_2}}+S_3 \tag{4-109}$$

当$z=h_3$时，σ_z的绝对值即为凸模的单位变形力

$$p_3=(p_2-S_3)\mathrm{e}^{\frac{4\mu_3 h_3}{d_2}}+S_3 \tag{4-110}$$

由式（4-110）可知，当h_3最大时挤压变形力p_3有最大值。在挤压变形的开始阶段，$h_3\approx H_0$（H_0为毛坯原始高度），表面摩擦和h_3均有最大值，因此可得第一类情况下的单位挤压力为

$$p=p_{3\max}=\left(4\mu_1 S_1\frac{h_1}{d_1}+KS_2\ln\lambda-S_3\right)\mathrm{e}^{\frac{4\mu_3 H_0}{d_2}}+S_3 \tag{4-111}$$

式（4-111）只适用于在直筒内金属材料不发生塑性变形的情况。根据最大摩擦条件

$\tau_3 \leqslant 0.5S_3$，可以求得具有本类情况的毛坯最大高度 $H_{\max}$。

由式（4-109）得

$$\sigma_{r3} = \sigma_{z3} - S_3 = (p_2 - S_3)\mathrm{e}^{\frac{4\mu_3 H_{\max}}{d_2}}$$

代入摩擦条件

$$\mu_3(p_2 - S_3)\mathrm{e}^{\frac{4\mu_3 H_{\max}}{d_2}} \leqslant 0.5S_3 \tag{4-112}$$

两边取对数后化简得

$$H_{\max} = \frac{d_2}{4\mu_3}\ln\frac{S_3}{2\mu_3(p_2 - S_3)} \tag{4-113}$$

（2）第二类　$H_0 > H_{\max}$，μ_3 较大，当 $z = H_{\max}$ 时，摩擦切应力 τ_3 为最大值，金属在直筒内产生塑性变形。此时的摩擦条件为 $\tau_3 = (\tau_3)_{\max} = \frac{S_3}{2}$，代入式（4-106）并积分，得

$$\sigma_{z3} = \frac{2S_3}{d_2}z + C \tag{4-114}$$

根据边界条件 $\tau = \mu_3\sigma_{r3} = \frac{S_3}{2}$，有 $\sigma_{r3} = \frac{S_3}{2\mu_3}$。由塑性条件 $\sigma_{z3} - \sigma_{r3} = S_3$ 可以求出

$$\sigma_{z3} = \sigma_{r3} + S_3 = \frac{S_3}{2\mu_3} + S_3 \tag{4-115}$$

将式（4-115）和 $z = H_{\max}$ 一起代入式（4-114），求出积分常数 C

$$C = S_3\left(1 + \frac{1}{2\mu_3} - \frac{2H_{\max}}{d_2}\right)$$

则轴向正应力为

$$\sigma_{z3} = S_3\left[\frac{2\mu_3 + 1}{2\mu_3} + \frac{2}{d_2}(z - H_{\max})\right] \tag{4-116}$$

当 $z = H_0$ 时即为挤压凸模的单位压力

$$p_3 = S_3\left[\frac{2\mu_3 + 1}{2\mu_3} + \frac{2}{d_2}(H_0 - H_{\max})\right] \tag{4-117}$$

（3）第三类　$H_0 > H_{\max}$，μ_3 很大，摩擦切应力 τ_3 沿整个凹模筒长度都达到最大值 $S_3/2$，塑性变形极为不均匀，此时挤压所得产品质量最差。

与第二类条件相比，第三类的摩擦边界条件有所不同，整个直筒部分都满足 $\tau = S_3/2$，因此其近似平衡微分方程为式（4-114）。在 $z = 0$ 时，位于直筒部分与锥形部分交界处 $\sigma_{z3} = p_2$，代入式（4-114），即得 $C = p_2$。在 $z = H_0$ 时得出本类型挤压时的单位变形力为

$$p_3 = p_2 + \frac{2S_3}{d_2}H_0 = 4\mu_1 S_1\frac{h_1}{d_1} + KS_2\ln\lambda + \frac{2S_3}{d_2}H_0 \tag{4-118}$$

（二）挤压变形力的影响因素分析

根据上述挤压力计算公式可知，影响挤压单位变形力大小的主要因素有：

（1）毛坯长度 H_0 挤压件的初始长度 H_0 越大，单位变形力也就越大。最大变形力出现在挤压变形的初始阶段，随着凸模的不断压入，挤压力逐渐减小。

（2）挤压比 λ 挤压比反映了挤压变形程度，变形程度越大，单位变形力也随之增加。

（3）凹模锥角 α 单位变形力公式中的系数 K 反映了凹模形状对挤压力的影响。当凹模锥角 $\alpha=90°$ 时，变形区的单位挤压力为最小值。

（4）摩擦系数 μ 摩擦系数 μ 对挤压力的影响很大，毛坯在理想的润滑条件下能有效降低挤压变形力。当 $\mu_1=\mu_2=\mu_3\approx0$ 时，由式（4-111）可知，变形力仅与挤压变形程度有关，即 $p=S_2\ln\lambda$。

思 考 题

4-1 主应力法的求解原理是什么？为什么说这是一种近似计算法？

4-2 实际生产中预先将精压模表面作成微凸状的理论依据是什么？

4-3 开式模锻过程分哪几个变形阶段？变形力在哪个阶段最大？飞边槽的作用是什么？

4-4 圆柱体不均匀镦粗时，若 $d/h=4$，接触面摩擦系数分别为 $\mu=0.2$、$\mu=0.5$，试用主应力法求解接触表面的正应力分布规律。

4-5 正挤压时金属流动有何特点？附加应力作用对挤压件有什么影响？

4-6 简述窄板和宽板弯曲时变形区的应力应变状态。在弯曲过程中中性层会发生什么变化？

4-7 简述拉深变形的应力应变特点。计算拉深变形力时为何忽略板厚变化？

4-8 拉深变形时工件起皱和拉裂的原因是什么？如何防止？

4-9 在水压机上镦粗一圆柱形碳钢毛坯，原始高度 $h_0=400$mm，直径 $d_0=300$mm，镦粗后高度 $h=200$mm。若锻造温度为1200℃时 $S=20$MPa，试计算所需水压机的吨位。

4-10 在平砧上镦粗长矩形截面的钢坯，宽度为 a、高度为 h、长度 $l>>a$，若接触面上的摩擦条件符合库仑摩擦定律，试用主应力法推导单位流动压力 p 的表达式。

4-11 镦粗一圆柱体，侧面作用有均布压应力 σ_0，如图4-32所示。设摩擦切应力满足常摩擦条件，试用主应力法求解单位流动压力 p。

4-12 试采用球坐标系求圆锥凹模拉拔圆柱坯料时的单位拉拔力（图4-33）。假设材料为理想刚塑性材料，近似塑性条件为 $\sigma_r+p=S$（$p>0$），图中 A 为轴向投影面积。

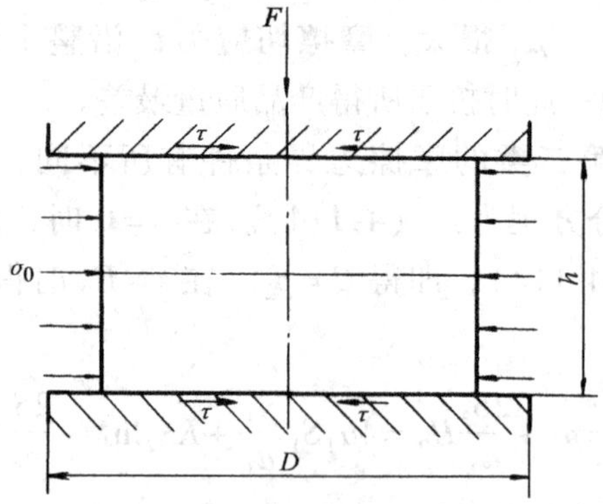

图4-32 圆柱体包套镦粗

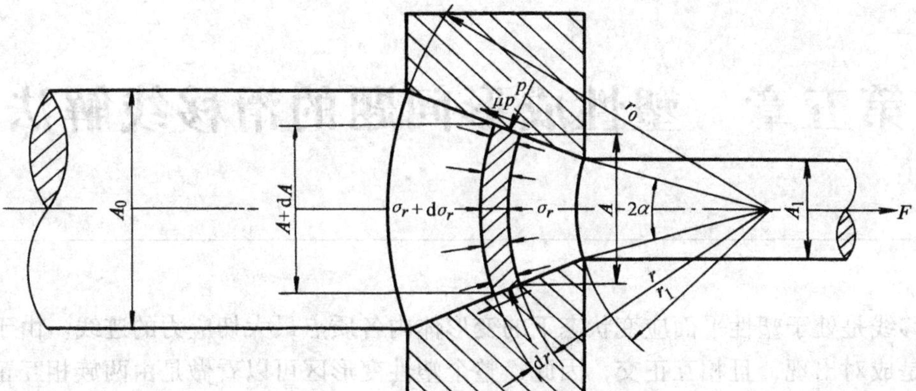

图 4-33　拉拔时基元体受力示意图

第五章　塑性成形问题的滑移线解法

滑移线是处于塑性平面应变状态下的变形体内各质点最大切应力的迹线。由于最大切应力都是成对出现，且相互正交，因此，整个塑性变形区可以看做是由两族相互正交的滑移线组成的网络，即滑移线场。滑移线法就是针对具体的工艺和变形过程，建立对应的滑移线场，然后利用滑移线的某些特性来求解塑性成形问题，如计算变形力和变形体内的应力分布、分析变形、确定毛坯的合理外形与尺寸，甚至扩展到模具型腔的最佳工作轮廓曲线的设计、金属流动规律的预测和塑性加工质量分析等。与塑性加工力学的其他方法相比，该方法在数学上比较严谨、理论上比较完整、计算精度较高。

滑移线场理论是由 M. 列维和 Г. 汉基等人所创立的，并直到 20 世纪 40 年代后才逐渐形成比较完整的求解方法。滑移线场理论包括应力场理论和速度场理论。严格地说，滑移线场理论是针对理想刚塑性材料在平面变形的条件下所建立的，但对于主应力互为异号的平面应力问题、简单的轴对称问题以及有硬化的材料，也可作推广应用。

第一节　滑移线的基本概念

一、平面变形应力状态的特点

处于平面应变状态的塑性变形体，如果与某一个方向相关的应变为零（如与 z 方向相关的应变 $\varepsilon_z=\gamma_{zx}=\gamma_{yz}=0$），变形只发生在一个坐标平面内（如 xOy 平面），该坐标平面称为塑性流动平面。此时塑性变形体内任一点 P 的应力状态及其应力莫尔圆如图 5-1 所示，其最大切应力为

$$\tau_{\max}=\sqrt{\left(\frac{\sigma_x-\sigma_y}{2}\right)^2+\tau_{xy}^2}=\frac{1}{2}(\sigma_1-\sigma_3)=K$$

其方向与主应力 σ_1 成 $\pm\frac{\pi}{4}$的夹角，与 Ox 轴呈 ω 夹角；而作用在最大切应力平面上的正应力大小等于中间主应力 σ_2 或平均应力 σ_m，即

$$\sigma_m=\sigma_2=\frac{1}{2}(\sigma_1+\sigma_3)=\frac{1}{2}(\sigma_x+\sigma_y)$$

由应力状态和应力莫尔圆可知，各应力分量可以用 σ_m、K 及 ω 表示为

$$\left.\begin{aligned}\sigma_x&=\sigma_m-K\sin2\omega\\\sigma_y&=\sigma_m+K\sin2\omega\\\tau_{xy}&=\pm K\cos2\omega\end{aligned}\right\}\tag{5-1}$$

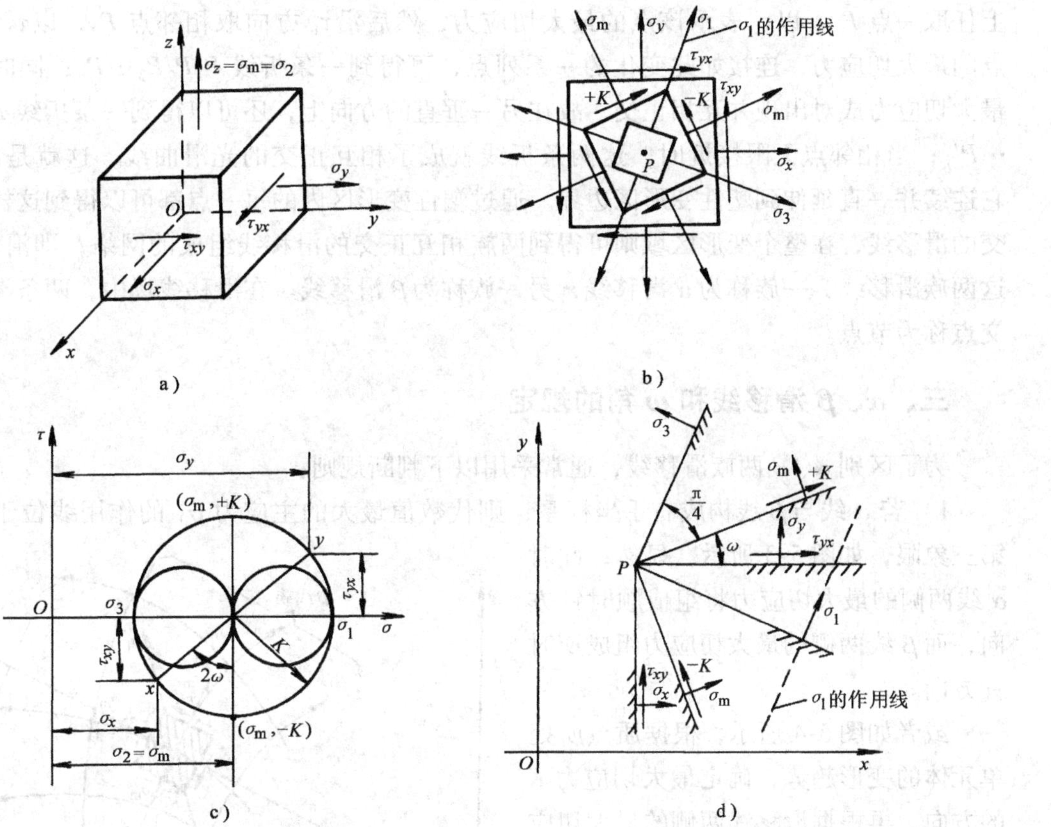

图 5-1　塑性平面应变状态下一点的应力状态、应力莫尔圆及物理平面

对于主应力状态下有 $\omega=\pm\frac{\pi}{4}$，故三个主应力可表示为

$$\left.\begin{aligned}\sigma_1&=\sigma_m+K\\\sigma_2&=\sigma_m\\\sigma_3&=\sigma_m-K\end{aligned}\right\}\tag{5-2}$$

对于理想刚塑性材料，由于 K 为常值，因此，塑性变形体内各点的应力莫尔圆大小相等，应力状态的差别只在于平均应力 σ_m 值的不同，即各点应力莫尔圆的圆心在 σ 轴上的位置不同。

二、最大切应力轨迹线——滑移线的形成

平面变形时，最大切应力作用在塑性流动平面内，平面上各质点的应力状态都满足屈服准则，且过任意一质点都存在着相互正交的两个方向，在该方向上切应力达到最大值 K。一般来说，这两个方向将随点的位置变化而不同。如图 5-2 所示，在塑性流动平面 xOy

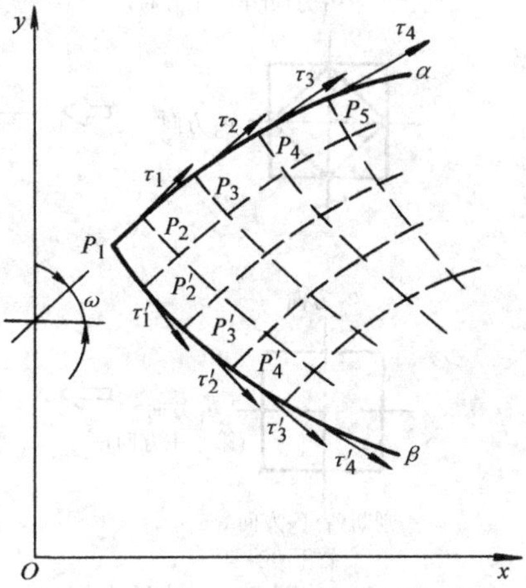

图 5-2　滑移线与滑移线场

上任取一点 P_1，以 τ_1 表示该点的最大切应力，然后沿 τ_1 方向取相邻点 P_2，以 τ_2 表示 P_2 点的最大切应力，连接如此变化的一系列点，可得到一条折线 $P_1P_2P_3\cdots P_n$；同时，由于最大切应力成对出现并互相正交，故在另一垂直的方向上，还可以得到一条折线 $P_1P'_2P'_3\cdots P'_n$；当相邻点无限接近时，这两条折线就成了相互正交的光滑曲线，这就是滑移线，它连续并一直延伸到塑性变形区边界。通过塑性变形区内的每一点都可以得到这样两条正交的滑移线，在整个变形区域则可得到两族相互正交的滑移线组成的网络，即滑移线场。这两族滑移线，一族称为 α 滑移线，另一族称为 β 滑移线。在滑移线场中，两条滑移线的交点称为节点。

三、α、β 滑移线和 ω 角的规定

为了区别 α、β 两族滑移线，通常采用以下判断规则：

1）若 α 线与 β 线构成右手坐标系，则代数值最大的主应力 σ_1 的作用线位于第一与第三象限，如图5-3所示。显然，此时 α 线两侧的最大切应力将组成顺时针方向，而 β 线两侧的最大切应力组成逆时针方向。

或者如图5-4所示，根据质点所处单元体的变形趋势，确定最大切应力 K 的方向，再根据滑移线两侧的最大切应力 K 所组成的时针方向来确定 α 线和 β 线；也可由 σ_1 的方向顺时针旋转 $\pi/4$ 后得到的滑移线即确定为 α 线。

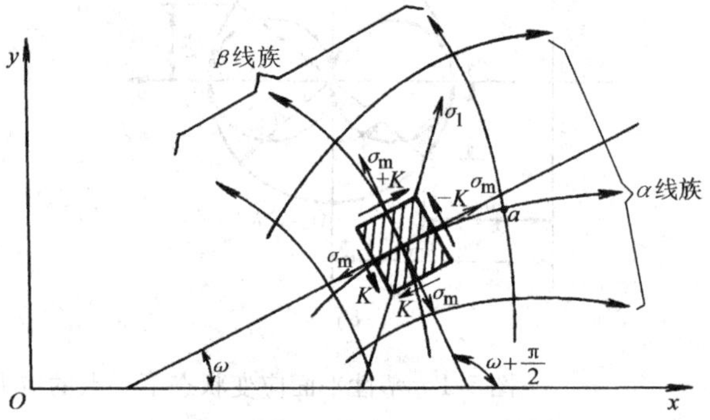

图5-3　α、β 滑移线判别

2）ω 角是 α 滑移线在任意点 P 的切线正方向与 Ox 轴的夹角，如图5-3所示，并规定 Ox 轴的正向为 ω 角的量度起始线，逆时针旋转形成正的 ω 角，顺时针旋转则形成负的 ω 角。显然，过 P 点 β 滑移线的切线与 Ox 轴的夹角为 $\omega' = \omega + \pi/2$。

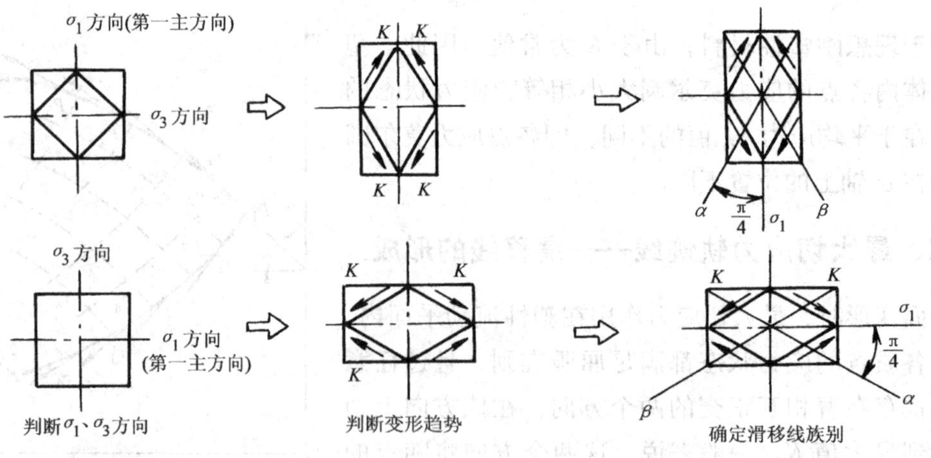

图5-4　按最大切应力 K 的时针转向和按 σ_1 的方向确定 α、β 滑移线

四、滑移线的微分方程

根据图 5-3 和 ω 角的定义，就可写出：

$$\left.\begin{aligned}&\text{对}\,\alpha\,\text{族} \quad \frac{\mathrm{d}y}{\mathrm{d}x}=\tan\omega\\&\text{对}\,\beta\,\text{族} \quad \frac{\mathrm{d}y}{\mathrm{d}x}=\tan\omega'=\tan(\omega+\pi/2)=-\cot\omega\end{aligned}\right\} \tag{5-3}$$

这就是滑移线的微分方程。

第二节　滑移线场的应力方程（汉基应力方程）

根据平面塑性应变状态的特点，可知其应力分量完全可用 σ_m 和 K 来表示。而 K 为材料常数，故只要能找到沿滑移线上的 σ_m 的变化规律，即可求得整个变形体（或变形区）的应力分布。这就是应用滑移线法求解平面塑性变形问题的实质。

汉基应力方程给出了滑移线场内质点平均应力 σ_m 的变化与滑移线转角 ω 的关系式，其推导过程如下：

已知平面应变时的平衡微分方程为

$$\left.\begin{aligned}\frac{\partial\sigma_x}{\partial x}+\frac{\partial\tau_{xy}}{\partial y}=0\\\frac{\partial\sigma_y}{\partial y}+\frac{\partial\tau_{xy}}{\partial x}=0\end{aligned}\right\} \tag{5-4}$$

将满足屈服准则的式（5-1）代入平衡微分方程式（5-4），得到

$$\left.\begin{aligned}\frac{\partial\sigma_m}{\partial x}-2K\left(\cos2\omega\frac{\partial\omega}{\partial x}+\sin2\omega\frac{\partial\omega}{\partial y}\right)=0\\\frac{\partial\sigma_m}{\partial y}-2K\left(\sin2\omega\frac{\partial\omega}{\partial x}-\cos2\omega\frac{\partial\omega}{\partial y}\right)=0\end{aligned}\right\} \tag{5-5}$$

为了便于求解含有 σ_m 和 ω 两个未知量的偏微分方程组，现取滑移线本身作为曲线坐标轴，设为 α 轴和 β 轴。于是，滑移线场中任何一点的位置可用坐标值 α 和 β 表示。当沿坐标轴 α 从一点移动到另一点时，坐标值 β 不变；而沿着 β 轴移动时，则坐标值 α 也不变。

现将坐标原点置于任意两条滑移线的交点 a 上，并使坐标轴 x、y 分别与滑移线的切线 x'、y'重合，如图 5-5 所示。因为在式（5-1）中坐标轴是任意选取的，所以经坐标变换后式（5-1）、式（5-5）仍然有效。

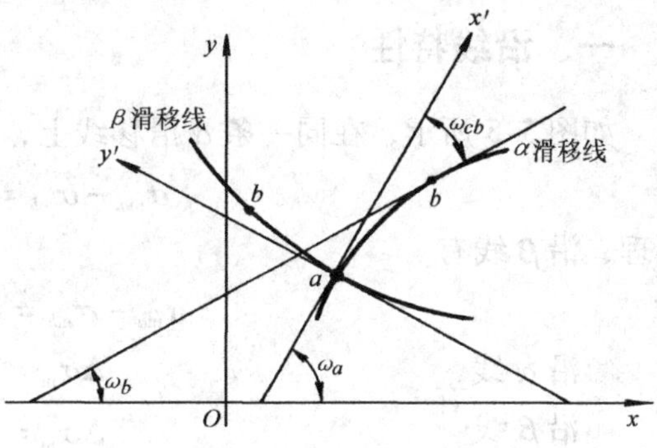

图 5-5　坐标变换示意图

在无限靠近 a 点处，坐标轴 α、β 的微

分弧可认为是与曲线的切线 x'、y'重合的，于是得

$$\omega=0;\ \mathrm{d}x=\mathrm{d}s_\alpha;\ \mathrm{d}y=\mathrm{d}s_\beta$$

和

$$\frac{\partial}{\partial x}=\frac{\partial}{\partial s_\alpha};\ \frac{\partial}{\partial y}=\frac{\partial}{\partial s_\beta}$$

但沿着曲线坐标轴 ω 角是变化的，故 ω 对滑移线的变化率$\frac{\partial\omega}{\partial s_\alpha}$和$\frac{\partial\omega}{\partial s_\beta}$并不为零。将变换关系代入式（5-5），则得关于曲线坐标 α 和 β 的方程

$$\left.\begin{aligned}&\frac{\partial\sigma_\mathrm{m}}{\partial s_\alpha}-2K\frac{\partial\omega}{\partial s_\alpha}=0\quad(\text{沿}\ \alpha\ \text{线})\\&\frac{\partial\sigma_\mathrm{m}}{\partial s_\beta}+2K\frac{\partial\omega}{\partial s_\beta}=0\quad(\text{沿}\ \beta\ \text{线})\end{aligned}\right\}\tag{5-6}$$

式（5-6）便是以滑移线为坐标轴的平衡微分方程，并且恒满足屈服准则，它适用于塑性变形区内的任意点。将式（5-6）中的第一式对 α 积分，第二式对 β 积分，得

$$\left.\begin{aligned}&\sigma_\mathrm{m}-2K\omega=\xi\quad(\text{沿}\ \alpha\ \text{线})\\&\sigma_\mathrm{m}+2K\omega=\eta\quad(\text{沿}\ \beta\ \text{线})\end{aligned}\right\}\tag{5-7}$$

式中，ξ、η 为积分常数。由式（5-7）可知：当沿 α 族（或 β 族中）同一条滑移线移动时，任意函数 ξ（或 η）为常数，只有从一条滑移线转到另一条时，ξ（或 η）值才改变。

式（5-7）为滑移线的积分式，是汉基在1923年首先提出的，故称为汉基应力方程或简称为汉基方程。

汉基应力方程揭示了滑移线场的重要力学特性，即沿滑移线移动时平均应力 σ_m 与方向角 ω 的变化规律，这无论是在建立滑移线场，还是用滑移线理论分析和求解塑性成形问题都具有重要的意义。

第三节　滑移线的基本特性

根据汉基应力方程和滑移线的正交特性可以得出滑移线场的一些基本性质，这些性质对求解具体问题很有用，下面只介绍两个重要的特性。

一、沿线特性

如图5-5所示，在同一条 α 滑移线上，任取两点 a、b，利用式（5-7）可得

$$\sigma_{\mathrm{m}a}-\sigma_{\mathrm{m}b}=2K(\omega_a-\omega_b)\tag{5-8a}$$

同理，沿 β 线有

$$\sigma_{\mathrm{m}a}-\sigma_{\mathrm{m}b}=-2K(\omega_a-\omega_b)\tag{5-8b}$$

或　沿 α 线、沿 β 线有

$$\left.\begin{aligned}&\Delta\sigma_\mathrm{m}=2K\Delta\omega\\&\Delta\sigma_\mathrm{m}=-2K\Delta\omega\end{aligned}\right\}\tag{5-8c}$$

上述方程表明，同一滑移线上平均应力 σ_m 的变化与 ω 角的变化成正比，这就是滑移

线的沿线特性。根据这一特性可得出以下结论：若在某区域内的滑移线场已完全确定，即已知各节点的 ω 值，则只要知道任一点的平均应力，其余所有节点的平均应力就都可以求得，从而整个区域内的应力状态也被确定。

如图 5-6 所示，假设已知滑移线场和 A 点的平均应力 σ_{mA}，即可求出 B 点和 C 点的平均应力 σ_{mB} 和 σ_{mC}。因 ω_A、ω_B 和 ω_C 已知，AB 线为 β 线，由式（5-8b）得

$$\sigma_{mB}=\sigma_{mA}+2K(\omega_A-\omega_B)$$

同理，沿 BC 线（α 线）有

$$\sigma_{mC}=\sigma_{mB}-2K(\omega_B-\omega_C)$$

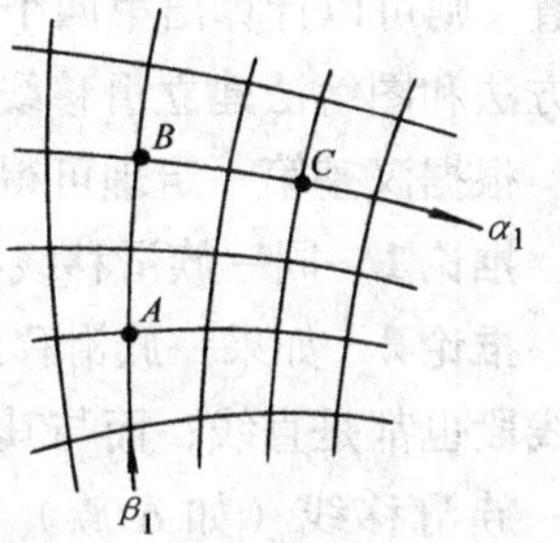

图 5-6　滑移线场内各点的应力

由这一特性还可推知，滑移线的方向变化越剧烈，即 $\Delta\omega$ 变化越大，则平均应力的变化也越大。如果滑移线为直线，即 $\Delta\omega=0$，则 $\Delta\sigma_m=0$。因此，滑移线为直线时，σ_m 和 ω 将为常数。从式（5-1）可知，σ_x、σ_y、τ_{xy} 也不变化。

若某一区域的两族滑移线都是直线，则在整个区域内的 σ_m 和 ω 都是常数，故该区域为均匀应力场。反之，均匀应力状态所对应的滑移线场是正交的直线场。

二、跨线性质（汉基第一定理）

设 α 族的两条滑移线与 β 族的两条线相交于 A、B、C、D 四点，如图 5-7 所示，根据式（5-8a）及式（5-8b）有

沿 α_1 线从 $A\to B$　　$\sigma_{mA}-2K\omega_A=\sigma_{mB}-2K\omega_B$

沿 β_2 线从 $B\to C$　　$\sigma_{mB}+2K\omega_B=\sigma_{mC}+2K\omega_C$

得

$$\sigma_{mC}-\sigma_{mA}=2K(2\omega_B-\omega_A-\omega_C)$$

沿 β_1 线从 $A\to D$　　$\sigma_{mA}+2K\omega_A=\sigma_{mD}+2K\omega_D$

沿 α_2 线从 $D\to C$　　$\sigma_{mD}-2K\omega_D=\sigma_{mC}-2K\omega_C$

得

$$\sigma_{mC}-\sigma_{mA}=2K(\omega_A+\omega_C-2\omega_D)$$

因为沿这两个不同路径计算出的 $\sigma_{mC}-\sigma_{mA}$ 必然相等，所以有

$$\omega_D-\omega_A=\omega_C-\omega_B \tag{5-9a}$$

同理可得

$$\sigma_{mD}-\sigma_{mA}=\sigma_{mC}-\sigma_{mB} \tag{5-9b}$$

也即

$$\left.\begin{aligned}\Delta\omega_{AD}=\Delta\omega_{BC}=\cdots=\text{常数}\\ \Delta\sigma_{m(A,D)}=\Delta\sigma_{m(B,C)}=\cdots=\text{常数}\end{aligned}\right\} \tag{5-9c}$$

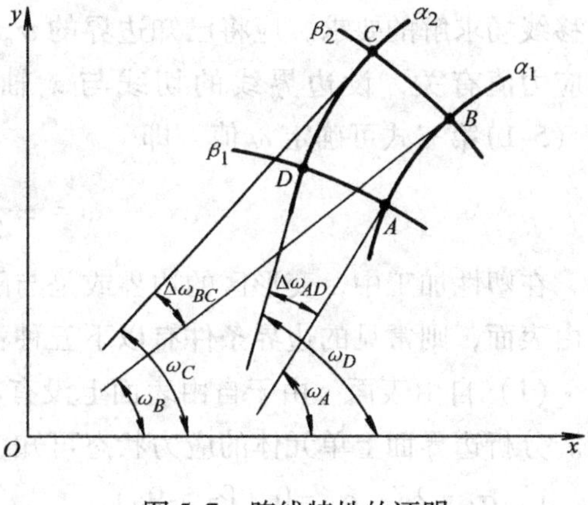

图 5-7　跨线特性的证明

式（5-9c）说明：同一族上的两条滑移线与另一族的任一条滑移线相交，在两交点处切线间的夹角 $\Delta\omega$ 与平均应力的变化 $\Delta\sigma_m$ 均为常数。这就是滑移线的跨线特性，也称为汉基第一定理。根据这个特性，在滑移线场的任一网格中，若已知三个节点上的 σ_m 和 ω 值，则可以计算出第四个节点上的 σ_m 和 ω 值。因此，根据已知边界条件，就可以用数值方法和图解法建立滑移线场和求解塑性变形区的应力状态。

根据汉基第一定理可得出以下推论：

推论1　同一族滑移线必须具有相同方向的曲率。

推论2　如果一族滑移线（如 β 族）中有一条线段是直线，则该族其余滑移线中的相应线段也都是直线；而与其正交的另一族滑移线（如 α 族）或是直线，或是直滑移线包络的渐开线，或是同心圆。例如，如图5-8a所示，若 β 滑移线中 A_1B_1 为直线段，此时该线段与 α 滑移线在交点处的切线夹角 $\Delta\omega_1$ 为零，按汉基第一定理，与线段 A_2B_2 相对应的 $\Delta\omega_2$ 也为零，故 A_2B_2 必为直线。依此类推，$A_3B_3\cdots$亦必为直线。在这种区域内，沿同一条 β 线上 ω 值不变，故 σ_x、σ_y、τ_{xy} 亦不变。但沿同一条 α 线上 ω 值将改变，故各应力分量亦随之改变，这种应力场称为简单应力场。

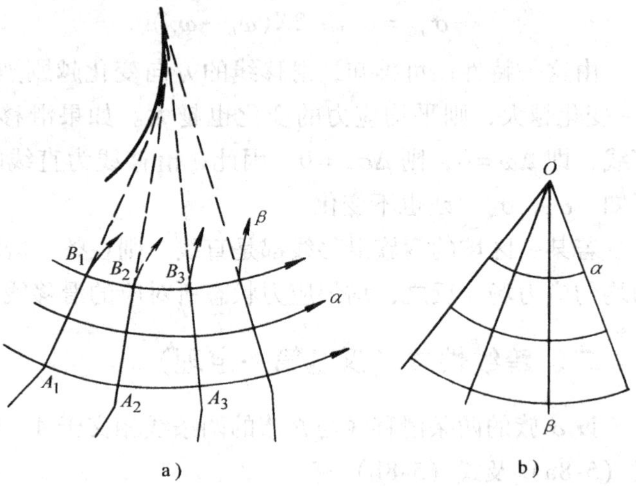

图5-8　推论2示意图

第四节　应力边界条件

滑移线展布在整个塑性流动平面上，当其延伸至塑性变形区的边界或对称面时，应满足应力边界条件。通常应力边界条件是由边界上的正应力 σ_n 和切应力 τ 表示的。为了适应滑移线场求解的要求，应将已知边界的 σ_n、τ 转化为边界处的 σ_m、ω。倾角 ω 与边界上的切应力值有关，设边界线的切线与 x 轴一致，边界上一点处的切应力为 $\tau_{xy}=\tau$，由式（5-1）第三式可确定 ω 值，即

$$\omega = \pm\frac{1}{2}\arccos\left(\frac{\tau}{K}\right) \tag{5-10}$$

在塑性加工中，变形区的边界或是与刚性区的接触面、或是与模具的接触表面、或是自由表面，则常见的边界条件有以下五种：

（1）自由表面　由于自由表面上没有应力作用，即 $\sigma_n=0$、$\tau=0$，故自由表面为主平面。分析边界面上单元体的应力状态可知，存在以下两种情况：

1）$\sigma_1=2K$；$\sigma_3=0$（图5-9a）。

2）$\sigma_1=0$；$\sigma_3=-2K$（图 5-9b）。

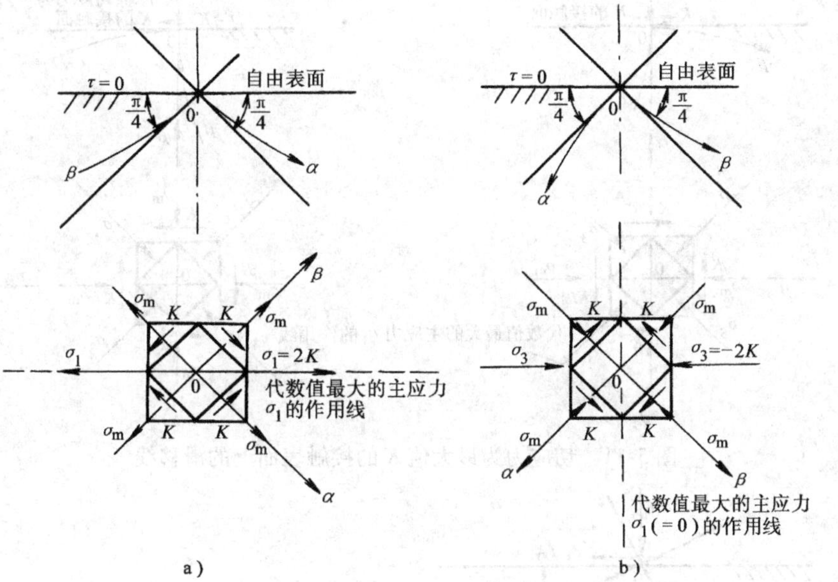

图 5-9　自由表面处的滑移线

由于$\tau=0$，按式（5-10）求得$\omega=\pm\dfrac{\pi}{4}$。这说明两族滑移线与自由表面相交成45°角。按前述判断 α 族和 β 族滑移线的规则，若 $\sigma_1=2K$，则 α 和 β 线如图 5-9a 所示；若 $\sigma_3=-2K$，则 α 和 β 线如图 5-9b 所示。

（2）无摩擦的接触表面　如果接触表面无摩擦，即$\tau=0$，则与不受力的自由表面情况一样，$\omega=\pm\dfrac{\pi}{4}$，两族滑移线与接触表面相交成 45°角。但此时接触面上的正应力一般不为零，在塑性加工中，通常是施加压力，且绝对值最大，即有 $\sigma_n=\sigma_3$，则 α 线和 β 线如图 5-10 所示。

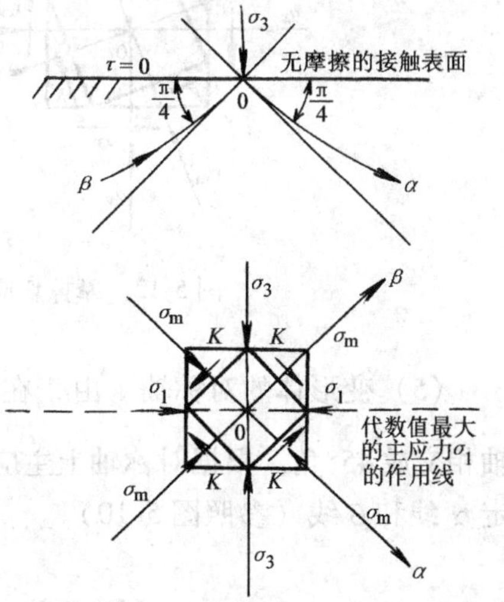

图 5-10　无摩擦时接触表面上的滑移线

（3）摩擦切应力达到最大值 K 的接触表面　当与工具接触表面的摩擦切应力达到最大值 K 时，即 $\tau=K$，则可得 $\omega=0$ 或 $\omega=\dfrac{\pi}{2}$；表明一族滑移线与接触表面相切，另一族滑移线的切线与接触面垂直。此时接触面处的 α 线和 β 线如图 5-11 所示。

（4）摩擦切应力为某一中间值的接触面　在此情况下，接触表面上的应力应满足 $0<|\tau_{xy}|<K$、$\sigma_n\neq0$，因$\tau=\tau_{xy}$，由式（5-10）可求得 ω 的两个解。其中正确解必须根据 σ_x、σ_y 的代数值并利用应力莫尔圆来确定（参照图 5-12b）。假定 σ_y 已知，则可根据整个物体的受力情况，并利用莫尔圆来判断可能的 σ_x，以选取正确的 ω，求得 ω 后，即确定了 α 线，β 线也就能确定了。

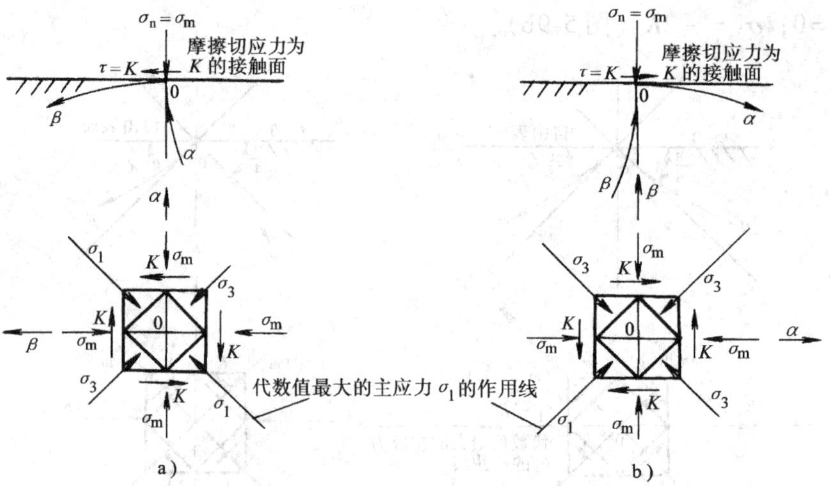

图 5-11　切应力为最大值 K 的接触表面上的滑移线

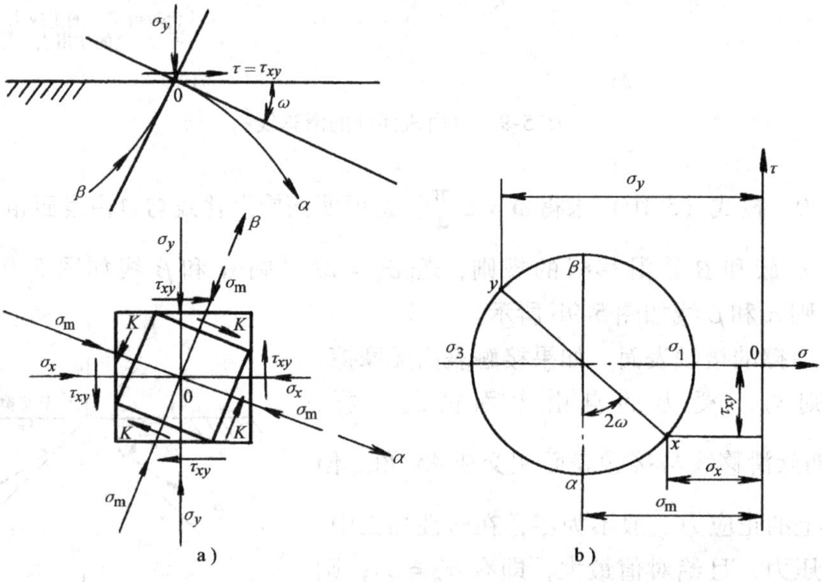

图 5-12　摩擦切应力为某一中间值的接触表面上的滑移线

（5）变形体的对称轴　由于在对称轴上切应力为零，则 $\omega = \pm \frac{\pi}{4}$，故滑移线与对称轴相交成 45°角。根据对称轴上主应力的代数值大小，按前述 α 族和 β 族的判断规则，确定 α 线和 β 线（参照图 5-10）。

第五节　滑移线场的建立方法

一、常见的滑移线场

1. 均匀场

如图 5-13a 所示，对于两族正交的直线所构成的滑移线场，根据滑移线的基本特性可知，场内各点的平均应力 σ_m 和 ω 角都保持常数，这种场称为均匀场。它对应于塑性变形区中的均匀应力场。

2. 简单场

如果滑移线场的一族滑移线由直线组成，另一族则为与直线正交的曲线，这种场称为简单场。简单滑移线场可有以下两种情况：

（1）同心圆与半径族　如图 5-13b 所示，这一类型的滑移线场称为有心扇形场；中心点 O 称为应力奇点，该点的 ω 角不确定，其应力不具有唯一值。

（2）无心扇形场　如图 5-13c 所示，直线型滑移线是滑移线族包络线的切线，这个包络线称为极限曲线，另一族由该极限曲线的等距离渐开线形成。包络线一般为边界线，当包络线退化为一点时，即变成了有心扇形场。

在图 5-13b 和图 5-13c 所示的简单场中，由汉基方程可知，由于 α 线是直线，同一条 α 线上 ω 为常值，则沿 α 线的平均应力 σ_m 也一定是常数，在不同的直线上 σ_m 也将不同；沿 β 线 ω 呈线性变化，σ_m 也将产生线性变化。因此，简单场也就对应于简单应力状态。

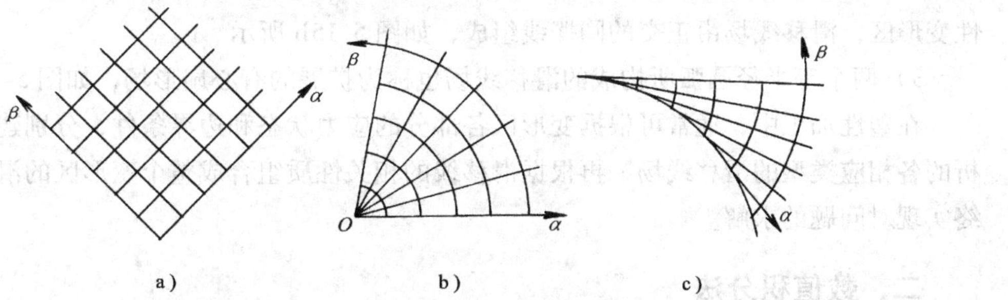

图 5-13　正交直线场和扇形滑移线场

3. 均匀场与简单场的组合

通过对均匀场和简单场的分析可知，在与均匀场相邻的区域，滑移线场必定是简单场，因为其中有一族滑移线只能是由直线所组成的。如图 5-14a 所示，区域 A 为均匀场，场中 β 族滑移线的边界为 SL，当然 SL 也属于相邻区域 B 中的一条滑移线。由于 SL 为直线，则区域 B 中与 SL 同为 β 族的滑移线必定全部都是直线。图 5-14b 所示为一个更复杂的情况，在这种场中，区域 A、C 和 E 都是均匀场，与此相邻的是由两个有心扇形场 B 和 D 连接。

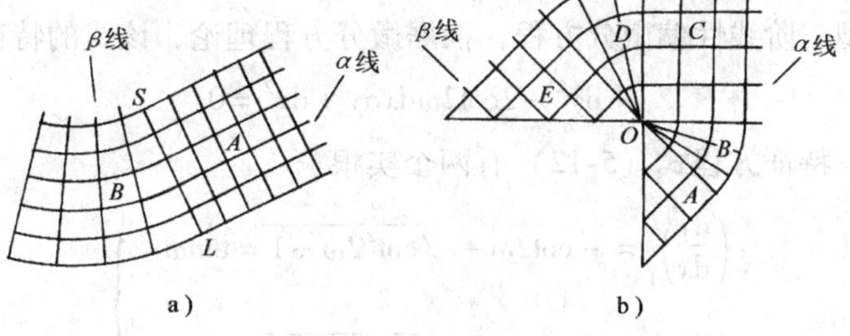

图 5-14　均匀场与简单场的组合

4. 由两族相互正交的光滑曲线构成的滑移线场

属于这一类场的主要有：

1）当圆形界面为自由表面或其上作用有均布的法向应力时，滑移线场由正交的对数螺旋线网所构成，如图5-15a所示。

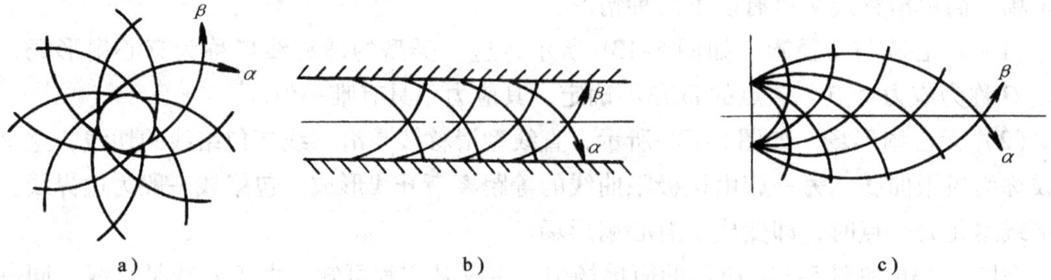

图5-15 两族正交曲线构成的滑移线场

2）在粗糙刚性的平行板间压缩时，在接触面上摩擦切应力达到最大值 K 的那一段塑性变形区，滑移线场由正交的圆摆线组成，如图5-15b所示。

3）两个等半径圆弧所构成的滑移线场也称为扩展的有心扇形场，如图5-15c所示。

在塑性加工中，通常可根据变形区各部分的应力状态和边界条件，分别建立以上所分析的各相应类型的滑移线场，再根据滑移线的相关性质组合成整个变形区的滑移线场，最终实现对问题的求解。

二、数值积分法

1. 滑移线方程的数学意义

运用滑移线法求解塑性成形问题时，首先需要建立变形区内的滑移线场，而建立正确滑移线场的过程通常相当复杂，甚至需要配合专门的实验才能确定。对于某一具体问题，有时需要先分析推断一个滑移线场，然后再检查是否满足所有的边界条件、校核解的唯一性和合理性。

在讨论滑移线场的建立方法时，可以先从数学上对滑移线方程进行分析。

将式（5-5）的第一式对 y 微分、第二式对 x 微分，然后两式相减，得

$$-\frac{\partial^2\omega}{\partial x^2}+2\cot2\omega\frac{\partial^2\omega}{\partial x\partial y}+\frac{\partial^2\omega}{\partial y^2}-4\frac{\partial\omega\partial\omega}{\partial x\,\partial y}+2\cot2\omega\left[\left(\frac{\partial\omega}{\partial y}\right)^2-\left(\frac{\partial\omega}{\partial x}\right)^2\right]=0 \tag{5-11}$$

这是一个双曲线型二阶线性偏微分方程，根据微分方程理论，该式的特征方程为

$$-\mathrm{d}y^2-2\cot2\omega\mathrm{d}x\mathrm{d}y+\mathrm{d}x^2=0 \tag{5-12}$$

其解即为特征线。特征方程式（5-12）有两个实根

$$\left.\begin{aligned}\left(\frac{\mathrm{d}y}{\mathrm{d}x}\right)_1&=-\cot2\omega+\sqrt{\cot^22\omega+1}=\tan\omega\\ \left(\frac{\mathrm{d}y}{\mathrm{d}x}\right)_2&=-\cot2\omega-\sqrt{\cot^22\omega+1}=-\cot\omega\end{aligned}\right\} \tag{5-13}$$

式（5-13）为两族特征线的微分方程，与滑移线的微分方程式（5-3）完全相同。这说明，两族特征线与两族滑移线相重合，滑移线就是数学上的特征线。因此，从数学上来说，滑移线法就是在一定边界条件下，解塑性平衡微分方程式（5-5）的特征线方法。

研究表明，只有在特别简单的边界条件下，才能从特征方程求解中得到滑移线（即特征线）的数学表达式。因此，在数学上一般只是利用滑移线微分方程的数值积分法，根据边界条件逐点递推，求解出近似的滑移线场。

2. 数值积分法

数值积分法的实质是：利用滑移线的差分方程近似地代替微分方程计算出各节点的坐标值，建立滑移线场，然后利用汉基方程计算各节点的平均应力 σ_m 和倾角 ω。

由于方程式（5-11）是双曲线型的偏微分方程，它有三种基本边值问题。因此，在建立滑移线场时，也存在以下三类边值问题：

（1）第一类边值问题　第一类边值问题也称为初始特征问题或黎曼(Rieman)问题，就是根据已知两条相交的滑移线，要求进一步求出一个区域内的滑移线场。如图 5-16 所示，已知两条滑移线 $O'A$ 和 $O'B$，要求出区域 $O'ACB$ 的滑移线场以及场内每点的 σ_m 和 ω 值。

将滑移线 $O'A$ 和 $O'B$ 按给定的转角 $\Delta\omega$ 等分成若干微小段，得到相应滑移线网络的节点，并分别给与编号，沿 α 线为（1，0）、（2，0）、…、（m，0），沿 β 线为（0，1）、（0，2）、…、（0，n）（图 5-16a）。每个节点编号的第一个数字代表 β 线的顺序，第二个数字代表 α 线的顺序；任意节点（m，n）则表示第 m 条 β 线和第 n 条 α 线的交点。这样，根据 $O'A$、$O'B$ 上 σ_m 和 ω 的已知值，就可运用滑移线的特性求出区域 $O'ACB$ 内各节点上的应力值。

例如，已知（0，0）、（0，1）、（1，0）点的 σ_m 和 ω 值，按汉基第一定理式（5-9a）和式（5-9b），可得节点（1，1）的 σ_m 和 ω 值

$$\left.\begin{aligned}\omega_{(1,1)} &= \omega_{(0,1)} + \omega_{(1,0)} - \omega_{(0,0)}\\ \sigma_{m(1,1)} &= \sigma_{m(0,1)} + \sigma_{m(1,0)} - \sigma_{m(0,0)}\end{aligned}\right\}\tag{5-14}$$

写成一般形式的表达式有

$$\left.\begin{aligned}\omega_{(m,n)} &= \omega_{(m-1,n)} + \omega_{(m,n-1)} - \omega_{(m-1,n-1)}\\ \sigma_{m(m,n)} &= \sigma_{m(m-1,n)} + \sigma_{m(m,n-1)} - \sigma_{m(m-1,n-1)}\end{aligned}\right\}\tag{5-15}$$

由式（5-15）可知，滑移线上任一节点的平均应力（或 ω 角）等于该节点相邻两节点的平均应力（或 ω 角）的和与对角的平均应力（或 ω 角）的差。

至于滑移线网络上各节点的坐标，可根据滑移线的差分方程，由 $O'A$、$O'B$ 上各节点的 xy 坐标值求得。将滑移线的微分方程式（5-3）改写成相应的差分方程。

$$\left.\begin{aligned}&\text{沿}\ \alpha\ \text{线}\quad \frac{\Delta y}{\Delta x} = \tan\omega\\ &\text{沿}\ \beta\ \text{线}\quad \frac{\Delta y}{\Delta x} = -\cot\omega\end{aligned}\right\}\tag{5-16}$$

这样处理的实质就是以弦代替微分弧，取弦的斜率为两端节点斜率的平均值；则差分方程式可转化为以下与坐标相关的通用表达形式（图5-16b）

$$\left.\begin{aligned} y_{(m,n)}-y_{(m-1,n)}&=(x_{(m,n)}-x_{(m-1,n)})\tan\frac{\omega_{(m,n)}+\omega_{(m-1,n)}}{2}\\ y_{(m,n)}-y_{(m,n-1)}&=-(x_{(m,n)}-x_{(m,n-1)})\cot\frac{\omega_{(m,n)}+\omega_{(m,n-1)}}{2}\end{aligned}\right\}\tag{5-17}$$

求解式（5-17），即可得到节点（m，n）的坐标值 $x_{(m,n)}$ 与 $y_{(m,n)}$。计算顺序从（1，1）点开始，依次进行，即能求得全部节点的坐标位置，从而构成区域 $O'ACB$ 的滑移线场。

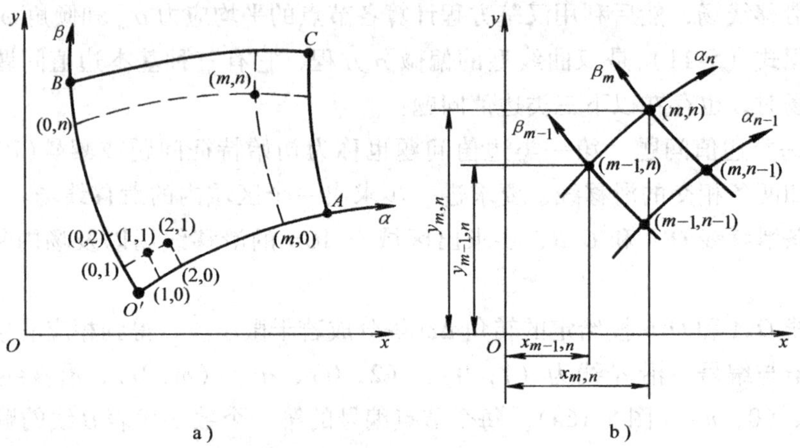

图5-16 第一类边值问题

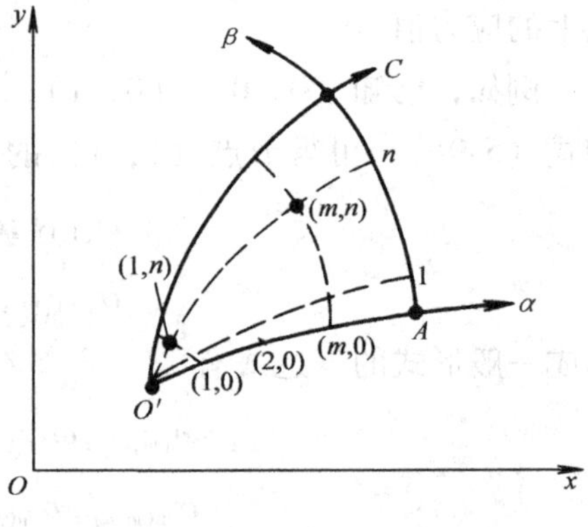

图5-17 退化的第一类边界问题

对于第一类边值问题的退化情况，如图5-17所示，其中一条滑移线（β 线 $O'B$）收缩成为一个奇异点（O'点），形成一个有心扇形场。此时，可将 $\angle AO'C$ 等分成若干等份，分别取为相应滑移线在 O'点处的倾角 $\omega_{(0,0)}$、$\omega_{(0,1)}$、…、$\omega_{(0,n)}$。在 $O'A$ 上取节点（1，0）、（2，0）、…、（m，0），从（1，0）开始，求出 β_1 线上各节点（1，1）、（1，2）、…、（1，n）处的 ω 和 σ_{m} 值。例如，对于点（1，n）有

$$\omega_{(1,n)}-\omega_{(1,0)}=\omega_{(0,n)}-\omega_{(0,0)}$$

$$\sigma_{\mathrm{m}(1,n)}-\sigma_{\mathrm{m}(1,0)}=2K(\omega_{(1,0)}-\omega_{(1,n)})$$

得

$$\omega_{(1,n)}=\omega_{(1,0)}+\omega_{(0,n)}-\omega_{(0,0)}$$

$$\sigma_{\mathrm{m}(1,n)}=\sigma_{\mathrm{m}(1,0)}+2K(\omega_{(1,0)}-\omega_{(1,n)})$$

计算出 ω 和 σ_{m} 后，各节点的坐标值按式（5-17）依次求得。

过点（1，0）的 β_1 线确定后，因离开了奇异点，即可按一般情况的第一类边值问题

求解其余滑移线场。

（2）第二类边值问题 第二类边值问题又称为初始值问题或柯西（Cauchy）问题，即已知边界上 ω 和 σ_m，求一个区域以及该区域内的 ω 和 σ_m。该边界是一条光滑的曲线，通常是接触面，但不是一条滑移线，并且与每一条滑移线只相交一次，这类问题在实际中经常遇到。

如图5-18所示，边界 AB 上 ω 和 σ_m 为已知，将 AB 等分成若干段，并将各节点编号为（1，1）、…、（m，m）、…、（n，n）。取各点的平均应力和倾角分别为 $\sigma_{m(1,1)}$、…、$\sigma_{m(m,m)}$、…、$\sigma_{m(n,n)}$ 和 $\omega_{1,1}$、…、$\omega_{m,m}$、…、$\omega_{n,n}$。假定 AC 为 α 线，BC 为 β 线。从点（$m-1$，$m-1$）作出对 x 轴倾角为 $\omega_{(m-1,m-1)}$ 的 α 族线段，再从点（m，m）作出对 x 轴倾角为 $\omega_{(m,m)}+\dfrac{\pi}{2}$ 的 β 族线段，两根线段相交于点（m，$m-1$），该点即为滑移线网络上的一个节点。根据汉基方程求得可得

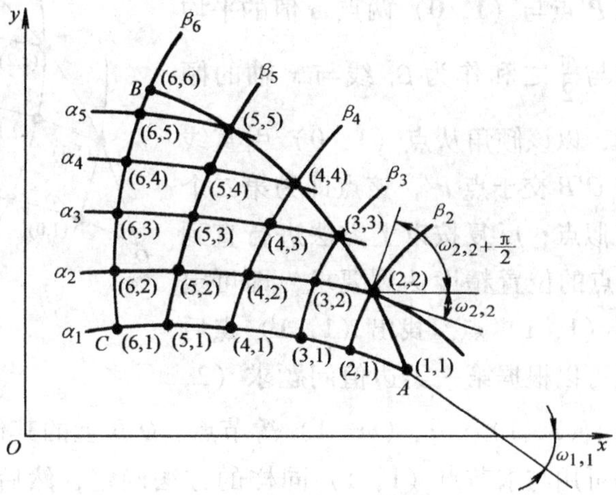

图5-18 第二类边值问题

$$\left.\begin{aligned}&\text{沿}\alpha\text{线}\quad \sigma_{m(m-1,m-1)}-2K\omega_{(m-1,m-1)}=\sigma_{m(m,m-1)}-2K\omega_{(m,m-1)}\\&\text{沿}\beta\text{线}\quad \sigma_{m(m,m)}+2K\omega_{(m,m)}=\sigma_{m(m,m-1)}+2K\omega_{(m,m-1)}\end{aligned}\right\}\tag{5-18}$$

求解得到点（m，$m-1$）的 ω 和 σ_m

$$\left.\begin{aligned}\sigma_{m(m,m-1)}&=\frac{1}{2}(\sigma_{m(m,m)}+\sigma_{m(m-1,m-1)})+K(\omega_{(m,m)}-\omega_{(m-1,m-1)})\\\omega_{(m,m-1)}&=\frac{1}{4K}(\sigma_{m(m,m)}-\sigma_{m(m-1,m-1)})+\frac{1}{2}(\omega_{(m,m)}+\omega_{(m-1,m-1)})\end{aligned}\right\}\tag{5-19}$$

这样就可以得到区域内边界旁边一系列点上的 ω 和 σ_m。对于内部的点，当已知对角相邻两点时，也能求得第三点的 ω 和 σ_m，如已知两结点（$m-1$，n）及（m，$n+1$）的 ω 和 σ_m，就能求出点（m，n）的 ω 和 σ_m

$$\left.\begin{aligned}\sigma_{m(m,n)}&=\frac{1}{2}(\sigma_{m(m,n+1)}+\sigma_{m(m-1,n)})+K(\omega_{(m,n+1)}-\omega_{(m-1,n)})\\\omega_{(m,n)}&=\frac{1}{4K}(\sigma_{m(m,n+1)}-\sigma_{m(m-1,n)})+\frac{1}{2}(\omega_{(m,n+1)}+\omega_{(m-1,n)})\end{aligned}\right\}\tag{5-20}$$

以同样的方法推算，即可得到整个区域的滑移线场。

（3）第三类边值问题 第三类边值问题是第一类边值问题和第二类边值问题的混合，故也称为混合问题。在这种问题中，已知一条滑移线及与其相交的非滑移线的光滑曲线，要求根据已知条件建立相应塑性变形区的滑移线场。

如图5-19所示，已知 α 族滑移线 $O'A$ 以及与其相交的光滑曲线 $O'B$ 上的 ω 和 σ_m，设

$O'A$ 和 $O'B$ 间的夹角为锐角，并令 $O'B$ 上所给定的 ω 值在 O' 点的方向与 $O'A$ 方向一致。将滑移线 $O'A$ 等分成若干微小段，并取节点（1，0）、（2，0）、…、（m，0）。从（1，0）点开始作 $O'A$ 的法线，交 $O'B$ 于 P' 点，这就是（1，1）的第一近似点；然后在 $O'B$ 上找出 P'的 ω 值，取 P'点与（1，0）两点 ω 值的平均值与$\frac{\pi}{2}$之和作为 β_1 线与 x 轴的倾角，以该倾角从点（1，0）引直线与 $O'B$ 交于点 P''，该点即为第二个近似点；反复按以上方法进行直到 P 点的位置精度达到要求，即可定出（1，1）点。找出（1，1）点后就可以根据第一类边值问题求（2，1）、（3，1）、…、（m，1）等节点。$O'B$ 上的其他节点（2，2）、（3，3）、…、（m，m）等可用与求节点（1，1）同样的方法确定，然后再由已知点求各 α 线上的节点。于是，$O'BA$区内的整个滑移线场也就可以建立。

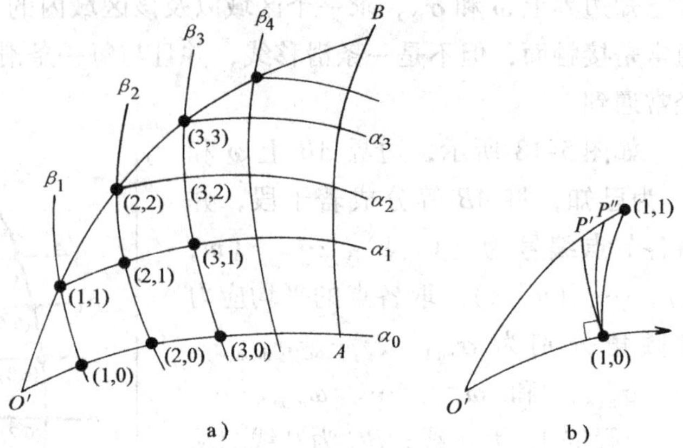

图5-19 第三类边值问题

如果 $O'A$ 上的 ω 值与 $O'B$ 上所给定的 ω 值在 O'点不一致，则 O'点成了应力奇点，此时问题更为复杂，在此不作讨论。

针对以上三类边值问题，运用数值积分法求解滑移线场，可人工计算，当然借助计算机则能更方便地完成。

三、近似图解法

随着计算机技术的迅速发展，以计算机为工具运用数值积分法建立滑移线场已得到广泛应用，但在实际工程中有时还是采用近似图解法建立滑移线场，这种方法既简便又有一定的精度。

近似图解法是根据滑移线的特性，用弦线代替平滑的曲线，从已知边界开始绘制出近似滑移线场的方法。与数值积分法一样，近似图解法也是按照相同的三类边值问题建立滑移线场，在此不作过多阐述，下面仅介绍在塑性加工中常见的具有某一张角的有心扇形场的近似图解法。

在粗糙平板间压缩变形，其滑移线场是典型的有心扇形场，假定接触面之间的摩擦切应力为最大值 K，由于具有对称性，这里取四分之一来讨论。

如图5-20所示，OC 为对称轴，AC 为自由边界，故滑移线与这两条线都成$\frac{\pi}{4}$交角。分析可知，$\triangle ABC$ 为均匀场，场内滑移线为两族正交的平行直线，与 OC 和 AC 都成$\frac{\pi}{4}$交角。根据汉基第一定理的推论可得，与$\triangle ABC$ 相邻的 ABD 区只能是简单场，是由同心圆和直径族组成的有心扇形场，A 点为圆心，也是应力奇点。下面介绍绘制以弧$\overset{\frown}{BD}$和对称轴 OC 为边界的变形区内滑移线场的步骤。

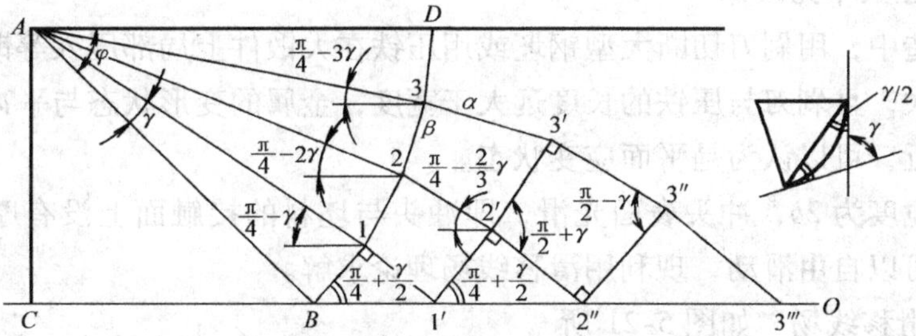

图 5-20　有心扇形场的近似图解法

将张角$\angle BAD$ 等分为 n 个 γ 角（通常可取 $\gamma=5°\sim15°$），由 A 点引一系列半径线与圆弧$\overset{\frown}{BD}$相交于 1、2、3…点。这些半径线都是滑移线，与$\overset{\frown}{BD}$正交，其延伸与 x 轴（对称轴 OC）的夹角大小又必须为$\frac{\pi}{4}$。如 $A1$ 线原与 x 的轴向交角为（$\frac{\pi}{4}-\gamma$），延伸到 1′时则应与 x 呈$\frac{\pi}{4}$交角，即需旋转 γ 角。

将$\overset{\frown}{BD}$上各点用弦连接，并取代原来的弧段。现求线 $A1$ 延伸到 x 轴的交点 1′，因$\overset{\frown}{BD}$在 B 点的切线与 x 轴的夹角为$\frac{\pi}{4}$，则根据$\triangle BA1$ 的几何关系得到弦线 $B1$ 与 x 轴的夹角为$\frac{\pi}{4}+\frac{\gamma}{2}$，过 1 点做弦线 $B1$ 的垂直线与 x 轴交于 1′点，1′点即为所求滑移线节点。根据三角关系得直线 11′与 x 轴的夹角为$\frac{\pi}{4}-\frac{\gamma}{2}$，11′就是以弦取代弧的滑移线。

现已知线 12 和线 11′，求 2′点。过 1′点作线 11′的垂线，过 2 点作线 12 的垂线，两垂线相交于一点，即为所求的节点 2′。

重复以上方法，便可绘制出整个滑移线场。在组成滑移线场的每个四边形中，其两个对角等于$\frac{\pi}{2}$，另两个对角则分别为$\frac{\pi}{2}+\gamma$ 和$\frac{\pi}{2}-\gamma$；而与对称轴相交的弦线其夹角分别为$\frac{\pi}{4}+\frac{\gamma}{2}$和$\frac{\pi}{4}-\frac{\gamma}{2}$。显然，当扇形等分角 γ 取得越小时，滑移线场的精度越高。

第六节　用滑移线法求解塑性成形问题

应用滑移线理论求解塑性成形问题，其本质就是根据应力边界条件求解滑移线场和应力状态，并根据速度边界条件求出和滑移线场相匹配的速度场以进行校核。前面几节虽然没有分析速度场，但对滑移线场的基本理论、性质以及建立滑移线场的方法都已作了阐明。下面应用滑移线场的相关理论分析自由锻造、拉深、挤压等主要塑性形成工序。

一、冲头压入半无限体

1. 平冲头压入半无限体

在自由锻造中，用剁刀切断大型钢坯或用压铁在大锻件上局部压入等锻造工步中，由于钢坯尺寸很大，且剁刀与压铁的长度远大于宽度，金属的变形状态与平冲头压入半无限体内的问题相近，可以认为是平面应变状态。

设冲头的宽度为 $2b$，冲头表面光滑，即冲头与坯料的接触面上没有摩擦力作用，坯料在接触面上可以自由滑动，现利用滑移线场理论求解。

（1）建立滑移线场　如图 5-21 所示，冲头压入时，不仅冲头下面的金属受压缩要产生塑性变形，而且靠近冲头两侧附近自由表面的金属因受挤压后也会凸起而产生塑性变形。在冲头两侧的自由表面上，因为没有外力作用，根据滑移线特性和应力边界条件可知 $\omega=\frac{\pi}{4}$、$\sigma_m=-k$，$\triangle ACD$ 是均匀应力状态的正交直线场，CD 为 α 线，AC 为 β 线，与自由表面的夹角均为 $\frac{\pi}{4}$。

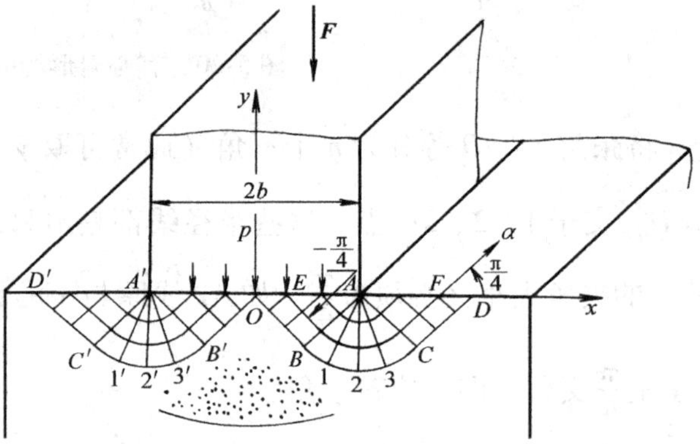

图 5-21　平冲头压入半无限体的希尔解

在冲头下面 $\tau=0$，根据边界条件可知，滑移线与表面的夹角为 $-\frac{\pi}{4}$。若接触面的单位压力 p 均匀分布，则 $\triangle OBA$ 也是均匀场，OB 为 α 线，AB 为 β 线。$\triangle OBA$ 和 $\triangle ACD$ 区域尽管都是均匀场，但应力状态不同，按照滑移线的性质，这两个均匀场必然由扇形场相连接，故 ABC 区域是有心扇形场，圆弧为 α 线，半径为 β 线，A 点是应力奇点。

冲头压入时，首先在 A、A' 两点附近产生变形，然后逐步扩展，直到整个 AA' 边界都到达塑性状态后，冲头才能开始压入，此时的滑移线场如图 5-21 所示，$D'C'B'OBCD$ 为塑性变形区，其下面为刚性区。显然，整个滑移线场以冲头的中心线为基准对称。

（2）求平均单位压力　由于对称，取右半部分分析。在滑移线场中任取一条连接自由表面和冲头接触面的 α 线 EF，E 点、F 点的应力可由式（5-1）或运用莫尔圆求得。F 点在自由表面上，故其微元体上 $\sigma_1=\sigma_y=0$，只有 σ_x 作用，而且是压应力。根据屈服准则和式（5-1），得 $\sigma_3=\sigma_x=-2K$，平均应力 $\sigma_{mF}=-K$。E 点在接触面上，其微元体上有 σ_x、σ_y 的作用，均为压应力，且 $\sigma_3=\sigma_y=-p$，其绝对值应大于 σ_x；同样可得 $\sigma_1=\sigma_x=-p+2K$，平均应力 $\sigma_{mF}=-p+K$。

在自由边界 AD 上，$\omega_F=\frac{\pi}{4}$；在接触面 AO 上，$\omega_E=-\frac{\pi}{4}$（或 $\frac{3\pi}{4}$）；因 EF 为 α 线，由汉基方程式（5-7）的第一式有

$$\sigma_{mF}-2K\omega_F=\sigma_{mE}-2K\omega_E$$

将以上各值代入上式有

$$-K-2K\frac{\pi}{4}=-p+K+2K\frac{\pi}{4}$$

得

$$p=2K\left(1+\frac{\pi}{2}\right) \tag{5-21a}$$

或

$$\frac{p}{2K}=1+\frac{\pi}{2}=2.57 \tag{5-21b}$$

于是单位长度上冲头的压力为

$$F=2bp=2bK(2+\pi) \tag{5-22}$$

以上平冲头压入半无限体的滑移线解法是由英国学者希尔（R. Hill）在1944年首先提出的，俗称希尔解。另有普朗特解，其滑移线场则如图5-22所示，解题过程与希尔解相似，求解结果也相同。

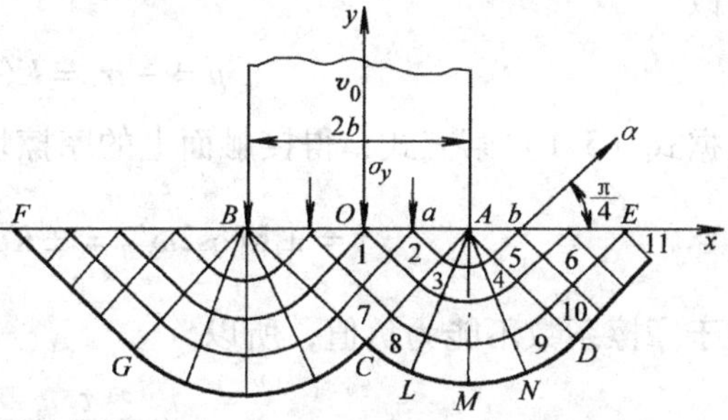

图5-22　平冲头压入半无限体的普朗特解

2. 楔形冲头压入半无限体

锥角为2φ的楔形冲头压入刚塑性半无限体的情形如图5-23a所示，当楔体切入时，金属被楔体从两旁挤出，形成突起。区域$ABCDE$处于塑性状态，边界AE成为倾斜的自由表面，可以认为是直线。随着切入深度的增加，塑性变形区按比例扩大。

（1）建立滑移线场　设冲头的表面压力为p且均匀分布，摩擦切应力$\tau=\mu p$。根据边界条件及滑移线的性质，可知$\triangle ADE$区是由正交直线组成的均匀场，两族滑移线与边界AE都成45°夹角；$\triangle ABC$区也是均匀场，其滑移线与边界AB分别成（90° $-\psi$）和ψ交角，其中ψ角可根据摩擦切应力的大小由式（5-10）确定。根据汉基第二定理及其推论可知，区域ADC是中心角为λ的

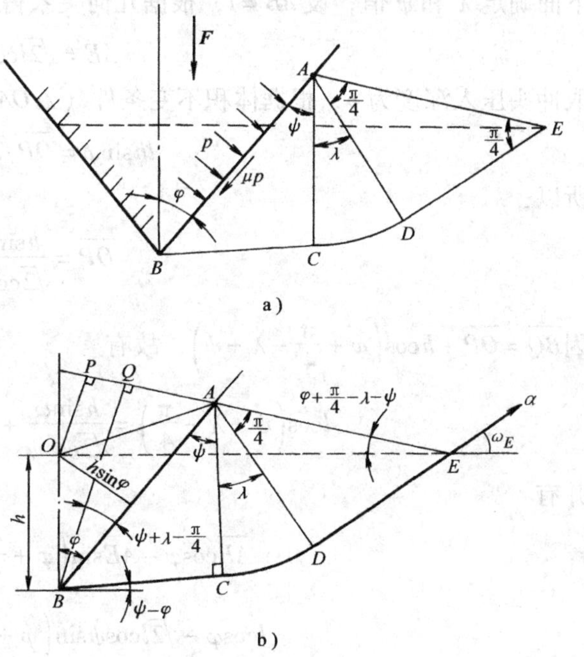

图5-23　楔形冲头压入半无限体

有心扇形场，A 点是应力奇点。组成的整个滑移线场如图 5-23b 所示，并按判断规则可确定相应的 α 线与 β 线。

（2）求 AB 面上的平均单位压力 取一条 α 线 $BCDE$ 进行分析，对于在边界 AE 上的 E 点，分析可知 $\omega_E=\psi-\varphi+\lambda$，$\sigma_{mE}=-K$；对于在接触面 AB 上的 B 点，则有 $\omega_B=\psi-\varphi$。按式（5-7）得

$$\sigma_{mB}-2K\omega_B=\sigma_{mE}-2K\omega_E$$

则有

$$\begin{aligned}\sigma_{mB}&=\sigma_{mE}-2K(\omega_E-\omega_B)=-K-2K(\psi-\varphi+\lambda-\psi+\varphi)\\&=-K(1+2\lambda)\end{aligned}$$

按式（5-1）第二式，得楔面上 B 点的正应力为

$$\sigma_y=\sigma_{mB}+K\sin2\omega'_B=-K(1+2\lambda)+K\sin\left[-2\left(\frac{\pi}{2}-\psi\right)\right]=-K(1+2\lambda+\sin2\psi)$$

所以

$$p=-\sigma_y=K(1+2\lambda+\sin2\psi) \tag{5-23}$$

根据式（5-1）第三式，得接触面上的摩擦切应力为

$$\tau=\pm K\cos2\omega'_B=\pm K\cos2\left(\frac{\pi}{2}-\psi\right)=\pm K\cos2\psi$$

由于摩擦系数不能为负值，所以

$$\mu=\frac{\tau}{p}=\frac{\cos2\psi}{1+2\lambda+\sin2\psi} \tag{5-24}$$

下面确定 λ 和 ψ 值，设 $AB=l$，根据几何关系得

$$AE=\sqrt{2}l\cos\psi$$

取冲头压入深度为 h，根据体积不变条件（$\triangle OAB=\triangle OAE$）可知

$$lh\sin\varphi=\overline{OP}\sqrt{2}l\cos\psi$$

所以

$$\overline{OP}=\frac{h\sin\varphi}{\sqrt{2}\cos\psi}$$

因 $\overline{BQ}=\overline{OP}+h\cos\left(\varphi+\frac{\pi}{4}-\lambda-\psi\right)$，故有

$$l\cos\left(\psi+\lambda-\frac{\pi}{4}\right)=\frac{h\sin\varphi}{\sqrt{2}\cos\psi}+h\cos\left(\varphi+\frac{\pi}{4}-\lambda-\psi\right) \tag{5-25}$$

并有

$$\overline{AB}\cos\varphi-\overline{AE}\sin\left(\varphi+\frac{\pi}{4}-\lambda-\psi\right)=h$$

$$l\cos\varphi-\sqrt{2}l\cos\psi\sin\left(\varphi+\frac{\pi}{4}-\lambda-\psi\right)=h \tag{5-26}$$

已知 φ、μ 和 h，可由式（5-24）、式（5-25）、式（5-26）求出 λ、ψ 和 l 值，最终可算出

p 值。

冲头的总压力为

$$F=2(pl\sin\varphi+\mu pl\cos\varphi)=2pl(\sin\varphi+\mu\cos\varphi) \tag{5-27}$$

如果 $\mu=0$，即楔形冲头表面光滑无摩擦，则 $\psi=\frac{\pi}{4}$，于是得正压力 p 为

$$p=2K(1+\lambda) \tag{5-23a}$$

如果 $\tau=K$，即冲头表面完全粗糙，此时 $\psi=0$，与冲头接触的三角形区 ABC 将消失，λ 角增大，式（5-23）则为

$$p=K(1+2\lambda) \tag{5-23b}$$

如果 $\tau=K$，且 $2\varphi=\frac{\pi}{2}$，则问题将与平冲头压入半无限体的普朗特解一致；但当 $2\varphi>\frac{\pi}{2}$ 时，楔形冲头下面将存在金属流动死区（金属不发生塑性流动，成为刚性区）。

3. 圆弧冲头压入半无限体

圆弧冲头或半圆压入半无限体也是一种平面变形问题，可以运用滑移线场理论求解。

（1）建立滑移线场　当接触面上存在滑动摩擦时，塑性变形区由四个不同部分组成，如图 5-24 所示。在冲头正中下方为刚性区 FEF'；$AFED$ 为无心扇形场，与冲头圆弧表面接触的滑移线和圆弧表面的夹角 ψ 根据摩擦系数由式（5-10）确定；ADC 为有心扇形场；$\triangle ABC$ 为自由边界的均匀场。滑移线和冲头中心轴线相交于 E 点，夹角为 $\frac{\pi}{4}$。设 OF 线与中心轴夹角为 ϕ_0，根据三角关系可知

$$\phi_0=\frac{\pi}{4}-\psi$$

α 线和 β 线可根据边界的受力状态及判断规则确定（图 5-24）。

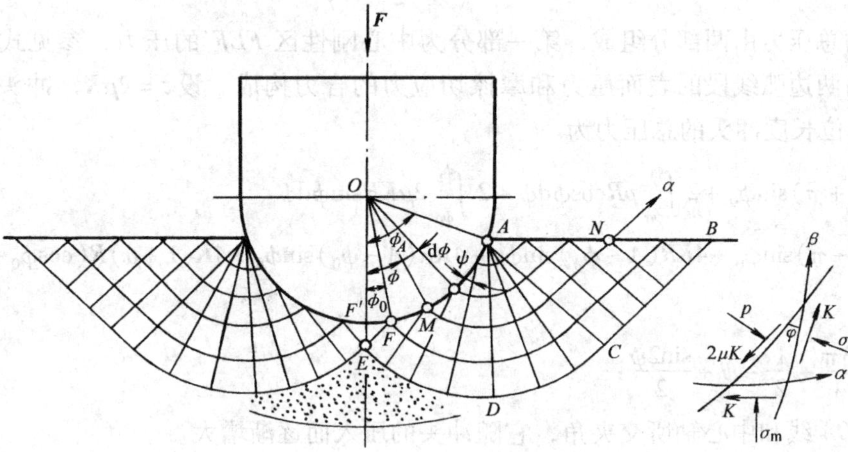

图 5-24　圆弧冲头压入半无限体
a）滑移线场　b）接触面的受力状态

（2）求接触面上的平均单位压力和冲头的总压力　取 α 族中任意一条滑移线 MN，相应的中心角为 ϕ。由边界条件可知在 M 点有

$$\omega_M = -\left[\frac{\pi}{2} - (\psi + \phi)\right]$$

N 点在自由边界面上，故可得

$$\omega_N = \frac{\pi}{4};\ \sigma_{mN} = -K$$

根据汉基方程式（5-7），对线 MN（α 线）有

$$\sigma_{mM} - 2K\omega_M = \sigma_{mN} - 2K\omega_N$$

所以

$$\sigma_{mM} = \sigma_{mN} - 2K(\omega_N - \omega_M) = -K - 2K\left(\frac{\pi}{4} + \frac{\pi}{2} - \psi - \phi\right)$$

$$= -2K\left(\frac{3\pi}{4} + \frac{1}{2} - \psi - \phi\right)$$

按式（5-1）第二式，作用于 M 点且垂直于冲头表面的正应力（图5-24b）为

$$\sigma_y = \sigma_{mM} + K\sin 2\omega'_M = -2K\left(\frac{3\pi}{4} + \frac{1}{2} - \psi - \phi\right) + K\sin\left[-2\left(\frac{\pi}{2} - \psi\right)\right]$$

$$= -2K\left(\frac{3\pi}{4} + \frac{1}{2} - \psi - \phi + \frac{\sin 2\psi}{2}\right)$$

因此，作用于 M 点且垂直于冲头表面的单位流动压力为

$$p = -\sigma_y = 2K\left(\frac{3\pi}{4} + \frac{1}{2} - \psi - \phi + \frac{\sin 2\psi}{2}\right) \tag{5-28}$$

若冲头表面光滑无摩擦，即 $\tau = 0$，则 $\psi = \frac{\pi}{4}$，可得

$$p = 2K\left(1 + \frac{\pi}{2} - \phi\right) \tag{5-29}$$

冲头的总压力由两部分组成，第一部分为中心刚性区 FEF' 的压力，参见式（5-22）；第二部分由两边弧线段的表面压力和摩擦切应力的合力构成。设 $\tau = 2\mu K$，冲头圆弧半径为 R，则单位长度冲头的总压力为

$$F = 2RK(2+\pi)\sin\phi_0 + 2\int_{\phi_0}^{\phi_A} pR\cos\phi\,\mathrm{d}\phi + 2\int_{\phi_0}^{\phi_A} 2\mu KR\sin\phi\,\mathrm{d}\phi$$

$$= 2RK(2+\pi)\sin\phi_0 + 4KR(A-\phi_A)\sin\phi_A - 4KR(A-\phi_0)\sin\phi_0 + 4K(1+\mu)R(\cos\phi_0 - \cos\phi_A) \tag{5-30}$$

式中，$A = \frac{3\pi}{4} + \frac{1}{2} - \psi + \frac{\sin 2\psi}{2}$；

ϕ_A 为 OA 线和中心轴所交夹角，它随冲头的压入而逐渐增大。

对圆球形冲头压入半无限体本应属于轴对称问题，但当假设圆周方向不产生变形时，子午面上的变形与平面变形相似，也可以运用滑移线场理论进行求解。所得接触面上的压力与式（5-28）一致，但冲头的总压力则是根据式（5-28）沿球面积分而得。

二、平砧压缩高坯料

前面所讨论的冲头压入半无限体，其塑性变形只发生在冲头下方和两侧较浅的区域内。但当冲头压缩有限高的坯料时，其塑性变形将出现不同形式。如图5-25所示，设冲头的有效工作宽度为$2b$、坯料高度为$2h$。当冲头开始压缩时，首先在冲头的四个角处产生塑性变形；随着冲头的压入，两边变形区逐步向坯料中心发展，形成有心扇形场。实验研究表明，当坯料的相对高度为$1\leqslant\frac{h}{b}\leqslant 8.6$时，两边变形区将在坯料中心处相接，塑性变形发展到坯料的整个高度；此时，冲头两侧金属左右分开，而不再向上凸起。根据应力边界条件，可以解出滑移线场。由于塑性变形区上下左右相互对称，因此只要取1/4求解即可。

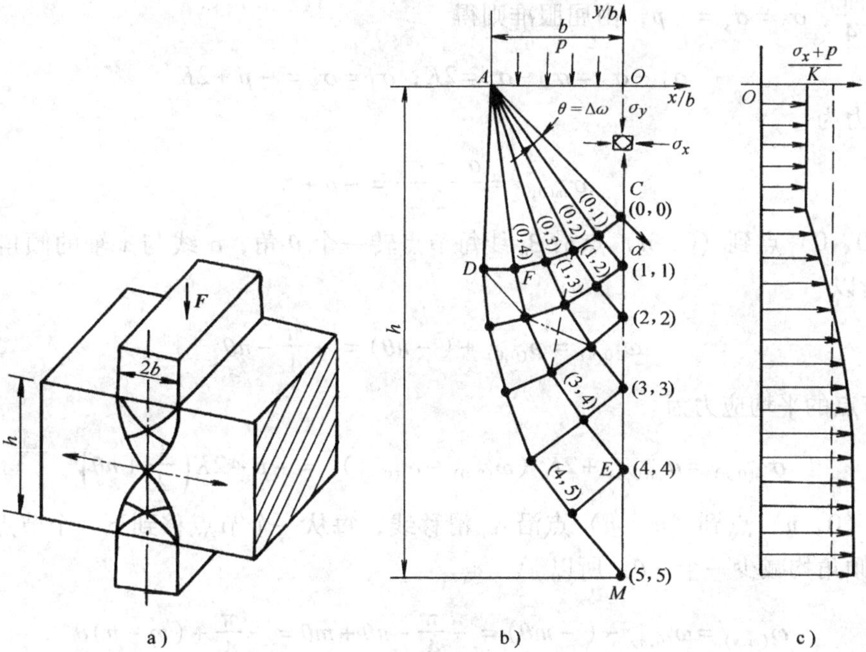

图5-25　平砧头压缩有限高坯料
a）压缩高坯料示意图　b）滑移线场　c）OM线上的σ_x

1. 滑移线场的建立及数值积分法求解

设冲头和坯料接触面之间的压力p为均匀分布，冲头和坯料无相对滑动，则可以认为冲头下方的金属为均匀场，滑移线为两族正交直线，如图5-25b中的$\triangle AOC$。

现以A为中心、AC为半径，作中心扇形ACD，并等分中心角，取$\Delta\omega=\theta\approx10^\circ$，得节点（0，0），（0，1），…，（0，$m$）；并以弦线代替相邻节点之间的弧线。

从（0，1）点起，作（0，0）－（0，1）弦线的垂线，与y轴交于（1，1）点；再从（0，2）点开始，作（0，1）－（0，2）线的垂线，并从（1，1）点作（1，1）－（0，1）线的垂线，两直线相交得（1，2）点；再从（1，2）点开始，作（1，1）－（1，2）线的垂线，与y轴交于（2，2）点；再从（0，3）点开始，作（0，2）－（0，

3）线的垂线，又由（1，2）点开始，作（1，2）-（0，2）线的垂线，两线相交得（1，3）点。如此继续，直到塑性变形区的中心点 M 为止，即得出满足应力边界条件的滑移线场。

所有滑移线网格都是四边形，四边形的内角分别为$\frac{\pi}{2}$、$\frac{\pi}{2}+\theta$、$\frac{\pi}{2}$和$\frac{\pi}{2}-\theta$。每一条滑移线可用直线段连成的折线代替。在 CDM 区域内，滑移线每通过一个节点，直线将转动 $\theta(=\Delta\omega)$ 角。如所取 θ 角足够小，折线和曲线将非常接近。当 $\theta=5°$时，误差不超过3%。

已知滑移线场后，可以根据$\triangle AOC$ 内的应力边界条件和 $\alpha\beta$ 线的判断规则确定出 AC 为 α 线、CD 为 β 线。现以 n 表示 α 族滑移线的顺序，$n=0$，1，2，…；以 m 表示 β 族滑移线的顺序，$m=0$，1，2，…；则任意一节点的编号即可由两族线的顺序数（m，n）表示。根据汉基方程可计算出各节点的应力，计算从点（0，0）开始，在（0，0）点处，$\omega_{(0,0)}=-\frac{\pi}{4}$、$\sigma_3=\sigma_y=-p$，由屈服准则得

$$\sigma_1-\sigma_3=\sigma_x-\sigma_y=2K;\ \sigma_1=\sigma_x=-p+2K$$

则平均应力为

$$\sigma_{\mathrm{m}(0,0)}=\frac{\sigma_x-\sigma_y}{2}=-p+K$$

从（0，0）点到（0，n）点沿 β_0 线每节点转一个 θ 角，α 线与 x 轴的倾角均增加一个 $-\theta$，所以

$$\omega_{(0,n)}=\omega_{(0,0)}+(-n\theta)=-\frac{\pi}{4}-n\theta$$

沿 β_0 线节点的平均应力为

$$\sigma_{\mathrm{m}(0,n)}=\sigma_{\mathrm{m}(0,0)}+2K\ (\omega_{(0,0)}-\omega_{(0,n)})\ =-p+2K\left(\frac{1}{2}+n\theta\right)$$

再从（0，n）点到（m，n）点沿 α_n 滑移线，每从一个节点移到下一个节点时，α 线与 x 轴的倾角均减少一个 $-\theta$，所以

$$\omega_{(m,n)}=\omega_{(0,n)}-(-m\theta)=-\frac{\pi}{4}-n\theta+m\theta=-\frac{\pi}{4}+(m-n)\theta$$

沿 α_n 线节点的平均应力为

$$\sigma_{\mathrm{m}(m,n)}=\sigma_{\mathrm{m}(0,n)}-2K(\omega_{(0,n)}-\omega_{(m,n)})=-p+K[1+2\theta(m+n)]$$

于是便得到计算各节点平均应力和倾角的计算公式

$$\left.\begin{aligned}\sigma_{\mathrm{m}(m,n)}&=-p+K[1+2\theta(m+n)]\\ \omega_{(m,n)}&=-\frac{\pi}{4}+(m-n)\theta\end{aligned}\right\}\qquad(5\text{-}31)$$

任意一点的应力为

$$\left.\begin{aligned}\sigma_{x(m,n)}&=\sigma_{\mathrm{m}(m,n)}-K\sin2\omega_{(m,n)}\\ \sigma_{y(m,n)}&=\sigma_{\mathrm{m}(m,n)}+K\sin2\omega_{(m,n)}\\ \tau_{xy(m,n)}&=K\cos2\omega_{(m,n)}\end{aligned}\right\}\qquad(5\text{-}32)$$

由以上分析可得，只要绘出滑移线场并给定各节点的编号（m，n），即可算出任意一点的应力，而不必逐点依次计算。由式（5-31）的第一式可以看出：当节点编号之和 $m+n$ 为常数时，其平均应力不变，这些节点是滑移线网格的对角点，连接这些节点的折线，将成为滑移线场内的等压线，如图 5-25b 中的点画线所示；由第二式可以看出，当节点编号之差 $m-n$ 为常数时，其 ω 角不变，这些节点是滑移线网格的另一对角点。根据式（5-32）的第三式，其切应力值不变，将这些节点连接起来，就成为滑移线场内的等倾角线，如图 5-25b 中的虚线所示。

下面确定单位流动压力 p。由式（5-32）第一式可计算出中心轴 OM 线上各点的值，将$\frac{\sigma_x+p}{K}$值的变化沿 y 轴绘成曲线，如图 5-25c 所示。由于坯料水平方向不受外力作用，根据力的平衡条件$\sum F_x=0$，得

$$\int_0^h \sigma_x \mathrm{d}y = 0 \tag{5-33}$$

沿对称轴 Oy，有 $m=n$、$\omega=-\frac{\pi}{4}$，所以

$$\sigma_{x(m,n)} = -p + 2K(1+2\theta m)$$

代入式（5-33）有

$$\int_0^h \sigma_{x(m,n)} \mathrm{d}y = \int_0^h [-p + 2K(1+2\theta m)] \mathrm{d}y = 0$$

最终得

$$\frac{p}{2K} = \frac{\int_0^h (1+2\theta m)\mathrm{d}y}{h} \tag{5-34}$$

式（5-34）表明，$\frac{p}{2K}$相当于图 5-25c 中虚线所示的平均高度。

2. 近似函数法求解

运用数值积分法或图解法建立滑移线场，求解平砧压缩高坯料问题，其计算工作量都相当大。对于不同的 h/b 值，都要重复计算过程。如果将数值计算结果用近似函数代替，则能使计算过程大为简化。

现引入参数 $\lambda=\frac{y}{b}$。当塑性变形区中心线 y 轴上任意一点 E 的坐标为 λ 时，滑移线场相对应的扇形场的中心角 $\angle CAF$ 为 ϕ，如图 5-26 所示。当滑移线场分布到中心点 M 时，有 $y=h$、$\lambda_0=\frac{h}{b}$，相应的扇形中心角 $\angle CAD=\phi_0$。根据精确计算的结果，ϕ 和 λ 有以下近似函数关系。

$$\lambda = \mathrm{e}^{1.67\phi}$$
或
$$\phi = 0.6\ln\lambda \tag{5-35}$$

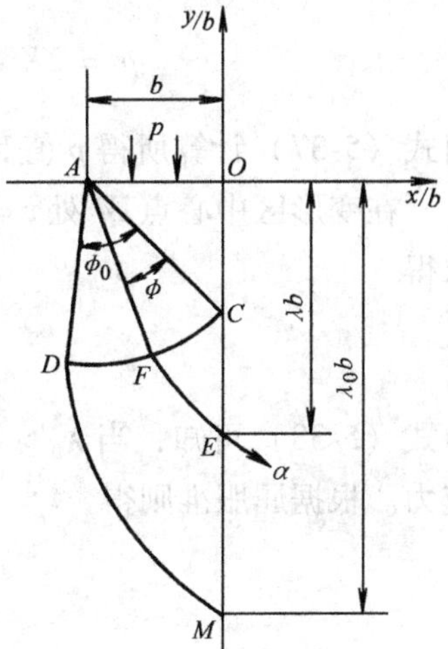

图 5-26　近似函数法关系

于是，滑移线场内任意一点的应力可用ϕ和λ的近似函数表示。

因为$\triangle AOC$是均匀场，C点的平均应力σ_{mC}和倾角ω_C可根据边界条件求得

$$\sigma_{mC}=-p+K;\ \omega_C=-\frac{\pi}{4}$$

根据规定可得CF为β线，F点的倾角为$\omega_F=-\frac{\pi}{4}-\phi$，沿$CF$线有

$$\sigma_{mF}=\sigma_{mC}+2K(\omega_C-\omega_F)=-p+K(1+2\phi)$$

FE为α线，E点倾角$\omega_E=-\frac{\pi}{4}$，因此根据汉基方程求得的平均应力σ_{mE}为

$$\sigma_{mE}=-p+K(1+4\phi)$$

E点的σ_x可由式（5-32）求出

$$\sigma_x=\sigma_{mE}-K\sin 2\omega_E=-p+2K(1+2\phi)\tag{5-36}$$

根据对称中心处力的平衡条件得

$$\int_0^h\sigma_x\mathrm{d}y=0$$

因$\lambda=\frac{y}{b}$，所以$\mathrm{d}y=b\mathrm{d}\lambda$，代入上式得

$$b\int_0^{\lambda_0}\sigma_x\mathrm{d}\lambda=0$$

其中　$b\neq0$，并将式（5-36）的值σ_x代入上式得

$$\int_0^{\lambda_0}[-p+2K(1+2\phi)]\mathrm{d}\lambda=0$$

但σ_x在OC段内为均匀场，上式积分需两段分别计算，即

$$\int_0^1(-p+2K)\mathrm{d}\lambda+\int_1^{\lambda_0}[-p+2K(1+2\phi)]\mathrm{d}\lambda=0$$

最终积分后得

$$p=2K+\frac{4K}{\lambda_0}\int_0^{\lambda_0}\phi\mathrm{d}\lambda=2K\left(1.2\ln\lambda_0+\frac{1.2}{\lambda_0}-0.2\right)\tag{5-37}$$

由式（5-37）计算所得p值和精确计算结果比较，误差一般不超过2%。

在变形区中心点M处$\tau=0$、$\sigma_1=\sigma_x$、$\sigma_3=\sigma_y$，σ_x值可由式（5-37）和式（5-36）求得

$$\sigma_x=2.4K\left(1-\frac{1}{\lambda_0}\right)\tag{5-38}$$

由式（5-38）可知，当$\lambda_0>1$时，σ_x将为正值，说明在塑性变形区的中心点处，σ_x为拉应力。根据屈服准则得

$$\sigma_y=\sigma_x-2K=2K\left(0.2-\frac{1.2}{\lambda_0}\right)\tag{5-39}$$

式（5-39）表明当$\lambda_0>6$时，在中心点处，σ_y也为拉应力。

由式（5-37）可知，p随λ_0的增大而增大。当λ_0很大时（即$h\gg b$，坯料很厚），坯

料内的塑性变形只在表层发生，类似于平冲头压入半无限体问题，如图5-21所示。因此，式（5-37）中的p值不可能超过式（5-21）所确定的p值，即

$$2K\left(1.2\ln\lambda_0+\frac{1.2}{\lambda_0}-0.2\right)\leqslant 2K\left(1+\frac{\pi}{2}\right)$$

得$\lambda_0\leqslant 8.6$，说明图5-25所示的滑移线场只能在以下条件下适应

$$1\leqslant\frac{h}{b}\leqslant 8.6$$

当$\lambda_0=8.6$时，相应的$\phi_0=77°$，此时，塑性变形区的中心点的应力由式（5-38）和式（5-39）计算得

$$\sigma_{x\max}\approx 2.12K；\ \sigma_{y\max}\approx 0.12K$$

说明塑性变形区中心点为两向拉应力状态。这种现象在开坯拔长、锻轴或横轧时经常出现。图5-27所示为平砧锻轴时截面上的塑性变形区和应力分布情况。如坯料内部材料存在缺陷，造成应力集中现象，中心区的拉应力就可能超过材料的抗拉强度，导致坯料中心开裂，在实际生产中要注意避免发生此类现象。

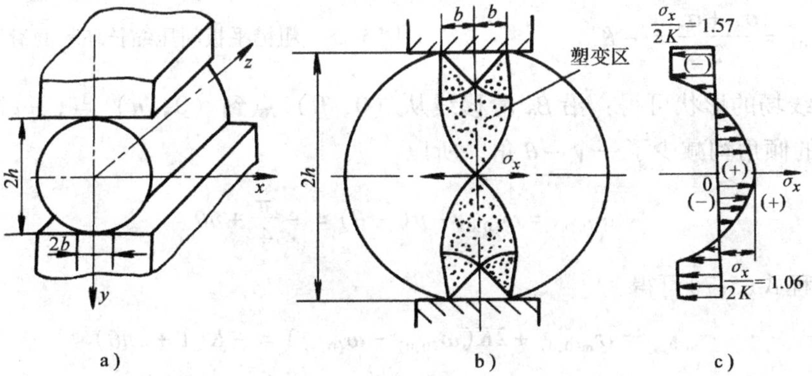

图5-27　平砧锻圆轴时的滑移线场与应力分布情况
a）平砧锻圆轴示意图　b）滑移线场　c）$h/b=8.6$的σ_x分布状态

三、粗糙平板间压缩长坯料

长板坯料在平砧上压缩时，可近似为平面变形。假定平砧完全粗糙，接触面上的摩擦切应力$\tau=K$。由于变形体上下左右对称，故只取四分之一分析即可。为了便于分析，取坯料宽度与厚度之比$b/h=3.64$。此时，变形区分布如图5-28所示，坯料两侧的自由表面附近为均匀应力区Ⅰ，和砧面接触部分为刚性区Ⅳ，中心部分为塑性变形区Ⅱ和Ⅲ。

1. 图解滑移线场的数值计算

假定自由表面AB为直线，根据应力边界条件，在$\triangle ABC$内滑移线场为均匀场。BF线为对称轴，滑移线与该线的夹角大小都为$\frac{\pi}{4}$。根据汉基定理和边界条件，区域ACE为以A点为中心的有心扇形场。现以给定的等分角度（$\theta=5°\sim15°$）将扇形区域CAE等分，等分线将圆弧$\overset{\frown}{CE}$分为微小线段，并得到圆弧上的相应节点，节点编号为（0，0），（0，

1)，…；以弦线代替弧线连接各相邻节点。采用本章第五节近似图解法的方法，可以绘制出塑性变形区的滑移线场，并得到相应的节点，如图5-28所示。根据$\triangle ABC$内的应力状态，可确定AC为α线，CE为β线，现以n表示α族滑移线的顺序，$n=0, 1, 2, \cdots$；以m表示β族滑移线的顺序，$m=0, 1, 2, \cdots$；则任意一节点的编号可由(m, n)表示。已知滑移线场和节点标号后，即可根据边界条件计算出各节点的应力。

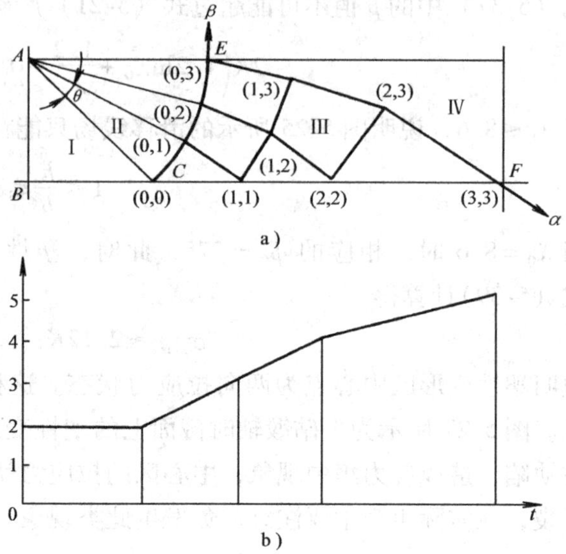

图5-28 粗糙平板间压缩长坯料的滑移线场

根据屈服准则和边界条件可得，在$(0, 0)$点，倾角$\omega_{0,0}=-\frac{\pi}{4}$，平均应力$\sigma_{m(0,0)}=\frac{\sigma_x+\sigma_y}{2}=-K$。

从滑移线场的形状可得：沿β_0滑移线从$(0, 0)$点到$(0, n)$点，每过一个节点，α线沿x轴的倾角均减少了一个$-\theta$角，所以

$$\omega_{(0,n)}=\omega_{(0,0)}-n(-\theta)=-\frac{\pi}{4}+n\theta$$

根据汉基方程式(5-7)可得

$$\sigma_{m(0,n)}=\sigma_{m(0,0)}+2K(\omega_{(0,0)}-\omega_{(0,n)})=-K(1+2n\theta)$$

再沿α_n线从$(0, n)$点到(m, n)点，每顺移一个节点，α线与x轴的倾角均增加了一个$-\theta$角，所以

$$\omega_{(m,n)}=\omega_{(0,n)}+m(-\theta)=-\frac{\pi}{4}+n\theta-m\theta=-\frac{\pi}{4}-(m-n)\theta$$

沿α_n线，再由式(5-7)有

$$\begin{aligned}\sigma_{m(m,n)}&=\sigma_{m(0,n)}-2K(\omega_{(0,n)}-\omega_{(m,n)})=-K(1+2n\theta)-2Km\theta\\&=-K[1+2(m+n)\theta]\end{aligned}$$

因此，便得到计算各节点平均应力和倾角的计算公式为

$$\left.\begin{aligned}\sigma_{m(m,n)}&=-K[1+2(m+n)\theta]\\\omega_{(m,n)}&=-\frac{\pi}{4}-(m-n)\theta\end{aligned}\right\}\tag{5-40}$$

式(5-40)的形式与式(5-31)相似。同样，$m+n$为常数的各节点可连成等压线；$m-n$为常数的各节点可连成等倾角线。已知各节点的平均应力和倾角后，根据式(5-1)便可求出各节点的应力分量。

$$
\left.\begin{aligned}
\sigma_{x(m,n)} &= -K[1+2(m+n)\theta] + K\cos 2(m-n)\theta \\
\sigma_{y(m,n)} &= -K[1+2(m+n)\theta] - K\cos 2(m-n)\theta \\
\tau_{xy(m,n)} &= K\sin 2(m-n)\theta
\end{aligned}\right\} \tag{5-41}
$$

由式（5-40）和式（5-41）可知，塑性变形区内的 σ_m 和 σ_x、σ_y 都是压应力。

已知各点的应力后，压缩所需总压力 F 可由任意一条贯通横截面的滑移线上的应力沿作用力方向的投影对垂直面上的积分求得。设坯料长度为 L，则单位长度坯料的总压力为

$$
\frac{F}{L} = 2\int_{\widehat{AEF}} \sigma_m \mathrm{d}s\cos\omega + 2\int_{\widehat{AEF}} K\mathrm{d}s\sin\omega = 2\int_0^{\frac{b}{2}} \sigma_m \mathrm{d}x + 2\int_0^{\frac{h}{2}} K\mathrm{d}y
$$

$$
= 2\int_0^{\frac{b}{2}} \sigma_m \mathrm{d}x + Kh = 2\int_{\widehat{AEF}} \sigma_y \mathrm{d}x + 2\int_{\widehat{AEF}} \tau_{xy}\mathrm{d}y \tag{5-42}
$$

另外，总压力 F 还可按下面的方法计算：沿水平对称轴线 BF，$\tau_{xy}=0$，根据力的平衡原理，总压力也等于沿 BF 线的应力分量 σ_y 对面积的积分，如图5-29所示，即

$$
\frac{F}{L} = 2\int_{BF} \sigma_y \mathrm{d}x \tag{5-43}
$$

在 BF 线上 $m=n$，由式（5-42）和式（5-43），且压力取正值，则得

$$
\frac{F}{L} = 2\int_{BF} 2K(1+2m\theta)\mathrm{d}x \tag{5-44}
$$

2. 近似函数法求解

与平冲头压缩有限高的坯料问题相类似，粗糙平板间压缩长坯料也可以采用近似函数建立滑移线场，并对问题进行求解。现引入参数 $\lambda = x/\frac{h}{2}$，则 $\mathrm{d}x = \frac{h}{2}\mathrm{d}\lambda$，取与式（5-35）类似的近似函数 $\phi = 0.6\ln\lambda$，且有 $\phi = m\theta$，得滑移线场如图5-29所示。因此，坯料压缩时单位长度的总压力可由式（5-44）得

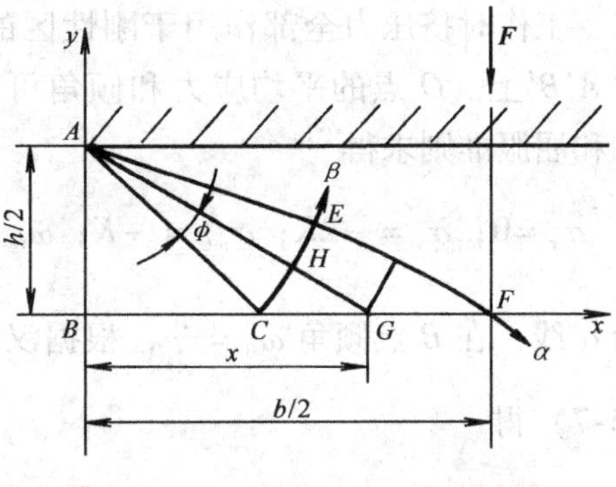

图5-29　粗糙平板间压缩长坯料时滑移线场近似函数解

$$
\frac{F}{L} = 2\int_0^{\frac{b}{2}} \sigma_y \mathrm{d}x = 2\int_0^{\frac{b}{2}} 2K(1+1.2\ln\lambda)\mathrm{d}x
$$

$$
= 2\int_0^1 2K\frac{h}{2}\mathrm{d}\lambda + 2\int_1^{\lambda_0} 2K(1+1.2\ln\lambda)\frac{h}{2}\mathrm{d}\lambda = 2Kh(1.2\lambda_0\ln\lambda_0 + 1.2 - 0.2\lambda_0)
$$

单位面积的平均压力为

$$
p = 2K\left(1.2\ln\lambda_0 + \frac{1.2}{\lambda_0} - 0.2\right) \tag{5-45}
$$

式中，$p=\frac{F}{Lb}$；$\lambda_0 = \frac{b}{h}$。当 $\lambda_0 = \frac{b}{h} = 3.64$ 时，得 $p = 3.34K$

四、平面变形挤压

挤压可分为正挤压、反挤压和复合挤压等几种形式。在挤压变形时，坯料横截面积缩

小，长度增加。如果挤压前后的宽度不变，只是长度增加，则是平面变形挤压。挤压的变形程度一般用挤压前后的面积比来表示，称为挤压比。对于平面变形挤压，变形程度可由挤压前后的坯料厚度之比（即挤压比 $=H/h$）表示，也可由截面缩减率 R（$=H-h/H$）表示。不同挤压比和不同方式的挤压，其变形区不同，以下分别讨论用滑移线场理论求解部分挤压变形问题。

1. 平底模无摩擦正挤压

（1）挤压比等于2时　假定挤压筒内壁光滑，即挤压时接触面无摩擦切应力作用。现设坯料高为 H，凹模出口高为 h，$H=2h$。此时，可建立滑移线场，如图5-30所示，是由对称于中心线的两个扇形场 AOB 和 $A'OB'$ 组成。直径线 AB、$A'B'$ 与挤压筒壁和中心线的夹角均为$\frac{\pi}{4}$，AO、$A'O$ 与对称中心线也成$\frac{\pi}{4}$夹角。$\triangle ABC$ 和 $\triangle A'B'C'$ 是不产生塑性变形的刚性区，是均匀应力场；AA' 以外是已变形完了只作刚体运动的区域，故 AA' 可认为是自由表面；圆弧 $\widehat{BO}$、$\widehat{B'O}$ 以外则是未变形的刚性区。由于对称性，故只分析上半部即可。根据判断规则可得圆弧方向为 α 线，直径方向为 β 线（图5-30）。

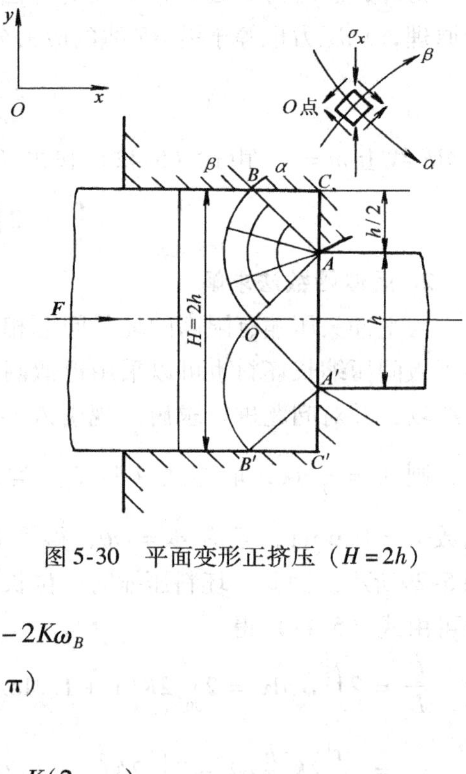

图5-30　平面变形正挤压（$H=2h$）

工作时挤压力全部作用于刚性区的边界 AB 和 $A'B'$ 上。O 点的平均应力和倾角可由边界条件和屈服准则求得

$$\sigma_x=0;\ \sigma_y=-2K;\ \sigma_{mO}=-K;\ \omega_O=\frac{3}{4}\pi$$

沿 α 线，在 B 点倾角 $\omega_B=\frac{\pi}{4}$，根据汉基方程式（5-7）得

$$\sigma_{mO}-2K\omega_O=\sigma_{mB}-2K\omega_B$$

$$\sigma_{mB}=-k(1+\pi)$$

由式（5-1）即可求得 B 点的应力分量为

$$\sigma_{xB}=\sigma_{mB}-K\sin 2\omega_B=-K(2+\pi)$$

$$\sigma_{yB}=\sigma_{mB}+K\sin 2\omega_B=-K\pi$$

$$\tau_{xy(B)}=K\cos 2\omega_B=0$$

因此，所需挤压力 F 可由以下积分求得

$$F=2\int_0^{\frac{h}{2}}\sigma_{xB}B\mathrm{d}y=K(2+\pi)hB \tag{5-46}$$

单位流动压力

$$p=\frac{F}{HB}=K\left(1+\frac{\pi}{2}\right)=2.57K \tag{5-47}$$

（2）挤压比不等于2时　不同的挤压比，塑性变形区和滑移线场也不一样。图5-31所示为 $H/h=1.45<2$ 时的滑移线场，它由有心扇形场、均匀场及由有心扇形场扩展的部分组成。用图解法绘制滑移线场时从 AE 开始，AE 与筒壁的交角为 $\pi/4$；同时，总可找到一条滑移线 AB（为了便于分析，本例中取 $\omega_B=-\pi/6$），其延长线与中心轴交角为 $\pi/4$。由于挤压力全部作用在 AE 上，所以只要通过滑移线场的性质求出 E 点的平均应力，就能求出单位流动压力。

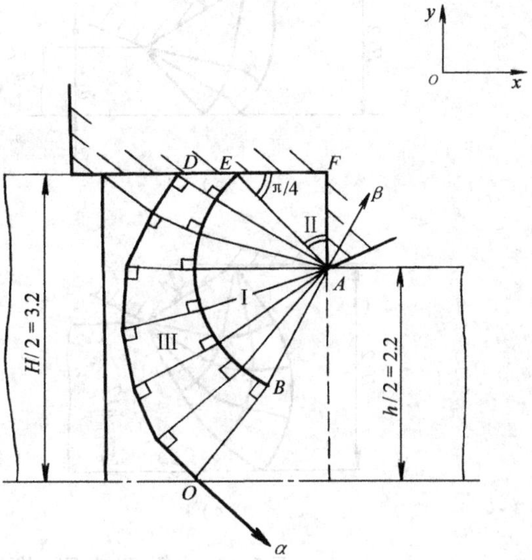

图5-31　平面变形正挤压（$H<2h$）

首先由 O 点沿 β 线求 B 点的平均应力，由边界条件、屈服准则及汉基方程可得

$$\sigma_{mB}=\sigma_{mO}+2K(\omega_O-\omega_B)=$$

$$-K+2K\left[-\frac{\pi}{4}-\left(-\frac{\pi}{6}\right)\right]=-K\left(1+\frac{\pi}{6}\right)$$

然后由 B 点沿 α 线求 E 点的平均应力为

$$\sigma_{mE}=\sigma_{mB}+2K(\omega_E-\omega_B)=-K\left(1+\frac{\pi}{6}\right)+2K\left[-\frac{3\pi}{4}-\left(-\frac{\pi}{6}\right)\right]$$

$$=-K\left(1+\frac{4\pi}{3}\right)$$

再求作用于 AE 上的水平应力及单位流动压力，因为 $\triangle AEF$ 为均匀场，E 点的水平应力就代表了该场任意点的水平应力。E 点的水平应力根据式（5-1）得

$$\sigma_{xE}=\sigma_{mE}-K\sin2\omega_E=-K\left(1+\frac{4\pi}{3}\right)-K\sin\left(-\frac{3\pi}{2}\right)=-K\left(2+\frac{4\pi}{3}\right)$$

故单位流动应力为

$$p=\frac{F}{HB}=\frac{\sigma_{xE}(H-h)B}{HB}=\frac{\sigma_{xE}(6.4-4.4)}{6.4}=\frac{1}{3.2}\sigma_{xE}=1.93K<2K \qquad (5\text{-}48)$$

比较式（5-47）和式（5-48）可知，挤压比减小，挤压时的单位流动压力也减小，即挤压力与挤压比成比例关系。

2. 锥形凹模正挤压

在光滑无摩擦的锥形凹模上正挤压时，不同锥角的大小其塑性变形区不同，一般有三种典型情况，对应着三种滑移线场，如图5-32所示。设凹模锥顶角为 2γ，则在图5-32b所示的情况下，由于 $\overline{AB}=\overline{AA'}=h$，所以截面缩减率 R 与锥角的关系为

$$R=\frac{H-h}{H}=\frac{2\,\overline{AB}\sin\gamma}{2\,\overline{AB}\sin\gamma+h}=\frac{2\,\overline{AB}\sin\gamma}{2\,\overline{AB}\sin\gamma+\overline{AB}}=\frac{2\sin\gamma}{1+2\sin\gamma} \qquad (5\text{-}49)$$

式（5-49）表明，当截面缩减率 $R=\frac{1}{2}$ 时，γ 必等于 $\frac{\pi}{6}$。现以截面缩减率为 $\frac{1}{2}$ 的锥形凹模为例，说明用滑移线法求单位挤压力的方法和步骤。

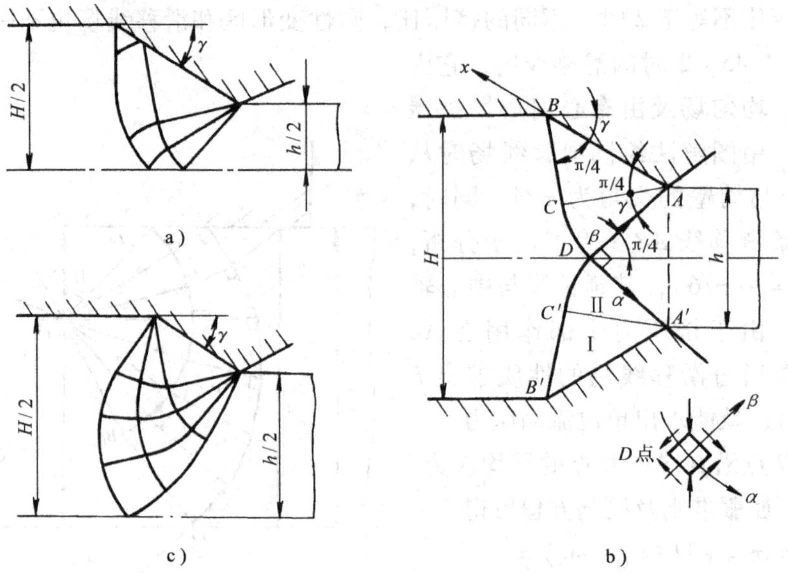

图 5-32　锥形凹模不同截面缩减率正挤压时的滑移线场

a) $\frac{H-h}{H}>\frac{1}{2}$　b) $\frac{H-h}{H}=\frac{1}{2}$　c) $\frac{H-h}{H}<\frac{1}{2}$

经过分析，并用图解法可建立如图 5-32b 所示的滑移线场，该场是由均匀场Ⅰ和顶角为 γ 的有心扇形场Ⅱ组成。ADA'右侧是已变形的刚性区，故 ADA'可认为是自由表面；BCD 左侧也为刚性区。AD 与中心轴交角为$\frac{\pi}{4}$，AC、BC 与筒壁的交角也为$\frac{\pi}{4}$。根据规则可得 BCD 为 α 线，DA 为 β 线。由于对称于中心轴，所以只需研究上边一半的滑移线场。

在边界 D 点，$\sigma_{xD}=0$、$\sigma_{yD}=-2K$、$\sigma_{\mathrm{m}D}=-K$、$\omega_D=-\frac{\pi}{4}$。在 B 点，$\omega_B=-\left(\frac{\pi}{4}+\gamma\right)$，沿 α 线根据汉基方程式（5-7）得

$$\sigma_{\mathrm{m}B}=\sigma_{\mathrm{m}D}+2K(\omega_B-\omega_D)=\sigma_{\mathrm{m}D}-2K\gamma=-K(1+2\gamma)$$

为了便于计算，将 x 轴放在 AB 面上，然后按式（5-1）可求得 AB 面上的正应力

$$\sigma_n=\sigma_{\mathrm{m}B}+2K\sin2\omega_B=-K(1+2\gamma)+K\sin\left[2\times\left(-\frac{\pi}{4}\right)\right]=-2K(1+\gamma)$$

单位长度的总挤压力就是作用于 AB 面上的正应力在 x 轴方向的投影，即

$$F=\sigma_{\mathrm{n}}AB\sin\gamma=2K(1+\gamma)h\sin\gamma=2K(1+\gamma)\frac{H-h}{2}\tag{5-50}$$

所以，无摩擦时的单位挤压力为

$$p=\frac{F}{\frac{H}{2}}=\frac{2K(1+\gamma)(H-h)}{H}=2K(1+\gamma)R=\frac{4K(1+\gamma)\sin\gamma}{1+2\sin\gamma}\tag{5-51}$$

如果锥形凹模壁粗糙，则必须考虑摩擦的影响。但是，由于摩擦系数 μ 对正应力 σ_{n} 的影响不大，故可以不需另作滑移线场而直接按以下简便的方法求单位挤压力。

设沿 AB 线同时作用有 σ_n 和$\tau=\mu\sigma_n$，则单位长度的总挤压力为

$$F'=\sigma_n\overline{AB}\sin\gamma+\mu\sigma_n\cos\gamma\overline{AB}=\sigma_n\overline{AB}(\sin\gamma+\mu\cos\gamma)$$
$$=\sigma_n\overline{AB}\sin\gamma(1+\mu\cot\gamma)=(1+\mu\cot\gamma)F \qquad (5\text{-}52)$$

设有摩擦时的单位挤压力为 p'，由于 $F'=p'(H-h)=p'H/2$，由式（5-51）和式（5-52）得

$$p'=(1+\mu\cot\gamma)\frac{F}{\frac{H}{2}}=p(1+\mu\cot\gamma) \qquad (5\text{-}53)$$

3. 反挤压

图 5-33 所示为截面缩减率 R 为 50% 的反挤压示意图。假设凹模内壁和凸模工作表面都很光滑，不存在摩擦。在凸模压力作用下，金属将向上流动。根据边界条件和滑移线性质可得，凸模表面下的滑移线场将是以 A、B 为中心的两个对称的扇形场。现取 BCD 场来分析，因无摩擦，BD 与凹模壁成$\frac{\pi}{4}$夹角，BC 则与凸模表面成$\frac{\pi}{4}$夹角。$\triangle ABC$ 是均匀场，像一个楔形的刚性区挤入金属，但并不是真不产生塑性变形。AD'和 BD 以上的金属只作向上的刚体运动，故 AD' 和 BD 为不受力的自由表面；DCD' 以下为刚性区。对 C 点进行应力分析后，根据判断规则得 BC、BD 等半径线为 β 线，圆弧$\overset{\frown}{CD}$为 α 线。

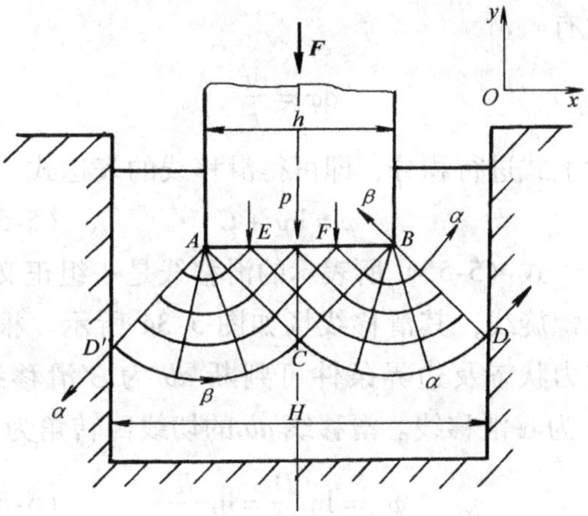

图 5-33　无摩擦反挤压时的滑移线场

现分析 BD 边界，在 D 点，由于模壁没有摩擦阻力，所以 $\sigma_{yD}=0$、$\sigma_{xD}=-2K$、$\sigma_{mD}=-K$、$\omega_D=\frac{\pi}{4}$，而 $\omega_C=-\frac{\pi}{4}$。于是根据式（5-7）得

$$\sigma_{mC}=\sigma_{mD}+2K(\omega_C-\omega_D)=-K-2K\left(\frac{\pi}{4}+\frac{\pi}{4}\right)=-K(1+\pi)$$

又利用式（5-1），可求得 C 点的应力分量为

$$\sigma_{xC}=\sigma_{mC}-K\sin2\omega_C=-K(1+\pi)+K=-\pi K$$
$$\sigma_{yC}=\sigma_{mC}+K\sin2\omega_C=-K(1+\pi)-K=-K(2+\pi)$$

因$\triangle ABC$ 为均匀场，各点的平均应力及应力分量均相同，故接触面上的正应力 σ_n 为

$$\sigma_n=\sigma_{yC}=-2K\left(1+\frac{\pi}{2}\right)$$

σ_n 也就是反挤压时凸模作用于金属上的单位挤压力，即

$$p=\sigma_n=2K\left(1+\frac{\pi}{2}\right)=5.14K \qquad (5\text{-}54)$$

五、圆筒件拉深

由本章第四节应力边界条件可知，圆形的自由表面或在表面上作用有均布的法向压力时，塑性变形区内的滑移线场是正交的对数螺旋线场。这类典型的问题有受内压厚壁圆筒的塑性变形和圆筒形零件的拉深。现以圆筒形零件拉深为例，说明该类问题的滑移线解法。在拉深过程中，坯料的变形主要集中在凹模表面与压板之间的凸缘部分，若不考虑压边力的影响，可认为是主应力异号的平面应力状态。再忽略板厚的变化，则可近似地看做平面应变状态，这样问题就简化为圆环受到内拉力的作用，如图5-34所示。

由于凸缘半径与主应力方向重合，所以滑移线与其成$\frac{\pi}{4}$夹角。于是对坐标为r、φ的任意点p可写出滑移线方程为

$$\frac{dr}{rd\varphi}=\tan\frac{\pi}{4}=1$$

故有

$$d\varphi=\frac{dr}{r}$$

对上式进行积分，即可得滑移线的表达式

$$\varphi=\ln r+C \tag{5-55}$$

式（5-55）所表示的滑移线是一组正交对数螺旋线，其滑移线场如图5-34所示。根据应力状态及边界条件可判断ab为β滑移线，ac为α滑移线。滑移线ab的切线回转角为

$$\varphi_{ab}=\ln\frac{D}{d}=\ln\frac{R}{r_0} \tag{5-56}$$

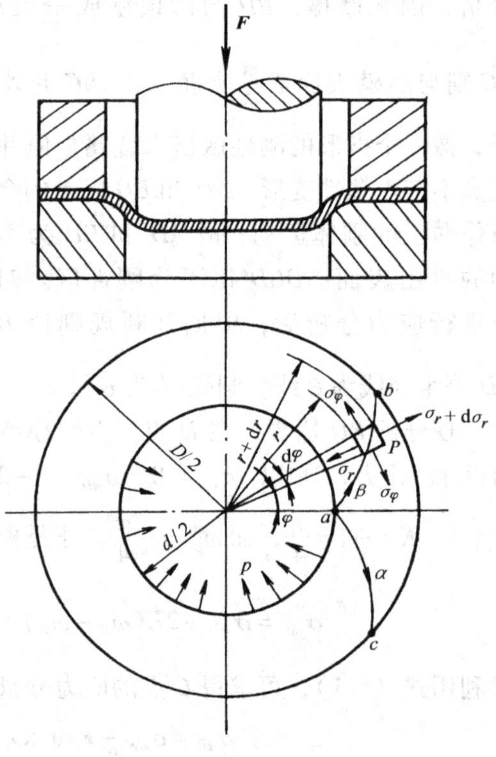

图5-34 圆筒件拉深的滑移线场

现任取一条β线ab，在a点，$r=r_0=\frac{d}{2}$，由屈服准则和边界条件可得

$$\sigma_1=\sigma_r=p;\ \sigma_3=\sigma_\varphi=p-2K;$$

$$\sigma_{ma}=\frac{\sigma_r+\sigma_\varphi}{2}=p-K$$

在b点，$r=R=\frac{D}{2}$，则有

$$\sigma_1=\sigma_r=0;\ \sigma_3=\sigma_\varphi=-2K;$$

$$\sigma_{mb}=\frac{\sigma_r+\sigma_\varphi}{2}=-K$$

沿β线ab，由式（5-7）得

$$\sigma_{ma}-\sigma_{mb}=2K\omega_{ab}=2K\varphi_{ab}$$

得

$$p = 2K\ln\frac{R}{r_0} \tag{5-57}$$

式中，d 为凸模直径；D 为拉深时凸缘的直径。

在拉深过程中，凸模压力的主要组成部分就是使凸缘部分变形的单位拉力 p。比较第四章主应力法求得的结果 $p=\sigma_r|_{r=r_0}=1.1S\ln\frac{R}{r_0}$ 可知，忽略简化的因素，两者结果是一致的。

对于形状复杂的拉深件，凸缘区各处的滑移线形状及转角互不相同，需要根据具体情况分段求单位拉力 p，其解题方法与上例相同。求得 p 的分布规律后，即可确定拉深力及压力中心。

六、盒形件合理坯料的确定

运用滑移线法可以确定拉深成形的合理毛坯形状和尺寸，现以长盒形拉深件为例说明其过程，该拉深件的轮廓包括两个半圆和两个直边。通过分析拉深件板坯的变形情况可知，半圆部分附近板坯的滑移线场为对数螺旋线场（图 5-35b 中的Ⅰ区），而直边附近板坯的滑移线场为与直边成 $\pm\frac{\pi}{4}$ 交角的正交直线族（Ⅱ区），在Ⅰ区和Ⅱ区之间的过渡区，滑移线场可近似地认为是由一族直线与另一族平行的对数螺旋线组成（Ⅲ区），在边远区，也可近似地认为是正交直线族（Ⅳ区）。于是，由拉深件轮廓出发所绘制的滑移线场如图 5-35b 所示（图中仅给出半个滑移线场）。

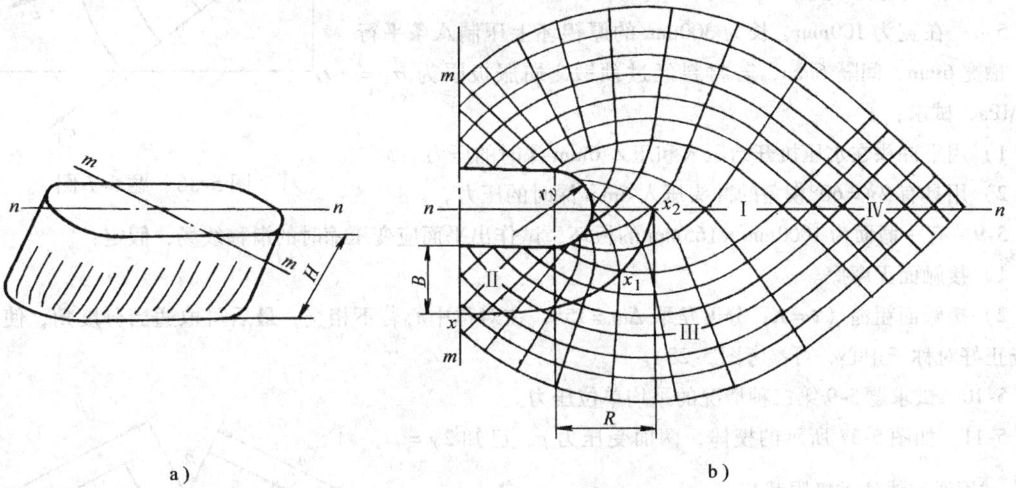

图 5-35　长盒形拉深件毛坯合理外形的确定
a）长盒形件　b）滑移线场与毛坯外形

由于拉深时板坯周边上的切应力为零，即板坯周边代表着切向主应力的轨迹。因此，只要在滑移线场中根据拉深件的几何尺寸确定一点（如图 5-35b 中的 x 点），以该点出发作一曲线，使该曲线每一处与滑移线都成 $\pm\frac{\pi}{4}$ 交角，该曲线就是拉深件板坯的合理周边。

至于需预先确定的 x 点，可选在直边部分的中垂线 mm 上，亦可选在圆弧部分圆心角的平分线 nn 上。在第一种情况下，该点与直边的距离 B 可按弯曲件的展开公式计算；在第二种情况下，该点与半圆圆心的距离 R 可按圆筒件拉深的展开公式计算。

图 5-35b 中的曲线 xx_1x_2 就是该长盒形拉深件板坯的合理周边（仅给出四分之一）。对于轮廓更为复杂的拉深件，在绘制滑移线场时，可将轮廓分解成直线和各种不同半径的圆弧段，然后分别绘制滑移线场，过渡区的滑移线场可在分析的基础上用假设的曲线来代替，其余步骤与上例相同。

思 考 题

5-1 解释滑移线和滑移线场，并说明滑移线法求解塑性成形问题的基本思路。

5-2 为什么说滑移线法在理论上只适用于求解理想刚塑性材料的平面变形问题？在什么情况下平面应力问题也可用滑移线求解？应注意什么？

5-3 滑移线法有哪些应力边界条件？如何判断边界上的 α 和 β 滑移线？

5-4 汉基应力方程有什么意义？

5-5 什么是滑移线的沿线特性和跨线特性？它们有什么意义？

5-6 根据平面应变状态应力莫尔圆的特点，试分析滑移线场中各点应力变化与莫尔圆坐标之间的联系。

5-7 已知某刚塑性材料在平面塑性变形时，其滑移线场如图 5-36所示，α 线是直线族，β 线是一族同心圆，$\sigma_{mC}=-90\text{MPa}$，$K=60\text{MPa}$。试求：

1）C 点的应力状态，σ_x、σ_y、τ_{xy}、ξ_1。

2）D 点的应力状态，σ_x、σ_y、τ_{xy}。

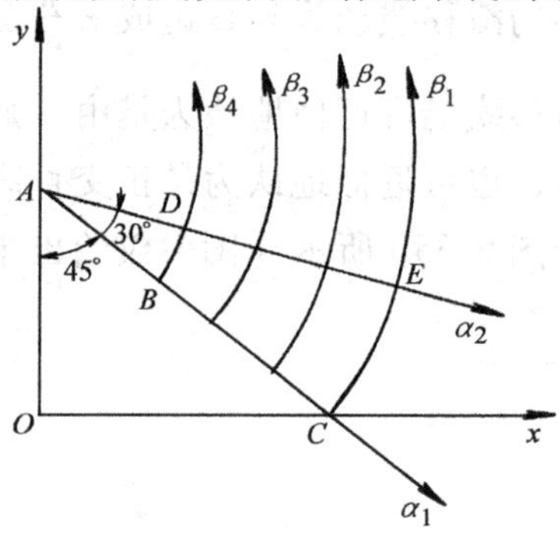

图 5-36 题 5-7 图

5-8 在宽为 100mm、长为 300mm 的厚铝坯上压制八条平行槽，槽宽 6mm，间隔 6mm，若材料经过预锻，屈服极限为 $\sigma_s=150\text{MPa}$，试求：

1）用平冲头在水压机开始压入和压入 6mm 深时的压力。

2）用具有 $2\gamma=60°$ 楔角的冲头压入 6mm 深时的压力。

5-9 有一截面为 1000mm × 165mm 的板坯，试作出平面应变压缩时的滑移线场，假定：

1）接触面无摩擦。

2）接触面粗糙（$\tau=K$，分度角取 $\Delta\omega=15°$，在对称中心若不相交，最后可取适当分度角，使滑移线场正好对称于中心，可参考图 5-28）。

5-10 试求题 5-9 第二种情况的平均单位压力。

5-11 如图 5-37 所示的楔体，两面受压力 p，已知 $2\gamma=\dfrac{3\pi}{4}$，试用滑移线法求极限载荷。

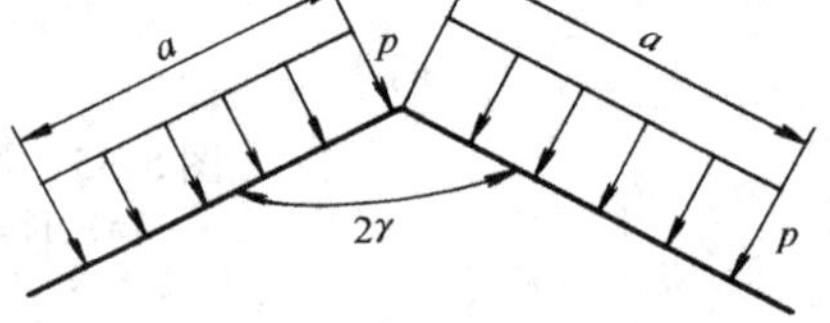

图 5-37 题 5-11 图

5-12 如图 5-38 所示的楔体，两侧压力为 p，顶部压力为 q，求当 1）$p=q$ 及 2）$p>q$ 时的极限载荷值。

5-13 已知具有角形切口的板条，试求此板条的极限载荷（图 5-39）。

5-14 试求如图 5-40 所示双边切口试件的极限载荷（设试件厚度为 B）。

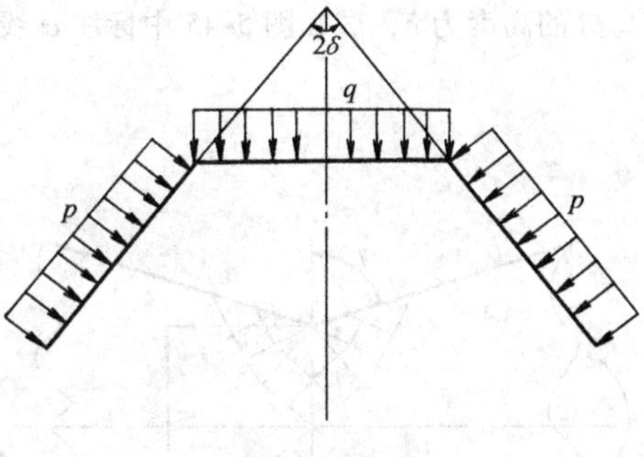

图 5-38　题 5-12 图

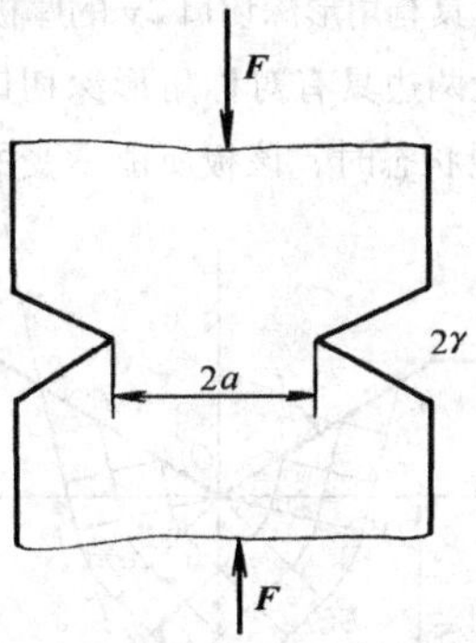

图 5-39　题 5-13 图

5-15　如图 5-41 所示为一冲头将材料从一粗糙模筒中作侧向挤压的滑移线场。试计算：

1）冲头所需压力。

2）材料与筒壁间的摩擦系数。

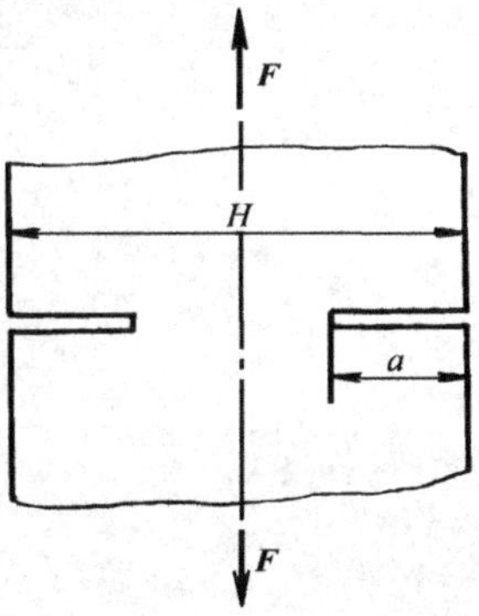

图 5-40　题 5-14 图

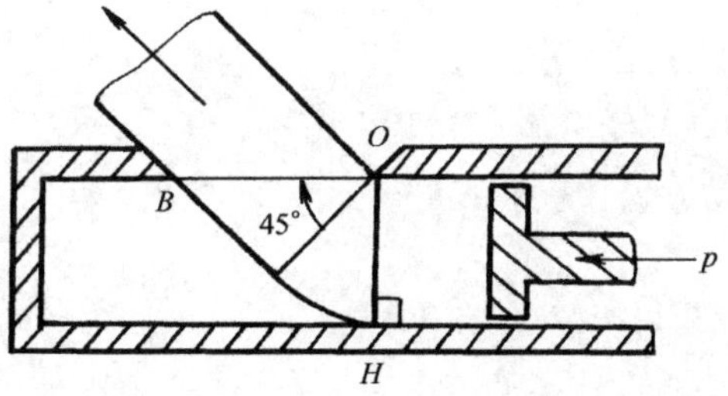

图 5-41　题 5-15 图

5-16　圆柱形光滑压头的曲面压入在无限大物体上的半圆坑表面，压入开始时设想滑移线场如图 5-42所示，滑移线与压头表面及自由表面相交成$\frac{\pi}{4}$夹角。试求压入时冲头表面的单位压力。

5-17　一对刚性楔，正好楔入板料的凹槽中（图 5-43），现对刚楔施加压力，使板料正好足以发生无约束的塑性流动，试建立可能的滑移线场（设楔面光滑，无摩擦）。

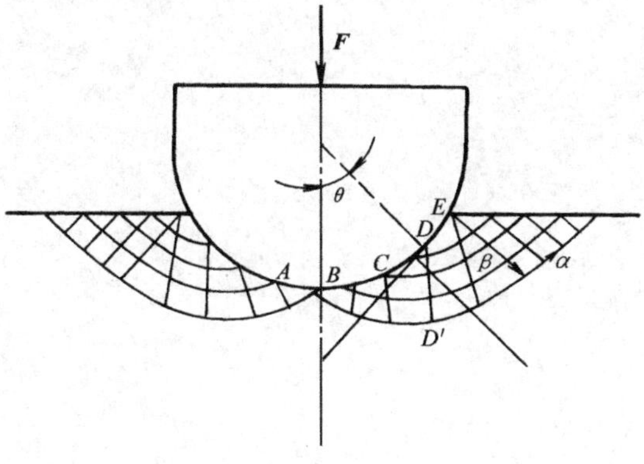

图 5-42　题 5-16 图

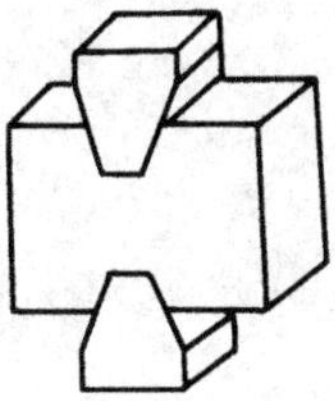

图 5-43　题 5-17 图

5-18　设具有角形深切口 2γ 的厚板，其滑移线场构造如图5-44所示，试求此时该板所能承受弯矩的值。

5-19　设两边具有对称角形深切口的厚板，角形深切口处的高度为 h，试在图5-45中标注 α 线和 β 线并求在极限状态时，该板所能承受的弯矩值。

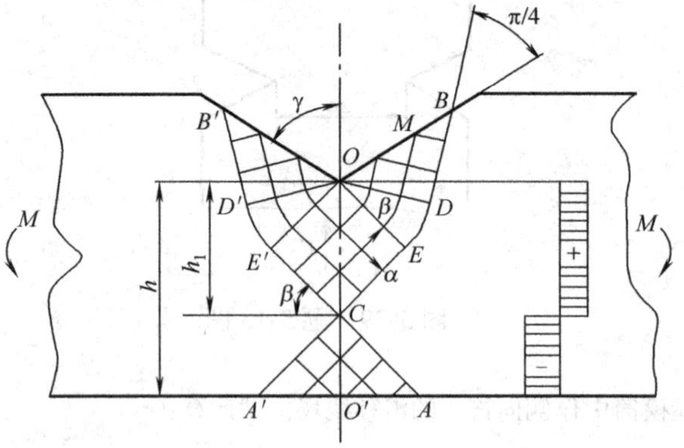

图5-44　题5-18图

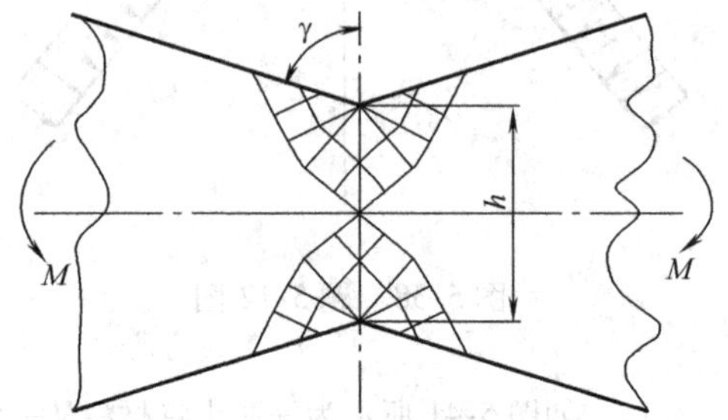

图5-45　题5-19图

第六章　塑性成形问题的其他解法

前两章主要讨论了主应力法和滑移线法，还有许多求解金属塑性成形问题的其他解法。本章只对变形功法、上限法、塑性材料力学法和有限元法作简单介绍。

第一节　变 形 功 法

一、变形功法的基本原理

变形功法也叫功平衡法，它是根据能量守恒定律求变形力的一种方法。这种方法的基本原理是：物体塑性变形时，外力沿其位移方向所做的功 W_o 等于物体塑性变形功 W_p 和接触摩擦切应力所消耗的功 W_f 之和。对于变形过程的某一瞬时，变形功法的基本原理可以写成增量表达式

$$\Delta W_o = \Delta W_p + \Delta W_f \tag{6-1}$$

1. 塑性变形功增量 ΔW_p

由于塑性变形时体积不变，因此塑性变形功就是变形体形状变化的功。设单元体的体积为 dV，则该单元体在塑性变形过程中所消耗的塑性变形功为

$$d(\Delta W_p) = \sigma_{ij}\Delta\varepsilon_{ij}dV \tag{6-2}$$

当单元体在主应力 σ_1、σ_2 和 σ_3 作用下产生的主应变增量为 $\Delta\varepsilon_1$、$\Delta\varepsilon_2$ 和 $\Delta\varepsilon_3$ 时，则该单元体所消耗的塑性变形功增量也可以写成

$$d(\Delta W_p) = (\sigma_1\Delta\varepsilon_1 + \sigma_2\Delta\varepsilon_2 + \sigma_3\Delta\varepsilon_3)dV \tag{6-2a}$$

根据增量理论

$$\left.\begin{aligned}
\Delta\varepsilon_1 &= \frac{\Delta\bar{\varepsilon}}{\bar{\sigma}}\left[\sigma_1 - \frac{1}{2}(\sigma_2 + \sigma_3)\right] \\
\Delta\varepsilon_2 &= \frac{\Delta\bar{\varepsilon}}{\bar{\sigma}}\left[\sigma_2 - \frac{1}{2}(\sigma_3 + \sigma_1)\right] \\
\Delta\varepsilon_3 &= \frac{\Delta\bar{\varepsilon}}{\bar{\sigma}}\left[\sigma_3 - \frac{1}{2}(\sigma_1 + \sigma_2)\right]
\end{aligned}\right\}$$

将 $\Delta\varepsilon_1$、$\Delta\varepsilon_2$ 和 $\Delta\varepsilon_3$ 代入式（6-2a）中，整理后得

$$d(\Delta W_p) = (\bar{\sigma}\Delta\bar{\varepsilon})dV$$

式中，$\bar{\sigma}$、$\Delta\bar{\varepsilon}$ 分别为等效应力和等效应变增量。

根据密席斯屈服准则，塑性变形时 $\bar{\sigma} = S$，如果不考虑加工硬化，则 $S = \sigma_s$。故整个

体积所消耗的变形功增量为

$$\Delta W_{\mathrm{p}} = \int_V \sigma_{\mathrm{s}} \Delta\bar{\varepsilon} \mathrm{d}V = \sigma_{\mathrm{s}} \int_V \Delta\bar{\varepsilon} \mathrm{d}V \tag{6-3}$$

2. 外摩擦所消耗功的增量 ΔW_{f}

$$\Delta W_{\mathrm{f}} = \int_A \tau \Delta u_{\mathrm{f}} \mathrm{d}A \tag{6-4}$$

式中，τ为接触面 A 上的摩擦切应力；Δu_{f} 为τ方向上的位移增量。

3. 由外力所做功 ΔW_{o} 为

$$\Delta W_{\mathrm{o}} = F\Delta u_{\mathrm{o}} \tag{6-5}$$

$$F = \frac{\Delta W_{\mathrm{o}}}{\Delta u_{\mathrm{o}}} = \frac{\Delta W_{\mathrm{p}} + \Delta W_{\mathrm{f}}}{\Delta u_{\mathrm{o}}} \tag{6-5a}$$

式中，F 为外力；Δu_{o} 为外力在作用力方向上的位移增量。

将式（6-3）、式（6-4）代入式（6-5a），可求得所需的变形力。

从上面推导公式中可以看到，为了计算 ΔW_{p} 和 ΔW_{f}，需要知道变形体的位移场或应变场，但在塑性成形时，由于外摩擦的影响，变形总是不均匀的，因而很难确定位移量或应变量。因此，往往需要作变形均匀的假设，以便确定位移量或应变量。这种基于均匀变形假设的变形功法又称为均匀变形功法或功平衡法。

二、计算举例

例 6-1 圆柱体尺寸如图 6-1 所示，设圆柱体有一微量变形 Δh，摩擦应力$\tau = \mu\sigma_{\mathrm{s}}$ 为常数，求作用在圆柱体上的外力 F 和单位流动压力 p。

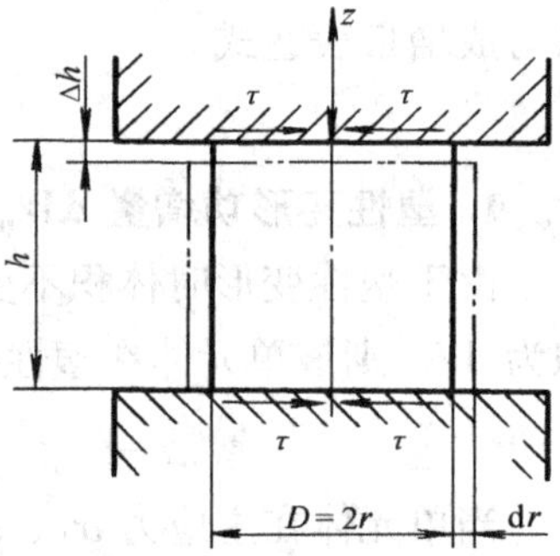

图 6-1 圆柱体镦粗

解 根据式（6-5），此时外力 F 所做功的增量为

$$\Delta W_{\mathrm{o}} = F\Delta h$$

根据均匀变形的假设，圆柱体三个方向的应变分别为（采用圆柱坐标系）

$$\Delta\varepsilon_z = -\frac{\Delta h}{h};\ \Delta\varepsilon_\rho = \frac{\partial \Delta u_\rho}{\partial \rho};\ \Delta\varepsilon_\theta = \frac{\Delta u_\rho}{\rho}$$

根据体积不变条件

$$\Delta\varepsilon_\rho + \Delta\varepsilon_\theta + \Delta\varepsilon_z = \frac{\partial \Delta u_\rho}{\partial \rho} + \frac{\Delta u_\rho}{\rho} + \left(-\frac{\Delta h}{h}\right) = 0$$

将上式略加变换，得

$$\frac{\partial(\Delta u_\rho \rho)}{\partial \rho} + \left(-\frac{\Delta h}{h}\rho\right) = 0$$

将其积分，得

$$\Delta u_\rho = \frac{1}{2}\frac{\Delta h}{h}\rho + f(z)$$

在圆柱轴线上，ρ 方向上的位移 $\Delta u_\rho = 0$，因此$f(z) = 0$，即得

$$\Delta u_{\rho}=\frac{1}{2}\frac{\Delta h}{h}\rho$$

于是有

$$\Delta\varepsilon_{\rho}=\frac{\partial\Delta u_{\rho}}{\partial\rho}=\frac{1}{2}\frac{\Delta h}{h};\ \Delta\varepsilon_{\theta}=\Delta\varepsilon_{\rho}=\frac{1}{2}\frac{\Delta h}{h}$$

则等效应变增量为

$$\Delta\bar{\varepsilon}=\frac{\sqrt{2}}{3}\sqrt{(\Delta\varepsilon_{z}-\Delta\varepsilon_{\rho})^{2}+(\Delta\varepsilon_{\rho}-\Delta\varepsilon_{\theta})^{2}+(\Delta\varepsilon_{\theta}-\Delta\varepsilon_{z})^{2}}=\frac{\Delta h}{h}=|\Delta\varepsilon_{z}|$$

将值代入式（6-3）中，得

$$\Delta W_{\mathrm{p}}=\sigma_{\mathrm{s}}\int_{V}\Delta\bar{\varepsilon}\mathrm{d}V=\frac{\pi}{4}D^{2}\sigma_{\mathrm{s}}\Delta h \tag{a}$$

摩擦所消耗的功增量为

$$\Delta W_{\mathrm{f}}=2\int_{A}\tau\,\Delta u\mathrm{d}A$$

将$\tau=\mu\sigma_{\mathrm{s}}$、$\tau$方向上的位移量$\Delta u_{\rho}$、$u_{\rho}$的值以及$\mathrm{d}A=2\pi\rho\mathrm{d}\rho$代入上式，得

$$\Delta W_{\mathrm{f}}=\mu\sigma_{\mathrm{s}}\frac{\Delta h}{h}2\pi\int_{0}^{r}\rho^{2}\mathrm{d}\rho=\frac{2\pi}{3}\frac{\Delta h}{h}\mu\sigma_{\mathrm{s}}r^{3} \tag{b}$$

最后将式（a）、式（b）代入式（6-5a）中，可求得外力F

$$F=\frac{\pi D^{2}}{4}\sigma_{\mathrm{s}}\left(1+\frac{\mu}{3}\frac{D}{h}\right)$$

单位流动压力为

$$p=\frac{F}{A}=\sigma_{\mathrm{s}}\left(1+\frac{\mu}{3}\frac{D}{h}\right)$$

该结果与用主应力法求得的圆柱体镦粗公式相同。

第二节　上　限　法

一、上限法的基本概念

上限法是确定金属塑性变形时近似载荷的一种界限法。由于用上限法确定的载荷总是大于或等于实际所需要的真实载荷，因此称为上限法。另一种界限法是下限法，用下限法确定的载荷总是小于或等于实际所需要的真实载荷。若将上限法应用于工程，这对于保证塑性成形过程的顺利进行、选择设备和设计模具都是十分有利的。因此，在塑性成形领域内常采用上限法。

二、平面变形问题的上限原理

设一变形体在外力作用下处于平面应变状态，设想变形区由若干个刚性三角块组成。

塑性变形时，刚性块本身并不产生变形，而是在刚性块之间相互滑动，因而在边界产生速度间断。这时，整个变形过程所消耗的功率为刚性块变形所消耗的功率、滑动面上所消耗的功率和工具与变形体之间的摩擦面所消耗的功率之和。如图6-2所示，设 S_D 是刚性块①和刚性块②的分界面，$\dot{u}^{①}$ 和 $\dot{u}^{②}$ 分别为两个刚性块的滑动速度，根据变形体体积不变的条件可知：垂直于 S_D 面上的两个速度分量必须相等，即 $\dot{u}_n^{①}=\dot{u}_n^{②}$，否则材料将发生重叠或拉开，而平行于 S_D 面上的两个速度分量可以不相等，其速度间断值为 $[V_t]=\dot{u}_t^{①}-\dot{u}_t^{②}$，此时，滑动面上所消耗的功率为滑动面上的滑动力与滑动面上的速度间断值之积。而摩擦面上所消耗的功率为摩擦力与摩擦面两边速度差之积。由于刚性块不变形，故刚性块变形所消耗的功为零。此时，整个变形体的瞬时塑性变形功率等于滑动面上所消耗的功率与摩擦面上所消耗的功率之和，它们可以写成统一的形式

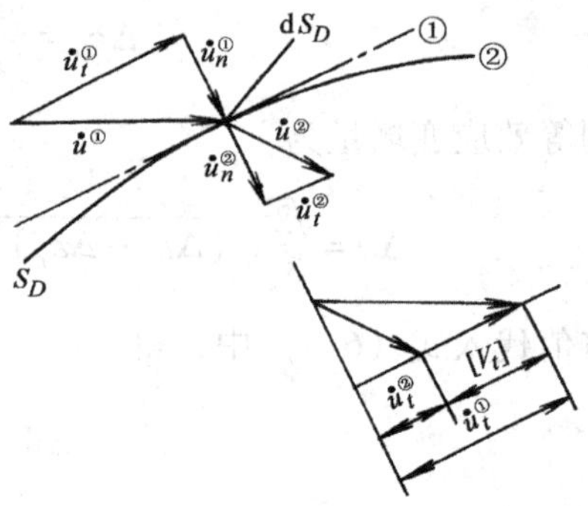

图6-2 速度间断面上的速度间断

$$W_p = \sum \tau[V_t]\mathrm{d}S_D$$

式中，τ为沿刚性小块边界的切应力，在自由表面上$\tau=0$，在接触表面上$\tau=\mu\sigma_n$；$\mathrm{d}S_D$ 为沿刚性小块边界的面积或摩擦面的面积。

由外力对变形体所产生的功率为

$$W_o = F\dot{u}_o$$

式中，F 为外力；$\dot{u}_o$ 为外力作用面上的工具在力方向上的速度。

根据能量守恒定律 $W_o=W_p$ 即

$$F\dot{u}_o = \sum \tau[V_t]\mathrm{d}S_D \tag{6-6}$$

由于τ总是小于等于按屈服准则所确定的切应力极限 K，即$\tau\leqslant K$，则

$$F\dot{u}_o = \sum \tau[V_t]\mathrm{d}S_D \leqslant \sum K[V_t]\mathrm{d}S_D$$

如果按照公式

$$F\dot{u}_o = \sum K[V_t]\mathrm{d}S_D \tag{6-7}$$

进行计算，则所计算出来的外力总是大于或等于实际所需要的外力。式（6-7）就是平面变形问题上限法原理的数学表达式。

应该注意：在划分刚性块时，通常参照相关的滑移线场，由于滑移线场体现了平面应变条件的精确解，因此简化的刚性块变形模式与滑移线场越接近，求得的上限解就越精确。在实际使用时，可以多设计几种模式进行计算，以其计算结果值最小为最接近实际所需载荷。

三、上限法在平面变形问题中的应用

例6-2 设刚性平冲头的宽度为2b，长度 L 远大于宽度，因而变形可以看成平面状

态。冲头和坯料的接触面没有摩擦，用上限法求解极限载荷和流动压力。

（1）第一种模式解　参照滑移线场，将滑移线场变成为由三角形小块组成的在运动学上可能的场，如图 6-3a 所示（因为对称，只画出右半）。变形状态就用 ΔA、ΔB、ΔC 这三个刚性块的相互滑动来表示，O 表示刚性不动区，相应的速端图如图 6-3b 所示。图中 ***Oa*** 为冲头下移速度（设为一单位速度）；***ab*** 为 ΔA 与冲头端面之间的相对滑动速度；***Ob*** 为 ΔA 的绝对速度，也是与半无限体 O 区的相对滑动速度；***bc*** 为 ΔA 和 ΔB 的相对滑动速度；***Oc*** 为 ΔB 的绝对速度，也是与 O 区的相对滑动速度；***cd*** 为 ΔB 和 ΔC 的相对滑动速度；***Od*** 为 ΔC 的绝对速度，也是与 O 区的相对滑动速度。

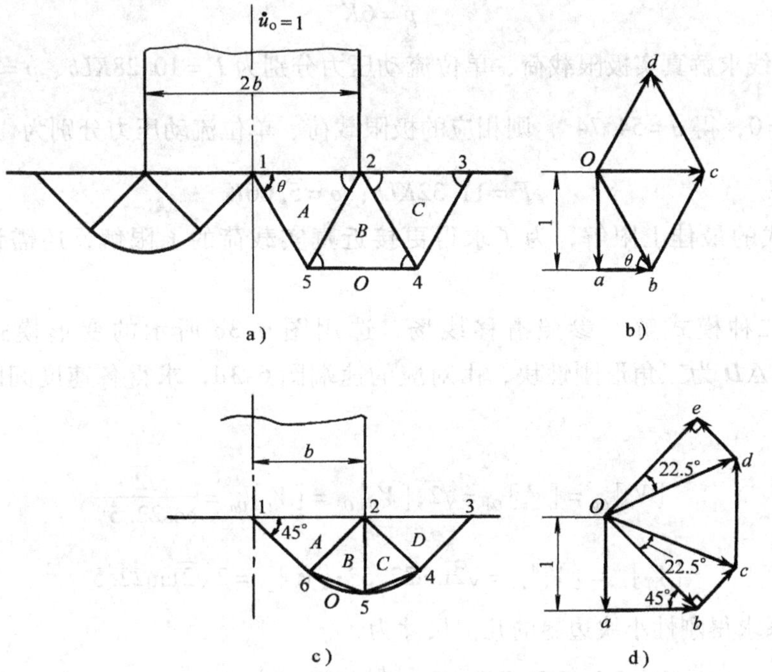

图 6-3　光滑冲头压入半无限体
a）上限模式Ⅰ　b）上限模式Ⅰ对应的速端图
c）上限模式Ⅱ　d）上限模式ⅠⅡ对应的速端图

设三角形等腰边的夹角为 θ，于是由速端图可求得各速度间断值如下

$$[V_t]_{Ob}=[V_t]_{bc}=[V_t]_{cd}=[V_t]_{Od}=\frac{1}{\sin\theta};\ [V_t]_{Oc}=\frac{2}{\tan\theta}$$

又由几何关系求得刚性小块边界的几何尺寸为

$$\overline{15}=\overline{25}=\overline{24}=\overline{34}=\frac{b}{2}\frac{1}{\cos\theta};\ \overline{54}=b$$

根据式（6-7）可得极限载荷为

$$F\dot{u}_o=\sum K[V_t]\mathrm{d}S_D=2KL([V_t]_{Ob}\times\overline{15}+[V_t]_{bc}\times\overline{25}+[V_t]_{cd}\times\overline{24}+[V_t]_{Od}\times\overline{34}+[V_t]_{cO}\times\overline{54})$$

$$F\times1=2KL\left(4\times\frac{b}{2}\times\frac{1}{\cos\theta\sin\theta}+b\,\frac{2}{\tan\theta}\right)=4KLb\left(\frac{1}{\cos\theta\sin\theta}+\frac{1}{\tan\theta}\right)$$

单位流动压力为

$$p = \frac{F}{L \times 2b} = 2K\left(\frac{1}{\cos\theta\sin\theta} + \frac{1}{\tan\theta}\right)$$

式中，θ 为准独立变量，设 $\theta = 45°$，则有：

极限载荷

$$F = 4KLb(\sqrt{2} \times \sqrt{2} + 1) = 12KLb$$

单位流动压力

$$p = 6K$$

（用滑移线求解真实极限载荷、单位流动压力分别为 $F = 10.28KLb$、$p = 5.14K$）

若取$\frac{\partial p}{\partial \theta} = 0$，得 $\theta = 54.74°$，则相应的极限载荷、单位流动压力分别为

$$F = 11.32KLb;\ p = 5.66K$$

这就是该模式的最佳上限解，为了求得更接近真实载荷的上限解，还需设计其他变形模式。

（2）第二种模式解　参照滑移线场，选用图 6-3c 所示的变形模式，图中△A、△B、△C 和△D 为三角形刚性块，由对应的速端图 6-3d，求得各速度间断面的速度间断值为

$$[V_t]_{Ob} = [V_t]_{Oe} = \sqrt{2};[V_t]_{Oc} = [V_t]_{Od} = \frac{\sqrt{2}}{\cos 22.5°}$$

$$[V_t]_{bc} = [V_t]_{de} = \sqrt{2}\tan 22.5°;[V_t]_{cd} = 2\sqrt{2}\tan 22.5°$$

又由几何关系求得刚性小块边界的几何尺寸为

$$\overline{16} = \overline{26} = \overline{25} = \overline{24} = \overline{43} = \frac{b}{\sqrt{2}};\ \overline{65} = \overline{54} = \sqrt{2}b\sin 22.5°$$

根据式（6-7）可得极限载荷

$$F\dot{u}_o = \sum K[V_t]\mathrm{d}S_D = 2KL([V_t]_{Ob} \times \overline{16} + [V_t]_{bc} \times \overline{26} + [V_t]_{cd} \times \overline{25} + [V_t]_{Od} \times \overline{54} + [V_t]_{cO} \times \overline{65} + [V_t]_{de} \times \overline{24} + [V_t]_{Oe} \times \overline{43})$$

$$F \times 1 = 2KL\left[\frac{b}{\sqrt{2}}(2\sqrt{2} + 4\sqrt{2}\tan 22.5°) + 4b\tan 22.5°\right]$$

$$= 4KLb(1 + 4\tan 22.5°) = 10.62KLb$$

单位流动压力为

$$p = \frac{F}{L \times 2b} = 5.31K$$

从以上计算可以看出，第二种模式比第一种模式更接近真实载荷。因为变形区三角形刚性块更接近滑移线场，所以用上限法计算出来的极限载荷就更接近真实载荷。

第三节 塑性材料力学法

一、求解原理

塑性材料力学法是以塑性变形的全量理论为基础，结合应力平衡方程和屈服准则来求解金属塑性加工时大变形实际问题的一种方法。这些问题包括：① 按给定变形量来确定变形力；②按给定载荷或外力所做的功来确定变形量；③按物体的最终形状来确定各工步的形状等。

为了确定塑性变形全量理论中材料的塑性模量和屈服准则中的中间应力影响系数，塑性材料力学法应用了一系列独特的分析和实验方法，来确定应力强度和应变强度的关系，确定塑性准则及金属开始破坏的准则等。

塑性材料力学法的基本原理如下：

1）在变形过程是单调的或近似单调的条件下，应力主轴与应变主轴的方向重合。也就是说，在单调大变形过程中，也可以采取用小变形时的应力与应变之间的关系式，不过其应变应采用对数应变 ϵ，此时可以将塑性变形的全量理论式（2-117b）改成表达式

$$\frac{\epsilon_1-\epsilon_2}{\sigma_1-\sigma_2}=\frac{\epsilon_2-\epsilon_3}{\sigma_2-\sigma_3}=\frac{\epsilon_3-\epsilon_1}{\sigma_3-\sigma_1}=\rho \tag{6-8}$$

单调（单值过程）可以理解为这样的变形过程：变形体的变形种类（拉伸、压缩）保持不变，而且任意两个小质点始终是互相靠拢或相互远离的变形过程，过程的单调可以使过程的分析大大简化。对于类似于轴对称的拉深、板料翻边等其变形可以近似认为是单调的，因此，可以采用式（6-8）。

2）式（6-8）中的比例系数 ρ 可以由简单拉伸试验结果确定，也可以用类似于求塑性变形全量理论中的比例系数 λ 的方法近似求得，即

$$\rho=\frac{3}{2}\frac{\bar{\epsilon}}{\bar{\sigma}}=\frac{3}{2}\frac{1}{E'}$$

式中，等效应力（应力强度）$\bar{\sigma}$ 可以由前面的方法求得，对数等效应变（对数应变强度）$\bar{\epsilon}$ 可以由类似于等效应变的方法求得

$$\bar{\epsilon}=\frac{\sqrt{2}}{3}\sqrt{(\epsilon_1-\epsilon_2)^2+(\epsilon_2-\epsilon_3)^2+(\epsilon_3-\epsilon_1)^2}$$

求出比例系数 ρ 或塑性模量 E' 的值后，就可以在已知外力的情况，用全量理论公式确定各应变分量。

3）屈服准则的表达式为 $\sigma_{max}-\sigma_{min}=\beta\sigma_s$，式中中间应力影响系数 β 是一个随应力状态变化而变化的变量，为了确定 β 值，可以利用应力莫尔圆与应变莫尔圆相似的条件，不过此时要用对数应变。根据两个圆相似，有

$$\frac{2\sigma_2-\sigma_1-\sigma_3}{\sigma_1-\sigma_3}=\frac{2\epsilon_2-\epsilon_1-\epsilon_3}{\epsilon_1-\epsilon_3}$$

等式左边是罗德应力参数，设等式右边为罗德应变参数，用μ_ϵ表示，则

$$\mu_\sigma=\mu_\epsilon \tag{6-9}$$

为了确定应力参数，可以在大变形体毛坯中取充分小的微体，其尺寸应限制在保证为变形过程单调的范围内。然后从几何分析或直接从实验确定最大伸长和缩短方向，以计算ϵ_1、ϵ_2及ϵ_3的值，再计算出对数应变参数μ_ϵ。

由式（6-9）就可以得到应力参数，由应力参数就可以直接计算出中间主应力影响系数β，即

$$\beta=\frac{2}{\sqrt{3+\mu_\sigma^2}}$$

于是，可以写出（设$\sigma_1\geqslant\sigma_2\geqslant\sigma_3$）

$$\sigma_1-\sigma_3=\beta\sigma_s$$

$$2\sigma_2-\sigma_1-\sigma_3=\mu_\sigma(\sigma_1-\sigma_3)。$$

根据上面两个等式，如果已知一个应力或已知$\sigma_1+\sigma_2+\sigma_3$之和，则可以求出各应力分量，但不能由质点的变形状态条件直接求出各应力分量，因为球应力张量是一个不定量。

为了确定各应力分量，也可利用所取微体的平衡条件，列出微体的平衡方程，再联合上两式便可求得各应力分量。

二、计算举例

例6-3　圆筒形件的拉深过程如图6-4所示，拉深毛坯在凸模的作用下，毛坯中心被压入凹模孔内，由于毛坯的连续性，坯料中心部分的位移引起了凸缘产生径向拉应力（由于零件是旋转体，故采用圆柱坐标）σ_r，同时切向也有一个压应力σ_θ，由于凸缘部分压边力较小，故可以近似认为厚度方向的σ_t正应力等于零，凸缘部分的切应力也等于零，由此可以认为在拉深过程中凸缘变形区的应力状态为平面主应力状态。设在拉深过程的某一瞬间，凸缘外边缘的半径为R_t，拉深件的半径为R_1，在任意半径为r处取宽度为dr、夹角为dθ的弧形微小体，其受力情况如图6-4所示。已知凸缘变形区厚度的应变为$\epsilon_t=-\dfrac{1-2\ln R_t/r}{2-\ln R_t/r}\epsilon_\theta$（$\epsilon_\theta$为切向应变），求圆筒形件在拉深过程中，凸缘变形区的各应力分量。

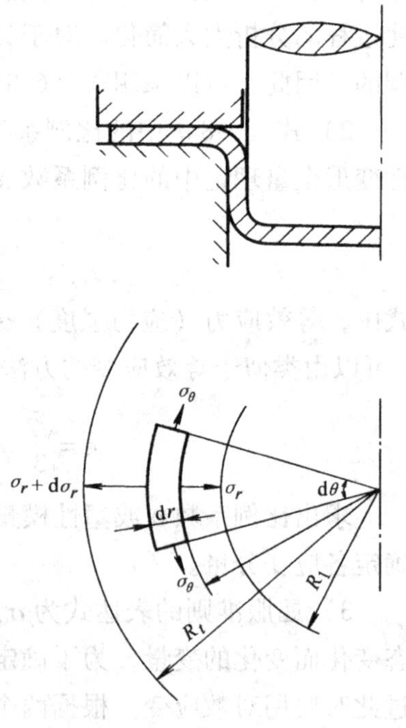

图6-4　圆柱体拉深凸缘变形区的应力状态

解　由题意可设$\sigma_1=\sigma_r$、$\sigma_2=\sigma_t$、$\sigma_3=\sigma_\theta$，设$\ln\dfrac{R_t}{r}=a$，根据

$$\epsilon_r+\epsilon_t+\epsilon_\theta=0$$

则

$$\epsilon_r = -(\epsilon_t + \epsilon_\theta) = -\frac{1+a}{2-a}\epsilon_\theta$$

$$= -\frac{1+\ln R_t/r}{2-\ln R_t/r}\epsilon_\theta$$

由式（6-9）得

$$\mu_\epsilon = \frac{2\epsilon_t - \epsilon_r - \epsilon_\theta}{\epsilon_r - \epsilon_\theta} = \frac{\left[-2\left(\frac{1-2a}{2-a}\right)+\frac{1+a}{2-a}-1\right]\epsilon_\theta}{\left(-\frac{1+a}{2-a}-1\right)\epsilon_\theta} = 1-2a = \mu_\sigma$$

则有

$$\beta = \frac{2}{\sqrt{3+\mu_\sigma^2}} = \frac{2}{\sqrt{3+(1-2a)^2}}$$

所以

$$\beta = \frac{2}{\sqrt{3+\left(1-2\ln\frac{R_t}{r}\right)^2}}$$

根据屈服准则

$$\sigma_1 - \sigma_3 = \beta\sigma_s$$

则有

$$\sigma_r - \sigma_\theta = \beta\sigma_s \tag{a}$$

根据罗德参数

$$2\sigma_2 - \sigma_1 - \sigma_3 = \mu_\sigma(\sigma_1 - \sigma_3)$$

则有

$$-\sigma_r - \sigma_\theta = (1-2a)(\sigma_r - \sigma_\theta)$$

$$\sigma_r + \sigma_\theta = -(1-2a)\beta\sigma_s \tag{b}$$

将式（a）加上式（b）得

$$\sigma_r = a\beta\sigma_s = \beta\sigma_s\ln\frac{R_t}{r} \tag{c}$$

将式（a）减去式（b）得

$$\sigma_\theta = -(1-a)\beta\sigma_s = -\beta\sigma_s\left(1-\ln\frac{R_t}{r}\right) \tag{d}$$

将β值代入式（c）及式（d），可得圆筒形件在拉深过程中凸缘变形区的各应力分量，即

$$\sigma_r = \frac{2}{\sqrt{3+(1-2\ln\frac{R_t}{r})^2}}\sigma_s\ln\frac{R_t}{r}$$

$$\sigma_\theta = -\frac{2}{\sqrt{3+\left(1-2\ln\frac{R_t}{r}\right)^2}}\sigma_s\left(1-\ln\frac{R_t}{r}\right)$$

$$\sigma_t = 0$$

从上面结果可以看出，径向为拉应力，切向为压应力；在 $r = R_t$（凸缘外边缘）处，$\sigma_r = 0$，σ_θ 取得最大压应力，此处为单向压应力状态，β 取得最小值，$\beta = 1$；在 $r = 0.607R_t$ 处，$\sigma_r = -\sigma_\theta$，此处为纯切应力状态，$\beta$ 取得最大值，$\beta = 1.155$；在 $r = R_1$ 处，径向拉应力最大，切向压应力最小。

如果不考虑加工硬化，则当 R_t 取最大值时，即开始拉深时，凸缘变形区的各应力的绝对值最大。

应该指出的是，厚度方向上的应变最好通过试验得到。

第四节 刚塑性有限元法

一、概述

塑性成形一般为大变形问题，此时材料的弹性变形量相对于塑性变形量可以忽略不计，因而可视为刚塑性材料。针对这种刚塑性材料建立的有限元法就称为刚塑性有限元法。

刚塑性有限元法自问世以来就引起人们的极大重视，并得到迅速的发展。目前，它已广泛地用来解决各种塑性成形的实际问题。

有限元法是对塑性成形过程进行数值模拟的最有效方法。刚塑性有限元法不但可以用来比较精确地求解变形体内部的各种场变量，如速度（位移）场、应变场和应力场等，还可以对整个成形过程进行数值模拟，定量地描述变形体内部质点的流动规律和应力、应变分布，从而为合理选择加工设备、优化工艺和模具参数，以及分析产品质量、预测产品缺陷等提供科学依据。

由于刚塑性有限元法能提供大量的信息，因此若与计算机技术结合，则可为科学研究开辟一种新的途径——模拟计算实验。过去人们设想一种新的成形方法，往往需要进行大量的试验，才能确定其可行性。而在今天，应用刚塑性有限元法就可对设想的新工艺进行模拟计算，对其可行性和先进性进行评估，最后有针对性地进行实验，这样就可以减少盲目性，增强预见性，从而可以大量节约人力、物力，提高新产品开发速度，经济效益很可观。但是，由于这种方法忽略了弹性变形，所以在计算小变形时其精度不高，另外，这种方法也不能计算回弹，不能处理卸载问题和计算由此带来的残余应力和应变。

有限元法的基本思想是：①假想把变形体分割成数目有限的单元体，并认为相邻单元之间仅在节点处相连，再无任何关联，通过节点传递单元之间的相互作用（图 6-5）；②分片近似，即对每一个单元选择一个由相关节点确定的函数来近似描述其场变量（如速度或位移），并依据一定的原理建立各物理量之间的关系式；③将各个单元所建立的关系式加以集中，得到一个与有限个节点相关的总体方程。解此总体方程，即可求得有限个节点的未知量（一般为速度或位移），进而求得整个问题的近似解，如应力、应变、应变速率等。所以，有限元法的实质就是将具有无限个自由度的连续体简化成只有有限个自由度的单元集合体，并用一个较简单问题的解去逼近复杂问题的解。

有限元法的一般解题步骤如下：

（1）连续体的离散化　把求解的连续体离散成有限数目的单元，这些单元仅仅在节点处连接，单元间的载荷也仅由节点传递，离散而成的有限单元集合体将替代原来的连续体，所有的计算、分析都将在这个计算模型上进行，这种离散的变形体即为实际变形体的计算模型。单元的类型有多种，如二维问题中的三角形、四边形，三维问题中的四面体、六面体等。合理地选择单元的类型、数目、大小和排列，就能有效地表示所研究的连续体。

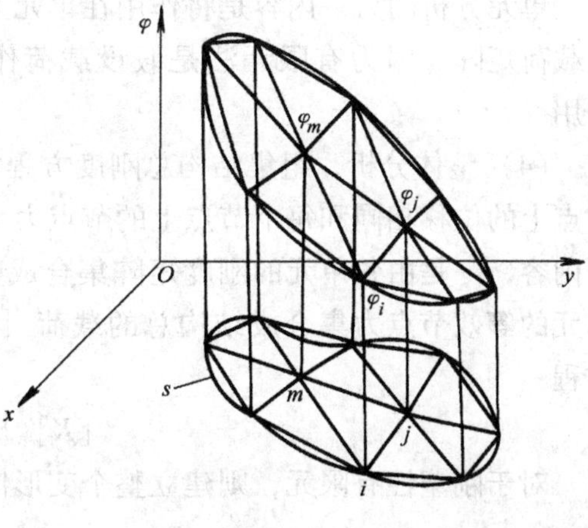

图 6-5　求解域的离散和解的分段逼近示意图

（2）选择单元的位移模式　这是单元分析的第一步，选择满足某些要求（如在单元内保证连续性，在其边界上保证协调性等）的联系单元节点和单元内部各点位移（或速度）的插值函数，以保证数值计算结果更逼近精确解。为了便于微分和积分，这个函数通常是选择多项式，并称之为位移模式或位移函数。多项式的项数及阶数将取决于单元的自由度数和有关的收敛性要求。

例如，图 6-6 所示为三节点三角形单元 ijm，三节点的坐标和位移分别为（x_i，y_i）、（x_j，y_j）、（x_m，y_m）和（u_i，v_i）、（u_j，v_j）、（u_m，v_m）。单元内部任意点的位移以 u（x，y）、v（x，y）表示，其位移模式可以采取以下的线性多项式

$$\left.\begin{aligned} u(x,y) &= a_1 + a_2x + a_3y \\ v(x,y) &= a_4 + a_5x + a_6y \end{aligned}\right\}$$

将三个节点上的坐标和位移分别代入上式，便可以得到联系节点和单元内部各点的插值函数。从以上也可看到，选择合适的位移函数是有限元法分析的关键，它将决定有限元法解答的性质与近似程度，所以，位移函数的选择应遵循一定的准则。

（3）单元力学特性分析　在选择了单元类型和相应的位移模式后，即可按几何方程、物理方程导出单元应变与应力的表达式，然后应用虚功原理或变分法或其他方法建立各单元的刚度矩阵 $[K]^e$，用此矩阵把单元节点力 $\{F\}^e$ 与节点位移 $\{u\}^e$ 联系起来，即 $[K]^e\{u\}^e = \{F\}^e$。

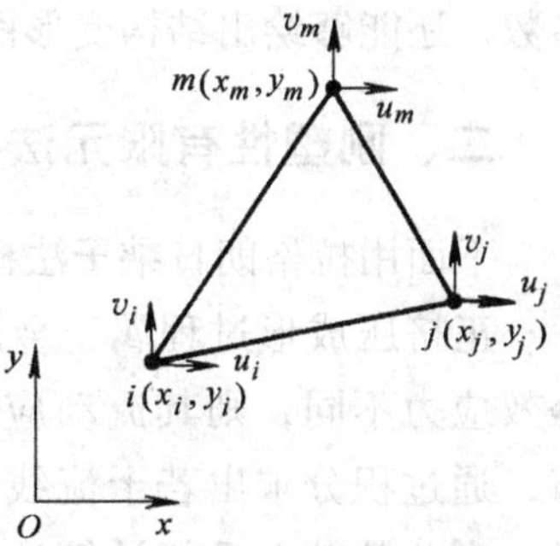

图 6-6　三节点三角形单元

对于刚塑性有限元，则建立以节点位移为自变量函数的单元能量泛函 $\varphi^e = \varphi^e(u_i)$。由于刚塑性有限元是建立在变分原理基础上的，而变分原理要求满足体积不可压缩条件，但实际很难满足。这样，刚塑性有限元法在求解的过程中，针对体积不可压缩条件处理的

方法不同而提出了不同的解法，它们主要有拉格朗日乘子法、体积可压缩法和罚函数法。

单元分析的另一内容是将作用在单元上的非节点上的载荷移至到节点上，形成等效节点载荷矩阵。因为有限元法是假设载荷作用在节点上，并由节点传递单元之间的相互作用。

（4）整体分析，组集结构总刚度方程　整体分析的基础是依据所有相邻单元在公共节点上的位移相同和每个节点上的节点力与节点载荷保持平衡这两个原则。它包括两个方面内容，一是由各单元的刚度矩阵集合成整体结构的总刚度矩阵 $[K]$；二是将作用于各单元的等效节点力集合成结构总的载荷 $\{F\}$ 矩阵。这两项就组成了整体结构的总刚度方程

$$[K]\ \{u\}\ =\ \{F\}$$

对于刚塑性有限元，则建立整个变形体的能量泛函变分方程组

$$\delta\{\sum_{e=1}^{m}\psi^{e}(u_i)\}=0 \quad (m\ 为单元数目)$$

（5）约束处理并求解总刚度方程　引进边界约束条件，修正总刚度方程后，就可求得节点位移。

求解大型联立代数方程组的方法有很多，求解的时间占据了整个有限元计算时间的大部分。在刚塑性有限元中，这些方程组是非线性的，因此求解时需进行线性化。通常可以采用摄动法对方程组进行线性化，即首先假定节点速度的初值为 $\{v\}_0$，然后引入节点速度的摄动量 $\{\Delta v\}_0$，由于假定 $\{\Delta v\}$ 比节点速度 $\{v\}$ 小得多，因而可以省略 $\{\Delta v\}$ 二次以上的微小项，于是方程组就变成关于 $\{\Delta v\}$ 的线性方程组。把解此方程组得到的 $\{\Delta v\}$ 乘上一个减速因子 β，再加到初值 $\{v\}_0$ 上，并用这个值求解下一个解，如此迭代下去，就可以得到 $\{v\}$ 的收敛解。

（6）计算单元应力并整理计算结果　根据求得的位移或速度，利用几何方程和物理方程，求整个变形体的应变场或应变速率场、应力场，并根据问题的需要进一步计算各种参数，还能够绘出结构变形图及各种应力、应变分布图等。

二、刚塑性有限元法在塑性成形中的应用

下面用拉格朗日乘子法模拟正挤压变形。

正挤压成形过程属于金属稳态流动的情况，当考虑到加工硬化时，因变形区各点的等效应力不同，则其流动应力不是常数，为此可借助流线，利用速度场及应变速率分布，通过积分求出若干流线上诸点的等效应变，然后利用插值关系将其赋值给各个单元，在此基础上重新计算速度场，并迭代直至收敛，这样就能模拟出变形体受力后的整个变化过程。计算可以包括各瞬时的速度场、应变场、应力场、单元网格的变化及工件的外轮廓等。

计算的主要参数包括：挤压比为 2.89，挤压凹模锥角 $2\alpha=32.52°$，摩擦因子 $m=0.25$。挤压原理如图 6-7 所示。网格划分为 36 个四边形单元，如图 6-8 所示。收敛判据 $\|\{\Delta v\}\|/\|\{v\}\|\leqslant 0.00001$。程序框图如图 6-9 所示。

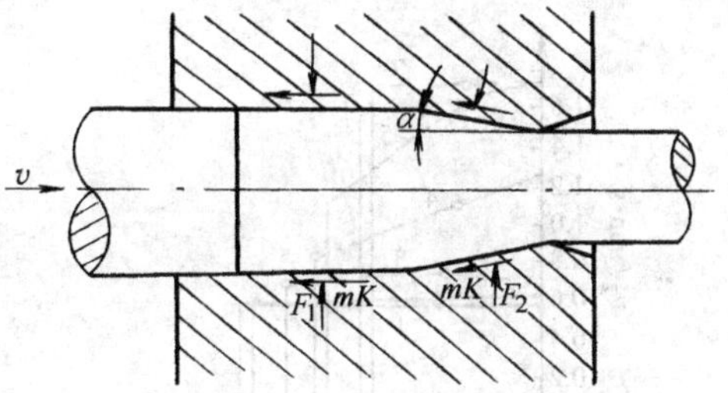

图 6-7　正挤压示意图

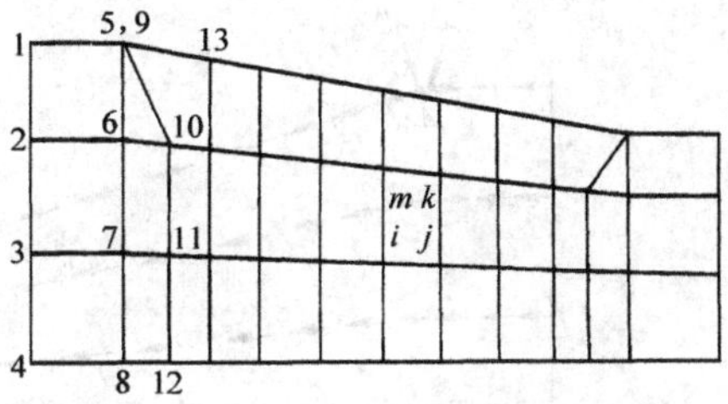

图 6-8　网络划分

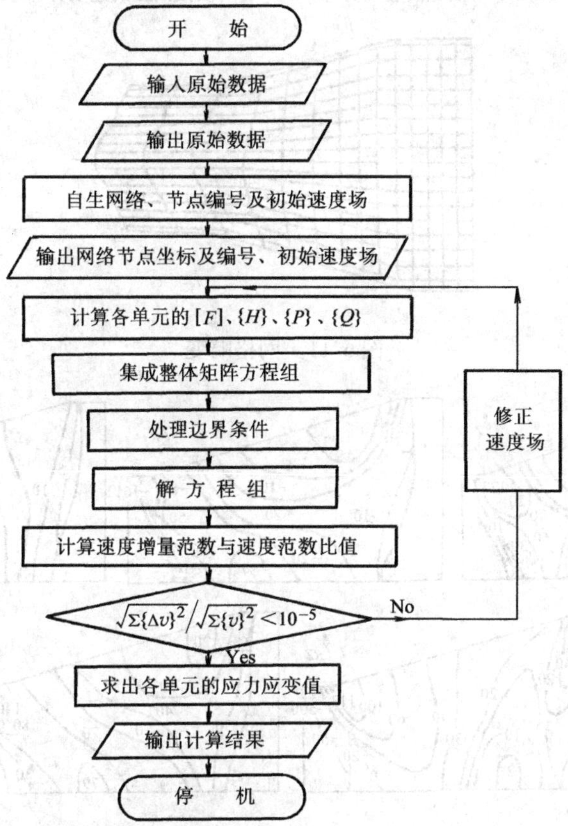

图 6-9　刚塑性有限元程序框图

所得计算结果如下：

1）速度分布，如图 6-10 所示。

2）网格畸变，如图 6-11 所示。

3）变形体的应力应变分布，如图 6-12 所示。

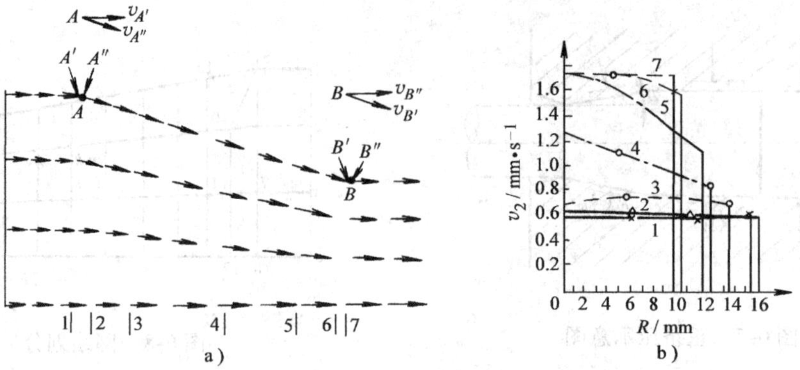

图 6-10 速度分布

a）子午面上的速度分布 b）不同横截面上的速度分布

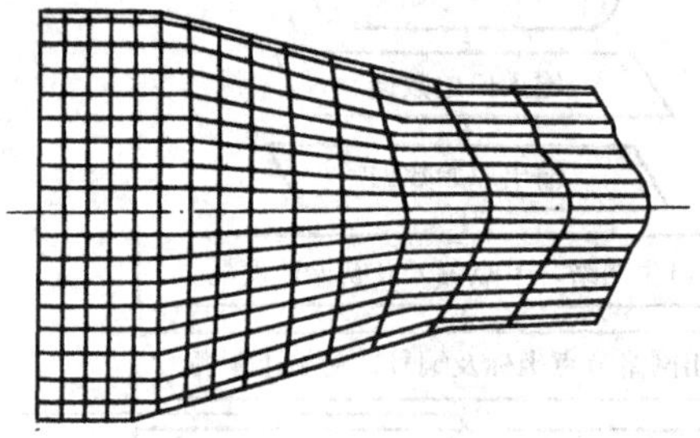

图 6-11 网格畸变

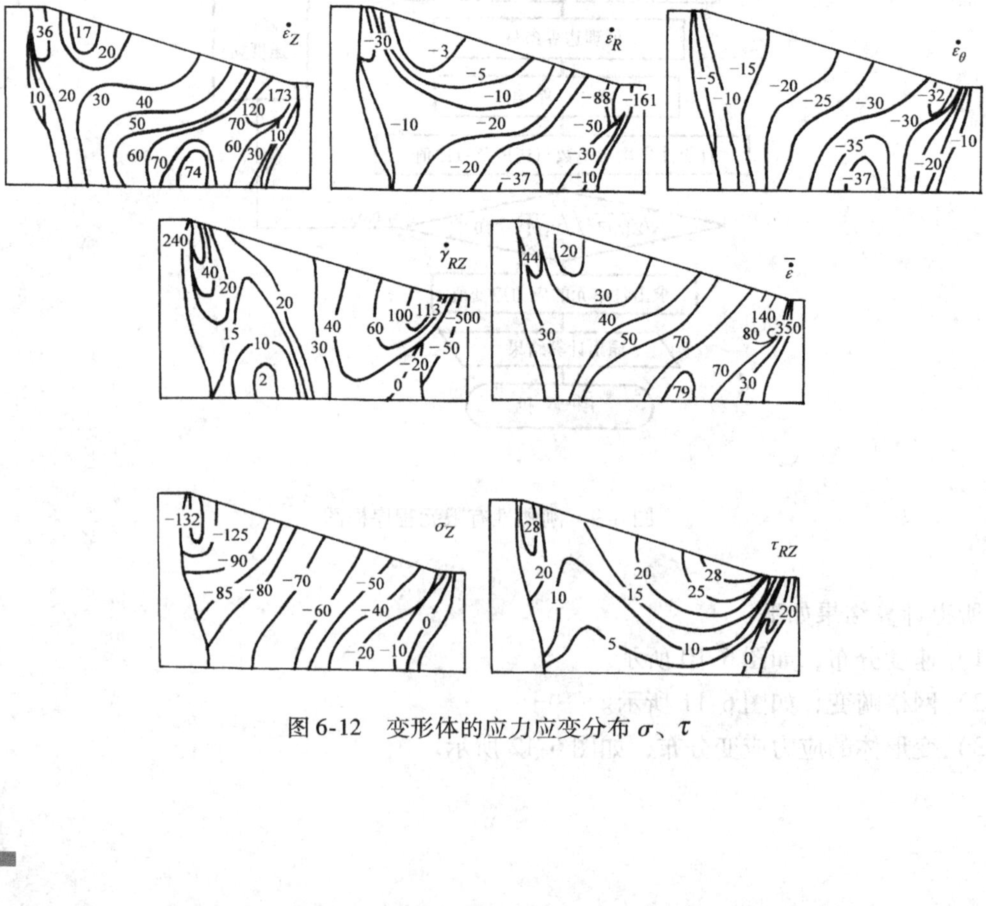

图 6-12 变形体的应力应变分布 σ、τ

第五节　塑性成形过程的物理模拟简介

金属塑性成形本属于一种古老的依靠经验的传统手艺，近年来随着现代科学技术的发展，使金属塑性加工这门技术得到了很大的发展。但由于塑性成形过程的复杂性，应用解析方法对其进行理论计算还比较困难，这就促使了各种模拟技术得以发展。随着计算机技术的发展，对塑性成形过程进行数值模拟已日趋广泛，但其准确性仍然有赖于合理的数学模型和边界条件的建立，特别是对于复杂的大塑性变形问题，其数值模拟结果往往与实际情况有较大的出入。鉴于此，用实验的方法来进行物理模拟塑性成形过程就具有重要的意义。物理模拟不仅可以用来检验理论计算结果的正确与否，而且其本身又是能定性分析塑性成形应力应变状态的有效方法。如果将数值模拟与物理模拟结合起来，形成实验-解析综合研究方法，使数值模拟与物理模拟相互配合、取长补短，则能为研究塑性成形问题提供更可靠和有利的手段。塑性成形模拟实验一般包括两个方面：一是模拟研究金属的化学成分、原始组织状态、变形的温度-速度条件等对变形后金属的组织和性能的影响；二是主要模拟研究塑性成形过程中不同的约束条件、加载方式或在不同工艺方法下，变形金属内部的应力应变特征和金属流动规律等。

相似性原理是模拟研究的基础。在塑性成形的研究中，由于塑性加工条件相当严酷（如高温、高压等），加工周期长、耗资大，除了个别零件尺寸较小可直接用实物外，通常需要选用适当的模型进行模拟实验，然后将实验结果推广到实际零件的成形过程中。要使模拟实验结果与实际零件的成形过程相一致或比较接近，就必须遵循相似性准则。相似主要包括：①模型与实物保持几何相似、时间相似、运动相似、动力相似、应力场相似和边界条件相似；②在模型与原型这两个系统中，有关描述塑性变形现象的方程式相似；③模型与原型保持物理方面的相似，就模型材料与原型材料来说，其泊松比 ν 应相等、屈服时应变应相等、硬化指数 n 应相等、应变速率敏感指数 m 值应相等；④模型与工具之间的摩擦系数和原型与工具之间的摩擦系数相等。

选择合适的模拟材料是模拟实验首先要考虑的问题。作为塑性成形的模拟材料，除了应满足以上相似原则外，还应考虑如下要求：①使模拟实验所需载荷小；②模拟材料易于得到，成本低，试件和工模具加工方便；③实验时试件性能稳定；④实验数据的测量计算方便可靠；⑤能在常温下模拟高温变形等。常用的塑性成形模拟材料有以下五类：

（1）软金属材料　铅、铝、铜、锡等都属于这类材料，其中铅的应用最为广泛。铅在室温下能再结晶，故能在室温下模拟热态钢成形。

（2）粘土类模拟材料　粘土类模拟材料的代表是塑泥，塑泥的变形阻力小、加工载荷低、装置简单、制造周期短，费用低，可以用冷态的塑泥模拟热态钢的塑性成形。

（3）蜡　蜡能着色，便于了解试件各部分的流动情况和位移。能借助蜡的结晶性了解材料内部结晶的变化和流动状态。蜡保持变形后的形状比塑泥容易，对薄壁成形件的模拟较为有利。

（4）高分子材料　高分子材料作为弹性模拟材料普遍用在模拟金属材料在弹性变形

范围内的应力、应变状态。

(5) 同种实物材料　用于对塑性变形体的组织和性能方面的模拟，这是非同种实物材料模拟难以得到的。因此，对于塑性变形体的组织和性能方面的模拟以及对非同种材料模拟结果的验证要用同种实物材料。

用于研究塑性成形过程中位移、应变、应力分布的模拟实验的方法有多种，如网格法、视塑性法、云纹法、光塑性法、层状材料法、光敏涂层法、全息法等。下面简介常用的四种。

(1) 网格法　网络法是塑性变形过程分析的经典方法之一，可用来确定试样内部的应力、应变及应变速度的分布规律。其方法是首先选定试样剖分面，该剖分面应能反映金属的流动情况。将剖分面磨平抛光，并在剖分面上刻印坐标网格，坐标网格可划成正方形或圆形。将剖分面试样的两半用低熔点合金焊合，进行所需方式成形，变形后再加温熔开。分析网格形状变化，即可确定材料流动的特性，读取节点的坐标，计算其变化率来确定变形的情况。网格法是研究金属成形过程的一种有效方法，也可用来检验其他理论分析的正确性。但这一方法的实验和计算的工作量比较大，而且要求测试数据准确，因为测试数据直接影响计算结果。

(2) 视塑性法　视塑性法是一种借助于实验数据的理论分析法，其原理是：首先对试样进行处理，处理的方法同网格法，试样处理好后进行实验，在实验过程中每次增加一应变后即照相，根据各节点位置的位移而获得金属流动图，随后由相距最近的两点的位移分量和位移的时间可以求出各点的速度分量，这样就可以找出变形区内各节点的速度分布规律，再通过应变、应力理论公式找出应变速率场、应变场和应力分布。

(3) 云纹法　将两块印有密集平行线条的透明版重叠起来，对着亮的背景看去，就会有明暗相间的条纹出现，称为“云纹”。

云纹法的基本原理是：将一块密栅胶片（称为试样栅）粘贴在试样表面上，或直接在试样表面上刻制一组栅线，它将随试样一起变形，在试样栅上再重叠一块不变形的栅片（称为基准栅），它通常是刻印在玻璃板上，由于光的干涉就会产生云纹，实验时试样变形，试样栅的栅线间距就发生变化，云纹也就随之增加、减少、倾斜或弯曲，因为云纹的分布和试样的变形情况有着定量的几何关系，从而可推算出试样各处的应变值。

(4) 光塑性法　光塑性法是用光测方法研究物体处于弹性或塑性状态下的应力、应变的一种方法。它是采用透明的、具有双折射效应的光学敏感材料制作成与原构件相似的模型，实验时，使用偏振光透射变形的透明模型，即可在偏光镜屏幕上观察到一些相同颜色的条纹，这是最大切应力的几何点位置，同时也会出现斜度相同的条纹，据此计算出模型内的应力分布，最后根据相似理论，将模型应力转换为原应力。

思考题

6-1　简述变形功法的基本原理。

6-2　为什么一般要用均匀变形功法求解变形力？

6-3　什么是上限法？用上限法求解变形力有何优缺点？

6-4　简述平面上限法的基本原理。

6-5　用平面上限法求解变形力，将会有很多答案，如何确定最佳答案？

6-6　简述材料力学法的基本原理。

6-7　用塑性材料力学法求解塑性变形体的应力应变时，一般用什么方法来确定比例系数ρ？

6-8　用塑性材料力学法求解塑性变形体的应力应变时，一般用什么方法来确定中间应力影响系数β？

6-9　为什么说刚塑性有限元法是对塑性成形过程数值模拟的最有效的方法？

6-10　刚塑性有限元法的基本思想是什么？

6-11　简述刚塑性有限元法的解题步骤。

6-12　塑性成形过程的物理模拟为什么要遵循相似性原则？

6-13　简述网格法的基本思想，并举例说明其在板料成形中的应用。

部分思考题答案

第二章

2-4 不是

2-5 $$\sigma'^2_1=\left[\frac{1}{3}(2\sigma_1-\sigma_2-\sigma_3)\right]^2=\frac{1}{9}(4\sigma_1^2+\sigma_2^2+\sigma_3^2-4\sigma_1\sigma_2-4\sigma_1\sigma_3+2\sigma_2\sigma_3)$$

$$\sigma'^2_2=\left[\frac{1}{3}(2\sigma_2-\sigma_1-\sigma_3)\right]^2=\frac{1}{9}(4\sigma_2^2+\sigma_1^2+\sigma_3^2-4\sigma_1\sigma_2-4\sigma_2\sigma_3+2\sigma_1\sigma_3)$$

$$\sigma'^2_3=\left[\frac{1}{3}(2\sigma_3-\sigma_2-\sigma_1)\right]^2=\frac{1}{9}(4\sigma_3^2+\sigma_2^2+\sigma_1^2-4\sigma_3\sigma_2-4\sigma_1\sigma_3+2\sigma_2\sigma_1)$$

将以上三个式子相加，整理后得

$$\frac{3}{2}(\sigma'^2_1+\sigma'^2_2+\sigma'^2_3)=\frac{3}{2}\left\{\frac{1}{3}[(\sigma_1-\sigma_2)^2+(\sigma_2-\sigma_3)^2+(\sigma_3-\sigma_2)^2]\right\}$$

$$=\bar{\sigma}=\sigma_s$$

表达式得以证明。

2-6 材料的屈服应力 $\sigma_s=\dfrac{4\times628\times10^3}{50^2\times\pi}\text{MPa}=302\text{MPa}$

圆柱体周围加压后 $\sigma_1=-10\text{MPa}$；$\sigma_2=-10\text{MPa}$

由密席斯屈服准则可得 $\bar{\sigma}=(\sigma_1-\sigma_3)=\sigma_s=320$；$\sigma_3=(-320-10)\text{MPa}=330\text{MPa}$

2-7 $\sigma_\theta=\dfrac{pr}{t}=10p$；$\sigma_r\approx0$；$\sigma_s=300\text{MPa}$

① $\sigma_1=\sigma_\theta=\dfrac{pr}{t}=10p$；$\sigma_2=0$；$\sigma_3=\sigma_r\approx0$

根据屈雷斯加屈服准则 $p=30\text{MPa}$

根据密席斯屈服准则 $p=30\text{MPa}$

② $\sigma_1=\sigma_\theta=\dfrac{pr}{t}=10p$；$\sigma_2=\sigma_z=\dfrac{pr}{2t}=5p$；$\sigma_3=\sigma_r\approx0$

根据屈雷斯加屈服准则 $p=30\text{MPa}$

根据密席斯屈服准则

$$\bar{\sigma}=\sqrt{3}\sigma_2=\sqrt{3}\times5p=300\text{MPa};\ p=34.64\text{MPa}$$

③ $\sigma_1=\sigma_\theta=\dfrac{pr}{t}=10p$；$\sigma_2=\sigma_r\approx0$；$\sigma_3=\sigma_z=-\dfrac{62.8\times10^3}{\pi Dt}=-62.5\text{MPa}$

根据屈雷斯加屈服准则 $p=23.75\text{MPa}$

根据密席斯屈服准则

$$\bar{\sigma} = \frac{1}{\sqrt{2}}\sqrt{(10p)^2 + 62.5^2 + (62.5 + 10p)^2} = 300\text{MPa}; p = 26.24\text{MPa}$$

2-8 ①根据屈雷斯加屈服准则：存在，塑性变形；根据密席斯屈服准则：存在，塑性变形。

② 根据屈雷斯加屈服准则：存在，塑性变形；根据密席斯屈服准则：存在，塑性变形。

③ 根据屈雷斯加屈服准则：不存在；根据密席斯屈服准则：不存在。

④ 根据屈雷斯加屈服准则：不存在；根据密席斯屈服准则：存在，弹性变形。

⑤ 根据屈雷斯加屈服准则：存在，塑性变形；根据密席斯屈服准则：存在，弹性变形。

⑥ 根据屈雷斯加屈服准则：存在，弹性变形；根据密席斯屈服准则：存在，弹性变形。

2-12 设 $\sigma_x = \sigma_y$，由 $\sigma_z = -200\text{MPa}$，$\varepsilon_x = \varepsilon_y = \frac{0.05}{200} = 2.5 \times 10^{-4}$，

$$\varepsilon_x = \frac{1}{E}[\sigma_x - \upsilon(\sigma_y + \sigma_z)] = 2.5 \times 10^{-4}，则\ \sigma_x = \sigma_y = -11.78\text{MPa}$$

2-13 $\sigma_m = \frac{1}{3}(\sigma_x + \sigma_y + \sigma_z) = \frac{1}{3}(-150 - 150 - 200)\text{MPa}$

$$= -\frac{500}{3}\text{MPa}$$

$$\theta = 3\varepsilon_m = 3\frac{1-2\upsilon}{E}\sigma_m = 3\frac{1-2\times 0.3}{207\times 10^3}\times\left(-\frac{500}{3}\right)$$

$$= -9.662 \times 10^{-4}$$

2-14 ① $\bar{\sigma} = \sqrt{3}\sigma$；$\frac{\Delta\varepsilon_1}{\Delta\varepsilon} = \frac{\sqrt{3}}{2}$，$\frac{\Delta\varepsilon_2}{\Delta\varepsilon} = 0$，$\frac{\Delta\varepsilon_3}{\Delta\varepsilon} = -\frac{\sqrt{3}}{2}$

② $\bar{\sigma} = \sqrt{3}\sigma$；$\frac{\Delta\varepsilon_1}{\Delta\varepsilon} = \frac{\sqrt{3}}{2}$，$\frac{\Delta\varepsilon_2}{\Delta\varepsilon} = 0$，$\frac{\Delta\varepsilon_3}{\Delta\varepsilon} = -\frac{\sqrt{3}}{2}$

③ $\bar{\sigma} = \sigma$；$\frac{\Delta\varepsilon_1}{\Delta\varepsilon} = \frac{1}{2}$，$\frac{\Delta\varepsilon_2}{\Delta\varepsilon} = \frac{1}{2}$，$\frac{\Delta\varepsilon_3}{\Delta\varepsilon} = -1$

④ $\bar{\sigma} = \sqrt{7}\sigma$；$\frac{\Delta\varepsilon_1}{\Delta\varepsilon} = \frac{2}{\sqrt{7}}$，$\frac{\Delta\varepsilon_2}{\Delta\varepsilon} = \frac{1}{2\sqrt{7}}$，$\frac{\Delta\varepsilon_3}{\Delta\varepsilon} = -\frac{5}{2\sqrt{7}}$

2-15 $\Delta\varepsilon_x = \frac{\Delta\bar{\varepsilon}}{\bar{\sigma}}\left[\sigma_x - \frac{1}{2}(\sigma_y + \sigma_z)\right]$

$$= \frac{\Delta\bar{\varepsilon}}{\bar{\sigma}}\left[-150 - \frac{1}{2}(-150 - 350)\right] = 0.1\delta$$

$$\frac{\Delta\bar{\varepsilon}}{\bar{\sigma}} = \delta \times 10^{-3}$$

$$\Delta\varepsilon_y = \delta \times 10^{-3}\left[\sigma_y - \frac{1}{2}(\sigma_x + \sigma_z)\right] = 0.1\delta$$

$$\Delta\varepsilon_z=\delta\times10^{-3}\left[\sigma_z-\frac{1}{2}(\sigma_x+\sigma_y)\right]=-0.2\delta$$

$$\Delta\gamma_{xy}=\Delta\gamma_{yz}=0;\ \Delta\gamma_{xz}=\frac{3}{2}\delta\times10^{-3}\tau_{xz}=7.5\times10^{-3}\times\delta$$

2-16　在内壁 $p=\dfrac{\sigma_s}{1+\dfrac{r_0}{2t_0}}$；在外壁 $p=\dfrac{2t_0\sigma_s}{r_0}$

2-18　$\cos\theta=\dfrac{l_1}{l_2}=\dfrac{1-m_1}{1-m_2}\sqrt{\dfrac{m_2\ (2-m_2)}{m_1\ (2-m_1)}}$

2-19　$t=t_0\exp\left(-\dfrac{2}{3}n\right)$

2-23　设试样初始状态的长度为 l_0，截面积为 A_0，则 $l_0A_0=lA$

第一次	第二次	第三次	第四次	第五次
$\psi_1=10\%$	$\psi_2=10\%$	$\psi_3=10\%$	$\psi_4=10\%$	$\psi_5=10\%$
$A_1=0.9A_0$	$A_2=(0.9)^2A_0$	$A_3=(0.9)^3A_0$	$A_4=(0.9)^4A_0$	$A_5=(0.9)^5A_0$
$l_1=\frac{10}{9}l_0$	$l_2=\left(\frac{10}{9}\right)^2l_0$	$l_3=\left(\frac{10}{9}\right)^3l_0$	$l_4=\left(\frac{10}{9}\right)^4l_0$	$l_5=\left(\frac{10}{9}\right)^5l_0$
$\varepsilon_1=11.1\%$	$\varepsilon_2=11.1\%$	$\varepsilon_3=11.1\%$	$\varepsilon_4=11.1\%$	$\varepsilon_5=11.1\%$
$\epsilon_1=10.536\%$	$\epsilon_2=10.536\%$	$\epsilon_3=10.536\%$	$\epsilon_4=10.536\%$	$\epsilon_5=10.536\%$

总的断面收缩率　$\psi=40.95\%\neq\psi_1+\psi_2+\psi_3+\psi_4+\psi_5$

总的相对线应变　$\varepsilon=69.35\%\neq\varepsilon_1+\varepsilon_2+\varepsilon_3+\varepsilon_4+\varepsilon_5$

总的对数应变　$\epsilon=52.68\%=\epsilon_1+\epsilon_2+\epsilon_3+\epsilon_4+\epsilon_5$

从上面计算可以看出，用对数应变表示变形量比较合理。

2-25　$A_0=176.7\text{mm}^2$；条件应力 $\sigma=\dfrac{F}{A_0}$；相对线应变 $\varepsilon=\dfrac{\Delta l}{l_0}$；正应力 $S=\sigma\ (1+\varepsilon)$；对数应变 $\epsilon=\ln\dfrac{l}{l_0}$；

σ/MPa	227.80　236.80　290.40　325.92　352.46　367.10　374.42　392.47　400.34　399.26　390.21　273.51
ε (%)	2.36　3.18　6.32　9.42　12.58　15.66　17.24　23.90　37.56　42.24　43.04　45.28
S/MPa	233.20　244.30　308.80　356.62　396.80　424.60　438.97　486.27　550.71　567.91　558.16　397.35
ϵ (%)	2.33　3.13　6.13　9.00　11.85　14.55　16.00　21.43　31.89　35.23　35.80　37.35

图（略）

2-26 $\sigma_1=\sigma_\theta=\frac{pr}{t}=200\text{MPa}$；$\sigma_2=\sigma_z=\frac{pr}{2t}=100\text{MPa}$；$\sigma_3=\sigma_\rho\approx 0$

$\bar{\sigma}=\frac{1}{\sqrt{2}}\sqrt{(\sigma_1-\sigma_2)^2+(\sigma_2-\sigma_3)^2+(\sigma_3-\sigma_1)^2}$得$\bar{\sigma}=\sqrt{3}\times 100\text{MPa}$；$\sigma_m=\sigma_2=\sigma_z$，

所以在薄壁圆管轴线方向没有应变，则 $\epsilon_1=-\epsilon_3$。

$$\bar{\epsilon}=\frac{\sqrt{2}}{3}\sqrt{(\epsilon_1-\epsilon_2)^2+(\epsilon_2-\epsilon_3)^2+(\epsilon_3-\epsilon_1)^2}=\frac{\sqrt{2}}{3}\sqrt{6}\epsilon_1=1.155\epsilon_1$$

将 $\bar{\sigma}$、$\bar{\epsilon}$ 代入已知的 $\bar{\sigma}=500\bar{\epsilon}^{+0.4}$，$500\times(1.155\epsilon_1)^{0.4}=100\times\sqrt{3}$

$$\epsilon_1=61.15\times 10^{-3},\epsilon_1=\ln\frac{\pi D}{\pi D_0},D=212.61\text{mm}$$

直径增加量 $\Delta D=D-D_0=(212.61-200)\text{mm}=12.61\text{mm}$

第四章

4-9 500t

4-10 $p=1.155S\frac{h}{\mu a}(e^{\frac{\mu a}{h}}-1)$

4-11 $p=S+\sigma_0+\frac{\mu SD}{3h}$

4-12 $p\approx S\left[(1+\mu\cot\alpha)\ln\frac{A_0}{A_1}+\frac{4\alpha}{3\sqrt{3}}\right]$

第五章

5-7 1）$\sigma_x=-30\text{MPa}$，$\sigma_y=-150\text{MPa}$，$\tau_{xy}=0$，$\xi_1=4.4\text{MPa}$

2）$\sigma_x=-123\text{MPa}$，$\sigma_y=-183\text{MPa}$，$\tau_{xy}=52\text{MPa}$

5-8 1）开始压入压力为555.1kN；压入6mm深时的压力为894.4kN

2）压力为3238.6kN

5-10 $p=2.25K$

5-11 $p=2K(1+\frac{\pi}{2})$

5-12 1）$p=q$ 楔体进入静水压力状态，无论 p、q 为多大，楔体均不屈服

2）$p>q$ 时，$p-q=2K(1+\delta)$

5-13 $F=2aK(2+\pi-2\gamma)$

5-14 $F=K(2+\pi)(H-2a)B$,如果取密席斯屈服准则$K=\frac{\sigma_s}{\sqrt{3}}$，则 $F=2.97(H-2a)B\sigma_s$

5-15 $p=K(1+\frac{\pi}{2})$，$\mu p=K$，$\mu=0.39$

5-16 冲头表面正应力 $\sigma_n = -2K\left(1+\frac{\pi}{2}-\theta\right)$，$\frac{p}{2K}=1+\frac{\pi}{2}-\theta_0+\frac{2\theta_0-\sin 2\theta_0}{4\sin^2\theta_0}$，$\theta_0$ 为冲头中心至表面夹角

5-17 提示：滑移线场如思考题答案图1所示。

5-18 $M=\frac{Kh^2\ (2+\pi-2\gamma)}{4+\pi-2\gamma}$

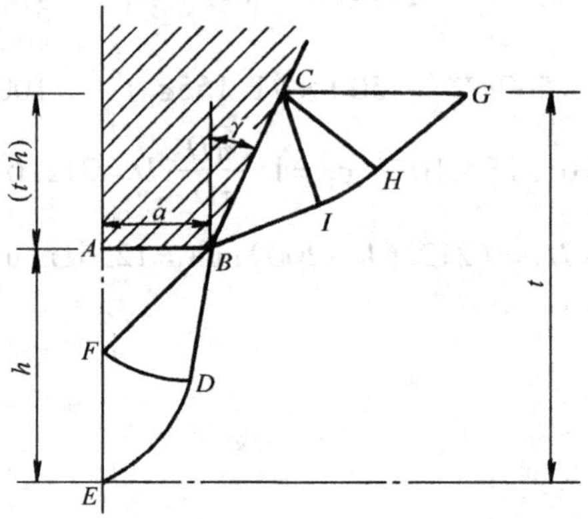

图1 题5-17答案图

5-19 $M=\frac{1}{2}K\left(1+\frac{\pi}{2}-\gamma\right)h^2$

参 考 文 献

[1] 万胜狄．金属塑性成形原理［M］．北京：机械工业出版社，1995.

[2] 李生智．金属压力加工概论［M］．北京：冶金工业出版社，1984.

[3] 陈森灿，叶庆荣．金属塑性加工原理［M］．北京：清华大学出版社，1991.

[4] 罗子健，尚宝忠．金属塑性加工理论与工艺［M］．西安：西北工业大学出版社，1994.

[5] 俞汉清，陈金德．金属塑性成形原理［M］．北京：机械工业出版社，2001.

[6] 王占学．塑性加工金属学［M］．北京：冶金工业出版社，1991.

[7] 吕炎．锻压成形理论与工艺［M］．北京：机械工业出版社，1991.

[8] 王仁，熊祝华，黄文彬．塑性力学基础［M］．北京：科学出版社，1982.

[9] 斯莱特 R A C. 工程塑性理论及其在金属成形中的应用［M］．王仲仁，等译．北京：机械工业出版社，1983.

[10] 斯德洛日夫 M B，波波夫 E A. 金属压力加工原理［M］．哈尔滨工业大学，等译．北京：机械工业出版社，1980.

[11] 王仲仁，等．塑性加工力学基础［M］．北京：国防工业出版社，1989.

[12] 汪大年．金属塑性成形原理［M］．2 版．北京：机械工业出版社，1986.

[13] 王仲仁，汪涛．轴对称复合挤压的简化计算公式［J］．金属科学与工艺，1998（1）.

[14] 刘福林，等．应用滑移线理论求解平面应变问题的一种数值方法［J］．金属成形工艺，1989（3）.

[15] 王祖唐．塑性加工工步的力学分析［M］．北京：清华大学出版社，1982.

[16] 任学平，王仲仁．可压缩体的滑移线场理论［J］．机械工程学报，1995（6）.

[17] 徐国艳，施法中．板料冲压成形毛料计算方法研究进展［J］．锻压技术，2001（4）.

[18] 王仲仁，何祝斌．三向应力 Mohr 圆的真实构成及剪应力作用方向的确定［J］．力学，2003，24（3）：401-406.

[19] 徐秉业，陈森灿．塑性理论简明教程习题解答［M］．北京：清华大学出版社，1981.

参考文献

[1] 万[illegible]：金属[illegible]［M］. 北京：机械工业出版社，199[illegible].
[2] [illegible]［M］. [illegible]出版社，19[illegible].
[3] [illegible]［M］. [illegible]：清华大学出版社，1991.
[4] [illegible]［M］. 北京：[illegible]出版社，199[illegible].
[5] [illegible]［M］. 北京：机械工业出版社，200[illegible].
[6] [illegible]［M］. [illegible]出版社，199[illegible].
[7] [illegible]［M］. [illegible]出版社，199[illegible].
[8] [illegible]［M］. [illegible]出版社，199[illegible].
[9] [illegible]［M］. [illegible]. 北京：机械工业出版社，198[illegible].
[10] [illegible]［M］. [illegible]出版社，19[illegible].
[11] [illegible]［J］. [illegible]，1989.
[12] [illegible]［M］. [illegible]出版社，1986.
[13] [illegible]［M］. [illegible]出版社，199[illegible].
[14] [illegible]［J］. [illegible]，19[illegible]，[illegible].
[illegible]［M］. 北京：[illegible]出版社，198[illegible].
[illegible]［J］. [illegible].
[illegible]［J］. [illegible]，200[illegible]（[illegible]）.
[illegible]［J］. [illegible]（3）：[illegible]-406.
[illegible]［M］. 北京：[illegible]出版社，198[illegible].